U0239290

1948 年加州斯托克顿市

1948 年 5 月，留美学习农业工程的硕士研究生们学成归来前，在美国加利弗尼亚州斯脱克顿市与万国农具公司人员合影［前排左起：张季高、吴克騆、张德骏、何宪章、吴相淦、蔡佐棫、曾德超、陶鼎来、王万钧、王正（缺徐佩琮）］三位万国农具公司人员，方正三、徐明光、崔引安、陈绳祖（缺徐佩琮）］

张德骏、陶鼎来 1942 年西南联合大学机械系毕业照

　　20 位留美学习农业工程研究生的选派，按照中美之间的协议，其中 10 位本科阶段应是农学专业毕业的，另外 10 位是机械专业毕业的。图为位于云南昆明的西南联合大学机械工程系 1942 年毕业照。该班出了陶鼎来、张德骏两位留美农业工程硕士

张德骏、陶鼎来西南联合大学 1938 级机械系学生名录

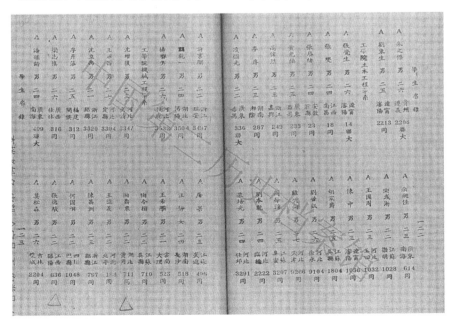

张德骏、陶鼎来同在西南联合大学 1938 级机械系学生名录中

张德骏 1942 年毕业后被西南联合大学聘为机械工程系助教证书

吴相淦 1937 年获金陵大学农学院学士学位证书

吴相淦 1945 年获教育部留学证书

1948 年吴相淦（左三）、曾馨兰（左四）在美国与友人在一起

农民用连枷在打谷场脱粒麦子（戴维森 1947—1948 年间摄于中国）

万国法尔毛（Farmall A）拖拉机驱动收割机收割小麦（戴维森 1947–1949 年间摄于中国）

在明尼苏达大学学习农业工程的 10 位留学生

前排从左到右：陶鼎来、张德骏、李克佐、水新元、徐佩琮
后排从左到右：曾德超、吴克骊、陈绳祖、王万钧、高良润

1946 年留学生们在明尼苏达大学农业工程系教学楼前合影

1945 年 9 月，留学生们在芝加哥万国公司总部

右起：曾德超、陶鼎来、陈绳祖、李克佐、徐明光、弗洛·麦考米克、何宪章、张季高、吴相淦、余友泰、张德骏

明尼苏达大学的中国留学生

留学期间参观美国农具展

左起：蔡传翰、李翰如、徐明光、张季高

1949 年 6 月 22 日上海市军事管制委员会颁发给水新元的委任状

中央大学校门（南京四牌楼）

　　留学生们学成归国不久，中华人民共和国成立，他们以饱满的热情投身共和国的建设。图为 1950 年南京大学农业工程系全体师生合影。前排右三为高良润，前排右五为崔引安

1951 年，在农业部工作的曾德超（右）在芦台农场机械化试点指导工作

1978 年全国科学技术大会之后，农业工程重新被国家确定为急需重点发展的 25 门学科之一，这些留美学习农业工程的前辈在农业工程学科的恢复和重建中发挥了重要作用。尤其是 1979 年推动成立了至今影响甚广的中国农业工程学会

1979 年中国农业工程学会在杭州召开成立大会期间，4 位留美老同学合影，左起：曾德超、余友泰、陶鼎来、张德骏

1983 年 5 月，部分留美老同学在北京内燃机总厂重聚

左起：陶鼎来、张德骏、李克佐、水新元、余友泰、高良润、王万钧

1991 年 11 月，中国农业工程学会第四届理事会期间，张季高（左一）、余友泰（左二）、陶鼎来（右三）、张德骏（右二）、曾德超（右一）与时任农业部部长何康（左三）合影

1992 年 6 月，参加完"中国农业机械事业回顾与展望"研讨会后，与会部分留美老同学和万鹤群在考察期间合影

右起：高良润、李克佐、曾德超、吴起亚、水新元、吴相淦、张季高、万鹤群

2004 年 10 月，在首次来华举办的 CIGR 国际农业工程大会上，曾德超（右一）、陶鼎来（右二）、王万钧（右三）、岸田义典（左二）、蒋亦元（左一）合影

农业工程学科在中国的导入与发展

INTRODUCING AND DEVELOPING AGRICULTURAL ENGINEERING IN CHINA

中 国 农 业 工 程 学 会
凯斯纽荷兰（中国）管理有限公司　　编著
中 国 农 业 出 版 社 有 限 公 司

中国农业出版社
北 京

本 书 编 委 会

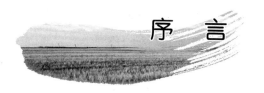

序　言

　　农业工程，顾名思义是应用于农业的工程，是综合应用工程、生物、信息和管理科学原理与技术而形成的一门多学科交叉的综合性科学与技术。农业工程技术以复杂的农业系统为对象，研究农业生物、工程措施、环境变化等的相互作用规律，并以先进的工程和工业手段促进农业生物的繁育、生长、转化和利用。

　　农业工程这门科学诞生的历史不算很长，发端于 20 世纪初叶，迄今只有100 多年的历史，但它又是一门发展速度很快的学科，一个世纪之内就将学科内各分支门类发展得非常完备，并在农业生产实际中得到广泛应用，且取得骄人成果，因而被美国科学界评为 20 世纪最有影响的十大科学技术之一。农业工程又是在欧美国家最先产生并快速在世界范围内推广开来的学科，1907 年在美国威斯康星州召开的美国农业工程师学会成立大会，是迄今农业工程学科发展史上标志性的事件，到目前，这门学科不但在欧美发达国家，而且在亚洲、非洲、拉丁美洲等许多发展中国家的农业领域也开始得到广泛应用，使之成为了一门造福全人类的学科。农业工程还是一门不断发展的学科，随着科学技术的不断进步，人类所取得的新技术、新成果越来越多地被引入农业领域，不断丰富完善已有的农业工程学科，使其始终处于农业科学技术的前沿地带，可持续性地为农业发展提供有力的装备与设施支撑。

　　如今的中国，经历中华人民共和国成立以后 70 多年建设，尤其是改革开放以后 40 多年的飞速发展，也已经成为世界范围内的农业工程大国并逐渐发展成强国。我们在为今天农业工程所取得的巨大成就自豪的同时，更加怀念向我国导入农业工程学科的先驱者们，是他们用手中的"金犁"破开了中华农村尘封千年的冻土，把经天的紫电变成了行地的青光，他们是值得尊敬的中国农业工程事业的"播火者"群体。

飘洋过海采集火种

　　20 世纪 40 年代中叶，当全世界范围内的反法西斯战争露出胜利曙光之际，反法西斯阵营国家的代表齐聚美国召开会议，共同商讨反法西斯同盟国家战后重建问题。会上，饱受日本法西斯长期摧残、又始终坚持在东方反法西斯战争第一线的中国受到同盟国的普遍同情和关注。而彼时，任南京政府农业部高等顾问兼驻美国代表、中国驻联合国粮农组织首任代表、中美农业技术合作团中方团长的邹秉文先生在1944年美国工程师学会年会上发表了一个著名的演讲《中国需要农业工程》，从那时起，农业工程第一次与中华民族的利益、与中国古老的农村联系了起来。从邹先生的提出，到先驱们的导入，再到几代人的不懈努力，农业工程在中国已经有了近80年的历史。

邹秉文先生是个敢想、敢说、更敢做的人，经过他的多方奔走、斡旋、协调，终于在联合国善后救济总署一揽子援华计划中，有了美国派4名农业工程顶尖学者，包括有"农业工程之父"美誉的艾奥瓦州立大学戴维斯教授，到中国帮助中央大学和金陵大学各创办一个农业工程系；由美国万国农具公司资助、国民政府教育部1945年公开招考20名本科毕业生公派赴美国攻读农业工程硕士学位。可以说，邹秉文先生是中国农业工程的"开山之人"。

1945年5—8月，在对德国法西斯和对日本法西斯战争先后取得彻底胜利之际，20名经过考试、严格选拔获得攻读农业工程硕士学位资格的20名留学生分两批启程赴美。他们是：陶鼎来、曾德超、王万钧、张德骏、张季高、水新元、余友泰、吴相淦、吴克骕、吴起亚、高良润、李翰如、徐明光、崔引安、李克佐、方正三、陈绳祖、何宪章、蔡传瀚、徐佩琮。当时选拔公派留学研究生的门槛是很高的，要求不但本科毕业后要有三年社会实践经验，而且本科所学专业或者是农学，或者是机械学；到美国后按照邹秉文先生和美国万国农具公司等相关单位商定的方案：学习机械学的10名学生进入明尼苏达大学农业工程系学习；学习农学的10名学生进入艾奥瓦州立大学农业工程系学习。此外，还有十余位先后赴美实习，或通过其他途径赴美国、法国及比利时留学。这些人基本上都在新中国成立前后回国，从事农业工程工作。这一颇具战略性的举措，不但为当时灾难深重的中华民族，更为不久之后诞生的人民共和国培养出了农业工程领域的一批"拓荒牛"和"播火者"。邹秉文先生更是受到了国家和人民的爱戴和敬重，20世纪50年代从美国回来后，一直在农业部任顾问。

千辛万苦带回火种

当农业工程界20位前辈来到美国后才发现，农业工程尚是一门尚待完善的学科。对美国人来说，虽然1907年就有了农业工程师学会，部分大学里也有了农业工程系，但什么是农业工程，却一直没有严格的科学定义，学者们为此争论不休，所涉及的学科范畴也没有明确的界定。对初来乍到的中国留学生来说，中国没有农业工程，到美国之前也没有听说过农业工程，在中国参加选拔考试时，招生专业是农具学。不仅是他们，连他们的老师也不知道农业工程，据陶鼎来先生回忆，1946年他们在美国见到西南联合大学的老师、清华大学刘仙洲教授，当听说他们所学专业是农业工程时，刘仙洲教授既是惊讶、更是惊喜。这意味着作为天之骄子的20位学生来到美国后，一切都要从头学起，绝非简单的镀金。事实也正是如此，邹秉文先生和万国农具公司精心安排的农科专业毕业生主修机械学，机械专业毕业生主修农学，无异于让研究生们重新又读了一遍本科专业。今天，国内越来越多的有识之士在谈论农艺与农机相互结合、相互融合的问题，殊不知，当年这些学习农业工程的前辈们已经是农艺与农机相结合的"吃螃蟹的人"。

为学到真本领，前辈们在美国留学期间付出很多艰辛，体现出几个特点：

第一，坚定的科学报国信念，相信用工程手段改造中国农村是中国农业和农村发展的出路。为此，他们中的绝大多数在当时农业工程学可供选择的4个教学研究方向，即农业机械化和农业机械、水土关系、农村建筑、电气化中，毅然决然选择了农业机械化和农业机械的研究方向，希望有朝一日也在中国的土地上能大量使用农业机械。

第二，像海绵汲水一般如饥似渴地学习现代科学知识，不负青春韶华。在本书陶鼎来先生的回忆录中，可以看到明尼苏达大学为机械专业本科毕业的留学生们开设的农学专业的课程，所有课程都是他们在国内没有接触过、甚至没听说过的。但他们硬是凭着过人的毅力，在3年时间内攻克了语言关、课程学习关、设计和毕业论文关，所有人都按时拿到了农业工程硕士学位。

第三，重视社会实践，努力把所学知识和农业生产实践结合起来。应该说，美国大学的教学内容设计和万国农具公司的精心安排还是很有特色的，主张在校学生多参加社会实践活动。通过实践，他们不但知道了所学到的农业工程知识如何在农业生产中正确应用，而且还学会了观察美国社会、全方位了解美国经济和美国人民。劳动实践为他们中的部分人能在回国后，尤其是人民共和国成立后响应祖国号召，迅速成为第一代国营机械化农场的开创者奠定了坚实的基础，他们的贡献永世铭记。

第四，拳拳爱国之心化作坚定的报国之志。1947年明尼苏达大学留学生们在完成毕业论文后，开始讨论未来中国农村的出路。他们在暑期游览波士顿途中，偶遇到访讲学的我国著名女文学家陈衡哲教授，他们把心中所想倾诉给陈先生后，在先生点拨下，由8位留学生联合撰写《为中国的农业试探一条出路》，提出了一个口号"知识分子要赶快和农民携手"，认为这是中国的最大希望，携手的途径是创办生产性农场。此文章经陈衡哲先生推荐发表在由储安平先生在上海主办的《观察》杂志1947年9月上，在当时的国内引起很大反响。事实证明，这些前辈们当年是这么说的，也一直是这么做的，用他们的脊梁撑起了中国的农业工程大厦。

第五，放弃各种物质利益的利诱，毅然决然按期回国。1948年，当留学生们即将回归华夏、报效祖国时，中美两国之间各方面存在的巨大差异是显而易见的。作为中华优秀儿女，他们也同样受到美国人民和美国学界、企业界喜爱，有几位毕业生也已经拿到了毕业后美国公司的录用合同。但与其他学科的留学生不同，这些前辈们认为他们真正能施展才华的舞台在中国、在中国的农村，于是纷纷谢绝了美国人民的好意，均做出按期回国的决定。1948年除一位留学生留美继续攻读博士、一人延迟回国（后于1956年回国），其余18人同船回到了祖国。

无怨无悔播撒火种

前辈们回到祖国的时候，正是黎明前最黑暗的时期，国民党政权风雨飘摇，社会、政治、经济、军事等各方面一片狼藉。但这些并没有影响到他们的报国热情，国民政府教育部一经公布分配去向，所有人都立即奔赴各自岗位，全部都从事和农业工程、农业机械有关的工作，努力去实现自己的理想。

但事与愿违，濒临垮台的国民党政府根本无暇顾及农业、农村和农民，前辈们的崇高理想在旧政权统治下根本无法实现。到1949年5月，南京、上海相继获得解放，新生的人民政权成立，这期间前辈们拒绝了国民党当局裹挟知识分子去往台湾的威胁利诱，坚持留在祖国大陆，像高良润先生、陶鼎来先生已经拿到了台湾高校颁发的聘用证书，但在大是大非面前，陶先生去了台湾又于国民党政权垮台前回到大陆；高先生干脆就放弃了聘任。

需要说明的是，18位同船归国中的蔡传瀚先生，归国不久就因病去世，加上后来回国的何宪章先生，实际上是18位前辈无怨无悔地播撒农业工程的火种，成为中国农业工程的奠基者和开拓者。

说他们"无怨无悔"主要体现在几个方面：

第一，当新成立的人民共和国百废待兴、急需各种经济社会建设人才之际，他们奋不顾身投入到农业工程在中国的导入和建设。有的人从事农业工程教育、有的人从事农业工程科研、有的人创办机械化国营农场、有的人参与农机制造企业的创建，每个人都在农业工程领域发挥出自己的才干。

第二，当20世纪50年代初期，国内因效仿苏联体制不再提"农业工程"，只提农业机械化之后，相当长一个时期，前辈们承受着各种压力，被迫放弃农业工程专业领域，转而集中从事单一的农业机械化工作，即使这样，他们心中的农业工程梦想从未湮灭，各自都在农业机械化事业中做出了不俗的业绩，为中国的农业生产做出自己的贡献。

第三，1978年全国科学大会召开，科学的春天来临，农业工程被确定为国家急需发展的25门重点学科之后，这些年届花甲的前辈们重新焕发出青春的活力，以极为饱满的热情投入到农业工程学科恢复和创建中。正是他们坚忍不拔的坚守，才使他们将星星火种播撒在广袤大地，并迅速形成了燎原之势。到20世纪80年代中期，农业工程在全国已经遍地开花，有了国家级的中国农业工程研究设计院、有了中国农业工程学会、有了《农业工程学报》、有了北京农业工程大学（1995年9月与北京农业大学合并组建中国农业大学）、创办了最具农业工程特色的农业建筑与环境工程新专业、各农业大学有了农业工程系、他们培养出的农业工程学科相关专业人才遍及祖国农业工程学科的各个领域等等，前辈们的理想在改革开放的年代得以实现。

农业农村部规划设计研究院（前身是中国农业工程研究设计院）是1978—1979年经15位时任国务院总理、副总理签字同意成立的国家级科研机构，足见国家领导人对这项事业的高度重视。据首任院长陶鼎来前辈回忆，建院伊始，农业部时任分管领导明确指示：新成立的研究院在农业工程学科内，除农业机械化和农田水利化不要涉及外，其他领域都可涉猎，同样，新成立的中国农业工程学会的活动范围亦是如此。于是，院领导发动第一代科研人员和全体职工下到农村广泛调研，很快从农业生产和农民生活中发现线索，总结归纳出土地利用工程、农村能源工程、农业建筑与环境工程、农副产品加工工程4个农业工程主要研究方向。

与此同时，农业工程科技在农业生产和乡村建设方面也在发挥着有目共睹的巨大作用：农业机械化和农业电气化彻底改变了我国农业以人畜力为主的生产方式，大幅提高了农业劳动生产率；现代农田水利设施工程为我国农业的高产稳产奠定了基础，大幅提高了农业土地产出率；设施农业高速发展从根本上解决了我国城镇居民的"菜篮子"问题，大幅提高了农业资源利用率；农村能源工程技术推广为提高我国农民生活品质、保护生态环境发挥了重要作用，大幅提高了农业废弃物资源化利用率；农产品加工技术对于我国农业增效、农民增收和农产品竞争力增强产生了突出成效，大幅提高了农产品价值和效益；农业信息工程技术快速应用于农业生物生产过程和农业装备的自动控制及经营管理，用于为农业的市场服务，成为农业科技创新最活跃的领域之一，大幅提高了农业生产和经营管理效率。农业工程技术在我国的应用和发展提高了我国农业从业人员的素质、农业生产过程的工业化水平和农产品的产量、质量与产值，增加了农民收入，提高了农民生活水平，消化和转移了数亿农村劳动力，推进了我国的城镇化进程，奠定了我国农业现代化的基础，对国家粮食安全和国民经济的可持续发展做出了重要贡献。

播火者留下的启示

2017 年 11 月，随着江苏大学教授、百岁高龄的高良润先生辞世，意味着 20 位前辈们为中国农业工程奋斗近 70 年的传奇故事告一段落，但却给中国的农业工程留下有益的启示。

启示一：农业工程成功导入中国是第二次世界大战反法西斯战争胜利的成果。正是因为中华民族投入反法西斯战争时间最早）、坚持时间最长、蒙受的损失最大，因此，赢得了反法西斯阵营同盟国家的普遍尊重，在战后重建规划里，向中国导入农业工程才成为联合国善后救济总署援华项目中的重要内容。

启示二：农业工程成功导入中国是战后中美两国人民友谊的结晶。无论是当时美国政府对邹秉文先生给予的足够尊敬、美国大学教授来华帮助中国高校创办农业工程系培养专业人才，还是美国企业万国农具公司慷慨解囊资助 20 位公派留学生，都说明美国人民对中国人民是友好的，应该珍惜两国间人民的这种友谊。

启示三：农业工程成功导入中国是因为有一批有志之士长达 70 年百折不挠的坚持和守望。无论国内环境是顺境还是逆境，无论个人境遇是荣是辱、是沉是浮，他们都能一如既往坚守农业工程的初心，最终迎来了农业工程的高光时期。

启示四：农业工程成功导入中国是这门学科在中国赶上了一个好的时代。20 世纪 50 年代初，由于全盘照搬苏联模式，我国用农业机械化、电气化、农田水利化替代农业工程，致使农业工程长期被打入"冷宫"。直到改革开放，经过真理标准问题大讨论，国家认识到农业工程既是符合国际农业科技发展潮流，又能解决我国农业农村实际问题的一门科学，于是拨乱反正，让农业工程重见天日。

本书由中国农业工程学会、凯斯纽荷兰（中国）管理有限公司、中国农业出版社共同编撰，由中国农业出版社出版。在本书即将付梓之际，本书编委会向为本书编辑出版做出奉献的各方人士表示衷心感谢，愿本书的出版发行能为中国的农业工程留下浓墨重彩的一笔。

本书编委会

2023 年 5 月

Preface

Agricultural engineering, as its name implies, is engineering applied to agriculture. It is multidisciplinary and comprehensive science and technology formed by the principles and technologies of application engineering, biology, information and management science. Agricultural engineering takes complex agricultural systems as the object, studies the interaction law of agricultural organisms, engineering measures, environmental changes, etc. , and promotes the breeding, growth, transformation and utilization of agricultural organisms by advanced engineering and industrial means.

The history of the science of agricultural engineering is not very long, originating in the early 20th century—so far not much more than 100 years—but it is a rapidly evolving discipline. Within a century, various branches within the discipline have developed completely, and it has been widely used in actual agricultural production, achieving impressive results. It was rated as one of the ten most influential science and technology disciplines in the 20th century by the American scientific community. Agricultural engineering first appeared in North America and Europe and was rapidly promoted around the world. The establishment conference of the American Society of Agricultural Engineers held in Wisconsin, United States in 1907, is so far a landmark event in the history of the development of the agricultural engineering discipline. This discipline is not only in developed countries in North America and Europe, but also in developing countries in Asia, Africa, and Latin America, so that it has become a subject for the benefit of all humankind. Agricultural engineering is still a developing discipline. With the continuous progress of science and technology, new technologies and achievements are increasingly introduced into agriculture. The agricultural engineering discipline is constantly enriched and improved, always at the forefront of agricultural science and technology, and providing strong equipment and facility support for sustainable agricultural development.

Today's China, more than 70 years since the founding of the People's Republic of China (especially after more than 40 years of rapid development after reform and opening – up), has become a major and powerful agricultural engineering country in the world. While we are proud of the great achievements of today's agricultural engineering, we are more nostalgic for the pioneers who introduced agricultural engineering to our country. It is they who used the "golden plow" in their hands to break the frozen soil of the Chinese countryside for thousands of years and harnessed the earth's resources to turn farming into a productive industry. They are the respected pioneers of China's agricultural engineering cause.

Cross Oceans to Gather Fire

In the mid – 1940s, as the Second World War was coming to an end, a conference was held in the United States to discuss the post – war reconstruction of the great Allied powers countries. At the meeting, China, which had suffered long – term damage and had shown great support to the Allies, received widespread sympathy and attention. At that time, Mr. Zou Bingwen (Dr. P. W. Tsou), senior adviser to the Ministry of Agriculture and Forestry of Nanjing Government and representative to the United States, the first representative of China to the Food and Agriculture Organization of the United Nations, and the Chinese head of the Sino – US Agricultural Technical Cooperation Mission, delivered a famous speech "China Must Have Agricultural Engineering" at the annual meeting of the American Society of Agricultural Engineers in 1944. For the first time, agricultural engineering was linked to the interests of the Chinese nation and to the ancient rural areas of China. From the proposal of Mr. Zou, to the introduction by pioneers, and then to the unremitting efforts of several generations, agricultural engineering has a history of nearly 80 years in China.

Mr. Zou Bingwen was a man who dared to think, speak, and do more. After his efforts, mediation, and coordination, the United States finally sent four top agricultural engineering scholars to China in the United Nations Relief and Rehabilitation Administration (UNRRA) 's aid package, including Professor J. B. Davidson of Iowa State University, who is known as the father of agricultural engineering, to help National Central University and

Nanking University respectively set up an agricultural engineering department. In 1945, sponsored by International Harvester (IH), the Ministry of Education of the Republic of China publicly recruited 20 undergraduates to go to the United States to study for a master's degree in agricultural engineering. It can be said that Mr. Zou Bingwen is the first pioneer of agricultural engineering in China.

From May to August 1945, at the end of the war, after examination and strict selection, those 20 international students left for the United States in two batches. They were: Tao Dinglai (Peter Tao), Zeng Dechao (Joe Tseng), Wang Wanjun (Albert Wang), Zhang Dejun (Thomas Chang), Zhang Jigao (Edward Chang), Shui Xinyuan (Walter Sway), Yu Youtai (James Yu), Wu Xianggan (Kenneth Wu), Wu Kezhou (Lawrence Wu), Wu Qiya (Charles Wu), Gao Liangrun (Leon Kao), Li Hanru (Alexander Lee), Xu Mingguang (Schubert Tsu), Cui Yin'an (Emerson Tsui), Li Kezuo (Henry Li), Fang Zhengsan (Wallace Fang), Chen Chengzu (Robert Chen), He Xianzhang (David Hoh), Cai Chuanhan (John Tsai), and Xu Peizong (James Hsu). At that time, the threshold for selecting government‐sponsored graduate students was very high, requiring not only three years of social practical experience after graduating from university, but also the major of the undergraduate study was either agronomy or mechanics. After arriving in the United States, according to the plan agreed by Mr. Zou Bingwen, International Harvester Company (IH) and the relevant units, 10 students studying mechanics entered the Agricultural Engineering Department of the University of Minnesota; and 10 students majoring in agronomy were enrolled in the Department of Agricultural Engineering at Iowa State University. In addition, there were more than 10 students who had been to the United States as trainees of a "lend‐lease" project, or through other ways to study in the United States, France and Belgium. These people basically returned to China before and after the founding of the People's Republic of China to engage in agricultural engineering work. This rather strategic measure not only for the Chinese nation at that time, but also for the People's Republic of China, which was born shortly after, cultivated a group of pioneers in the field of agricultural engineering. Mr. Zou Bingwen is loved and respected by the country and the people. After returning from the United States in the 1950s, he had been working as a consultant in the Ministry of Agriculture.

Bring Back the Spark after Innumerable Hardships

When those 20 Chinese students went to the United States, they found agricultural engineering was still a subject to be perfected. For Americans, although the Society of Agricultural Engineers had been in existence since 1907, and some universities had agricultural engineering departments, the strict scientific definition of agricultural engineering and the scope of the discipline had not been clearly defined. For the newly arrived Chinese students, there was no agricultural engineering in China, and they had not heard of agricultural engineering before going to the United States. When they took the selection exam in China, the enrollment major was agricultural implements. Not only they, but also their teachers, did not know agricultural engineering clearly. According to Mr. Tao Dinglai's memories, in 1946, they met Professor Liu Xianzhou, a teacher from Southwest Associated University and Tsinghua University, in the United States. When he heard that their major was agricultural engineering, Professor Liu Xianzhou was surprised. This meant that for the 20 students who went to the United States, everything had to be learned from scratch, not simply gold–plated. The fact that Mr. Zou Bingwen and International Harvester Company (IH) had carefully arranged for agricultural graduates to major in mechanics and mechanical graduates to major in agriculture, was tantamount to making graduate students re–learn the undergraduate major. Today, more and more people of insight in China are talking about the combination and integration of agriculture and agricultural machinery, but they do not know that these predecessors who learned agricultural engineering were already the trailblazers who combined agriculture and agricultural machinery.

In order to learn the real skills, the predecessors made a lot of hard work during their study in the United States, which reflected several characteristics:

First, a firm belief in scientific service to the country, and belief that the transformation of China's rural areas by engineering is the way forward for the development of China's agriculture and rural areas. For this reason, the vast majority of them resolutely chose the research direction of agricultural mechanization and agricultural machinery in the four available research directions of agricultural engineering at that time, namely, agricultural mechanization and agricultural machinery, soil and water relations, rural construction, and electrification, hoping that one day agricultural machinery could be used in large quantities on the land of China.

Second, like a sponge to draw water—a thirst to learn modern scientific knowledge. In the part of Mr. Tao Dinglai's memoir in this book, you will see that the University of Minnesota offered agricultural courses for international students who had graduated from the mechanical major, all of which were courses that they had not come into contact with, or even heard of in China. However, with extraordinary perseverance, they overcame the language, course learning, design and graduation thesis in three years, and all of them got the master's degree in agricultural engineering on time.

Third, pay attention to social practice, and strive to combine the knowledge learned with agricultural production practice. It should be said that the teaching content design of American universities and the elaborate arrangements of International Harvester Company (IH) are still very distinctive, advocating that students participate in social practice activities. Through practice, they not only knew how to apply the knowledge of agricultural engineering correctly in agricultural production, but also learned to observe the American society and understand the American economy and American people in all aspects. The labor practice laid a solid foundation for some of them to respond to the call of the motherland after returning home, especially after the founding of the People's Republic of China. They quickly became the pioneers of the first generation of state – owned mechanized farms, and their contribution will be remembered forever.

Fourth, sincere patriotism into a firm commitment to the country. In 1947, after completing their graduation thesis, students from the University of Minnesota began to discuss the future of rural China. On their way to Boston during the summer vacation, they came across Professor Chen Hengzhe, a famous Chinese female writer who was visiting to give lectures. After they told Professor Chen what they wanted in their hearts, eight graduates jointly wrote "Exploring a Way Out for China's Agriculture" at Professor Chen's request, and put forward a slogan "Intellectuals Should Hurry Up And Join Hands With Farmers", thinking that this was the greatest hope for China, and the way to work together was to create productive farms. This article was recommended by Professor Chen Hengzhe and published in the September 1947 issue of *Observation* magazine hosted by Mr. Chu Anping in Shanghai, which caused great repercussions in China at that time. History has shown that these predecessors have always supported China's agricultural engineering edifice with their spines.

Fifth, they gave up the lure of all kinds of material interests, and resolutely returned to China on time. In 1948, when students were about to return to China to serve their motherland, the vast differences between China and the United States in every respect were obvious. As the outstanding sons of China, they were also loved by the American people and the American academic and business circles, and several graduates also obtained employment contracts from American companies after graduation. However, these seniors believed that the stage on which they could really display their talents was in China, in the Chinese countryside, so they declined the kindness of the American people and made the decision to return home as scheduled. In 1948, except for one student who continued to study for a doctorate in the United States and one who delayed returning to China (but later returned to China in 1956), the remaining 18 people returned to their motherland on the same ship.

Sow Fire Without Complaint or Regret

When the predecessors returned to the motherland, it was the darkest period before the dawn, the Kuomintang regime was in turmoil, and the social, political, economic, military and other aspects were in shambles. But these did not affect their enthusiasm for serving the country. As soon as the Ministry of Education of the Nationality Government announced the assignment, all of them immediately went to their respective posts, all engaged in agricultural engineering, agricultural machinery and other related work, and strived to achieve their ideals.

However, the Kuomintang government, which was on the verge of collapse, had no time to care about agriculture, the countryside, and the peasants. The lofty ideals of its predecessors could not be realized under the old regime. By May 1949, Nanjing and Shanghai were liberated one after the other, and the new people's government was established. During this period, the predecessors refused the threat and inducement of the Kuomintang authorities to coerce intellectuals to go to Taiwan, and insisted on staying in the mainland of the motherland. Mr. Gao Liangrun and Mr. Tao Dinglai had already obtained employment certificates issued by Taiwan universities. Mr. Tao went to Taiwan and returned to the mainland just before the fall of the Kuomintang regime. Mr. Gao simply dropped the offer.

It should be noted that Mr. Cai Chuanhan, among the 18 who returned to China, died soon after his return due to illness, and Mr. He Xianzhang, who later returned to China, were actually among the 18 predecessors who spread the fire of agricultural engineering without complaints and became the founders and pioneers of China's agricultural engineering.

Saying that they have no regrets is mainly reflected in several aspects:

First, when the newly established People's Republic of China was in need of a variety of economic and social construction talents, they devoted themselves to the introduction and construction of agricultural engineering in China. Some of them engaged in agricultural engineering education, some engaged in agricultural engineering research, some founded mechanized state farms, and some participated in the establishment of agricultural machinery manufacturing enterprises. Everyone in the field of agricultural engineering had begun to play their own talents.

Second, in the early 1950s, after the domestic system no longer mentioned "agricultural engineering" because of the imitation of the Soviet Union, only agricultural mechanization, for a long period of time, the predecessors were under various pressures, forced to give up the professional field of agricultural engineering, and concentrated on agricultural mechanization work. Even so, the dream of agricultural engineering in their hearts never disappeared. Each made good achievements in the cause of agricultural mechanization, and made their own contribution to China's agricultural production.

Third, the National Science Conference was held in 1978, the spring of science came, and agricultural engineering was identified as one of the 25 key disciplines in urgent need of development in the country. After these years, the sixty year old predecessors regained their youthful vitality and invested in the restoration and creation of the agricultural engineering discipline with great enthusiasm. It was their perseverance that allowed them to quickly turn a spark into a fire. By the mid-1980s, agricultural engineering had blossomed across the country, with the state-level Chinese Academy of Agricultural Engineering Research and Planning, Chinese Society of Agricultural Engineering, *the Transactions of Chinese Society of Agricultural Engineering*, Beijing University of Agricultural Engineering (which was merged with Beijing Agricultural University in September 1995 to form China Agricultural University), the new major of agricultural building and environmental engineering with the most agricultural engineering characteristics. The agricultural universities had agricultural engineering departments, and the agricultural engineering discipline related professionals trained by them had spread to all parts of the country's agricultural engineering disciplines. The ideals of the predecessors were realized in the era of reform and opening up.

The Academy of Agricultural Planning and Engineering of the Ministry of Agriculture and Rural Affairs (formerly the Chinese Academy of Agricultural Engineering Research and Planning) was established in 1978 – 1979 with the signature of 15 then Premier and Vice Premiers of The State Council, which showed that the national leaders attached great importance to this cause. According to the memories of the first president, Tao Dinglai, at the beginning of the establishment of the Institute, the then responsible leaders of the Ministry of Agriculture clearly instructed that, for the newly established institute, all areas within agricultural engineering discipline could be studied, except agricultural mechanization and farmland water utilization design. Similarly, the scope of activities of the newly established Chinese Society of Agricultural Engineering was also the same. Therefore, the leadership of the institute launched the first generation of researchers and all staff to the countryside to conduct extensive research, quickly found clues from agricultural production and farmers' lives, and summarized the four main research directions of agricultural engineering: land use engineering, rural energy engineering, agricultural building and environment engineering, and agricultural and sideline product processing engineering.

At the same time, agricultural engineering is also playing a huge role in agricultural production and rural construction. Agricultural mechanization and agricultural electrification have completely changed the production mode of China's agriculture based on human and animal power, and greatly improved agricultural labor productivity. Modern farmland water conservancy facilities projects have laid the foundation for high and stable agricultural production in our country, and greatly increased agricultural land yield. The rapid development of facility agriculture fundamentally solved the problem of food security for urban residents in China, and greatly improved the utilization rate of agricultural resources. The popularization of rural energy engineering technology has played an important role in improving the life quality of Chinese farmers and protecting the ecological environment, and has greatly increased the utilization rate of agricultural waste resources. The processing technology of agricultural products has produced outstanding results for increasing agricultural efficiency, increasing farmers' income and enhancing the competitiveness of agricultural products, and greatly increased the value and benefit of agricultural products. Agricultural information engineering technology is rapidly applied to agricultural biological production processes and the automatic control and management of agricultural equipment, and is used to serve the agricultural market. It has become one of the most active fields of agricultural scientific and technological innovation, and has greatly improved the efficiency of agricultural production and management. The application and development of agricultural engineering in China has improved the quality of agricultural employees, the industrialization level of agricultural production process, and the output, quality and output value of agricultural products, raised farmers' income, improved farmers' living standards, digested and transferred hundreds of millions of rural labor force, promoted the process of urbanization in China, and laid the foundation of agricultural modernization in China. It has made important contributions to national food security and sustainable development of the national economy.

Revelations from Pioneers

With the passing of 100 – year – old professor at Jiangsu University, Mr. Gao Liangrun, in November 2017, the legendary story of the 20 predecessors who fought for China's agricultural engineering for nearly 70 years came to an end. Their story has become a powerful inspiration for China's agricultural engineering.

Revelation 1: The successful introduction of agricultural engineering into China was the result of the victory of the great Allied powers in the Second World War. Because the Chinese nation invested and persisted for the longest time, and suffered the greatest losses, it won the general respect of the allied countries. In the post – war reconstruction planning, the import of agricultural projects to China became an important part of UNRRA's aid package in China.

Revelation 2: The successful introduction of agricultural engineering into

China is the crystallization of the friendship between the Chinese and American people after the war. The US government's sufficient respect for Mr. Zou Bingwen, the American university professors who came to China to help Chinese universities set up agricultural engineering departments to train professional talents, and the US company International Harvester (IH) generously funding 20 government – sponsored students, all showed that the American people are friendly to the Chinese people and should cherish this friendship.

Revelation 3: The successful introduction of agricultural engineering into China is due to the perseverance and watchful efforts of a group of people with noble ideals for 70 years. Whether the domestic environment and their personal situations were good or bad, they stuck to the original heart of agricultural engineering, and finally ushered in the highlight period of the discipline.

Revelation 4: The successful introduction of agricultural engineering into China was a good time for the discipline to catch up in the country. In the early 1950s, due to the wholesale copying of the Soviet model, China replaced agricultural engineering with agricultural mechanization, electrification and farmland water utilization, resulting in agricultural engineering being "put on ice" for a long time. Until the reform and opening up, through the discussion of the truth, it was realized that agricultural engineering was not only in line with the development trend of international agricultural science and technology, but also a science that could solve the actual problems of Chinese agriculture and rural areas. And so agricultural engineering once again saw the light of day.

This book is jointly compiled by the Chinese Society of Agricultural Engineering, CNH (China) Management Co., LTD., and China Agriculture Press, and published by China Agriculture Press. As this book is about to be published, the editorial board would like to express heartfelt thanks to all those who have contributed to the editing and publication of this book. We hope that the publication of this book will leave a strong mark on China's agricultural engineering.

Editorial Board

May 2023

农业工程学科在中国的导入与发展 /

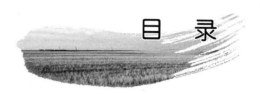

目 录

序言

INTRODUCING AND DEVELOPING AGRICULTURAL ENGINEERING IN CHINA

Contents

农业工程学科在中国的导入与发展 /

4

第一篇

农业工程学科在
中国的确立与发展

农业工程学科在中国的确立与发展

中 国 工 程 院 院 士
中 国 农 业 大 学 教 授 汪懋华
中国农业工程学会荣誉理事长

一、农业工程学科的源起

农业工程学起源于美国，1905 年，美国的 J. B. 戴维森教授在艾奥瓦州立大学建立了世界上第一个农业工程学系，并亲自担任系主任，开启了美国农业工程专门人才培养教育事业，他也因此被尊为"农业工程学之父"。

1907 年 12 月，美国农业工程师学会（American Society of Agricultural Engineers，ASAE）在威斯康星大学正式成立，这个组织由 J. B. 戴维森教授等 7 人发起，经费来源于会员的会费和销售各种出版物的收入。学会理事会 26 人，由会员选举产生，学会会员遍及世界各国。学会下设两大部：一个是技术部，下设动力与机械、土与水、电力与加工、建筑与环境、食品工程 5 个专业委员会；另一个是地区部，在美国和加拿大的 51 个地区设立了分部。学会还设有行政管理处，负责教育、科研、职业开发、财务管理、出版、奖励等方面的工作。主要活动内容包括组织美国和世界各国著名农业工程教育工作者交流教学计划、课程设置和教学方法方面的经验，出版农业工程科技人员的研究成果。学会的出版物有：《农业工程》《美国农业工程师学会学报》《农业工程年鉴》《美国农业工程师学会专刊》和各种会议纪要、学术论文及其缩微胶片等。1908 年，美国农业部设立农业工程局。农业工程事业的发展对美国农业现代化和国民经济的进步起了重要的作用。

在美国农业工程学会成立之初和以后相当长的一段时间里，农业工程师们所面临的最大挑战就是满足提高农业生产率、推进农业机械化的需求。这种需求的驱动力主要来自两个方面：第一，当时大多数的美国人口居住在乡村，对将农民从艰苦的户外农业劳动中解放出来的技术和装备的需求成了美国农业发展的主要需求；第二，当时新兴产业的建立需要大量的劳动力，居住在乡村的美国人除了从事农业生产外，还要为新兴产业的发展而工作。这样，唯一的出路就是通过新技术、新装备的应用，提高农民的劳动生产率，把他们解放出来参与新兴产业的建设。因此，当时美国农业工程学会提出的学会目标就是促进工程科学技术在农业中的应用，提高农业劳动生产率。

从那时起，美国的农业工程师们根据这一目标，研发了大量能够节约劳动力的农业机械、农业建筑物、灌溉与排水系统、农业电气化和农产品的加工装备技术等。这些农业工程新技术和新装备的发明，为美国现代化农业的发展做出了重大贡献。1870年，美国有超过一半的劳动力从事农业生产，而到了2001年，尽管农业产业链从业人口仍大于18%、农业产值占国民总产值的16%，然而直接参与农业生产的人口却大约只剩下2%，每个农民可养活128人。

到了20世纪30年代，在苏联和欧洲，国家级的研究机构、农业工程师学会组织和国际农业工程协会（Commission Internationale du Genie Rural, CIGR）相继建立起来。其中，CIGR于1930年在比利时成立，是农业和生物系统工程界规模最大、学术地位最高的国际学术机构。它由各国代表农业和生物系统工程界的组织以国家（或地区）名义自愿加入作为成员。目前，CIGR团体成员包括美国农业与生物工程师学会、亚洲农业工程师学会、欧洲农业与生物系统工程师学会、拉丁美洲和加勒比地区农业工程师学会、东南非洲农业工程师学会、东南欧洲农业工程师学会等区域农业工程师学会、协会以及众多国家的国家级农业工程师学会。按照CIGR章程，中国农业机械学会(CSAM)和中国农业工程学会（CSAE）1989年冬以"中国农业机械学会和中国农业工程学会联合会"（Chinese Tederation of CSAM & CSAE）的形式加入CIGR作为国家级会员单位。CIGR曾先后被联合国粮农组织于1958年、联合国教科文组织于1966年、联合国工发组织于2004年授予特别咨商地位。国际农业工程委员会主席总任期为六年，分别为担任即任主席（Incoming President）、主席（President）和卸任主席（Pass President）各两年。2004年，CIGR国际农业工程学术大会在北京举办，由中国农业机械学会和中国农业工程学会联合承办，我本人担任了大会主席，这是CIGR成立70多年第一次在中国举行国际会议。2018年9月，CIGR第十八届国际农业与生物系统工程大会在北京举办，时任国务院副总理汪洋莅会致辞，会上第一次选举中国农业工程学者为CIGR主席，足见国际农业工程学界对当今中国农业工程学科的高度认可。

在一个多世纪的历史发展长河中，农业工程学科在世界范围内迅速发展。1999年，美国国家工程院联合有关学术组织评选出"20世纪对人类社会做出最伟大贡献的20项工程科学技术成就"，其中"电气化（含农村电气化）"排在第一位，"农业机械化"排在第七位。

二、农业工程学科在中国"枯木逢春"

在我国，农业工程学科的发展较为曲折。将农业工程学科漂洋过海引入中国的第一人是邹秉文先生。邹先生原籍江苏省吴县，出生在广东省广州市，是中国植物病理学教育的先驱。辛亥革命前赴美国留学，1915年获美国康奈尔大学农学学士学位，1916年回国。20世纪40年代任过南京中央大学农学院院长、中华农学会会长。1944年6月，邹秉文先生以他当时任联合国粮农组织筹委会副主席和中国农林部驻美代表的身份，莅临美国农业工程师学会年会，发表了"中国需要农业工程"的演说。他说："中国人口众多，尤其是农村人口占到全国人口的80%以上，每平方英里①耕地面积要负担900～1 900人，有些地方甚至达到4 000人，结果便形成了小农经济。一般农户的耕地面积仅4英亩②，所创造的收入不足维持农民及其家属的正常生活。由于这个明显的原因，提高农民生活水平的第一步工作，就是必须扩大农户的生产规模。我们希望看到中国农民把耕地面积扩大10倍，从4英亩扩大到40英亩。但中国农民使用的农具不适应扩大耕地面积的要求，中国需要一批有创造力的农业工程师来改进手工和畜力农具，并制造拖拉机，以满足东北、华北以及西北广大平原地区的需要。"

在这个基础上，邹秉文先生致力于推动位于芝加哥的美国万国农具公司帮助中国培养农业工程专门人才的合作计划，经他反复磋商协调，万国农具公司与中国政府于1944年达成协议，由万国农具公司出资，艾奥瓦州立大学派出4名教授连同教学实验设备到中国，于1948年帮助在中央大学和金陵大学各建立一个农业工程学系；同时选派7名大学毕业生得到"租借法案"公费资助，赴美国学习农业机械。1945年，又有20名大学毕业生得到万国农具公司的资助，考取了公费留学生资格到美国明尼苏达大学和艾奥瓦州立攻读农业工程硕士学位，其中10位毕业于大学本科机械制造专业，10位毕业于大学本科农学专业。1948年1月，他们中的部分学者在美国加利福尼亚州联合发起了"中国农业工程师协会首次筹备会"。其中18人学成后于新中国成立前夕回国，1人1956年回国，只有1人留在了美国。这20位前辈的名字是陶鼎来、曾德超、王万钧、张季高、水新元、余友泰、李翰如、徐明光、高良润、吴相淦、吴克騆、吴起亚、张德骏、崔引安、方正三、李克佐、陈绳祖、何宪章、蔡传瀚、徐佩琮，他们中的绝大多数成为新中国农业工程领域和农业机械化事业的

---

① 英里为非法定计量单位，1英里≈1.61千米。——编者注
② 英亩为非法定计量单位，1英亩≈0.4公顷。——编者注

开拓者与栋梁之才。

20世纪50年代初进行的全国高等院校院系调整，由于受东西方社会主义与资本主义两大阵营"冷战"思维的影响，我国一边倒地学习苏联的教学模式和教学体系，认为农业工程是美国和西方资本主义的东西，而农业机械化才是社会主义的内容。因此，仅有的两个农业工程系——南京大学（原中央大学）农业工程系和金陵大学农业工程系被撤销，合并成立了南京农学院农业机械化系。当时，从美国学习农业工程归来的吴相淦教授，因主张保留农业工程系发表了不同意见，1957年"反右"运动期间被打成了"右派"，蒙冤20余载。自此，农业工程学科一片噤声，还未起步就已夭折，各大专院校、科研机构，包括行政管理部门，只提农业机械化和农田水利化，无人再言农业工程。

直到1978年全国科学大会召开，科学的春天终于来临。在大会筹备期间，从学术各界抽调一批人员参加起草相关文件和领导的重要讲话，在国务院分管领导同志听取大会报告起草工作的汇报时，参加汇报会的几位农机界专家，包括从美国学习农业工程归来的南京农机化研究所水新元研究员以及李守仁、郭栋材等人抓住机会，突然在会上明确提出应把农业工程学与农业生物学一起列入国家今后需要重点发展的25门学科。他们在会上慷慨陈词，阐述我国只有农业机械化和农田水利化，而没有农业工程这样一门学科，也没有培养这方面的人才，这与世界农业发展的潮流不符，对我国农业现代化建设也是非常不利的。与会国务院领导敏锐感觉到这是个有发展前途的学科，于是同意写入大会报告，并列入科学大会制定的科学发展规划，在大会报告中提出的亟待加强的25门技术科学中，农业的两门为农业生物学和农业工程学。至此，农业工程学科在我国才枯木逢春。

全国科学技术大会闭幕不久，国家科学技术委员会建立了农业工程学科组，农林部朱荣副部长为首任学科组组长，留美归来的陶鼎来先生担任副组长，留美归来的张季高先生参加了学科组工作。与此同步，经国务院15位总理、副总理签字同意，1979年成立了中国农业工程研究设计院（今农业农村部规划设计研究院前身），任命陶鼎来先生为首任院长，负责筹备建院工作。最初，农林部计划成立农业工程局，后因种种原因没能落实，为了农业工程能有自上而下的"腿"，由部分留美归来的前辈专家学者提议，依托中国农业工程研究设计院发起成立中国农业工程学会，并于1979年在杭州召开了学会成立大会，朱荣副部长担任首任会长，陶鼎来院长担任副会长和首任秘书长。我本人有幸参加了学会成立的全过程，见证了我国发展农业工程学科框架体系的搭建。

三、推动"农业工程学"为一级学科

早在改革开放后的 20 世纪 80 年代年代初，时任农牧渔业部部长的何康同志就提出：现代农业科学是由农业生物科学、农业工程科学、农业经济与管理科学三大基本部分组成的。到 1984 年，农牧渔业部根据何康部长关于实现"由传统农业向现代农业转化和由自给自足的自然经济向商品经济转化"的指示，明确提出了急需加强的四个薄弱学科：一是农业生物科学，二是农业工程科学，三是农业经济与管理科学，四是食品科学与工程学科。为了解决这四大薄弱学科发展的问题，农牧渔业部专门召开了四大薄弱学科的学科建设、研究生教育研讨会，找了很多高层专家来分别研究四大学科下一步究竟该怎么发展。

1985 年冬，农业工程学科建设研究生教育研讨会在北京香山别墅召开，我当时是北京农机化学院副院长，负责筹备和主持会议。为了集思广益，广泛征求意见，我把曾留学美国学习农业工程的陶鼎来、曾德超、王万钧、张季高等老一代专家、学者们请来参会。

农业工程学科的发展之所以首先要从研究生教育谈起，原因是 1980 年第五届全国人大常委会第 13 次会议通过《中华人民共和国学位条例》建立学位制度以来，农业工程只在农学门类下设有"农业机械化与电气化"一个一级学科，下设农业机械化、畜牧业机械化、农业电气化三个二级学科。三个二级专业学科中只有农业机械化一个专业可以培养博士研究生，其他两个专业还没有取得培养博士生资格。在第一、二、三批学位授予权评议期间（1981—1986年），正在争取博士学位授予权的农业工程学科及专业，按照实施的专业目录（草案），被分为"工""农"两条战线。在工学门类"机械设计与制造"一级学科专业下设的二级学科中有"农业机械设计制造"专业，是由"机械制造学科评议组"负责评审。在农学门类"农业机械化与电气化"一级学科下设的二级学科中有"农业机械化"专业，由"农经、农业机械化学科评议组"负责评审。这种情况令从事农业工程教育的同仁们一直耿耿于怀，总希望有个机遇能够突破这个框框，而这个会议开得很及时，反映出了农业工程教育工作者们的心声。

其实，农业工程学科的研究生教育不但在中国的发展举步为艰，早年在美国的发展也同样不易。1945 年，万国农具公司资助的 20 名学习农业工程的留学生到达美国后，后来担任中国农业工程研究设计院首任院长的陶鼎来先生惊讶地发现，农业工程学科不仅中国没有，美国的大学也没有。虽然在 1907 年美国就已经成立了农业工程师协会，社会上已经有了农业工程师，但在大学里的农业工程系，农业工程教学内容是分散的，学习土木建筑的工程师为农业提供服务叫农业工程师，学习水利的工程师为农业服务叫农业工程师，学习机械制造的工程师为农业服务也叫农业工程师，不过是把各自原来成熟的专业技术用在了农业上，实际上还是干着各自的老本行，农业工程系就是没有专门的农业工程课程。明尼苏达大学农业工程系的研究方向分为4个，农业机械化和农业机械、水土关系、农村建筑、电气化，研究生入学后愿意学习哪个方向都行。以致1947年学习农业工程的20位硕士研究生毕业时，想考农业工程博士研究生，居然没有一所大学的农业工程系有博士培养点和学位授予权，美国大学农业工程系招收博士研究生是20世纪50年代以后的事情了。

正因为有了国外培养农业工程研究生的前车之鉴，与会的专家学者们分外珍惜这次宝贵的机遇，特别是曾留学美国的几位农业工程学前辈们激昂的发言，更是给主持会议的我留下深刻印象。通过充分讨论，会议做出几点结论：一是应该参照国外的惯例，将一级学科名称更改为农业工程；二是农业工程学科是培养工程师的，应该是工学门类下面的一级学科；三是原来农业工程下面只有三个二级学科，经过讨论，大家认为二级学科不应只有3个而是应该有12个。于是，作为会议成果，列出了一张农业工程作为工学门类一级学科并下设12个二级学科的清单。

会议结束后，我立即找国务院学位办的负责同志汇报会议讨论情况。当时，学位办的政策比较宽松，我向他们介绍了会议的情况以及做出的结论后，国务院学位办马上同意研究我们提出的要求，并很快有了结论。到1986年4月，国务院开始进行第三批学位授予审批工作时，各学校已经可以按照农业工程一级学科和新设的12个二级学科进行申报。12个二级学科是：农业机械化、农业电气化、农业机械、畜牧业机械化、农田水利、农产品加工工程、农业能源工程、农业建筑与环境、农业系统与管理、农业电子技术与自动化、土壤开发与利用工程、生物技术应用工程。经过农业工程领域专家学者的鼎立推动，第三批学位授予审批工作中农业工程领域斩获颇丰，部分学校取得了10个试办专业硕士学位的授予权：

农业机械——南京农业大学；农业建筑与环境——北京农业工程大学；农产品加工工程——北京农业工程大学、江苏工学院、西北农业大学；农业电子技术与自动化——北京农业工程大学；农业能源工程——北京农业工程大学、沈阳农业大学、东北农学院；农田水利——北京农业工程大学、沈阳农业大学、中国农业科学院；土地开发与利用工程——东北农学院；农业系统及管理工程——北京农业工程大学、吉林工业大学、东北农学院；土地利用管理与农业资源经济——华中农业大学；农业系统工程——中国农业科学院等。

在那个阶段，大学老师们能否当上博士生导师不是各个学校自己能够审定的，需要向国务院学位委员会申报，由相应的学科评议组来评审决定。这样一来，不仅是农业工程，各学科门类也都增加了不少二级学科和专业，学科构架调整取得了重要进展。

1985年2月，曾德超教授和我一道被任命为国务院学位委员会第二届学科评议组成员，我还担任了农经·农业机械化学科评议组（即后来的"农业工程学科"评议组）的召集人。

1986年，由我主持，在西南农业大学召开了第二届农经农业机械化学科评议组会议，这时我是北京农业工程大学的副校长。会议内容是评议博士生导师、博士学位授予权和硕士学位的授予权。会议总共邀请了12位专家，按照12个专业的申请来评审，但是这次评审有个制约条件，各个专业不能上来就直接申请博士学位授予权，须采取递进的方式，首先要申请到硕士学位授予权，有硕士学位授予权的专业才有资格申请博士学位授予权。这次会议标志着我国农业工程学科结构调整取得了重要进展。

1987年，国务院学位委员会又对全国高等院校和科研机构授予博士、硕士学位的学科专业目录组织进一步的论证和修改，成立了学科专业目录修改小组，要求每个学科讨论审议如何归纳合并相近的专业。这时我被任命为农业工程学科专业目录修改小组组长，负责在会上组织进行论证，国务院学位委员会的一位工科处长也参加会议进行指导。经过开放性讨论，会上提出了农业工程作为工学门类下的一级学科，下设8个二级学科的建议，获得了国务院学位委员会的批准，于1990年正式颁布在全国统一实施。这次颁布的《授予博士硕士学位和培养研究生的学科专业目录》中，明确了"农业工程"作为工学门类下属一级学科，设立8个二级学科专业授予工学博士、硕士学位；国务院学位委员会正式成立了"农业工程"学科评议组，并于1990年第四批、1993年第五批和1996年第六批学位授权评议中实施。8个二级学科专业分别是：农业机械化工程、农业机械、农业电气化与自动化、农业生物环境与建筑、农业水土资源利用、农村能源工程、农产品加工工程、农业系统工程与管理工程。1993年，在新颁布的《普通高等学校本科专业目录》，农业工程类（0814）作为工学（08）门类下的一级学科，下设8个专业：农业机械化（081401）、农业建筑与环境工程（081402）、农业电气化自动化（081403）、农田水利工程（081404）、土地规划与利用（081405）、农村能源开发与利用（081406）、农产品贮运与加工（081407）、水产品贮藏与加工（081408）、冷冻冷藏工程（081409）。

1996年，国务院学位委员会又进一步组织第二次学科专业目录调整，其要点是学位委员会认为在总量上，各一级学科下设的二级学科太多，影响了研究生培养的质量，提出了原则上减少一半的要求。

经过充分讨论，大家逐渐形成共识，农业工程一级学科变成了下设 4 个二级学科专业：农业机械化工程、农业水土工程、农业生物环境与能源工程、农业电气化与自动化工程，一直到今天仍然沿袭了这 4 个专业。

由于学科内部团结，学科建设方向明确，从那时开始，全国高等学校农业工程学科建设进入了大发展时期，上了一批博士学位授权点：工学门类机械设计与制造一级学科专业下设的二级学科——农业机械设计制造专业，至第三批被批准具有博士授予权的单位有北京农业工程大学、吉林工业大学、江苏工学院、中国农业机械化化科学研究院；农学门类农业机械化与电气化一级学科下设的二级学科——农业机械化专业，至第三批批准具有博士学位授予权的单位有北京农业工程大学、东北农学院、南京农业大学、华南农业大学等。之前，农业院校中的大多数农业工程学科都是弱势学科，在学校的发展规划和资源配置上处于不利的地位，一批学校的农业工程学科拿到博士学科授权后，在学校的学科地位也发生了巨大变化，学科发展很快，为后来的博士后流动站和国家重点学科增列奠定了基础，为进入本校强势学科创造了条件。

1987 年起，农牧渔业部开始进行深化农业教育的改革，成立了全国高等农业院校教材指导委员会。1990 年以后，这个委员会又改名为全国高等农业院校教育指导委员会，我一直担任这个委员会的委员兼农业工程学科组组长。农业工程学科组下设 6 个专业组，分别是农业机械化、农业电气化与自动化、农田水利、农业生物环境工程、农村新能源、食品科学与工程。按照改革要求，各个组都要编写本专业的教材，这是一项划时代的工作，这批教材于1987—1990 年陆续完成，是供我国农业高等院校使用的第一代农业工程学科本科生教材。

到 20 世纪 80 年代末，农业工程学科经国务院学位委员会批准，确认为工学门类下属的一级学科，全国已有 70 多所大学开设了农业工程的本科生专业，增设了一批硕士、博士学位授予点。

四、农业工程在中华大地生根开花枝繁叶茂

如果说，是 1978 年科学的春天让湮没已久的农业工程学科重见天日，那么，改革开放的 40 多年则让农业工程学科得到迅猛发展，直至今日成绩斐然，中国的农业工程事业昂首走入世界的先进行列。前面所述，代表农业工程学科最高荣誉和地位的第十八届国际农业与生物系统工程大会 2018 年能在北京成功举办，就是一个鲜活的例子。

1985 年，是农业工程学科具有标志性意义的一年，发生了几个具有标志性意义的事件。第一，创办于 1952 年的北京农机化学院，经农牧渔业部批准，

这一年正式更名为"北京农业工程大学",农业工程学科有了自己的专属高校。自此开始,全国各农机院校都改成与农业工程相关的名称,各院校农业机械或农业机械化系也去纷纷改成与农业工程相关的名称,或新设立农业工程方面的专业。第二,成立于1979年的中国农业工程学会,1985年3月经国家经济体制改革委员会批准,由中国农学会下属的二级学会升格为中国科学技术协会所属的国家一级学会,获得了应有的学术地位。第三,经国家科学技术委员会、中国科学技术协会批准,1985年5月,由中国农业工程学会主办的《农业工程学报》正式创刊,目前已成为在国内外农业工程界最有影响的学术刊物之一。第四,在中国农业出版社出版的《中国农业百科全书》中,单独设立了《农业工程卷》,与农业机械化卷、农田水利卷并列,并在内容上作了划分。

作为最早成立的专门从事农业工程事业的工作机构——中国农业工程规划设计院(今农业农村部规划设计院),建院之初,按照农林部领导的意见,只做农业机械化和农田水利化之外的农业工程相关内容。建院之初,该院的研究领域和工作内容只有黄淮海盐碱地整治、农村能源、农村环境和农副产品加工4个方面。经过40多年的探索和发展,该院如今已涵盖农业机械化工程、农业水土工程、农业生物环境工程、农业电气信息与自动化工程、农产品加工工程、农村能源工程、土地利用、工程和农业系统工程8个主要的研究领域。以复杂的农业系统为对象,着重研究农业生物、工程措施、环境变化等的相互作用规律,并以先进的工程和工业手段促进农业生物的繁育、生长、转化和利用,为农业现代化建设、为打好脱贫攻坚战役、为实施乡村振兴战略都做出了应有的贡献。

时光荏苒、骏马过溪。不经意间农业工程漂洋过海,来到中国已有70多年,经过几代人的艰苦努力和传承,才有今天农业工程学科在中华大地生根发芽、开花结果、枝繁叶茂的打好局面。我们一定要珍惜这来之不易的大好局面,缅怀前辈、做好当下。

第二篇

中国农业与农业工程
报告（1949年）

中国农业工程工作组应中国政府邀请访问中国，通过研究与论证确定引进农业工程技术的可行性，并协助推进农业工程领域的教育培训。

该工作组计划是在中华民国农林部和教育部指导下开展的。

该计划由总部设在美国芝加哥的万国农具公司（International Harvester Company，IHC）资助，并得到了其他 24 家美国公司的协助。

汉森（Edwin L. Hansen）
麦考莱（Howard F. McColly）
史东（Archie A. Stone）
戴维森（J. Brownlee Davidson）
主席

伊利诺伊州芝加哥市
1949 年 6 月 1 日

注：1. 本篇的中文翻译获得 Iowa State University Library Special Collections and University Archives 的授权，并得到 Juliann Ulbrich 女士的大力支持。限于篇幅，原书"第九章　土壤与水利工程""第十章　农业房舍与卫生设施""第十一章　专题"未列入，原第十二章提前至中文版的第九章。

2. 本报告是农业工程在中国的导入的真实反映，出于尊重事实的考虑，本书保持了报告的原貌，敬请读者遵循历史唯物主义观点，历史地客观地阅读和理解。

前　言

1945 年初，中国农林部代表邹秉文博士向万国农具公司提出了一项将改良生产技术引入中国农业的教育计划。

该计划包括①：

（1）设立奖学金，此奖学金将用于为 20 名中国大学毕业生提供于美国三年大学教育和农业工程实践培训有关的所有费用。

（2）遴选 4 位经验丰富的农业工程师，成立农业工程工作组，研究农业工程技术在中国农业中的应用，进行实地示范，并协助开展教学工作。

（3）为中国三家研究和教育机构提供设备，包括农机、拖拉机、木工和金属加工机械、仪器以及工具，用于试验性实验室和车间，应足以使这些机构能够对现代农业设备和农业生产方法进行研究和对学生进行指导。

Arnold P. Yerkes（时任万国农具公司农场实践研究主管）和 Arthur W. Turner（时任美国农业部农业工程局局长，译者注）先生首先从技术角度对邹博士提出的方案进行了审查，然后将此事提交给万国农具公司高管。

董事会主席弗洛·麦考密克（Fowler McCormick）先生对晏阳初博士在中国的大众教育项目很感兴趣并在一段时期内提供了支持。在向公司介绍农业工程中的培训计划时，包括总裁约翰·麦考菲（J. L. McCaffrey）先生和执行副总裁霍特（G. C. Hoyt）在内的其他高管对该培训计划进行了认真的考虑。经过深思熟虑，万国农具公司最终同意资助邹博士的计划，并做了一些修改。

1945 年初，随着农业工程工作组 4 名成员的任命，该计划开始实施，该工作组于 1946 年 7 月 1 日开始积极开展工作。

1945 年 6 月，中国第一批学员抵达美国，揭开了他们的接受培训序幕。

1947 年 1 月，工作组的 4 名成员及其家人离开旧金山前往中国，并一直在中国工作，直至 1948 年 12 月，当时中国的政治及军事形势迫使他们不得不返回美国。

本报告一是阐述了农业工程教育计划的目的；二是描述了中国农业引进工程生产技术的地理、经济和社会条件；三是回顾了工作组在其工作期间的联系、活动以及所见所闻；四是给出了万国农具公司研究所奖学金获得者当时的

---

① 关于这一教育佳话起源的更多信息可查阅万国农具公司（芝加哥）于 1947 年出版的小册子《农业工程委员会》（*Committee on Agricultural Engineering*）。

就业情况。

　　工作组非常感谢该项目发起人万国农具公司始终如一的慷慨资助与鼓励。该项目是在董事会主席弗洛·麦考密克先生、总裁约翰·麦考菲先生、副总裁Robert P. Messenger和执行副总裁霍特先生的指导下开展的，这一点令人特别值得高兴。Arnold P. Yerks先生在制定该项目时也给予了很大的帮助，尤其是从技术和教育的角度。万国农具公司国外业务部的许多员工在国内外也以最有益的方式做出了贡献。

　　在工作组工作期间，诸多人员及机构给予了大量的帮助和礼遇，工作组成员在此一并表示感谢，特别值得一提的是，中国相关协会向来自国外的我们认真解释了控制众多惯例形式的条件和背景。

　　在此前言中我们无法列出所有提供了宝贵帮助的人员，工作组对此深表感谢，特别提及以下人员：

　　周诒春博士，前农林部长，1947年被任命为卫生部长；

　　左舜生博士，农林部长；

　　朱家骅博士，教育部长；

　　中央农业实验所（NARB）所长沈宗瀚博士，副所长吴福祯博士；

　　国立中央大学校长周鸿经，农学院院长邹钟琳，系主任罗清生博士；

　　金陵大学校长陈裕光博士，农林学院院长章之汶博士；

　　马保之博士：农林部农事司司长兼机械农垦管理处处长；

　　林继庸先生，中国农业机械公司总经理；

　　L. T. Woo先生，中央农业实验所农业工程系负责人；

　　Owen L. Dawson先生，美国领事馆农业专员；

　　慎昌洋行（Andersen, Meyer and Co., Ltd，万国农具公司在中国的代理商，译者注）总经理C. V. Schelke先生，经理助理L. S. Ku先生；

　　K. S Sie博士，美国农林部代表；

　　H. T. Chien先生，机械农垦管理处副处长；

　　徐天锡先生，机械农垦管理处副处长；

　　A. D. Faunce先生，机械农垦管理处处长助理。

　　中央农业实验所农业工程系、国立中央大学、金陵大学的工作人员。

　　大约有24家公司提供了拖拉机、机械、抽水机、仓储设施、书籍和教学说明材料，本报告后文会列出这些公司的名单，工作组在此对所有这些公司的协助与合作表示感谢。

第一章 农业工程工作组的成立及其目的

第一节 中国的重建计划

经过艰苦卓绝的八年全面抗战，中国遭受了巨大的苦难。许多中国人为了安全不得不暂时离开中国，中国的工业基础毁于一旦，交通及通讯设施被毁坏殆尽，农业也是千疮百孔。尽管如此，在战争结束之前，人们就已经着手为战后的重建制定诸多规划。中华民国国父孙中山博士对新共和国的发展规划作了充分的考虑，他在《中国的国际发展》一书中提出的规划，成为包括农业规划在内的许多复兴和发展规划的基础。

1944 年 5 月，时任中华民国农林部长代表的邹秉文博士，向美国经济协会，并于同年 6 月在美国农业工程师学会年会上再次提交了阐述中国农业改进规划及使其更加高效和现代化的报告[①]。

邹秉文的这些规划强调了机械或引进生产工程技术的重要性。之后，如前言所述，请求万国农具公司资助一项教育计划，以强化农业的这一阶段，从而由此成立了农业工程工作组，并在美国培养一批来自中国的农业工程专业毕业生。

在提交本报告时，邹秉文博士阐述了中国农业工程技术可能会起到的作用，培训一批该领域的专家并向中国派遣一个工作组来研究和示范这些技术的目的，这是非常合理的。

第二节 工程与农业的关系

在某种意义上来说应将农业视为一种产业，因为它是由从事生产食品以及用于衣食住行原材料的一群人所代表的。由于农业产品是基本的生活需要，因此人们普遍关注农业状况。

对工程的一种公认的理解是，这是一个需要专门培训和职业实践的领域，

[①] "China Must have Agricultural Engineering." P. W. Tsou, Agr. Eng., Vol. 23, p. 297. August 1944.

主要涉及劳动效率、能源利用以及建筑和制造材料。就像该行业的其他分支一样，农业工程处理的是与农业相关的工程。通过机械将动力应用于农业生产经营，因此，机械化一词常用于工程领域，但机械化不包括根据生产问题对工程进行调整的管理领域。

第三节　中美农业对比

中国农业是一种高度发达的人力农业，机器和动力的使用非常有限，有时被称为"园艺农业"。然而，在美国广泛使用的是机械和动力。中国农业缺乏工程技术，其结果就是，中国有 80％的人力或国家劳动力用于农业生产，但农业供应仍然不足。与此相反，美国并不缺乏工程技术，15％的人力即可产生盈余。需要指出的是在美国不同地区工程技术的使用差异较大，但 1/3 的土地产出了农产品总量的 80％。

第四节　农业的目标

每一个国家，无论大小，都设有一个政府部门——农业部，特别注重发展和支持与农业有关的一切问题，这一事实证明：农业、农业效率以及农业人口福利都是一个国家密切关注的问题。这一点应该很容易理解，因为每个人都是食品或其他农产品的消费者。

在概述针对农业某一阶段的教育计划时，似乎应该考虑到整个农业所寻求的目标。一份关于农业整体目标的声明列出了 4 项主要目标，这些目标适用于接近独立或自给自足状态的地区。如果一个国家无法生产某些必需商品，则必须通过贸易获得这些商品，但很容易认识到或多或少自给自足的优势。农业的这四项主要目标分别为：

（1）足够的产量，以保证该地区所有人都能得到足够的食物和住所，这是最常强调的目标；

（2）生产出高质量的食品和其他产品，以保证人们身体健康和拥有充足的体力；

（3）以低成本生产农产品，以便使低收入者也能得到足够的食物和住所；

（4）为从事农业工作的人提供与该地区其他职业人员可获得福利相当的福利措施。

机械化或工程技术在农业生产中的应用，均与这些主要目标有着非常直接的关系。

产量取决于种植面积和单位面积的产量。在一个农用地被高度开发的国家，只能通过排水、灌溉、土地清理或广泛使用低产土地的方式开垦土地才能增加耕地面积。无法通过人力耕作获取利润的土地，可以通过广泛使用机械的方式进行进行生产以获取利润。

由于难以在最佳时机进行播种和收获等各种作业，因此人力生产很少能产出高质量农产品。此外，存储和保存设施也常常不足，易腐作物尤为如此。

对农作物生产成本的研究表明，在电力供应成本合理的和适于机械方法的条件下，机械生产成本要比人力生产低得多。

第五节　机械与农民的福利

也许，机械生产对农业的最大的贡献就是保证农民获得更大程度的福利。有人指出，在任何情况下，农民的社会福利首先取决于其对有助于福利提升的条件、环境及财产的渴望，其次取决于有足够的资金或收入能够实现这一愿望。

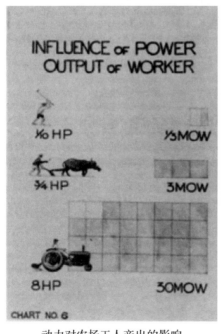

动力对农场工人产出的影响

剩余物的交换

在另一章中特别提及中国时所讨论的一个最重要的关系是农民经济地位与国家总体经济状况之间的关系。有一个公开发表的国民经济实例：除农民外，大多数人群都具有变得富裕的条件，但一般来说，农业的繁荣意味着所有行业的普遍繁荣。这很容易理解，因为如果农民成为其他行业产品和服务的高消费者，那么这个经济结构就会繁荣起来。

人们对在中国发展制造业中遇到的问题表现出了极大的兴趣。对这一情况的非正式研究表明，由于缺乏有效的消费者，许多制造能力目前尚未得到有效利用。

第六节　就　　业

用机械生产替代人力生产意味着农业所需要的劳动力会进一步减少。在一个拥有大量剩余劳动力的国家，农业就业人数的减少成为许多人非常关注的问题，他们可能没有对这一问题进行深入的思考。

历史始终如一地表明，在农业和制造业，机械技术的引进会在发生变革时对就业进行一定的调整，但调整会很快结束，最终所有劳动力都会有所进步。

在一个自给自足的地区——在物质和社会需求方面自给自足，农业生产所需的人口越少，该地区就越繁荣，因为许多人口会被分流出来参与其他商品生产或提供服务，进而提高该地区的总体生活水平，强烈建议将这一点作为一项基本原则。这样一个社区，如果有足够的食物和住所，不仅应该有物质福利，而且应该有机会发展该社区的社会和文化福利。

第七节　中国农业工程教育的目标

农业工程工作组在研究了若干农业发展计划，特别是中国农业发展计划的目标之后，编写了一份他们计划实现的农业工程计划目标的声明，但工作组在与最终报告一起发布这一声明时有些犹豫。在较短的项目执行期内，不可能顾及到所列的所有项目。但在起草该声明时，其目的是要更加全面和广泛地执行计划，并选择更重要且最可行的部分。工作组的方案需要修改，以符合合作机构的意见和设施，这一点可以理解。

（1）研究中国农业生产技术及设施，并对这些技术和设施分作物及动力来源进行说明和分类；

（2）研究美国生产技术在中国农业中应用的可行性；

（3）对美国农业生产技术及设备在中国农业中的应用进行试验，这些试验包括以下类型的设备：

a）手动生产设备；

b）单牲畜设备；

c）双牲畜设备；

d）园艺用拖拉机；

e）小型拖拉机组；

f）中型拖拉机组；

g）用于边远作物区的大型拖拉机组。

（4）启动手动设备改良计划；

（5）选择并研发适用于中国国情的专用农机；

（6）研究所有可能的农用动力来源的开发，并调查燃料供应和来源；

（7）协助发展农机制造业；

（8）将设备的使用与土壤保护联系起来；

（9）配合水土保持技术以及建筑、土地排水、防洪和灌溉的发展；

（10）协助发展农村加工厂、地区制造业；

（11）研究利用贫瘠土地种植作物的可能性；

（12）协助改善农村住房，努力提高农村生活水平；

（13）研究个人经营农村粮食储藏的问题；

（14）通过工程技术和建设，促进农村卫生事业的发展；

（15）协助改进农产品的运输与分配方式；

（16）与对实现所述目标感兴趣的其他机构以各种切实可行的方式进行合作。

第八节　工作组使用的方法

工作组及其赞助方认为，农业生产工程技术是现代农业的重要组成部分，没有工程技术就不可能经济地生产农产品，也不可能充分保障农民的福利。这并代表着要最大限度减少农业生产复杂过程中涉及的许多其他因素。此外，工作组相信，中国经济地位的全面进步必须从推动农业生产开始。

最初，工作组并没有想错，认为即使在很小程度上改变中国农业的做法也是非常困难的，中国农业生产已经发展了几个世纪，而且往往具有表面上看不到的优势和长处。建议工作组在给予更改建议之前进行研究，包括实际的现场工作。在从试验中获得数据之后，人们就可以指出使用机械的经济可能性。

第九节　设　　备

为使机械生产方法在实际使用中得到全面试用，工作组配备了大量的手动工具、畜力机械，以及拖拉机用田间和固定机械。

田间机械分为三批，分别供应给三家主要合作机构：中央农业实验所、国立中央大学和金陵大学。

此外，这三家机构的教学与研究实验室提供了木材和金属加工机械设备。

机械、拖拉机、办公室、车间与实验室设备、仪器和用品分类如下：

办公室设备及耗材；图书馆；演示与教学配件；摄影设备及耗材；运输设备；试验车间设备；手动工具或器具；人力工具；畜力工具；园艺拖拉机及设备；小型拖拉机及设备，法尔毛新秀（Farmall Cub），法尔毛 A；中型拖拉机，法尔毛 H；大型拖拉机；中型拖拉机，TD6；带传动机械；固定式发动机；抽水机；钻井设备；风车；生活给水设备；冰箱；喷雾器与撒粉器；其他杂项设备；耗材、材料。

第十节　服务期限

农业工程工作组于 1946 年 7 月 1 日开始工作，但中国和美国当时的状况推迟了他们的行程，直至 1947 年 2 月 13 日他们才到达南京。由于家人患病原因，汉森不得不于 1948 年 4 月 18 日提前返回美国。其他工作组成员均于 1948 年 11 月 14 日踏上返回美国的旅程。

第二章　与农业工程工作组合作的机构

第一节　农林部

与工作组接洽的主要中国政府部门是农林部，农林部正式任命了 3 名工作组成员，并协助工作组开展各项活动。农林部首任部长是周诒春博士，工作组在其领导下工作，他对工作组的计划表现出了极大的兴趣，并给出了许多有用的建议。之后，周诒春博士被调任至卫生部，左舜生博士接替他出任农林部长，他对工作组在华期间的工作提供了大量支持。在此要特别提到农林部副部长陈博士和谢先生给予的特别关心和帮助。

第二节　教育部

朱家骅博士对农业工程领域教育非常感兴趣，并邀请工作组主席担任顾问。如在农业工程教育第六章所述，为在国立中央大学开设农业工程课程和在金陵大学开设新课程方面提供了一定的帮助。

第三节　中央农业实验所

在许多工作中，工作组与农林部下属的中央农业实验所有着密切的联系。顾名思义，该机构是国家的主要农业研究机构，它与美国农业部在马里兰州 Beltsville 市建立的研究中心非常相似，由主任沈宗瀚博士和副主任吴福祯博士负责。中央农业实验所由代表农业研究主要分支的部门组成，位于南京市中心经东门向东 5 英里处，虽然其建筑物和其他设施在敌占期间遭受了重大破坏，但在重建方面已取得了很大进展。

为迎接工作组的到来，在 L. T. Woo 教授的指导下，成立了一个农业工程系，并挑选大量训练有素的员工。此外，还修建了两栋建筑，分别用作机械实验室和研究车间。后来，又为工厂修建了一座仓库和其他几栋小建筑。此外，还专门分配了土地用于实地试验，该研究所成为了工作组研究和示范工作的主要总部。研究所为工作组提供了办公室和文书助理，并在实验所内为工作组两名成员戴维森和麦考莱及其家人提供了舒适的住所。该研究所所提供的研究及示范设施将在第四章中进行介绍。

中央农业实验所住宅，供麦考莱和戴维森及其家人居住

国立中央大学住所，史东教授及夫人居住在楼上

第四节　国立中央大学

这所由政府资助的大学位于南京市中心附近，在校学生超过 5 000 人，是中国同类大学中规模最大的。根据原计划规定，工作组成员史东先生获得了教授资格，同时被邀请成立农业工程系并开设农业工程课程。我们将在第六章详细介绍这一情况。该大学为农业工程系提供了办公室、教室和实验室，并为史东先生安排了住所。关于工作组与国立中央大学的其他信息见第六章。

第五节　金陵大学

金陵大学农林学院是一所接受公共捐助的私立大学，据说是中国同类学院中历史最悠久的学院，成立于 1914 年。根据最初的计划，汉森先生被任命为农业工程专业教授，其在华工作时间的一半是在这里度过的。关于工作组与金陵大学的其他信息见本报告第六章。

第六节　其他机构与部门

（1）机械农垦管理处（AMOMO）：该组织的成立是为了在中国农业中使用由联合国善后救济署（UNRRA）提供的农业机械，据说该设备价值 1 500 万美元。马保之博士任处长，H. T. Chien 和徐天锡先生任副处长，A. D. Faunce 任处长助理。该组织主要开展以下活动：农业机械组装与配送；驾驶员与机修工的培训；为农民提供代耕业务；用农用机械开垦非耕种土地；向农民及合作社配送农业机械。AMOMO 共设 7 个部门，截至 1948 年 7 月共有 1 588 名员工，分布于中央办公室及供应中心与 13 个区域办公室。

（2）中国农业机械公司（NAEC）：这是一家主要工厂设在上海的制造公司，在南京设有一家分公司，拥有新的厂房及设备，其他分公司正在筹备之中。

由于无法保证生产机械或原材料的安全，该公司的实际生产一再推迟。目前，该工厂准备投产小型发动机、轧棉机、水稻脱粒机和抛光机。C. Y. Lin 任该公司总经理，根据租借法案安排，在美国接受专门培训的 7 名中国工程师中有 4 名受雇于该公司。有人告诉我们，虽然已经生产出来了一些手动工具，但由于价格问题，中国农民并不买账。

（3）行政院农业复兴与供给委员会（EYCARS）：该委员会主席受邀加入一个顾问小组，负责审查各政府部门及机构根据整体援助经济方案提交的财政援助农业项目。该小组委员会是在金陵大学章之汶博士指导下成立的，经过审查的项目纲要提供了大量关于中国各地区农业状况的资料。工作组受邀协助新成立的中国农村复兴联合委员会，但未及参与相关工作，工作组就离开了中国。

（4）联合国粮农组织（FAO）：曾多次就该组织开展的项目与工作组成员进行了协商，但用于开展此类合作的时间非常有限。建造一处青贮窖，以及收获和青贮一批玉米需要共同的努力，我们本希望能够进行下去，但中国的奶农通常不重视在冬季饲喂奶牛多汁饲料的价值。

（5）其他中国教育机构：在华期间，工作组受邀访问了多家教育机构，所有教授农业的人员均急于将农业工程学科纳入他们的课程，但除位于南京的教育机构外，没有一所学校配有足够的农用设备来有效地进行教学。

我们在附录中列出了这些教育结构的名单，包括所在地址。

第七节　中国之旅

根据工作组最初计划，工作组需在中国各地进行广泛的农业考察，虽然政治及军事条件不允许进行大范围考察，但还是进行了几次长途旅行，现报告如下：

（1）江苏省无锡市：这是一个高度发达的水稻种植区，同时还出产丝绸，这里还是著名的教育中心，是江苏国立师范学院所在地。在该地区，有几家成功的农民合作社。同时，这里还是主要的丝绸生产中心，建有大量的丝绸加工厂。

（2）浙江省杭州市：这一富饶的农业区出产有大量的水稻、小麦和水果。在工作组访问时，该地区正在开展两项大型排水开垦工程。该省设有组织完备的农业局。顺便说一下，杭州是我们参观过的最干净、管理最好的城市。同时，这里还是一所著名教育机构——国立浙江大学的所在地。

（3）四川省重庆市、成都市和北碚管理局：从多个方面来说，这是工作组进行的最有意义的一次考察，四川省是一个内陆省份，由于西面群山环绕，气候宜人，因此可以种植亚热带作物，如柑橘和甘蔗。在成都我参观了国立四川大学和华西协合大学。重庆建有钢铁厂、造船厂、水泥厂和许多其他工厂，这些工厂是建立于战争期间，但现在工厂不能出售其产品。北碚是重庆市西北部一个非常先进的地区，不仅建有集约化农业，而且建有多家先进学校和许多居住区，著名的都江堰灌溉开发区就建在成都北部。工作组对该省的自然资源丰富印象十分深刻，尤其煤炭资源丰富，且分布广泛。

（4）河北省北平市（今北京市，译者注）：北平是中国的古都之一，位于中国最大肥沃平原之一的中心。工作组对该地区也非常感兴趣，因为中央农业实验所的一个分所即位于北平市附近。在工作组方案的早期规划中，曾一度考虑将北平作为工作组的总部。中央农业实验所分所建有多栋雄伟的建筑和广阔的试验场地。该地区实施大力灌溉，北平附近大部分地区均存在可通过抽水利用的自流水。

在北平的时候，工作组成员多次进入农村采访了多位农民，所有人均对农业机械表现出了强烈的兴趣。许多农场规模非常大，且种植的作物也很适合使用机械。鉴于农场的规模，许多农民在经济上可以负担得起购买机械的成本。

由于此次北平之行是乘飞机前往的，因此工作组有机会从空中观察上海和北平之间沿海地区农业状况。

（5）江西、安徽和河南省的黄河围垦工程：1947 年 4 月，麦考莱和史东先生经邹部长及沈主任安排，与政府及公共组织领导一道对建设中的黄河泛滥区进行了考察。

考察地区包括三省共约 230 万英亩。1938 年，国民政府炸开了黄河南侧堤坝。在这 10 年里，该地区沉积了大量沙子和淤泥，有的地方深达 15 英尺[①]。据估计，有 500 万人希望能够返回家园。

联合国善后救济署计划提供大量物资和设备来帮助返回的难民，但战争对难民的安置造成了极大的影响。

参与考察的工作组成员认为，参观这项据称是世界上最大的土地开垦工程也是难得的机会和经历。

（6）安徽省滁县（今滁州市，译者注）：1948 年 6 月，戴维森先生受邀参观了位于南京以北 50 英里的安徽省境内的一个难民安置项目。该地区最初被日本人所摧毁，城外的所有建筑均被焚毁。战争结束后，农民们开始返回该地区，但却遭到了更北地区山丘上土匪门的劫掠。

值得注意的是，有数千英亩的土地处于闲置状态，复兴机构正在帮助农民重建家园。

（7）江西牯岭（今江西九江牯岭镇，译者注）：工作组于 1948 年 8 月的大部分时间均在牯岭度过，牯岭是长江沿岸的一处避暑圣地。本次考察是乘坐河道汽船进行的，当河水上涨至最高位时我们即外出考察。对于土地被淹农民来说，防洪问题的严重性显而易见。牯岭大约有 3 500 名居民，但在我们考察期间，没有看到任何一头役畜或轮式车辆。

（8）浙江省杭州市和江西省南昌市：1948 年 10 月，戴维森和麦考莱受 AMOMO 之邀参观 AMOMO 设在杭州及南昌的中心。

---

① 英尺为非法定计量单位，1 英尺≈0.3 米。——编者注

如前所述，AMOMO 是负责安排使用 UNRRA 计划下提供的设备的组织。

在此次考察期间，工作组成员有机会观察：由 AMOMO 照管的设备的存放、保管与管理；驾驶员与机修工的培训；为农民代耕工作的方式。虽然经过周密考虑，但我们并没有亲眼看到将设备出售给合作社或个人。

工作组对 AMOMO 在清点收到的所有设备时所采取的谨慎态度印象非常好。

该组织正在从事某些农业活动，但在工作组看来，对企业的农艺方面似乎没有给予足够的重视。

我们观察到的一个非常重要的问题是存在大片未开垦的荒地，据说该省曾经有 3 000 万人口，但现在已经锐减至 1 800 万人。

(9) 山西省太原市：应山西省阎锡山的邀请，工作组于 1948 年 7 月乘飞机访问了该省。山西省煤炭、钢铁资源丰富，已建成一家大型钢铁厂和多家金属加工厂。阎锡山已着手让其下属部门研究拖拉机和农业机械的制造问题。

工作组认为，与某些情况类似，问题主要在于让农民获得经济地位，使其能够购买设备。

由于此次考察是乘飞机进行且途径北平，因此有机会观察该省的地形。

(10) 江西省稻湖（Rice Lake，应为安徽芜湖）：这是一片广袤无垠的水稻种植区，位于开垦过的土地上，靠近南京，据说代表了部分最先进的生产方式。本次考察是随同 NARB 推广站代表一起进行的。

(11) 上海市（此处原文为江西省，译者注）：工作组驻华工作期间，曾多次考察上海，这是大量农业活动的中心。在这些考察中值得一提的有：

a) 中国农业机械公司的工厂；

b) AMOMO 组织的工厂；

c) AMOMO 的野外研究活动日；

d) 农林部杀虫剂及设备生产工厂；

e) 农林部的农场。

还进行了多次短途研究、考察和示范，其中可以提到以下几点：

(1) 南京北侧的八卦洲岛（长江内）开垦区。几年前曾有人试图在该地区使用拖拉机，今年已有数十辆拖拉机被运往该地区；

(2) 张主席在江西省的农场，在此进行了美国马拉犁的示范，这使得该农场得以继续使用。

(3) 江西都昌，拖拉机驾驶员培训中心，这里正在尝试使用拖拉机配合进行较繁重的作业。

(4) 对农场的考察。工作组多次受邀参观南京附近的农场，特别是国立中央大学和金陵大学所有和经营的农场。国立中央大学有一处农场被用来演示拖拉机和农业机械。金陵大学拥有 5 处农场，建议尽可能机械化。

在从中国返回美国的路上，工作组在印度孟买时受邀参观了该市附近的 Sheth 种植园，该种植园目前已配备了万国农具公司的拖拉机和农业机械。

第三章 中国农业及其与交通、制造业和矿产资源的关系

第一节 农业地理、人口、耕地和年产量

中国在面积、形状以及位于北半球的位置方面均与美国有着惊人的相似，这两个国家的纬度跨度均为相同的 30°（大约从北纬 20°至北纬 50°）。从佛罗里达州南端到明尼苏达州北端的距离几乎与中国大陆最南端到最北端的距离相同。北平市纬度与费城市差不多，南京市与佐治亚州的萨凡纳市几乎相同。

中美两国都是从东部沿海向西延伸，经度跨度为 60°。更让人惊讶的是，100°经线几乎是两个国家的完美平分线：西经 100°经线跨过美国中部，东经 100°经线跨过中国中部。当然，事实上，该位置在经度上并非相似，而是存在明显差异，从全球对比来看，中美两国位于地球几乎完全相反的一侧。从总面积来看，相似性就变差了，因为中国包括遥远的西部省份新疆省和西藏地方，这就大约比美国（美国主体）大了 1/3 左右。中国国土面积大约为 400 万平方英里，而相比之下美国只有 300 万平方英里。

由于气候及地形的巨大差异和极端性，包括亚热带的南部和寒冷的北部地区、潮湿的海岸、半干旱的平原、沙漠、高原和草原、低地、坡地、山地，几乎所有的农作物、树木和森林产品以及多种牲畜在中国均有出产。

中国分为 28 个省，不包括半自治的西藏地方，其中 10 个省份完全或部分位于长城以北，长城是一座古代修建的堡垒，用于保护农民免受游牧民族的劫掠。

中美之间的一个显著区别就是总人口数，中国是近 5 亿人口的家园，占全球总人口数的 1/5～1/4，而美国仅有 1.4 亿人口，约占全球总人口数的1/18。但人口分布情况却稍有类似，中国和美国东部沿海地区人口最为稠密，而西部地区人口较为稀少。

对东西部省份人口密度进行比较后得出了下表数据：

但是每个地理区域的数字并不能说明中国主要问题——饥饿的严重性，中国庞大而迅速增长的人口中有很大一部分正面临饥饿。如果仅靠中国农业的改善，无论多么成功，也不可能给出一套完美的解决方案。这就需要降低人口增长率，以及全面振兴整个经济，以便从国外购买食品。

每平方英里人口数量分布情况（人）

沿海省份		西部省份	
山东	634	西康	1.3
江苏	573	青海	5.3
浙江	532	绥远	17.1
福建	252	新疆	6.1
广东	363		

中国没有足够的生产用地来养活她的人民，整个中国的人口也将和我们最喜欢的农业州印第安纳州和伊利诺伊州一样稠密。中国大陆只有 10％的地区能够生产粮食，因此她的人民会被限制在可耕种地区，每平方英里的农业土地上需要承载 1 200 人。

因此，至关重要的是要打破每英亩可利用土地上的所有限制。在条件、能力和设备允许的情况下，中国的每一名农民都在朝着这一目标努力，他们在陡峭坡地上、梯田坡地以及山顶地带耕种。除努力增加可耕种面积外，只要季节允许，他们可以进行间混作和复种。在一些南方地区，每年可种植三种作物。

除后面提到的几个重要例外情况外，相对来说几乎没有尚未耕种的优质土地，至少几乎没有土地可以用当前人力耕作技术进行经济地耕种。但在采用第八章和第九章所述的变革与技术时，可以增加大量的生产用地。目前，由于军事行动以及多年战争和内乱的后果，大量的良田因不安全而无法永久居住，目前正处于闲置、无人居住和无收益状态。

在中国有大量的荒地，也有广袤的贫瘠土地，图中为一个正被考虑用作安置区的地区

黄泛区存在大量泥沙淤泥，偶尔在低洼地区也可见积水，该地区是全世界最大的开垦项目

尽管困难重重，但在拥有超过 6 000 万个小农户的中国，在农产品总产量方面仍然位居世界前列。在水稻生产方面处于世界领先地位，在小麦、红薯、高粱、大豆、小米和大麦位于世界前列，在茶叶和丝绸生产方面也是名列前茅。在抗日战争之前，中国生猪存栏量也高于美国。

1931—1937 年重要农作物的估计年产量

作物种类	产量（百万担①）
未脱壳水稻	1 000
小麦和大麦	600
高粱	400
小米	140
玉米	140
大豆	140
紫花豌豆	140
蚕豆	60
花生	60
油菜籽	60
黄米	20
燕麦	20
芝麻	20
棉花	20
烟草	20
合计	2 900

数据来源：中央农业实验所。

注：①担为非法定计量单位，1 担＝50 千克。

1931—1937 年畜禽的估计年产量

畜禽种类	数量（百万头）
役畜	
水牛及其他牛	30
马、驴和骡	20
食用与原料用动物	
禽	300
猪	60
绵羊及山羊	30
合计	440

数据来源：中央农业实验所。

用于收割的镰刀，在中国几乎所有的小粒谷物都是用这种工具收割的

用水牛拉石磙（俗称碌碡，译者注）使大豆脱粒。用于扬场的木权在树上生长时即被塑造成叉状

包括东北省份和西部及北部边境省份，总耕地面积约为 42.5 万平方英里，约占地理总面积的 10%。

除干旱多山的边疆土地（不包括东北省份）外，估计耕地面积约为 39 万平方英里，这意味着中国总农用土地面积的 25% 是耕地。

但由于前文所述的种种原因，目前耕地比例大幅下降。中央农业实验所最近对 22 个省份进行的研究表明，这些省份的耕地面积仅占总土地面积的 13.2%。

适用于发展农业的中国国土位于东起边境省份至北部及西部草原、沙漠以及大山脉之间，仅占中国大陆面积的 1/3。在该农业区内，农户耕地的加权平均面积为 2.8 英亩，这意味着平均 6.2 人的农户只能靠每人不到 0.5 英亩的耕地维持生计。但由于总人口的 27% 为非农业人口，他们也依赖于耕地的生产力，这意味着总人口的人均耕地面积仅有 1/3 英亩。

第二节　中国的农业区

在对中国广泛而多样的农业进行更详细的考虑之前，先来看看五大地区以及每个地区的基本和最重要的农产品。

（1）边境及边陲地区——绵羊；

（2）东北省份——大豆、木材；

（3）华北地区——小麦；

（4）华中地区（过渡地区）——小麦、水稻；

（5）华南地区——水稻。

各地区当前的经济和人们的风俗习惯在很大程度上都是由当地的基本产品造就的，但每个区域已逐渐与相邻区域相融合，没有明确的分界线，且每个区域的农产品多种多样。

1. 边疆及边陲地区

长城在古代是用来阻止游牧民族来劫掠农民，它东起毗邻黄海的临榆县 [1954 年撤销，分别并入秦皇岛市和抚宁县（今秦皇岛市抚宁区），译者注]，向西延伸至中国中部的沙漠地带，全长 2 550 英里，但今天长城是这一历史性划分的象征，而不是一道明确的分界线，因为大部分春小麦种植区都在长城以北，而许多放牧区却在长城以南。

然而在这个持久性标志物以北不远的地方，大概在距外蒙古南部边界的中间地带，气候突然变得不利于定居农业，降水量稀少，温度较低，生长季节短。除局部有利地区，在广阔草原上放牧是居住在这个地区的蒙古族的主要职业。绵羊为最为重要，因为它可为牧民提供一切生活所需的东西，包括食物、衣物、帐篷、被褥、燃料（来自粪便），以及用于出口和贸易的羊毛及羊皮。细羊毛产于干燥的高原，而长、粗、重（地毯毛）羊毛产于寒冷山区。中国产地毯毛是世界上最好的，美国所需地毯毛的很大一部分来自中国，因为美国产地毯毛很少。

牧民的游牧养殖——绵羊、牛、马、山羊和骆驼在黑龙江省西部，热河省、察哈尔省和绥远省北部，宁夏省及新疆省北部和西部，甘肃省及青海省北部和西部，西康省西部以及西藏东部都很常见。这一广阔地区由一条大边界带构成，横跨最北端和西北端，从东北向西延伸。

新疆省是中国面积最大的省份，虽然大部分是人迹罕至的沙漠和山脉，但该省具有重要的战略意义。

尽管沙漠和山区面积很大，但该地区仍有可能回报开发成本。虽然仅局限于公路沿线肥沃的绿洲，但该地区的农业也值得一提。作物生产几乎完全依赖于大量内陆河的灌溉，尽管这些内陆河在高山源头附近水流湍急，但在融入沙地或内陆湖泊和咸海之前，其流量及流速会在数百英里内逐渐消失。

在肥沃地区，不时会见到点缀在路线上的绿洲，那里出产小麦、水稻、棉花、蔬菜和水果。吐鲁番市和哈密市的葡萄早已闻名于亚洲大部分地区。沿有降雨山脉的底部，可见茂密的松树林，这是木材的潜在来源，而牧场可大规模饲养绵羊、牛和马。

在该区域的几个大面积地区，特别是甘肃省西端，存在一个对工作组尤为重要的问题。这里有大片的土地可用于提供牧草和放牧，饲养的牲畜包括：牛、绵羊、马、骆驼、山羊、牦牛等，但放牧季节仅限于几个月。尽管大部分牧场未出现过度放牧，但牲畜数量仍受到严重限制。使用目前的镰刀收割法，不可能在牧草最丰盛的短时间内割下足够并存储最佳数量的牧草，以度过大部分牧场被大雪覆盖的漫长冬季。

中国耕地面积与农户数量

省份	总面积（千亩①）	耕地面积（千亩）	耕地面积占总面积百分比（%）	可耕种土地面积（千亩）	可耕种面积占总面积百分比（%）	总户数（千户）	农户数（千户）	农户数占总户数百分比（%）	平均亩数/农户
察哈尔	337 530	15 519	4.1	161 394	42.8	394	300	78	30
绥远	466 567	17 178	3.7	91 914	19.7	367	250	68	69
宁夏	350 065	1 847	0.5	40 503	11.6	76	54	71	34
青海	792 128	7 808	1.0	61 311	7.7	230	169	73	46
甘肃	584 056	21 667	3.7	16 412	2.8	1 076	793	74	27
陕西	279 985	30 670	11.0	12 683	4.5	1 897	1 385	73	22

① 亩为非法定计量单位，1 亩＝1/15 公顷。——编者注

省份	总面积（千亩）	耕地面积（千亩）	耕地面积占总面积百分比（%）	可耕种土地面积（千亩）	可耕种面积占总面积百分比（%）	总户数（千户）	农户数（千户）	农户数占总户数百分比（%）	平均亩数/农户
山西	257 060	55 812	21.7	9 820	3.8	2 263	1 874	83	30
河北	206 891	95 323	46.1	6 498	3.1	5 474	4 224	11	23
山东	219 457	101 986	46.5	13 694	6.2	6 740	5 918	88	17
江苏	163 216	84 482	51.8	3 982	2.4	7 151	5 057	71	17
安徽	217 073	49 316	22.7	9 074	4.2	3 789	2 682	71	18
河南	276 877	104 123	37.6	8 362	3.0	6 029	5 062	84	21
湖北	288 906	56 227	19.5	20 166	7.0	5 913	3 960	67	14
四川	591 264	88 724	15.0	22 586	3.8	7 264	4 975	68	18
云南	592 464	24 998	4.2	59 246	10.0	1 947	1 384	71	18
贵州	260 780	21 197	8.1	18 072	6.9	1 769	1 193	67	18
湖南	325 577	42 036	12.9	37 279	11.4	5 538	3 900	70	11
江西	271 736	38 366	14.1	13 859	5.1	4 942	3 292	67	12
浙江	144 635	37 978	26.3	2 763	1.9	4 658	3 165	68	12
福建	188 711	21 464	11.4	18 330	9.7	2 288	1 626	71	13
广东	339 742	39 124	11.5	26 704	7.9	5 635	3 479	62	11
广西	278 913	29 893	10.7	8 591	3.1	2 638	2 260	86	13
合计	7 473 693	985 938	13.2	663 241	8.9	78 078	57 011	73	17*

＊为加权平均值。

数据来源：中央农业实验所（数据截至 1948 年 3 月）。

在上海的一次会议上，国立中央大学与甘肃省山丹县培黎工业合作社农业工程师 Illsley 先生，以及中国银行的农业经济学家 C. C. Chang 博士对此进行了讨论。顺便说一下，我们冒昧地认为 Chang 博士是中国农业方面最有见地、最实际的权威之一。

Chang 博士和 Illsley 先生认为现代割草器（也许还有搂草机），几乎会立即得到大众的认可，并有助于提高牲畜存栏量。有充足的畜力可用操作割草机使用，有些地区还可以很容易从最近在甘肃省境内开发的油田获得石油燃料，这将使拖拉机的使用变得切实可行。

对这种设备的需求非常明显，Illsley 先生计划在山丹县培黎工业合作社机械车间内制造割草机。

2. 东北省份

这片面积近 50 万平方英里的广袤地区包括四个省份：西南侧的热河省、

北侧的黑龙江省（隔黑龙江与西伯利亚相望）、东北侧的吉林省（由乌苏里江将吉林市和俄罗斯沿海诸省分隔开来）和南侧的辽宁省（与朝鲜接壤）。

（1）中部是一个巨大的起伏平原，西、北、东三面环山，山并不高且为森林所覆盖，是中国最大的农业区。

适宜的气候及肥沃的土壤使该地区在中国农业中脱颖而出，靠近大海会在夏季带来丰富的降水，年平均降水量在 20～25 英寸①之间，其中一半降水出现在 7 月和 8 月，夏季温暖潮湿，7 月平均温度为 23.3℃；冬季寒冷干燥，哈尔滨平均气温为 0℉（约为−17.8℃）；每年无霜期为 150 天。

19 世纪前后，来自俄罗斯、中国、日本和朝鲜的大量移民开始涌入这片富饶的土地。1931 年日本在此建立了"伪满洲国"。截至 1940 年，几乎所有良田、丘陵和林区都被占用，人口达到 4 000 万人。

这片中部平原很可能被划为中国的大豆和高粱产区，高粱和大豆分别广泛种植于该平原的南部和北部，各约占总种植面积的 25%。高粱是高粱属的一种，是主要的食用谷物，也可用于动物饲料、燃料、建筑材料以及烈性饮料。大豆是满洲的主要出口作物。在日本入侵之前，大豆总产量的 70% 可用于出口。大豆是中国的主要出口农产品，出口额约占总出口额的 1/5。在该地区大豆于 5 月种植，于 9 月下旬收获，生长期为 140～150 天。其他重要农作物有小米、春小麦、玉米和大麦。

不仅是总耕地面积，而且每个农场的面积（8 英亩）都是中国所有地区中最大的，草食动物马、骡、驴和牛数量更多，且物尽其用。农业机械化在该地区取得了长足的进步，最有希望继续向前发展。

（2）北部与西部多山。西部的大兴安岭将中部平原与蒙古高原隔开，小兴安岭横跨黑龙江省北部。

这两座山脉大部分海拔相对较低，树木繁茂，仍然存在白桦、落叶松和橡树的优良林木。伐木是一项主要职业，尤其是在冬季，来自山谷及铁路附近路段的伐木工会进入森林。

西端是一片广阔的草原和牧场，大部分被蒙古族牧民所占据。

北部和西部的气候不太适合农业，全年无霜期仅有大约 100 天，降水量很少，每年约为 12 英寸，冬天几乎没有降雪。

（3）满洲东部。伐木也是该地区的主要职业，据称这里的木材是全中国最好的，包括红松、云山、落叶松、榆树、桦树、橡树和冷杉。辽宁省及吉林省东部有大量的优质木材储备。

虽然生长季节短，且冬季严寒，但农民的数量却大大超过从事其他职业的

---

① 英寸为非法定计量单位，1 英寸≈2.54 厘米。——编者注

人，他们种植的主要农作物为大豆、小米、春小麦、高粱和人参。

东北省份是一个相对富裕和进步的地区，其机械化工业、人均机械马力和每平方英里铁路里程可能比中国任何其他类似规模的地区都要多。

3. 华北地区

华北地区南起长江流域，北至长城以北，东起海洋，西至边疆省份。在这些极端地区，降水量较少，生长季节短，限制了定居农业的发展，逐渐让位于北部和西部的边境草原和高原的牧草种植。或许，称为"中国北方农业区"更为合适。

其农业特征说起来就是两个字：小麦。因为从历史上看，小麦一直是这里的主要农产品，并在北方人与南方水稻产区的邻居形成了一种人种上的区别，且这种区别仍可辨认。然而，不仅仅是小麦，更多样化的饮食也可能是造成这种差异的原因。在华北北方的部分地区，"小麦、高粱、小米、红薯和大豆至少可各提供总热量的5%，而在华北南部，除水稻外没有其他作物可超过这一比例[1]。"

可以通过逐步与西部及北部边疆融合的春小麦种植区和通往南方水稻种植区的冬小麦种植区来更准确第划分华北农业区。

(1) 春小麦种植区。春播小麦是热河省、察哈尔省及绥远省南部及东部地区，宁夏省北部和西部地区，陕西省和山西省北部地区，青海省东部，以及甘肃省部分地区的特色。这些地区大部分位于长城以北，长城不是这些地区北限，而是这些地区的平分线。

冬季气温低，无霜期仅有5个月。于春季或初夏开始种植作物，基本都是一年种植一季。年平均降水量为14英寸，使得很多地区必须依赖于灌溉。可利用的自然水源很少，主要是黄河及其支流，因此旱作农业在该地区大部分地区盛行。

其他农作物包括大麦、燕麦、谷子、豌豆、豆类、大麻、亚麻和重要的高粱，畜牧业也很普遍，羊毛是主要的出口商品。每个农场作物平均为7.3英亩，每英亩产量远低于全国平均水平，饥荒非常严重，生活水平非常低。

尽管面临天气寒冷且干燥等不利因素，但几乎所有可耕种土地均已被开垦，且该地区总人口数量可能比现有生产技术所能养活的人口还要多。中央农业实验所最近进行的研究表明，在春小麦带的北部省份还有许多可耕种的荒地。

这些地区扩大耕种面积需要稳定且能提供帮助的政府、人身安全与保障、

---

① G. B. Cressy. Aisa——Its Land and Peoples.

平等的税收和相应的土地法律，其中最重要的是，需要智能地应用经过验证的土壤保持及土地利用原则，以及引进和使用适应广泛而非适用于园艺农业的设备（第九章水土保持对这些技术要求及其实现的可能性进行了充分讨论）。

（2）冬小麦种植区。以这种基本作物为主的地区包括山东省、河北省、山西省及陕西省南部、甘肃省南部及东部、四川省北部、西康省南部与东部、云南省西北部、河南省、安徽省东北部和江苏省北部。

但冬小麦只是众多农产品中的一种，该地区对棉花和烟草的生产也很重要。复种非常常见，尤其是在南部和条件优越的地区。夏季作物有高粱、玉米、小米、大豆、红薯、土豆和各种蔬菜；冬季作物有小麦、大麦和豆类。可种植的水果包括：杏、桃、梨、苹果、葡萄和甜瓜。

气温在−17.8～37.8℃，东段年平均降水量为 24 英寸，西段为17 英寸。东部每个农场种植面积为 5.1 英亩，西部为 3.7 英亩。

虽然小型马或骡也相当常见，但驴和黄牛才是最主要的役畜，骡尤其受到高度重视。

该地区最好的农业用地位于华北平原，这是一个由含沙黄河长久以来冲积而形成的三角形地区。华北平原面积约为 8 万平方英里，从长城连接大海的临榆县附近向南延伸至长江下游。

这是华北最富饶的农业区之一，是 8 000 万人口的家园。在华北平原某处，也许是在开封市附近，是小麦种植和定居农业起源地，中华文明也是起源于此。

目前，该地区饱受战火摧残并陷入了困境。1938 年，为了阻止日本侵略者进攻，国民政府于花园口炸开了黄河大坝，这一严厉的军事行动导致 250 万英亩的农田被淹，并造成 50 万名农民死亡。8 年来，黄河一直肆虐于该广大地区，摧毁了农场和村庄，并在肥沃的土地上沉积了厚厚的一层泥沙。

1947 年，在 UNRRA 的帮助下，中国人完成了对受损堤坝的修复工作，将黄河再次束缚在战前的河道内。1947 年 5 月，两名工作组成员考察了这片黄泛区，在最后闭合堤坝时从空中目睹了那一片荒凉。该地区大部分土地长满了柳树和灌木，沙丘覆盖着许多优良的农场，边界及财产标记均已被抹去，所有权和位置也无法确定，这的确是一片混乱的景象。

该地区的复垦将是一项长期工程。虽然这场人为灾难空前不幸，但这只是该地区所遭受的众多灾难之一。因为在历史上，黄河既是中国农民的敌人也是中国农民的朋友，因此得名"中国的悲伤"。控制、限制和治理黄河流域的水，防止洪水和降低干旱程度，保护和利用流域内的水进行灌溉和生产，保护和改善流域内的土壤，这也许是当今世界上最伟大的水土保持工程。成功地完成这样一个庞大的项目将使比德国当前人口更多的人受益。

（3）山东省地处冬小麦带东部边缘，濒临黄海，一半面积都是山地，原本是森林，但目前已经荒芜，然而它是人口最密集的省份之一，近90%的人口都是农民。年降水量为30英寸，高于西部的华北平原，但其夏季炎热与冬季寒冷的气候与华北平原相似。

耕种非常密集，在正常条件下，每个农场的作物面积稍低于3英亩，几乎所有可耕种土地均已被占用。在中国所有农业大省中，山东有土地农民比例最高（68%），佃农比例最低（12%）。人口约为4 200万人，耕地面积为1 700万英亩，人均耕地面积稍高于0.4英亩。

一般来说，旱地耕作占主导。种植的作物与其他冬小麦带一样，但水果产量较高，尤其是甜瓜、梨和葡萄，还有棉花和烟草。

山东省的役畜数量多于除河南省外的其他省份，大约3/4的农场饲养有1头，高于中国农场的平均水平。黄牛和驴数量最多。在蛋类生产及养鸡方面，山东省最值得注意，鸡只存栏量高于除广东省外的所有其他省份。

山东矿产资源丰富，这一点将下文进行讨论。

（4）黄土高原面积约20万平方英里，覆盖了相当大一部分冬小麦带。几个世纪以来，黄土高原大部分地区都被一层厚厚的（厚达300英尺）的细沙所覆盖，这些细沙是被风从更远的西部干旱地区吹过来的。目前，这场大规模的风蚀仍在进行之中，浓重的沙尘空气常常笼罩着美丽的北平市。黄土层覆盖了山西省、陕西省和甘肃省大部，以及河北省、河南省、察哈尔省、绥远省及宁夏省的部分地区。

年降水量在15英寸左右，其中一半是在7月和8月。虽然任何地方都能进行灌溉，但自然水资源仍然比较稀缺。种植的作物与冬小麦带基本相同，主要经济作物为烟草和棉花。

1948年7月，工作组访问了黄土高原中心的山西省省会太原市。关于此次访问的某些情况详见第二章。山西省主席阎锡山和他的农业助理工作人员所提供的第一手资料和数据，可能代表了未来农业发展的需要和计划。

阎主席告诉我们，虽然尚未废除土地私有权，但省政府已控制了土地的使用，这样他们就能更好地适用动力机械的使用。阎主席和他农业领域的工作人员对引进和使用现代机械极为感兴趣。他们在制造农业设备方面已有了一些开端，并认为改进设备对山西省的发展至关重要。

他们对目前太原周边地区的农业设备需求的分析如下所示：

（1）200辆拖拉机，带二铧式犁和耙；

（2）20辆撒肥机；

（3）30辆收割机（未说明型号）；

（4）30台谷物条播机、撒肥机、割草机、耕耘机、松土机、筑堤机。

我们将在"制造业"一章进一步讨论太原的发展情况。

4. 华中地区

华中地区为小麦和水稻产区，是一个由北方小麦优势区向南方水稻优势区逐渐转变的区域。因此，在华中地区可见到这两种主要作物以及其他所有作物。

该地区的 1/3 包括江苏省南部、浙江省北部、安徽省南部、湖北省北部、四川省东部和中部、云南省中部和贵州省北部。东段为相对较低的丘陵流域区，与长江平原及淮河、长江冲积的三角洲地区相汇合。长江（在中国又称为扬子江）三角洲从南京下游的镇江一直延伸至上海入海，跨度大约 200 英里。这一三角洲的东 1/3 地区的耕地比例高于中国其他地区。包括首都南京在内的江苏省总土地面积的一半以上都在耕种。在长江流域，中国的工业化已经开始了。

其余 2/3 的过渡带是一系列向西延伸的山脉，直至与被称为"世界屋脊"的中亚大山脉昆仑山脉、帕米尔山脉和喜马拉雅山脉相会合。这些东西走向的山脉跨越了甘肃省南部、陕西省、河南省，以及河北省北部。农业就在山谷中开展，北坡倾向于生产冬小麦，而较温暖的南坡则种植桑树、茶叶和南方水稻区的产品。

役畜类型也表明这是一个过渡带。北方旱地常用的马、骡、驴开始让位给黄牛，特别是水牛，水牛特别适合用于水稻种植。

与较远的北方相比，这一地带拥有土地农民的比例较低，而佃农比例较高。麦稻区的 6 个省份内，平均拥有土地农民的比例为 35%，而在冬小麦地区，90% 以上的农民都拥有自己的土地。这些土地规模较小，平均面积可能还不到 3 英亩。

几乎所有过渡带都实行复种，小麦和水稻分别是最主要的冬季作物和夏季作物。棉花、玉米和烟草也是重要的经济作物。该地区还出产各种蔬菜，以及供出售的蔬菜和甜瓜。近 300 天的生长期不仅使复种成为可能，而且能够开展几乎全年的高度集约化的商业化蔬菜种植业。其他重要的冬季作物还有大麦、豆类、油菜和豌豆。

除某些地区外，畜禽养殖尚未在中国发展成专门的产业，只能作为一个辅助性行业，一种用于处理废弃物和副产品的方法。尽管如此，这两者均非常重要，一方面增加了大量实际收入，另一方面为农业带来了其他好处。这一点在过渡带的养猪生产方面尤为明显，6 个省每年可饲养近 2 500 万头猪，相当于美国当前存栏量的 1/3。虽然平均来说 6 个省的 2 150 万农户中每个农户仅有 1 头，但总存栏量令人印象深刻且非常重要。在中国，猪肉是最受欢迎的肉类，猪油价值很高，且几乎仅用于烹饪。猪鬃是一种重要的副产品，且在 1933—1937 年间是中国出口量排名第八的农产品。

当重庆成为中国战时陪都时，四川省的农业生产潜力和实际情况均令世界叹为观止。在几乎没有外界援助的情况下，近500万户户均仅有3英亩耕地的农户为5000万名当地居民和其他数百万在四川境内避难的人提供了足够的粮食。当人们意识到在这15.7万平方英里的地理区域内仅有15%的土地得以耕种时，这一成就显得更为了不起了。

四川省气候、土壤和水的很多方面都极为有利，生长期几乎达到了一整年（至少11个月），且霜冻也不常见。气温范围在1.7～37.8℃之间，平均年降水量为35～45英寸，主要集中于6—8月。大面积耕地有充足的自然灌溉水源，其中有着长达2200年历史的都江堰灌溉系统在过去一直发挥着重要作用。

土壤、气候和水源的综合所用使四川称为中国最具生产力的地区之一，几乎每一块耕地都得以利用，可耕地面积占全省总面积的比例仍不足4%，远低于其他省份。通常将45°或更大坡度的坡地建成梯田。

冬季作物包括小麦、油菜、豌豆和其他豆类，主要夏季作物包括水稻、甘蔗、玉米、高粱、烟草、豆类、土豆和多种常见蔬菜，还有少量棉花。

树类作物包括桔子、橙子、柚子（类似于葡萄柚）、核桃和油桐果。四川省是生产桐油的龙头省份，据估计，170万户农户中，每家均至少种有几棵油桐树。丝绸和茶叶也是四川省的重要农产品，每年需靠人力向西藏运送4000万磅①的茶叶。

四川省在养猪生产方面处于领先地位，在山羊及养鸡生产方面也位居前列。在考虑中国农业时常常会忽略后者的重要性，因为就养猪而言，鸡和蛋的生产并非专门的行业，也是一个辅助性行业，很少有人关注鸡的饲养、护理或育种，因此每只鸡的产蛋量很低。1933—1937年，鸡蛋和蛋制品出口额在中国农产品出口中排在第三位。

在四川省仅有32%的农民拥有自己的土地，47%为佃农，另21%为半拥有半租者。

1947年12月，工作组受民生实业股份有限公司总裁卢作孚先生之邀在四川考察了将近一个月。卢先生是作为私营企业领导人对中国发展做出巨大贡献的典型代表，他是一名自学成才的成功商人，兴趣广泛，作为一名务实、热心公益的公民而备受尊重。北碚（参见第二章）令人叹为观止的发展，在很大程度上要归功于卢先生及其两位兄弟的领导。

在我们12月访问四川期间，气温非常温和，通常无需穿冬季大衣。

抗日战争后，由于被认为是"非占领"区，四川没有得到 UNRRA 的援助。

---

① 磅为非法定计量单位，1磅≈0.45千克。——编者注

5. 华南地区

在过渡带以南，华北与华南之间的对比变得非常明显。华南地区是一片温暖、湿润、绿色的亚热带稻田，而华北是一片干燥、褐色的麦田，因为华北地区受亚洲沙漠的影响要大于受东部和南部海洋的影响。这一差异是由于春季和夏季富含水汽的季风从印度洋和南太平洋吹向内陆，但横跨华中地区的山脉屏障造成了南方的降水。同样这一山脉屏障也阻止了从沙漠向海洋吹来的干燥、寒冷的冬季季风到达并影响中国南方的气候。

中国南方的水稻产区包括浙江省南部、江西省南部、湖北省南部、湖南省、福建省、广东省、广西省、贵州南部以及云南南部。

水稻是地区所有地形区域的主要作物，包括长江以南的丘陵地带、东南沿海省份、两广（广西省和广东省），以及西南的高原（逐渐形成了西康省和西藏的山脉），但其他作物的多样性也令人印象深刻。该地区是中国最大的红薯种植区。此外，还种植有许多重要大田作物（小麦、豆类和冬油菜）、旱地作物（玉米、大麦和小米），以及烟草、甘蔗、花生、大麻、棕榈叶（用于制扇）、竹笋，以及各种各样的蔬菜。

多种水果在该地区的亚热带气候下茁壮成长：橘子、橙子、柚子、橡胶、桃、梨、杏、柠檬以及柿子，可食用坚果包括荔枝、核桃和栗子。

鸡、鸭生产同样也值得一提，特别是广东省和广西省。这两个省的鸡、鸭存栏量比其他任意两个省之和都要高。

这一地区地形崎岖不平，没有像北方那样广阔的平原或三角洲地带，只有河谷沿线有少量的平整地带。

虽然大部分地区曾覆盖有茂密的森林，但有的地区已被砍伐，低丘陵建成了梯田用于种植水稻。然而，木材仍是一种重要产品，包括松木、橡木、杉木、樟木、红木和竹子。东部沿海省份的杉木和松木可用作帆船桅杆和建筑材料，在用作建筑材料时几乎所有原木都使用手工锯成木板的。当然，竹子也具有多种用途，可用于建房和制作竹垫、篮子、扫帚、帽子、纸张、水管，而且嫩竹笋还是一种十分珍贵的食材。

在整个水稻种植区的南部，每年普遍会种植两次作物；在一些条件好的地区，每年可种植 3 次，因为生长期可长达 1 年，且降水量丰富——每年高达69 英寸。晚稻可在早稻行间套种，也可在首季收割后再种植第二季。

在这里可见到中国最小的地块，平均每个地块仅有 2 英亩多一点。在上述全部或部分位于水稻区内的 8 个省份中，只有 10% 的土地可耕种。

湖南省、江西省、安徽省南部和浙江省北部年降水量 55 英寸，且全年分布较好。除水稻外，该地区还是茶叶主产区，拥有中国 2/3 的茶园（华中和华南地区 12 个省的茶叶产量占全国总产量的 95%）。

第三节　农业与运输

从实际意义上来看，中国大部分省份均比较落后。由于交通运力不足造成市场受限，因此一个省的边界通常表示试图标记出在衣食方面可以自给自足的区域。一般来说，大多数农产品主要供生产地的省内消费，只有少数产品可供出口，如烟草、丝绸、棉花、茶叶和葡萄酒。全省乃至更小地区对当地粮食生产的这种近乎完全的依赖性，是中国灾难性饥荒的历史原因，一个地区粮食作物歉收无法很容易地或快速地通过从其他产粮区运粮来缓解。

这种省与省之间的隔离感以及中央政府之间的疏离感，在工作组首次考察山西省太原市时就很明显了。在那里我们与政府领导进行了简短的接触，他们正在计划并认真执行旨在改善农业、交通和工业的计划。南京或负责管理 UNRRA 计划的农业机构几乎未能提供任何援助。然而，在某种程度上，中央农业机构（如中央农业实验所和推广机构）正在开始打破隔离壁垒，并与各省的类似机构建立工作关系。

截至目前，中国的交通和通信尚未能将各省、县、村和农场结合成一个完整的国民经济体系。在中国大部分历史中，旅行一直是政府领导及其随从人员以及流动商人的事，他们仅携带小批量高价值的半奢侈品。中国大部分居民很少旅行，仅有一小部分人离开了自己的出生地。

虽然数量不足，但几乎所有为西方所知的交通工具今天都能在中国找到。这里的交通是古代和现代的不均匀混合体：航空与铁路，沿海轮船与内河轮船，帆船、驳船和和运河船，卡车、公共汽车和小汽车，马、骡、驴、牛、骆驼、牦牛，可能还有最重要的——至少在农场至市场的运输中就是人和他的扁担。

1. 铁路运输

铁路建设、运营和管理一直由交通部负责管辖。

在 1931 年日本入侵东北之前，中国大约有 1 万英里的铁路，其中有 40％建于东北各省，在那里，俄国人修建了中国东线，日本人修建了南满线。这两条铁路再加上中国自己修建的几条支线，为东北各省提供了相当充足的铁路网络。

两条南北走向铁路连接着长江流域和黄河流域，其中一条为津浦铁路（天津—浦口），使从上海经南京到北平及其港口城市天津乘火车旅行成为可能。直达列车经轮渡跨越长江从南京到浦口。但在工作组在中国驻留期间，由于随后的战争及内乱造成的混乱，我们无法从南京乘火车到达北平。这条铁路横贯江苏省、山东省和河北省。

再往内陆，另一条主干铁路连接北平和汉口，汉口是远洋船航海的出发地，常被称为"中国的芝加哥"。从广东向北延伸的一条短线铁路预计可连接广州和汉口，建成后可从广州直接抵达北平。

陇海线是为数不多的东西向铁路之一，连接着上述两条主要的南北向铁路。陇海线起于海州（黄河沿岸一座较新的港口）（今连云港市海州区，译者注），于郑县（今郑州市，译者注）与天津（应为北平，译者注）—汉口线交汇，然后继续向西，经陕西省省会西安到达宝鸡，靠近甘肃东部边境。

工作组成员在考察黄泛区期间，从东山沿陇海线前往郑县，行程缓慢，路基状况较差，许多地方临时安装了木栈桥以替代在战争期间被毁的桥梁。自那（1947年）以后，该铁路被军事行动进一步破坏，如需恢复至可发挥正常功能，还需要做大量的修复工作。

北平—绥远线向西延伸至绥远省境内黄河附近的包头。

由于地势多山，长江以南铁路较短，服务范围相对较小。一条连接广州与中国南海的九龙，另一条连接云南省省会昆明和法属印度支那，从那里穿过法国控制的东京（今越南首都河内，译者注），到达越南海防市。

1936年，国民政府批准并开始新建5 000英里的铁路，由于战争原因，这项工作被迫中断，而且许多建筑被战争和随后的内战所摧毁。几条最重要的铁路线部分已经交替破损，之后经过暂时修复。目前在现有条件下，主要用于军事目的，鲜有机会给农业带来好处。

但自战争结束以来，在修复铁路方面取得了显著成就，其中之一就是钱塘江大桥的重新开放。钱塘江大桥精心设计的结构分上下两层，可通行火车和汽车，在战争中被日本人彻底摧毁了。钱塘江铁路总监兼总工程师 C. Y. Hou 博士向我们解释了这次修复和新建的意义：目前已完成的修复可使铁路从上海经杭州到达位于鄱阳湖沿岸的江西省省会南昌。

1948年春，一辆现代"流线型"火车于上海和南京之间投入使用，使从上海到南京的时间缩短至4小时。火车头和车厢均在中国制造。与美国的许多铁路相比，这里的设备和内在配置都比较好。

2. 航空运输

多家航空公司向中国主要沿海城市，以及这些城市之间的旅行提供服务。中国的商业航空始于1930年左右，当战争爆发时，国内航线总里程在8 500英里左右，其中大部分在东部沿海地区。

战后主要有两家航空公司在中国境内积极运营。

（1）中国航空公司：该公司是1929年成立的中美合资企业，1930年重组，载客量由1929年220名增加至1944年的39 263名，增加了177倍以上。

（2）中央航空公司是欧亚航空公司于1943年改组后成立的，当时完全为中国所拥有，是作为交通部的一个子公司而组织起来的。

这两家公司在世界大战期间均取得了实质性进展，将航空运输带到了内陆地区，在某些情况下，内陆地区完全没有任何形式的现代运输。

工作组成员对他们在中国的航空旅行印象很好，住宿条件很好，日程安排合理，服务及维护系统且高效。

3. 水路运输

在农产品运输方面河道、运河和湖泊比铁路更为重要，而且中国确实是拥有大量船只的国度。

三条大河为三个主要农业区提供了排水流域和水道，这三条大河分别为：北方的黄河、华中的长江和南方的西江。

(1) 黄河。之所以得名黄河，是因为其河水带有大量的黄色泥沙。黄河全长 2 700 英里，流域面积约为 531 200 平方英里。发源于青海省星宿海（Khatun Lake），流经甘肃省、宁夏省、绥远省、陕西省、山西省边界、河南省和山东省，流入渤海。其主要支流包括青海省的湟河，甘肃省的洮河、陕西省的汾河（汾河应在山西省，译者注）、渭河，河南省的洛河、沁河。

无锡大运河上的船运；中国典型的商用水路

河运帆船在主要河流中广泛用于运输各种货物，这家人通常住在有遮蔽物的船尾内

虽然深吃水船舶无法通航，但黄河却是一条繁忙的浅吃水船舶（即帆船和驳船）通道，同时黄河还可为沿途许多地区提供灌溉用水。在某些地区，水是从公元前 2 世纪修建的运河系统中流出来的。

几个世纪以来，黄河给人类带来了深重的灾难，同时也给人类的生活和农业带来了益处。华北平原大部分都是黄河冲积的富饶三角洲。但当黄河流经下游时，流速下降会导致泥沙沉降，从而使河床高于周围的平原，因此需要不断关注和保护围堤和堤坝。当堤坝溃决或洪峰到来时，洪水会冲破堤坝，淹没广大地区，并带来饥荒和死亡。干旱通常比洪水更为频繁。防患于未然，开发、治理和保护黄河水资源，对中国农业和水运事业具有十分重要的意义。

(2) 长江。这条河在中国也称为扬子江，是商业及旅行的主要水运航道。

长江长 3 400 英里,仅次于尼罗河、亚马逊河。

长江发源于青海、西藏和西康三省交界处,向东流经青海省、西康省、云南省、四川省、湖南省、湖北省、江西省、安徽省和江苏省,并于上海附近流入东海。在出海口 50 英里或更远的海面上,其含沙量非常明显,其三角洲(现已从南京延伸至上海)仍在向更远的方向推进。

在西康省,河床高出海平面 1.6 万英尺,但在峡谷尽头宜昌,仅有 300 英尺。长江可供远洋船只通航至汉口。大型河轮可航行至上游更远的地方,直至重庆,小型河轮可航行至宜宾。从宜宾开始,河帆船可继续向上直至西康、四川、云南三省交界处进行贸易。再往前,湍急的河流阻止了向上的航行。

(3)西江。发源于云南省,西江及其主要支流在云南省、贵州省、广西省和广东省的流域面积约 16.5 万平方英里。其大部分航线为穿过山区,只有最后 100 英里是三角洲地区。它可以通向小型轮船至广东和广西交界的梧州,小型船只可通航至这两个省的内陆地区。

(4)沿海河流。多条短河流为东海岸省份提供了水道和灌溉用水。

(5)淮河。从河南南部发源地经安徽向东流 620 英里,进入江苏,并注入洪泽湖,然后汇入长江。这是一条繁忙的商业水道,主要用于运输农产品。1947 年 5 月,工作组在考察蚌埠的河堤时发现了一片废弃的桅杆林。这里也遭受了战争的破坏,重建堤坝也是战后的一项重大工程。

(6)钱塘江。发源于安徽南部,向东流经 490 英里的航道,在安徽省及浙江省的流域面积约 2 万平方英里,最后流入杭州湾。

(7)滦河。发源于察哈尔省,流向东南,长 500 英里,流域面积约为 2 万平方英里,最后流入渤海湾,计划在此建设一个北方大港。1948 年 7 月 15 日我们与河北省主席楚溪春在北平会谈时,他向我们说明了这项及其他水运和和港口开发项目的计划。

(8)北河。以天津北部港口为河口,流经热河省、山西省、河南省和河北省等省,长约 500 英里,流域面积约 7 万平方英里。

(9)闽江。发源于福建省西部,在福建省河道长约 360 英里,然后流入福州(闽侯县)以南的东海,福州是沿海贸易的重要海港与商业中心。

(10)东北各省(满洲里)的河流。四条大河及其重要支流为该地区增加了潜在价值和现有生产力,成为交通、通信的方式,以及货运和生产的载体。

a)黑龙江。是中国与苏联之间的边界,沿黑龙江省,汇入乌苏里江和松花江两大支流。乌苏里江于东部分隔中国和西伯利亚,并向东汇入黑龙江。松花江是一条重要的木材运送航道,途径重要贸易城市吉林市后向东北汇入黑龙江。

b)辽河。长 900 英里,发源于热河省西部,向东流入辽宁省,并于营口市流入渤海湾。

c）鸭绿江。流向西南方向，是朝鲜与中国辽宁省的天然边界，流入黄海。

d）图们江。和鸭绿江一样，发源于满洲东部山区，并向东流入日本海，也是中国与朝鲜的分界线。

（11）西南地区的河流。红河、萨尔温江、湄公河、雅鲁藏布江，以及该地区大部分河流均发源于中国，但有的流入太平洋，有的经其他国家流入印度洋，但大部分河流在中国的河道内水流非常湍急，无法通航，但在未来可能是水力发电的丰富来源。

（12）运河与湖泊。在农产品运输方面，中国错综复杂的运河和湖泊网络或许比铁路更为重要。运河总里程约 20 万英里，其中很大一部分位于平原地区。在那里旅行者肯定会对运河内船帆的景象印象深刻，这些帆就好像是直接从旱田中直接升起来的。

几百年来，京杭大运河一直是跨越中国南北的主要交通通路，它可能是现存最古老、最长的运河，从杭州一直延伸至北平，长达 1 300 英里。目前有些河段破烂不堪，但 1948 年 5 月我们在考察无锡时，向面粉厂运送小麦运河船只的拥挤程度表明了这条古老运河目前的重要意义。

4. 内陆运输与公路

在谈到内陆运输时，John Earl Baker 博士表示："一个健壮的男人每天可负重 100 千克的货物行走 25 千米，平均为 16.5 千米。人力运输到市场的距离受 3 个因素的限制：1 个人可负重的货物量、他每天必须食用的食物量，以及他一天可以走的距离。"

"一个人用独轮车运载的货物量是肩挑负重的 2～3 倍，但独轮车需要一条相当平坦的道路，无法在沼泽或山区内使用。但在条件好的地区，独轮车降低了单位重量的运输成本，增大了与可进行贸易供应源的距离。"

将鸭子赶下小溪去售卖。这些鸭子在农民收割庄稼后的田里觅食

一支用扁担和竹筐运输木炭的商队。这是从运输农产品到奢侈品等各种商品的一种常见的运输方式

运往市场的活猪。吱吱作响的木制独轮车是最常见的重物运输工具

运输石灰石的动物驮运队。这种驮运队每天可走 15 英里或更远，但通常要远得多

人拉运煤拖车。在这种情况下，8人将约1 000磅货物拉了30英里

一种由水牛牵拉的常见类型拖车

"骡、马和驴可比人驮更重的货物，即使是将货物置于它们的背上。它们也必须进食（和一人的负重成正比），但它们可以采食人无法食用的廉价粗饲料。如果让役畜来牵拉拖车，而不是将货物置于役畜背上，它们可拖动3～4倍重的货物。"

"中国已因地制宜发展最适合当地的运输方式：

（1）在多山地区，粗饲料比谷物更丰富，一般用役畜背负货担；

（2）在沙漠，当饲料不适合骡或马时，就使用骆驼；

（3）在草料充足的平原上，应将货物装于拖车；

（4）在与谷物相比粗饲料不足的地区，可将货物装于独轮手推车；

（5）在主要谷物为水稻的华南地区，在某些山区，人力是唯一的陆路运输方式。"①

---

① Explaining China，John Earl baker. Adviser to（China）Ministry of Communicaitons 1916 - 26. Currently member Rural reconstruction commission of China.

直至日本入侵前的几十年，现代公路建设才达到相当大的比例。1920年以前，大部分陆路旅行仅限于载货马车道、石板路和裸土小道，这些道路仅适用于人力运输车、独轮手推车和单套拖车。但在1920年后，国民政府开始了一项大规模修路计划。公路发展迅速，特别是1937年前的5年，截至1937年7月，已完成了4.5万千米的公路建设。

在为期数周的乘汽车考察中，工作组发现几乎没有一条新建公路铺砌良好。虽然大多数路线均经过慎重选择，且坡度设置也很不错，但在当前条件下，维修非常困难。许多桥梁和涵洞均存在问题，只能进行临时维修。尽管如此，主要公路（如重庆至成都）上仍有大量的卡车和公共汽车。大多数机动车最初都是军用物资，它们更换和获取维修零件显然非常困难，而且当前价格畸高的石油燃料也构成了严重障碍。

大多数公共汽车都载满了人和行李，这是四川省北碚县（1952年划归重庆市管理，译者注）附近的一个公共汽车站

制造和修理当地农具的铁匠铺

工作组对勘测和修建重庆至成都仅300英里公路的工程师的能力给予了高度评价。西部公路需穿过高山，其坡度、弯曲度以及道路宽度均经过了巧妙设

计。虽然当前养护工作不足，但这一实例让我们相信，只要有机会和工具，中国的工程师及技术人员完全有能力建设一个迫切需要且完全适应国内交通运输环境的国家公路网。

在遥远的西部，有 3 条重要公路横穿边境省份新疆省，连接东部的甘肃省和新疆西部的喀什市。这 3 条通路于喀什汇合，通向苏联、土耳其，并向南进入印度。

这些都是极为古老的道路，远在中国为西方人所知之前，甚至远在马可·波罗之前就有人走过了。他们目睹了大迁徙、入侵和朝圣，也许，这是世界上最古老的商队路线。

在抗日战争后期，他们确实是中国的后大门。苏联城市阿拉木图（今为哈萨克斯坦最大的城市，译者注）就位于新疆的西部边境，通过铁路与航空与西伯利亚及近东的工业与原材料相连。俄罗斯从此处提供战争物资，并通过硬路面公路，穿过新疆迪化市（今乌鲁木齐市，译者注）和哈密市，用卡车将物资运到甘肃的西部边境。这一路程长途跋涉绕过了新疆的山脉和沙漠，仅需 4 天，但是从甘肃边境到甘肃省会兰州市，仅有之前一半的路程，却需要 30 天，这是因为只能使用中国较为原始的运输方式。

甚至是第二次世界大战之前，新疆就被纳入了苏联的势力范围，且其在其中的地位也变得更加确定。新疆靠近西伯利亚和土耳其斯坦铁路，再加之他们的市场潜力以及可以从苏联获得信贷，这一切已经证明了具有强大的因素。

似乎很有可能，将开发至少一条古老公路并进行现代化（可能由苏联进行），并成为俄罗斯与中国之间的重要贸易动脉。

从整个国家的农业以及国民经济来看，中国的陆路交通需要分两条线发展。

（1）出口商品的省际运输和更为经济的出口渠道。省际或地区间的贸易（例如台湾与东北之间）可变得更为有利可图，并可扩大农民的市场，更为经济的长途运输也会带来同样的改善。

（2）短途或农场到市场的运输成本通常过高。用人力或畜力搬运笨重货物的成本很快就会变得令人难以承受，且市场及利润都会受到距离的限制。内陆地区饱受远离市场之苦，由于当前陆路运输成本较高，无法将其产品换成所需的产品。

第四节　农业与制造业

在西方国家，农业已经成为一种生意，而不仅仅是一种谋生手段，农民是工业最重要的消费者。随着企业规模的扩大和个人生产能力的提高，农民需要更高产能的设备、更多的服务和以及更高生活水平所需的多种物品。高产能设备可提高盈利能力，因为它可使人均生产力提高数倍。

但在目前的中国，农民很少购买工厂生产的产品。由于收入较低，农民只能获得最基本的生活必需品，几乎所有这些都是由他们自己村庄或有集市城镇的个体工匠提供的。

而在整个工业中，大型民营制造企业相对较少。大型私营企业的主要领域为零售商业机构、进出口代理机构和城市建设公司。除纺织业、制粉业和水泥制造业，私人资本很少发展大型商业、工业或矿业企业。铁路、电报和电话线等均是由政府修建的。工厂较小，其产品与其说是真正的工业产品，不如说是手工艺品。即使是在大城市也是如此，在许多街区的街道两旁都是小作坊，每个作坊雇佣一小群工人。近年来，大型工业发展缓慢，部分原因可能是货币不稳定，鼓励资本投资购买和囤积现有商品，而不是长期投资工厂设施，以及生产新商品需要进行就业培训。

一般来说，市场仅限于工厂所在地。各省之间没有大规模的制成品贸易，也没有拥有全国性市场的中心工厂。

目前仍是手工生产或相对简单的机械生产占主导。举一个明显的例子，比如建筑材料用木材的生产，即使是在城市，也是在施工现场采用手工方式将柱子和原木锯成木板。这一过程既浪费时间成本又高，工作组认为，作为一种将获广泛接受的现代设备，必须提一下小型便携式电锯。

当然，对于中国制造业规模小的说法也有明显例外，例如，最近在上海和南京之间配备了一列现代化流线型客运列车，火车头和客车车厢都是中国制造的。但从整个中国的人口来看，可以很公平地说，当前中国制造的商品是由手工业生产的，或者说最多通过一个刚刚从手工业阶段起步的工业生产的。

重庆钢铁厂概况。由于无产品需求，导致部分闲置。管理层对开始生产农具较感兴趣

山西太原铸造厂，正在铸造生铁

如果暂且可以称之为农机工业，那么中国的农机工业就是一个整体的例子。几乎没有经销商或中间人，农民直接从工匠那购买简单的工具。农民的铁耙或摆动锄、推拉锄、水稻播种机、镰刀、独轮手推车、脱粒箱等均是当地的铁匠或木匠制作的。这些产品中有些做工很好，而且还能以工厂方法目前无法达到的价格出售。水梯、石磨研磨机等通常由工匠于主人指定地点建造。

但还有一些可生产农业设备和其他工业产品的半现代化工厂，其中大部分是政府资助的，相当一部分机械设备来自 UNRRA。工作组对下列工厂进行了考察：

（1）无锡柴油机厂（政府资助）。主要产品为 25 马力①单缸卧式发动机和 12 英寸离心泵。这些笨重的低速发动机主要用于灌溉，通常装于驳船上，沿溪流和运河从一个地方移送到另一个地方。购买者通常为定制经营者或农民合作社。我们在无锡考察了这样一个合作社，看到其中一台这种设备正在运作。即使是在美国，该发动机和水泵的价格相当于 6 680 美元，但农民们还是对自己的投资表示满意。如果中国政府不加以限制，可以以更低的成本从美国进口马力稍大重量稍轻的这种设备。重量较轻非常有利，因为可使驳船吃水变浅，从而可以服务更为偏远的上游地区。

（2）中国发展公司民生机械厂（重庆）（今重庆长航东方船舶工业公司，译者注）。在这里我们参观了一组工厂，包括炼钢厂、棒磨机厂、修船厂和水泥厂。这些工厂是在第二次世界大战期间发展壮大起来的，其中一家工厂完全建在地下。水泥厂每天可生产 900 桶水泥，但在我们参观的时候，由于缺乏需求，水泥厂没有满负荷运转。

---

① 马力为非法定计量单位，1 马力≈735 瓦。——编者注

这一组工厂在很大程度上由私人资本控制和经营，是私营企业主要关注商业而非制造业这一规则的明显例外。

（3）西北实业公司。位于山西省太原。在太原参观的工厂可生产水泥、焦炭、生铁、钢材、农具（试验阶段）、火车头、武器和弹药。该地区还建有纺织厂、卷烟厂以及当时不允许我们参观的其他工厂。

山西太原炼钢厂

距太原不远的山西北部的大同煤矿，据说是中国最好的煤矿，世界排名第四。

在距离工厂几英里的范围内，即可找到其他煤炭以及铁矿石和石灰石供应源。

太原的这些工厂均为省属企业，在北平及上海均设有省级办事处。在我们参观的时候，他们正计划向国外派遣代表以便考虑和制定与外国制造商的约定和协议。太原的工程师们表示，一般农业机械大约70%的零部件可以在中国制造，而其余30%必须依靠进口。

关于化肥的生产，已经做了一些初步工作，并制定了计划，但目前尚缺乏量产的设备。

（4）病虫药械制造实验厂。位于上海，该工厂由国民政府控制和经营。由时任中央农业实验所副所长的吴福祯担任第一任经理，主要负责该工厂的发展和成功运作。主要产品为小型手动喷雾器、喷粉器和各种杀虫剂，其中许多杀虫剂是由本地种植的材料制成的，如鱼藤根和除虫菊。

最近，该工厂通过增加大量 UNRRA 援助的机床和设备而进一步扩大和现代化。

（5）中国农业机械公司总部和主要工厂。均设在上海，是中国最大的农业设备制造企业。

该公司最初由 UNRRA 提供车间设备、机床和原材料。其运营资金由中国银行、农民银行、交通银行、中央信托公司和农林部提供，因此，其公司结构既包括政府利益，也包括银行利益。

工厂设施包括位于上海的中央生产厂和一个较小的试验与设计厂。原计划要在全国设立 18 个分支机构，但建立分支机构方面遇到了很多延误。南京分公司于 1948 年 10 月开业，并开始生产一只役畜牵引（5 齿）的耕耘机、小型电动水稻砻谷机和脚踏式轧棉机。

1948 年 11 月，鉴于上海的中央工厂即将开始生产数千台自行设计的单缸风冷发动机，这些发动机的直接功能是为 UNRRA 提供的大约 3 000 个未配备发动机的 3 英寸离心泵提供动力。

上海工厂正在试生产其他农业设备，其中包括一台水稻谷糠分离机、一台小型制绳机和一台手动玉米脱粒机。

上述公司代表了四种不同类型的公司组织：1 私营企业；2 省属企业；3 联合企业或国立企业；4 联合企业及私营企业利益的结合。很显然，中国政府非常关注商业规模制造业的发展，不仅仅是在农业设备方面，在大多数其他领域也是如此。私营企业在大型制造业问题上不占主导地位的事实也很明显，这一情况与美国大不相同。

在我们对大部分这些工厂进行考察期间，经常有人提出了类似这样的问题，比如："我们的工厂已经准备好了，设备也相当齐全，但我们还不确定我们应该做什么。"存在产能，但并不是客户购买任何特定产品的实质性需求和能力。

然而，工作组确实看到了大量关于潜在需求与市场可能性的证据。一个例子是北平附近一群拥有先进卡车的菜农，他们以买卖为基础，寻求降低成本和增加产出的方法。另一个例子是甘肃省对牧草机械的需求。这都是抽水设备的实际需求和市场。在复兴岛举办的 AMOMO 成立两周年机械演示活动中，有很多农民出席，这表明了他们对现代设备的积极兴趣。此外，在中央农业实验所的工作组还收到了大量来自设备潜在购买者的咨询。

这些工厂面临困境的主要原因在于缺乏广阔的现有市场，潜在客户的购买力不足，这是因为个体户的规模小及由此导致的低收入造成的。人们不会购买火车头来拉独轮车。

很明显，中国农业机械公司已经认识到了这一点，并试图找到解决方案。该公司最近成立了一个称之为销售促进部的部门，当然实际上还不止这些。该部门由 C. Y. Wu 先生领导，他在战前是万国农具公司的代表，并引进了一些动力设备。他目前的工作是开发销售渠道演示，以及安排合作采购、服务与培训。

James Yu 负责 AMOMO 拖拉机项目的地点和功能，需为项目提供适当的设备、服务和用品，发展合作社和制定动力设备的使用，以及保存各项项目的成本记录。

K. C. Wu 负责操作工的管理、服务与培训（这项工作对农业设备制造的未来至关重要），并从两个方面着手解决这一问题：一是改进国产设备；二是引进更先进的现代化设备，并提供对其成功至关重要的培训和服务。

除上述情况外，中国农业设备制造业对整个行业给出了一个清晰的概况：成千上万的小车间只能生产一些简单的物品，一些半现代化工厂归私人资本所有，更多的还是由政府机构经营和控制的工厂。没有一家工厂拥有广泛分布的分销系统或覆盖全国。几乎没有一家工厂可以批量生产和销售的标准化产品。

经济部国家资源委员会主管重工业发展。1944年，该委员会在工业制造、采矿和发电领域共管理有103家国有企业。

国家资源委员会管理的企业（1944年12月）

企业类型	由国家资源委员会经营	联合经营	合计
工业			39
冶金	7	1	8
机械	5	1	6
电气制造	5	—	5
化工	16	4	20
采矿			36
勘探	1	—	1
煤炭	14	4	18
矿物油	2	—	2
出口矿产	11	—	11
黄金	4	—	4
电力	21		21

第五节　农业与自然资源开发

中国农民生活水平的提高——从自给自足农业向有盈利性食品及纤维生产转变，与中国矿产资源及电力资源的开发利用有着千丝万缕的关系。目前中国有太多的小农场和太多的农民，由于受到人均耕地少、人力方法和人力工具的严重限制，农民的年产出、年收入以及购买力都很低。目前，即使每亩收益不错，中国农民年平均现金收入仅有50美元。只要上述情况仍存在，农民的收入和购买力就仍会保持在较低水平，因为人均产出较低。贫富不是土地的问题，而是人的问题。

在中国农业中使用现代化设备和技术意味着许多小生产者将逐渐被取代。农民越少，人均产出越高，收入越高，购买力越强。那些被取代的农民会在工业化进程中找到工作，工业化进程会通过满足更富裕农民日益增长的需求而获得动力。其他国家的模式和历史就是这样。

工业化主要取决于矿产资源和能源的开发与合理利用，在研究中国现状和未来可能性时，考虑这些资源极具意义。

1. 煤炭

中国拥有丰富的煤炭资源，其储量仅次于美国和加拿大。几乎每个省都产煤炭，其中山西、陕西、甘肃和河南黄土高原的煤炭储量最高。一般来说，最好的煤炭来源于山区，但那里的交通很难通往现在的制造业中心。但山西省省会太原的工业中心例外，工作组在那里观察到在近距离范围内即有煤、铁和石灰石可供使用。

矿产尚未得以完全开放，与美国相比，煤炭年人均产量很低：中国人均产量（1934年）为100磅，而美国为1万磅。

最近，国家资源委员会主席在介绍华中地区煤矿现代化工作时表示，湖北省、湖南省和江西省可生产足够的煤炭满足长江流域地区的需求。

2. 铁

虽然在很多省份都出产有少量的铁矿石，但缺铁仍是中国工业的一大问题。大多数铁矿石来源有限，且质量和很差。在江苏省、安徽省、湖北省、辽宁省、河北省和热河省等地发现了质量较好的铁矿。

目前，国家资源委员会正集中力量于中国中部及南部地区，试图弥补东北各省的损失。采取的措施包括海南岛铁矿开发项目，据认为该岛蕴藏有5 000万吨的高品质铁矿石。在战争期间，这些铁矿由日本人开采，据称产量已达3 000吨/天。一些工程师报告称海南的铁矿矿床是世界上最丰富和最大的。据估计，东北的铁矿石储量超过4亿吨。

虽然中国的铁储量可充分满足当前的经济类型，但对于一般的工业化来说是不够的。

3. 石油

多年的大规模勘探表明，中国石油资源严重匮乏，但也有研究人员认为有些地区被忽视了或勘探力度不足。实际石油产量非常低，主产区位于陕西省、四川省中部和甘肃省西北部。

油页岩分布广泛，多个省均有分布，其中辽宁省储量最高，但目前所用的开采方法成本太高，其产品无法与原油相竞争。

对进口石油产品征税往往也会阻碍其使用，尤其是灌溉和农业工作。在中国期间，汽油价格从每加仑①30美分上涨到了1美元，我们回国时，煤油的

---

① 加仑为非法定计量单位，1加仑（美）≈3.79升。——编者注

价格为每加仑 68 美分，柴油为 34 美分，这些价格中很大一部分是税收，由于季节性需求，价格变化明显。

尚无法确定中国的石油储量，目前仍在对甘肃省、陕西省、新疆省和四川省的主要油田进行勘探。最近在青海省、浙江省、贵州省和西康省均有发现，据认为甘省油田的储量相当丰富，能够大规模开采。

4. 铜

许多省份均有矿床，但储量均不大，增产的可能性很小。主要产地有云南省、四川省、湖北省、甘肃省、新疆省、福建省、辽宁省、湖北省和吉林市。四川省和湖北省建有相当现代化的采矿厂和冶炼厂。

铜的主产区位于云南省东北部，但该地区多山与世隔绝，需要驮畜运输，这种运输方式成本非常高，导致本地产品很难与沿海市场的进口铜相竞争。

5. 锡

在锡的储量及生产方面，中国处于有利地位，在全世界主产国中位居前列。大部分锡产量来自云南的小型采矿厂。

6. 钨

中国钨产量居世界首位，占世界钨产量的 50%～75%。主要矿山位于江西省、湖南省和广东省，那里的采矿厂看通过地面作业进行开采，而且储量近乎无限。

7. 锑

中国也是全世界锑的主产国之一，其产量约占全世界总产量的 80%，矿床广泛分布于华南地区。锑是一种重要的金属出口品，可以很容易地增加产量来满足未来的需要。

8. 铅和锌

虽然储量有限，但铅、锌在中国南方及北方均有发现，尤其是云南省、湖南省、辽宁省、四川省、浙江省、贵州省和山东省。

9. 水力资源

在中国北方，大部分河流的流量变化非常大，无法提供可靠的水力资源进行发电。在南方，情况较为有利，存在许多可以有效利用的水力资源。

最大的水力资源来源为青藏高原（这可能是世界上最大的水力资源蕴藏地）和长江的峡谷，据估计可开发的发电能力高达 1 050 万千瓦。截至目前，中国的水力发电尚不发达，但从长江流域向南似乎条件非常好。

新疆自然资源开发也充满前景，尤其是天然山脉的西部地区，据报道，新疆的煤炭、铁、铜、石油、铅、银、金、硫磺、锌和盐等自然资源储量非常丰富，且还有大片茂密的森林。

中国蕴藏有相当丰富的战略矿产，而且可能会发现更多。随着世界需求的变化，所有这些矿产的价值均有可能增加。对于某些矿产，中国已占据了主导地位，几乎垄断了市场。

中国铁资源贫乏，但煤炭资源丰富，而煤炭是一个工业国家的主要必需品之一。石油短缺阻碍了工业发展和汽车运输，严重阻碍了农业电气化的引入。在某些地区，已将木炭气和植物油燃料用作石油替代品，但收效甚微。

在过去几十年科学及技术进步的成就放大了煤炭的价值，现在煤炭已被用作几乎无穷无尽的化学和工业产品原料。

近年来，在农业化学和煤制液体燃料生产方面的研究进展可能会弥补这一严重不足，从而使我们巨大的煤炭储量具有不可估量的价值。通过在地下将煤气化以及到地面液化来获得煤炭产品的方法，使原来地处偏僻的煤炭储备容易运输至其他地区使用。

煤炭是中国最重要的矿产资源，以液态燃料的形式，可能会促进中国内陆运输的现代化和广泛的工业化，以及农业的机械化。

第六节　农村生活及其与经济政治稳定的关系

古代中国将农民的社会地位排在第二位，只有学者在排在农民之上，他们的地位比商人和士兵还要高（即古代所尊崇的"士农工商"，译者注）。虽然这一旧的惯例已经发生了变化，但仍揭示了当今社会的一些问题。甚至是在今天，学者或拥有大学文凭或正规教育文凭人构成了政府的官僚机构，实业家、农民和商人在政府中几乎没有发言权，政府职位被大多数大学毕业生视为终身职业，这在工程学院、农学院以及社会科学学院都是如此。农业院校毕业后献身农业的人数相对较少，他们大多就职于政府服务部门或银行、推广服务部门、教育部门，以及农林部；而少数人则在各类农业企业及一般企业找到工作。

大多数中国人认为大学教育应该带来"比农业更好的事物"，还没有普遍认识到农业及其固有的机会可以充分发挥现代科学，及其就业方面的作用，并可给他们带来丰厚的报酬。金陵大学农学院最近针对农场经营者开设了一门的课程，旨在让训练有素的人员直接回归农业生产，并使之成为一项非常理想的工作。

尽管农民社会地位在古代价值观中排在第二位，但这种排名很可能是充满诗意的虚构，而不是事实。如果这么高的排名曾经是事实的话，那么现在早已不是如此了，农民仍然处于社会结构的最底层。

在中国，土地和粮食是财富的主要形式，粮食（而不是黄金或白银）是衡量其货币价值的实际标准和尺度。土地和粮食税是省和国民政府的主要收入来源。

总的来说，中国农民仍承担这沉重的负担，几个世纪以来，他们承担着沉重的、苛刻的税收，军费，年贡、高昂的租金和高利率的债务，许多人只不过是接受贫穷为遗产的农奴。因此，他们对政府有着根深蒂固的不信任，这种不信任已蔓延至所有政府机构，包括那些试图对农民服务的部门，如中央农业实验所和农业推广部。

据估计，中国有一半以上的农民负债累累，主要是用于消费品、农业生产以及因拖欠税款而使用的短期贷款。债务人的这一比例并不令人担忧，在美国大概也是如此。但当利率高得惊人时，这种债务就是毁灭性的了。"在第二次世界大战之前，银行对农民贷款的年利率为 12％，私人贷款利率从 20％到 40％不等，有时可达到 240％的峰值。当时（1946 年），农民贷款的最低年利率在 25％以上。"[1]

农民还无法利用货币通货膨胀飙升的机会来逃脱这些经济惩罚。债务是以实物形式支付的，或根据一定数量粮食的现值为基础发放贷款和偿还贷款。

工作组在中国考察期间，货币只具有当天的价值。当工作组抵达中国时，中国国家货币（当时为法币，译者注）对美元汇率为 3 950 元兑换 1 美元，而在 1948 年 8 月工作组考察牯岭时，每名成员都携带了内装 5 亿多法币的小箱子，因为当时汇率达到了 600 万：1，到月底时更是达到了 1 200 万：1。之后政府按与美元 4：1 的汇率的发行了一种新的纸币，称为金圆券，但很快这种纸币也开始大幅贬值，当我们于 1948 年 12 月离开中国时，官方汇率为 20：1，而黑市汇率为 60：1，我们最后一次从中国提交报告时，汇率已经达到了 80 万：1。

1948 年 5 月，农林部一位高级领导告诉我们，许多农民不得不在收获季节出售大部分农产品，之后他们必须借钱购买粮食以供他们自己食用。即使这些贷款期间仅有几个月，农民也必须以实物形式偿还，而且偿还的金额必须是贷款金额的 2～3 倍。

土地租金也必须以实物支付。1947 年 12 月我们在北碚考察期间，得知地主有时会以水稻产量的 80％作为租金，而佃农只收到 20％，而且耕种所需的设备和种子必须由佃农提供。但佃农不必为其持有的旱地（无法灌溉）支付租金。

在其他地区，租金为产出作物的 50％～60％，如果地主提供设备和种子，则会达到 70％或更高。

由于人口的压力以及生活及作物较为安全地区可耕种土地的稀缺，租户无

---

[1] 引自中美农业技术合作团报告。

法逃避这一高昂的租金。对他们来说，获得土地意味着生存的机会，如果没有土地，他们可能无法生存。

苛捐杂税也是多如牛毛。从历史上看，国家级、省级的主要收益是农场，农场应该是一个富有成效税收来源。通常将收税特权售卖给出价最高的人，而出价最高的人所征收的税额也是最高的。虽然最近几年可能有所改善，但很明显，农民承受的税负不成比例。

虽然名义上是地主在为他们的土地缴税，但实际上许多地主是通过以更高租金的形式将土地转嫁给佃农来避税的。税收制度有利于地主，且使佃农变得贫穷。地主比农民更有组织，更有发言权，且会比农民对省及国民政府施加更大的压力。拥有并经营自己土地的个体农民——自耕农在省及民国政府中几乎毫无影响力，而且没有强有力的农民组织（例如我们的农业局和国家农牧业保护者协会）为他们发声。在南京，甚至农林部也被视为一个次要内阁部门。在中国这样一个以农业为主的国家，农林部应该是最重要的部门之一。

中国农业的现代化和工业化的发展需要一系列根本性的变革。现行的地租制度、压迫、地主及放贷者的高利贷、不公平、苛捐杂税、向军队和土匪纳贡，所有这些都必须一一消除，只有通过实际且有助的立法中承认农民的真正利益及其对国家的价值，才能在技术进步或农业改良方面取得成就。如果中国要使最大的潜在资产——劳动力要活跃起来，必须在农村建立一套符合实际且有用的教育体系，并在农村发挥作用，因为农村占中国国土面积的 4/5。

第四章　工作组的研究与示范计划

第一节　农业工程研究需要

对当今中国农业的一项研究揭示了引进机械生产方法将遇到的巨大困难。中国已经高度发展为一种人力农业，几百年来一直沿用至今，且无甚变化。所采取的做法已经过彻底检验，且与该国农村生活经济及社会结构紧密相连。田地的大小，道路、排水沟及堤坝的位置及建造，灌溉用水的存储和利用、肥料的使用，以及作物的收获、存储和运输，几乎不需要役畜的帮助，所有这些都是建立相互关联方法的重要因素，这种关联性非常强，牵一发而动全身。为此，工作组最好对种植主要作物所需的现代化设备进行实际的现场试验。

第二节　中央农业实验所

中国主要的农业研究机构就是农林部中央农业实验所。按照最初的计划，工作组与中央农业实验所建立了联系，3 名委员会成员被任命为该研究所员工，且所有成员均有权出席员工会议和使用研究所的图书馆及其他设施。

中央农业实验所总部位于南京市中心以东 5 英里处的一条主要公路上，靠近孝陵卫村。在中国多个农业区建立了一些分所，主要分部位于北平。该研究所成立于抗日战争之前，拥有自己的建筑、设备和土地用于农业研究工作。在战争期间，许多建筑被摧毁，且所有建筑都有受损，未转移至安全地点的设备或被破坏或被运走。自 1945 年 10 月中国当局接管该工厂以来，重建工作取得了很大的进展。中央农业实验所以及附近的棉产改进所和烟产改进所共计拥有450 英亩的试验用地。该土地和中国大多数农田一样，被分成很小的地块，其中大约有 1/4 的土地可以灌溉。

该研究所由所长沈宗瀚博士和副所长吴福祯先生领导，分为 10 个部门，每个部门均设一名主管。该研究所在南京的总部拥有大约 330 名训练有素的科学家和专业技师，包括分所在内，该研究所共有专精于不同农业科学分支的员工 600 名。

中央农业实验所农业工程系机械展览厅及主要办公室

机械展览厅内景

研究所所长沈宗瀚博士和副所长吴福祯博士会与工作组定期召开周例会，这些会议对于工作组非常有帮助。工作组还受邀参加研究所召开的周例会。

第三节　农业工程系

为迎接工作组的到来，总部设在南京的中央农业实验所还成立了工业工程处，并委任了一批训练有素的助理人员，工作人员及其教育背景如下所示：

L. T. Woo，主管　土木工程学学士，国立交通大学

农业工程学硕士，明尼苏达大学

Harold C. Wan　航空工程学学士，国立中央大学

Frank C. Ko　物理学学士，金陵大学

李克佐　万国农具公司研究生奖学金获得者

农业工程学硕士，明尼苏达大学

Robert Chen　机械工程学学士，国立武汉大学

陈立　机械工程学学士，国立浙江大学

方根寿　机械工程学学士，国立中央大学

Fred Kan　机械工程学学士，国立中央大学

Bruce Lui　土木工程学学士，国立中央大学

Phillip Tu　土壤学学士，国立中央大学

S. Y. Chu　工具管理员

技术人员组成如下所示：

两名木匠；

两名铁匠；

两名机械工；

两名学徒；

1名会计；

1名打字员。

第四节　中央农业实验所农业 工程系研究设施

1. 建筑

1947年2月，当工作组抵达中央农业实验所时，两栋新办公楼、实验室和农业工程系的设备已接近完工。这些建筑均为砖石结构，其中一栋被命名为机械厅，占地面积3 600平方英尺，另一栋为研究车间，占地面积4 400平方英尺。在接收到第二批设备后，很明显，这两座建筑没有足够的空间来容纳计划中既定的设备，因此于1947年12月又建造了一栋额外的框架建筑，用于容

纳将要接收的部分机械，并提供一个建筑材料实验室。此外，还建造了一座活动式建筑，用于存储物资，特别是燃料、油料和建筑材料。

记载农业工程工作组到来的农业工程纪念碑

车间与研究实验室。配有木材和金属加工机械，在屋顶上装有 6 伏风力发电机

机械车间和仓库建筑。装卸台隔车道位于中间门对面，
右手边拐弯处（关闭的门）用于农场建筑研究和仓储

位于车间东端的 Butler 粮仓，该类型粮仓在中国令人非常满意

机械车间和仓库建筑。装卸台隔车道位于中间门对面，
右手边拐弯处（关闭的门）用于农场建筑研究和仓储

位于车间东端的 Butler 粮仓，该类型粮仓在中国令人非常满意

即用型发电机，10kW，操作面板及电弧焊设备通过其供电。该发电机也用作车间机械的备用电源。氧炔焊设备见右手边角落，右前方为台式钻床

台式钻床右侧为 60 吨手扳压机，右侧可见风力发动机风车

一座由 Butler 制造公司提供的镀锌钢板建造的粮仓就建于车间建筑附近。

农林部和中央农业实验所管理人员在机械厅墙上安放了一块石碑，上面记录了万国农具公司资助的农业工程教育计划和农业工程工作组的人名情况。

2. 用地

由于工作组的计划包括农业机械田间示范，因此该目的用地成为必需。抵达该研究所后，工作组通过所长向各部门负责人表示希望在使用机械在种植大田作物方面进行合作。一些部门负责人表示愿意合作，特别是棉花、水稻和园艺部门。第一批农业机械在通过中国海关时清关延迟，在很大程度上限制了这种合作的范围。

此外，还要求分配给工作组土地，以便从苗床制备到播种、定植和收获都能在该土地上进行。对方提供了多块土地，但均是由小块土地组成的，需要重新整理成大块田地，以确保机械耕作切实可行。

1947 年麦收期间，一支被称为中央训练团的军队邀请农业工程系用联合收割机—脱粒机来收获小麦，这项工作引起了公众极大的兴趣。这次合作促使

两个组织签订了一项合同，根据合同，农业工程系同意在 200 亩农场种植主要作物，该地块位于东侧通往南京的一条主要公路上，距研究所有 1.5 英里远。用于停放拖拉机及相关机械的建筑已经造好，但尚未投入使用。

为改良这块土地，需要进行相当多的平整与清理工作，但由于地形和位置优越，农业工程系认为能够获得该地块是非常幸运的。

3. 试验车间

万国农具公司向农业工程系提供了成套的木材和金属加工车间设备，使我们能够制造或改装农业机械的任何一个零部件。据认为，配有这类装备的试验车间是亚洲同类车间中最为齐全的。但无法安装铸造设备，因为在处理大量金属时，这种设备的功能最好。此外，可以利用南京市的一家铸造厂提供的模具迅速制造铸件。

木材加工机械较为齐全，可为任何农机制作木质配件或制作铸造模具。此外，还提供了大量的锻造、焊接和金属加工工具和机械，包括大量仪器和仪器配件，如功率计、转速表、秒表、测量仪表，以及检测建筑材料的仪器。设备中还包括一套维修拖拉机及相关机械的专用工具。

此外，还提供了一批材料及机械零件，包括机械、拖拉机和卡车的各种备件。

为提供应急或备用电源以及使用电弧焊机，还安设一台 10 kW（R4A）汽油发电机。

还为试验车间提供了一些更为重要的机械和工具，如下所示[1]：

锻工工具：Champion No. 400 锻铁炉；Edwards No. 5 剪板机；台钳、铁砧、撬块、手动工具等；电焊设备；氧炔焊接设备。

金属加工机械：South Bend 车床，16″×8″；Sheldon 铣床；钻床；电动磨床；车床磨具。

木工机械：三角倾斜轴锯；带锯，18 英寸；车床，20 英寸；接缝刨；电铣。

维修工具：手扳压机；升降设备；便携式电钻；拖拉机专用维修工具。

处理和检测建筑材料的设备：混凝土搅拌机；混凝土切块模具；冻结机；材料分析仪器。

摄影设备：高度图形摄像机；Eastman No. 35 摄像机；Weston 光度计；Bell-Howell 投影仪，16 毫米；幻灯放映机；放大器；显像设备。

运输设备：两辆 Plymouth 轿车；两辆万国 K1 皮卡；两辆两轮拖车；一辆 McCormick-Deering 通用农用卡车。

---

[1]　欲了解所提供设备的详细列表请参见完整清单。

South Bend，16″×8″金属切削车床

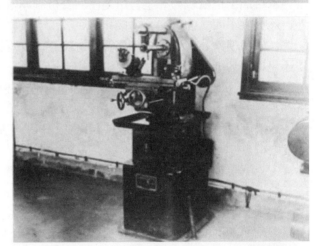

Sheldon 铣床

研究车间的木材加工车间，可见带锯、翻转台锯、6英寸接缝刨和装满板条箱板的木材架

工作组使用的 Plymouth 汽车，本地司机非常满意

用挖掘钩（铁耙）进行手工翻耕，单人单日翻地能力约为 1/24 英亩

手推撒肥机。相同时间内一个人使用这台简单机器的施肥面积与三个人手工施肥的面积相同

第五章　研究与示范计划成果回顾①

第一节　研究计划的组织

为组织和指导工作组及相关工作人员朝着某些既定目标努力，而不是将这份努力浪费在零散且不重要的活动上，我们特编订了一套 14 个项目的大纲，本大纲由所有相关方、每个项目负责人及相关工作人员进行审核，最后再由主管对每个项目进行批准。上述 14 个项目及选定负责人如下所示：

为说明项目是如何制定的，我们举了一个项目大纲示例。

在所有项目均开展了一定的工作，但其中一些项目在工作组离开中国之前才刚刚开始，尤其是钻井、农场建设，以及粮食储藏与加工。

项目 10——农场建筑的施工方法与材料；项目 11——农村住房；项目 12——农场卫生；项目 13——作物储藏与加工见第十章（农村住房与卫生）。

项目 14——农业工程教育见第六章和第七章，附录中列出了中国教育机构的清单。

第二节　研究示范项目列表

中央农业实验所
农林部

项目 1　拖拉机与机械操作员培训计划。机械化农场设备安装、调试、操作与维护的实际指导与实践。负责人：工程处员工。顾问：史东和麦考莱。与国立中央大学和研究大学合作。

项目 2　拖拉机及相关机器的现场试验以及实施研究；农场经营的劳动效率与动力成本以及与手工方法的比较；工具的开发与改进以适应特定条件与目的。负责人：H. Wan，L. T. Woo 及相关员工。顾问：工业工程工作组。

项目 3　小麦生产中的人力、动力与机械费用；技术与方法的比较。负责人：H. Li 和 F. Kan。顾问：农业工程工作组。与中央训练团和中央农业实验所小麦处合作。

---

① 本章第三节至第十六节介绍了项目 1 至项目 14 具体实施情况，限于篇幅，该部分内容略。

农业工程学科在中国的导入与发展 /

项目 4 棉花与烟草播种、定植与撒药中的人力、动力与机械费用；人力与机械技术比较。负责人：H. Li 和 F. Kan。顾问：农业工程工作组。与棉花处和烟草研究所合作。

项目 5 水稻生产中的人力、动力和机械费用。人力与机械方法比较。负责人：F. Ko 和 F. Kan。顾问：农业工程工作组。与水稻处合作。

项目 6 玉米、大豆和高粱生产中人力、动力和机械的使用；玉米、大豆和高粱生产中的人力效率、动力经济与机械成本。负责人：H. Li 和 F. Kan。顾问：农业工程工作组。与杂粮处合作。

项目 7 家庭及灌溉用水钻井工作。钻井方法与成本。负责人：F. Ko。顾问：戴维森和麦考莱。与中央农业实验所建筑与地面处、农林部其他下述部门以及对水资源感兴趣的其他部门。

项目 8 小型灌溉抽水站的设计与运营。负责人：H. Li，F. Ko 和 F. Kan。顾问：麦考莱。与相关部门合作。

项目 9 作物的农业加工，以及电力及机械相关的乡村工业的发展。负责人：F. Kan 和 F. Ko。顾问：史东。与中央农业实验所多个部门和国立中央大学及金陵大学农学院合作。

项目 10 农村建筑的施工方法与材料；住房与仓库建筑用本地材料的使用。负责人：B. Lui。顾问：戴维森和麦考莱。与金陵大学农学院合作。

项目 11 农村住房。满足中国农村生活实际和经济条件房屋的设计与建造。负责人：B. Lui。顾问：戴维森和麦考莱。与中央农业实验所总务处合作。

项目 12 农村卫生。卫生建筑，以及安全供水和废弃物处理设施的设计与施工。负责人：B. Lui。顾问：戴维森和麦考莱。与金陵大学农学院合作。

项目 13 粮食储藏与加工。满足中国条件的粮食及其他作物储藏设施的设计与施工。负责人：H. Wan，B. Lui。顾问：戴维森和麦考莱。与农场管理处及其他相关部门合作。

项目 14 农业工程教育。向教育部和可能需要的教育机构提供咨询服务；农业推广委员会。负责人：戴维森，史东和麦考莱。

第六章　教育计划

"中国的学者向来多是书呆子，对农民的命运漠不关心。""中国没有种姓制度，但在上层社会有少数富人，而在底层社会却有着数以百万的穷人。"晏阳初博士通过这两句话，非常形象地指出了中国当时面临的巨大社会和经济问题——一个由文盲和贫穷农民所支撑的博学且富裕的上层社会。

他这两句简短句子囊括了眼前面临且急迫的教育问题和建立实用教育现实体系的迫切需要——少崇古，多重视实用——这一体系将逐渐遍及并成为占中国 3/4 的农村地区的原动力。

同时，他的话也揭示了农业工程教育面临的巨大机遇，该教育会将农民福利作为首要基本目标。

在过去的 50 年里，中国农业领导者们调查并铸就了多条从农民和自给自足农业到现代盈利型农业的教育之路。经过这 50 多年的发展，大量农业科学家、教师、技术人员和爱国公民已经建立了农学院、学校研究所、示范农场和推广部门。尽管面临财政困难、设备不足、国内军事冲突以及世界大战等诸多困难和灾难，但这些机构仍能保持稳定运作，并开始着手解决晏博士强调的基本问题。

对于这些现代教育先驱者而言，他们的工作尚未取得充分的成果，但这丝毫不会令人赧颜。从几百年传统向现代技术转变必须慢慢来，尤其是当这种转变受到人口对土地巨大压力的对抗和限制时。同时，我们也不能忽视中国对世界农业的巨大贡献，应当得到西方人民的赞赏。

农业工程工作组受到了他们有机会参观访问的所有机构的热烈欢迎，他们已与中国三大农业教育机构建立了直接的工作关系，即中央农业实验所、金陵大学、国立中央大学。

工作组的教育职能范围广泛，包括为农业工程各个阶段培养人才，制定课程，筹备实验室、设施及设备，以及与其他农业机构和工程院校建立工作关系。此外，为稳固基础，工作组还试图向公众、国家和国家领导人阐述和强调农业工程的重要性和意义。

工作组的早期工作包括访问华中及华北不同地区的农场和农民，与多个农学院院长座谈，考察学校农场、实验室和相关设施，召开学生会议和与学生交流，以及与政府领导、银行家和实业家举办较为正式的研讨会。

第一节 所需的培训类型

鉴于在初步阶段获得了大量有用的信息和建议，使得工作组能够更好地判断农业工程领域可能最为重要的培训类型，如下所示：农业机械修理工以及机械和拖拉机操作员；农场经营人员与机械管理员；农业工程师。

1. 农业机械修理工以及机械和拖拉机操作员的培训

上述 3 个机构的中国机械工，特别是铁匠和木匠，在熟悉的工作中，他们会熟练地使用他们当地的工具。但由于在中国很少使用农业机械设备，因此，这些机械工和他们的徒弟就没有机会熟悉现代农业机械，他们的经验仅限于人力农具和简单的役畜牵拉农具。但由此获得的手工技能却是使用较为现代化设备的一个很好的背景和基础。幸运的是，这些机械工，以及农业工程专业的学生、教员和工作人员，均有机会在收割机项目机械运抵时参与组装。这项工作使他们具备了基本的相关经验，且对机械的构造有了基本的了解，事实证明这样做极具价值。

大多数机械工及其徒弟很快就表现出了在野外操作机械的真正才能。几乎所有这些人都是在农村出生和长大的——这是一个非常有意义且重要的问题，因为在中国，农业机械的成功引进和使用在很大程度上取决于能否获得优秀的操作员和维修工。田间作业和机械维护是相辅相成的工作，有着农场背景的精干机械师组成了一个群体，他们最容易向现代化设备的田间作业和维护过渡。

第五章更全面地报告了工作组在机械师及操作员培养方面的工作，在这里只需说，重点都放在过去很少或根本没有经验的活动上，例如对维修工作、使用新工具和车间设备、氧炔与电焊时间至关重要的现场操作，以及通过我们的中国同事将操作手册和维修手册中较为重要的章节翻译成中文。

2. 农场经营人员与机械管理员的培训

关于农业设备使用，除了单纯使用外，还有管理这一重要方面，这是经济地使用相关设备的基础。机械操作不仅要高效，而且设备的选择与使用必须有助于更为经济地种植作物，这即要求农场经营人员和机械管理人员对农作物以及从苗床整备到收获、仓储和销售的所有生产经营有实际的了解。

为获得这一专业的基本经验——因为这是"专业"一词的基本保证，使得有资质人员有机会与中央农业实验所各个系以及农学院各个系进行协商，然后指定用于这些部门进行必要现场作业的特定设备。因此，他们必须承担起农业设备使用在管理及机械方面的责任。

金陵大学清楚地认识到了这类农业专业的重要性，1947 年秋天，金陵大学为农场经营人员提供了一门为期两年的新课程。该计划是在农村干部培训学校组织的，目的在于让来自农村地区的学生能够更成功和熟练地操作机械。特别强调通过有效地使用设备来提高每名工人的工作效率。在金陵大学相关章节将对这一优秀课程做进一步介绍。

毋庸置疑，中央农业实验所农业工程系和中央训练团合作开展的研究项目为管理能力的提高提供了绝佳的机会（参见第四章和第五章）。作物生产相关研究项目涉及诸多机械管理方面的问题和决策。农业工程系的工作人员和操作员、中央训练团农场管理员及其较为合格农场工人，都在整个作物生产周期内选择和使用具体田间作业设备方面积累了第一手经验。虽然该项目由工作组成员进行监督，但所有相关人员对项目的进展均承担起了很大的责任。工作组在离开中国时，由于工作人员已相当熟练，在继续相关工作方面不会存在任何困难。

由于接受了这种培训，已有两人被一家规模相当大的农场聘为经理，这些农场非常适合使用机器和机械动力。农场经营人员和机械管理员也有许多类似的机会。

虽然这种经理主导型农业的实质性发展可能会因当前形势不稳而延迟，但农场经营人员—机械管理员这一职业仍是一个充满希望和机遇的职业。在朝着更广泛地使用现代设备和工程技术方面取得的进展，可能来自用很少的人耕种大片土地的例子和成功。

当中国出现这种成功使用农业设备的模式时，可能需要比拥有大型农场的国家更多的合作所有权及定制经营，如果那样的话，有能力的农场经营人员和机械管理员将是第一要务。

3. 农业工程师的培训

在 1917 年邹秉文博士在国立中央大学开设农业工程学课程以来，中国对对农业工程一直有着浓厚的兴趣。早年，金陵大学农林学院院长章之汶博士和农业工程专业负责人林查理（C. W. Riggs）博士大大推动了这一新专业的教育。他们不仅是这一教育领域的先驱者，还是这一领域的积极参与者。

虽然在工作组成立之前，农业工程学课程已经开设了很多年，但无论是国立中央大学还是金陵大学均没有成立农业工程系。在这两所大学中，农业工程学课程均为农学系的一个分支，但国立中央大学已经制定了一门专业课程，并获得了教育部的正式批准。该门课程是战时该大学尚位于重庆时制定的，工作组很高兴了解到他们的到来促进了该课程的完善和批准，这在中国尚属首次。

工作组通过驻地教学来协助这两所大学，并向每所大学提供了大量的车间和实验室设备，包括手动农具、园艺工具、园艺拖拉机、田间机械和农场拖拉机。

我们与院长、教授、讲师以及教育部长举办过多次研讨会，工作组主席戴维森博士被委任为教育部顾问，同时，他提出并接受了一些建议，缩减了一定学分的学习任务，例如每学期 25 个学分以上，从而使学生能够专注于更重要的科目。

之后，万国奖学金研究生回顾了之前的工作并提出了其他一些有用的建议。

　　该课程的设置对中国其他即将设立农业工程系的高校具有一定的借鉴和指导意义。虽然课程内容可能比较适用于美国，但可以做进一步修正和改进，以充分满足中国特有的问题。

　　即使是在美国，农业工程也是一个新兴的专业，这在中国更是如此。对我们的一些同事而言，管理和"操纵"作物生长专业人员的概念似乎完全非常新奇。中国许多情况和美国相比存在差异，中国的农业工程师可能应该接受以下各方面的培训：乡村工业发展与组织、农村卫生、某些类型农村合作社的组织与管理、农村到市场道路的建设、改进农村运输方法与设备，以及定制作业和现代化农业设备公众应用的组织管理。

　　此外，还有一个明确的需求，那就是为学生提供机会，让他们有足够的时间进行田间实习和使用机械设备。几乎所有人尚无这方面的经历。

第二节　国立中央大学（中国南京）

农业工程系课程

大学一年级

第一学期	学分	第二学期	学分
政府原则	1	政府原则	1
中文	3	中文	3
大一英语	3	大一英语	3
微积分	4	微积分	4
普通物理学	5	普通物理学	5
画法几何	2	机械制图	2
锻造学	1	铸造学	1
农业一般概念	1	农业一般概念	1
农场实习	1	农场实习	1
军训		军训	
体育		体育	
合计	21	合计	21

大学二年级

第一学期	学分	第二学期	学分
机械学	3	机械学	3
应用力学	5	材料力学	5
建筑材料学	3	机械制图	1

第一学期	学分	第二学期	学分
经验设计	2	测量学	2
机床作业	1	热力工程学	3
模具制造	1	机床作业	1
微分方程	3	模具制造	1
普通化学	3	普通化学	3
体育		体育	
合计	21	合计	21

大学三年级

第一学期	学分	第二学期	学分
热力工程学	3	机械设计学	2
机械设计学	2	热动力工程实验室	1
材料试验	1	农业机械	3
水力学	3	电气工程学	3
普通园艺学	4	高级农场车间	3
电气工程学	3	农业经济学	3
农场车间	3	畜牧学或林学	3
作物生产学	3	作物生产学	3
体育		体育	
合计	22	合计	21

大学四年级

第一学期	学分	第二学期	学分
农场结构	3	农用动力Ⅱ	3
电气工程实验室	1	乡村工业	2
水土保持	3	奶业机械	2
农业机械维修	3	普通植物病理学或昆虫学	3
农用动力	3	农业工程研讨会	1
土壤肥料学	3	论文	1
农业工程研讨会	1	体育	
论文	1		
体育			
合计	18	合计	15

第三节　金陵大学

金陵大学是一所主要由美国传教士资助的私立大学，其下属的农林学院是中国历史最悠久、规模最大农学院之一，成立于1914年，此后一直稳步发展，许多毕业生在美国继续他们的学业，回国后成为农业研究与教育的领导者，服务于全国各地。

在许多领域，金陵大学一直是促进东西方文化交流的重要机构，特别是在农业教育方面，它不仅提供了至关重要的先驱服务，还不断培养大量训练有素的人才，在全国范围内开展和推广科学农业生产。

当时，陈裕光博士任金陵大学校长，章之汶博士任农学院院长。

1. 农业工程专业教员与课程

截至目前，农业工程一直是作为农学系的一个分支来组织构建的，但最近学院向教育部提交了一份基于上表的课程表，并要求批准成立农业工程系。工作组认为在不久的将来这一地位将会得到批准。

林查理博士是农业工程专业的负责人，在过去的 25 年里他为农业工程的发展和成长做出了重大贡献。吴相淦（Kenneth）（万国奖学金研究生）于 1948 年 9 月从美国毕业后即被任命为副教授。吴先生之前曾从事过讲师工作。由于林先生被调任至位于上海的中国农业机械公司任职，1948 年部分时间，由 T. Y. Chang 先生担任农业工程专业负责人。工作组的汉森教授在其于 1948 年 3 月返回美国之前任农业工程专业负责人。其他教员包括多名训练有素的助手和有能力的机械师。

选修农业课程的学生可以主修农业工程专业。1947 年秋天，共计有 4 名主修该专业的学生。

当时，新的两年制农场经营人员培训计划已经启动，共计有 32 名学生参与了该计划。该计划得到了章院长的大力支持，在委员会看来，这类课程可满足中国农业的实际需要。这是一场有助于弥补农业科学与在农场实际应用之间差距的运动。

学生们对农业工程表现出了极大的兴趣，多年来一直保持着培养和扩大对该工作兴趣的俱乐部。1948 年 10 月，工作组成员受邀参加了该俱乐部的一次会议，此时该俱乐部成员已达 30 名。在该会议上，吴相淦安排并主持放映了一场电影《一个人收割》（*One man harvesting*）。

2. 设施、建筑、农场、实验室、设备等

农业工程专业设在金陵大学主校区，其车间和教学楼彼此相邻，位于一小田块附近，为拖拉机和机械操作及调试的初始阶段提供了实践机会，但该田块太小，无法开展真正的农场实习。

相当大一部分车间空间由一个设备精良的机械车间占用，虽然该车间仍处于农业工程专业的整体监督和控制之下，但目前已租给了一家企业。这种安排也带来了一些好处，那就是学生有机会使用和熟悉机械，公司生产由员工设计的农具和农业设备，并做一些维护工作。

金陵大学主修农业工程专业大二学生（1947年秋）

金陵大学农业工程俱乐部组织的会议，大约20名老成员、章院长和其他教职员出席了会议

金陵大学车间翻修前的内部情况，土质地面，表面凸凹不平的金属板建筑

翻修后的同一车间，铺
设了新的混凝土地面并合理
摆放了农业设备，此外，还
有一处活动板房正在建设中

汉森教授抵达后不久，对一座棚屋式建筑进行了改造和重新设计，将其改造为一个农机实验室。在学生的参与下，铺设了新的混凝土地面，修复了屋顶，改善了照明，使该建筑能更适用于展示和研究收割机项目提供的新型农业设备。

在 1948 年秋季，一座新农业工程主建筑的建筑材料得到了保障，并开始施工。这是一种活动板房，占地面积约为 30 英尺×60 英尺。所在位置是这样的，主建筑将主导整个环境，但会让人们更容易进入所有现有建筑。竣工后，将来会证明该建筑设施完全适合农业工程专业师生的工作。

农学院拥有 5 个农场，位于南京城外不远处，共计约 600 英亩。在 1947 年春季工作组访问期间，其种植计划如下所示：

66 英亩　　小麦——将于 6 月 1 日收获

100 英亩　　棉花——将于 5 月 1 日播种

12 英亩　　烟草——将于 6 月 1 日定植

15 英亩　　玉米——将于 6 月上旬播种

7 英亩　　水稻——将于小麦收获后插秧

7 英亩　　蔬菜——几乎全年都在生产

2 英亩　　蚕豆——将于 5 月上旬收获

66 英亩　　大豆——将于 6 月上旬播种

1 英亩　　马铃薯——将于 3 月下旬种植

除上述农场外，金陵大学还拥有 3 500 英亩的林地。同时金陵大学通过 5 个试验站、8 个合作站和 12 个种子中心来促进和实施农业推广及试验工作。

这些种子中心的主要目的是生产高质量的种子和改良种子，20 年来，他们共培育出了 8 种主要作物的 36 个改良品系。

南京附近五个农场的大部分土地均为丘陵，位于紫金山脚附近。当前有相当一部分的丘陵地被坟墓所占据，相关部门不允许农学院将这些坟墓迁走。战前此处长有很多树，但目前已被日本人砍伐殆尽。

这座占地 40 英亩的菜场由园艺系经营。他们每天将出产的蔬菜运进南京，并在位于主校区的一个市场内出售，该市场人气很旺，尤其是外国居民的欢迎。这些蔬菜不仅新鲜、质量高，而且是使用化肥而不是粪便种植出来的。

工作组曾多次访问这些农场，并参与了学院教授和正在计划修订并改进农场管理制度的工作人员举办的会议。讨论的内容涉及两个问题：①如何根据土地使用原则，最大限度地利用这些农场；②如何提高工人的工作效率（该问题被分配给了农业工程专业）。

整个问题很复杂，因为农场必须为多个地区和多个目的服务，其中包括：

(1) 作为一个实验研究站，处于农学院监督管理之下；

(2) 增加改良种子的产量，这也是农学系的一个项目；

(3) 作为一个管理示范农场，必须以利润为主要目标；

(4) 测定各种农业设备（如手动工具、役畜牵引农具、田间机械、园艺拖拉机、农场拖拉机）的作物生产效率及成本，这将是农业工程专业的一个研究项目。

提供给农业工程教育的最重要的教育设施是金陵大学的视觉教育部，他们配有现代化的放映设备、教师、大型电影资料库、显影和冲洗设备。也许在中国没有任何其他地方在这种重要教育媒介上有过如此重要的发展。

第四节　国立中央大学

国立中央大学坐落于南京市中心附近，是中国最大的大学之一，目前拥有来自全国各地的在校生将近 5 000 人。该大学成立于 1915 年，由东南大学和南京教育大学合并而成。这是一家政府机构，纯粹是由中国人自己建立的。该校有几名外国教职工，在史东先生任职期间，他是唯一的一名美国教授。

大多数教授和副教授均有过国外留学经历。所有学生在入学前至少学习过 6 年英语，并在入学后的前一或两年内继续学习。虽然他们的英语读写都很好，但大多数说得吞吞吐吐，且很难完全理解英语授课的内容。他们似乎非常渴望能够提高对这种语言的掌握能力，并认为能用英语交谈是一种宝贵的财富。

国立中央大学由教育部管辖，设有自然科学学院、社会科学学院、文学院、教育学院、工程（机械工程、土木工程、化学工程、航空工程、电气工程、液压工程和建筑工程）学院、医学院和农学院。周鸿经博士任校长，罗清生教授为前任农学院院长，现任教务处主任。

农学院位于丁家桥，距主校区约 2 英里远，但处于城墙内。邹钟琳教授毕业于美国明尼苏达州立大学，现任农学院院长，目前农学院设有以下各系：

（1）农业化学系；

（2）农业经济系；

（3）农学系，包括作物专业、昆虫学专业和植物病理学专业；

（4）畜牧系；

（5）林学系；

（6）园艺系；

（7）兽医科学系；

（8）农业工程系。

邹秉文博士为农学院第一任院长，任职年限为从1917年成立至1926年。在此期间，他开设并亲自教授农业机械一门课程。

自从邹博士首次提出这一学科以来，人们就对农业工程和现代农业设备产生了浓厚的兴趣。但由于战争带来的诸多困难，进展缓慢，然而多年来，农学系的大四学生一直要求修农业机械课程。

我们已在前文提到了课程的制定以及当前的内容，3名万国奖学金研究生被任命为副教授，目前正分别从事下列教学工作：

（1）崔引安（Emerson）：农业工程系代理系主任，教授农场结构、农业机械（机械工程学院大四学生选修课程）；

（2）吴起亚（Charles）：教授农业工程师土壤保持，农业机械（农学系大四学生选修课程）；

（3）高良润：农业机械维修，农业动力（均为农业工程专业大四课程）。这两门课程之前由史东先生教授，但在工作组离开南京后由高先生教授。

在艾奥瓦州立大学完成农业工程研究生学习的蒋耀先生在回国后，很快就加入了教职工队伍。蒋先生曾在国立中央大学教授了几年农业机械，主要负责农业工程的发展和课程的初步制定。

除此之外，农业工程系还有幸得到了C. C. Chien先生的帮助，任农场车间课程的讲师。在工作组驻华期间，Chien先生对我们在国立中央大学的工作给予了特别的帮助。

1948年7月，教育部正式批准成立了农业工程系，之后邹钟琳院长要求制定详细的计划以及将来的人员与预算需求表。已获批准的主要要求将会使工作人员达到以下人数：3名教授、3名副教授、3名讲师、3名技术人员。

预计农业工程专业大四年级有两三名学生将于1949年7月完成学业后会填补实验室助理的职位空缺。他们有能力完成重要的教学工作，因为他们已在工作组的直接监督下，在机械操作方面接受过相当多的培训，且具有相当丰富的经验。此外，相关部门还批准农业工程系使用毗邻农业工程主楼的大棚，并购买40英亩土地用于演示机械化作物生产。

1. 设施、建筑、农场与实验室

农学院目前拥有 5 处农场，其中两处毗邻校园，其中一处约 30 英亩由农学系经营，另一处规模相似，由园艺系经营。这两处均为平整且排水良好的良田，非常适合使用机械。第三处农场占地 300 英亩，位于南城门外，购于战争前，本打算将整个学校搬至此地，但后来放弃了该计划，现在人们希望这块地能够实现机械化耕作。第四处农场占地 35 英亩，位于南京长江的对岸，主要用于种植棉花。第五处农场约占地 40 英亩，位于上海附近，是与中央农业实验所合作经营的水稻试验农场。

邹院长向农业工程系提供了一小块位于南京市内的两英亩的试验田。农业工程系计划将其作为市场花园来经营，并展示和使用了手动园艺工具和园艺拖拉机。

农学院正在修建大量的建筑，包括新的一座新的农业化学系大楼、学生宿舍、医院、教工之家，并修复了许多被日军炸坏的建筑。

国立中央大学作为一个政府机构，南京在被日军占领之前遭到了猛烈轰炸。而距离该大学一英里远的金陵大学，却没有受到严重破坏。日军认为金陵大学是一所美国大学，并在偷袭珍珠港之前避开了该大学，占领南京后，日军不再轰炸。

工作组于 1947 年 4 月 4 日首次访问农学院，发现正在对最大的一栋建筑进行修缮和改建，并作为农业工程系工作的总部。工作组成员审查了这项重建工作计划，并建议做少许变动。该建筑占地面积为 55 英尺×135 英尺，使用了沉重的木制屋顶桁架，因此无需另安设柱子，这使得所有地面空间均可供使用。在房前房后均安设了垂直滑动门（8 英尺×9 英尺）。

该建筑是日本人建造的，在占领期间用作他们的重型军用车辆车库。1947 年 11 月修缮和改建工作完成，之后农业工程系进驻了该大楼。

该主楼内的设施令人非常满意，有足够工作空间，且有 12 个房间可用作办公室、教室、木工车间、液压实验室、工具及补给室，以及服务员房间。

房前有 3 个大型垂直滑动门，方便农具的进出。后侧中央有一大型门，直接通往紧邻该建筑的一块 1/4 英亩的田块。人们已经清除了该田块内日军留下的所有垃圾，学生们曾在这些垃圾中挖出了日军的迫击炮，现在改田块为测试和调整农具、练习拖拉机操作提供了极好的设施，也为作物生产提供了一些空间。

该建筑一端与一小湖（或者说是池塘）相邻，旁边是一座小水塔，这有助于抽水及相关问题的研究。在距离这座水塔最近建筑的一角设有一个液压实验室。

通过国立中央大学在工作组开始工作时提供给的本地设备清单，我们可以看出中国农业工程教学设备不足和缺乏。应该意识到，该大学是中国最大的大学之一，可能比大多数其他大学更有更多的设备来指导这一领域，虽然在战争中其财产有所损毁，但总数仍然相当缺乏。

（1）手动和脚动工具。铁锹、铲锄、摆锄（用于犁耕）、轻型锄、割草镰刀、割谷物镰刀、水稻脱粒机（从日本引进）、粪桶、长柄木勺、水桶、搂根耙、辊式轧花机、喷雾器（背负式）、轧棉机（辊式——脚踏式）、乳脂分离机。

国立中央大学农业工程楼一角

国立中央大学农业工程楼农业机械实验室前门

国立中央大学农业机械实验室内景

（2）役畜牵引农具。铧式犁（总计大概有 25 个，仿照美国模具在中国制造）、钉齿耙、五齿耕耘机、玉米与棉花播种机（20 世纪 20 年代万国农具公司捐赠）、表面不平的石磙（用于脱粒）。

但如今，由于收割机项目的捐赠，再加上 UNRRA 项目的一些资助，实验室设备甚至比美国许多机构还要先进。

车间和实验室设备主要包括：1 辆皮卡卡车、2 台农场拖拉机、2 机引圆盘耙、2 台机引钉齿耙、2 台安装式机引耕耘机、1 台悬挂式机引点播机、2 台机引犁耕机（一台悬挂式，一台牵引式）、1 台 5 英尺收割机—脱粒机（联合收割机）、1 台机引弹齿耙、2 台谷物条播机、4 台园艺拖拉机（附属设备包括铧式犁和旋耕犁、园艺播种机、耕耘机、耙耕机、往复式割草机和动力输出设备）；2 台旋耕机（附属设备包括旋耕犁和园艺设备）；1 台马牵引的圆盘耙、1 台马牵引的弹齿耙、1 台马牵引的玉米点播机、1 台马牵引的棉花点播机、1 台撒播机、3 台 3 马力离心泵、1 台 1 马力汽油发动机、1 台小型混凝土搅拌机、6 台手推式轮锄、2 台手推式播种机、6 台手动式喷雾器、2 台手动式撒粉器、1 台手动式磨面机、1 台手动式制粉机、2 台手推式撒肥机、1 套各式手动园艺工具（如耙子、叉子、锄头和铁锹）。

车间设备包括几套完整的金属加工工具、木工工具、锻锤和铁砧、一套氧炔焊接设备、立式钻床、支架式钻机和电动接合器。

还有可供各系使用的幻灯片投影仪和电影放映机。

金陵大学也获得了类似的设备。

藉着万国农具公司项目及其各个阶段的实施，国立中央大学和金陵大学从训练有素人员和现代化设备角度出发，为成为农业工程教育的领导者做好了充分的准备。

2. 学习课程与招生

1948 年至 1949 年开始的课程如下表所示。除农业工程师所需的课程外，农学系、园艺系和机械工程系的学生都可以选修。

农业工程系课程

国立中央大学

1948—1949 年

第一学期（1948 年 9 月）

课程	班级	学分
农场结构	高级农业工程师	3
水土保持	高级农业工程师	3
农业机械修理	高级农业工程师	3

农场动力Ⅰ	高级农业工程师	3
农业工程研讨会	高级农业工程师	1
论文	高级农业工程师	1
农业机械	农学系大四学生	3
农业机械	机械工程师	3
农场车间	农业工程系大三学生	3
合计		23

第二学期（1949 年 2 月）

课程	班级	学分
农业机械	农业工程系大三学生	3
高级农场车间	农业工程系大三学生	3
农场动力Ⅱ	农业工程系大四学生	3
农场电气化	农业工程系大四学生	2
乳业机械	农业工程系大四学生	2
论文	农业工程系大四学生	1
农业工程研讨会	农业工程系大四学生	1
灌溉实习	农业工程系大四学生	3
农场动力与机械	机械工程师	3
园艺机械	园艺系大四学生	3
合计		

国立中央大学农学系学生学习农场设备

国立中央大学的学生用手动喷水车给烟草浇水

1948年9月开学时，农业工程专业有6名大四学生和5名大三学生。多名研究生也选修了大四课程中的讲座。有32名农学系学生选修了农业机械，10名学生选修了机械工程师课程。当时（1948年9月）还有15名大一新生报名选修了农业工程课程。

1948年夏天，通过与位于上海的中国农业机械公司合作，6名学生从事了为期8周的钳工工作。实践证明，这种强化训练极具价值，是对他们大学学习的极好补充。

1948年10月1日，学生们成立了一个农业工程俱乐部，选举了相关负责人，并制定了后续计划。工程组成员及其夫人、农业工程系教授及讲师，以及学院院长均参加了这一有趣的会议。当前俱乐部共有18名学生。

每个对收割机项目感兴趣的人都在关心中国农业工程教育的未来，以及工作组的工作能否继续下去。

当工作组离开中国时，一名万国农具公司研究生奖学金获得者崔引安（Emerson）被任命为国立中央大学农业工程系主任。在返回芝加哥后，工作组收到了一封信，崔教授在信中说：

"因君已奠定坚实之基础，吾当易于遵守君之道——吾将尽吾之全力使吾立于不败。虽中国非君之国，然农业工程系之成就实乃君之事业，吾于此之所得成就皆乃君之功业。至今君助我多矣，而吾犹需君之助。诚愿君永与我互通往来。"

第五节　其他机构

　　中国农业领域的教育、研究与试验机构的优秀名录已收录于农业部对外关系司出版的《中美农业技术合作团第2号报告》。该名录包括国家、省和教会组织支持的工作站、学校和大学。这些机构中的大多数均对研究更先进的农业设备和方法非常感兴趣，且高度重视所有关于这类问题的文献和说明材料。目前几乎所有机构均为男女同校。

　　几乎所有综合性大学的农学院均在组建农业工程系，工作组访问了大部分这类大学。

　　1947年春，人民政治委员会在参观NARB的示范活动时，部分观众聚集在Planet Jr.园艺拖拉机周围

　　1. 国立清华大学

　　这是一所位于北平附近的国立大学，目前有在校生约2 300人，工作组抵达中国时的农林部长周诒春博士曾任清华大学校长。有很多教工为麻省理工学院的毕业生，该大学是工程学院里的佼佼者。虽然农学院最近才成立，但已经获得了相当大的农田。由于与农学院和工程学院有着密切的联系，因此农业工程系必定会兴旺发达。

　　2. 国立浙江大学

　　浙江国立大学农学院位于杭州城外不远的地方，目前涉农在校生约为300人，学院建筑和小院位于田地与花园中心，这极大地方便了学生的田间实践工作。

　　万国奖学金研究生方正三（Wallace）主管农业工程教学，职称为副教授。

该大学在战争中遭受了严重的损失，但已取得了重大且令人钦佩的恢复。农业工程迎即将迎来千载难逢的发展机遇。

3. 国立复旦大学

该大学位于上海郊区，在麻省理工学院毕业生 C. H. Chiang 教授的努力下，正在完善一项农业工程系计划。战争时期在重庆市时，Chiang 教授一直在积极发展这方面的兴趣。

4. 国立四川大学

该大学位于成都，是中国最大的大学之一。在战争期间，它容纳了几乎所有从自己校园撤离的东部大学。1947 年 12 月，工作组访问了该大学农学院，在彭院长的邀请下，工作组成员有幸在投身农业的几百名学生面前发表演讲。

该学院提供农业机械和设备方面的教学，但几乎没有实验室设备。由于四川属于"未沦陷区"（未被日军占领），因此无 UNRRA 物资被分配至四川省。

5. 华西协合大学

该大学也坐落于四川省成都市，并得到了教会组织联盟的支持。工作组认为西方教育对该校的影响要比其他一些机构更为明显。对多个班级和试验的考察显示，这里的教学质量非常高。战争期间，金陵大学的许多系在这里找到了庇护所，其中包括林查理博士和他的农业工程专业学生们。

6. 国立北平大学

这所国立大学大部分学员均坐落于城市内，农学院大约有在校生 400 名，距离北平城墙很近，一些学院建筑以前是皇帝和太子的宫殿。实验室设备似乎高于平均水平，教学质量也很高。

虽然不是该大学的一部分，但在这里必须提一下北平的国家图书馆，它是亚洲大陆最大的图书馆。工作组在这里受到了热烈的欢迎，并非常高兴地参观了这个配套齐全的古代及现代文献收藏库。

7. 江西省立教育学院

该省立机构有两个目标：

（1）培养学生成为农业试验的田间公认、农业推广带头人和农业学校的教师；

（2）对农业教育的理论与方法进行调查和试验。

该学院设有农学系、园艺系、畜牧系、农业经济系，最近有开设了家政系和视觉教育系。

K. C. Tung 博士召集全校学生，并给予了工作组成员在这个充满活力且诚挚的团体面前发表演讲的特权。工作组认为 Tung 博士及其同事已成功地将它们的机构融入了所服务的社会生活。该学院就像一个"基层"机构，有很大一部分毕业生返回加强服务农村社会。

在本报告中，我们无法记录所有值得特别提及和考虑的教育机构。中国对教育有着真正的尊重，拥有许多优秀的学校、学院和大学，但在中国庞大的人口中普及教育的问题仍是难上加难，必须达到很高的比例。直到本世纪，教育的中心才开始从学术和古典转向实用和技术。

由晏博士发起和推动的大众教育运动表明了中国教育工作者面临的主要问题——将教育大众化。我们在此处不打算全面报告这一重要工作的重要性和进展，但工作组确实看到了该计划正在实施，并希望强调其价值。

在四川省北碚方圆5英里范围内，有80名教师正在为大约12 000名学生上课，其中大多数为无偿服务，包括专供成人参加的夜校和为从未接受过正规教育的妇女和青少年开设的日间课程。学者和教师到农村去，不是作为专业教师，而是作为学生，真正学会了服务。

晏博士表示："中国农民几乎为国家奉献了一切，却什么也没给自己留下。"

他指出了该问题的4个方面：

（1）愚昧；

（2）贫穷——许多农民任由地主摆布；

（3）受县一级政府压迫；

（4）体弱。

所有这些都是农村教育的主要问题，大众教育运动大约开始于在25年前，目前大约有800个农村重建与培训中心。

晏博士在建立农村产业合作社和创办四川农村重建大学方面所做的工作，并不像大众教育运动那样广为人知。这些合作社在社会中证明了自己的价值，从而提高了其成员的生活水平和经济地位。

晏博士认为，如果借助更好的农场设备，农民们可以抽出更多的时间在合作社工程工作，就可以取得更大的进展，同时还可以提高个人收入。因此，晏博士对逐步走向农业机械化非常感兴趣，特别是生产相对简单的农场设备，这些设备可以由在当地工业合作社工厂工作的农民自行制造。

农村重建大学的培训及实践的目的是使技术适应农村社会的需求。

第六节　工作组的补充教育工作

没有社会、各省和国家的理解和支持，学校、学院和大学就无法有效地发挥作用。考虑到这一点，工作组利用一切工作机会来解释和强调发展农业工程的重要性及其固有的好处。通过实地演示、分发小册子、公开演讲、杂志文章、研讨会和电影等媒介，做出了不懈的努力。

在此，我们列出了一些可能会让人感兴趣的重要活动。

1. 农场设备实的现场展示与特别展览

（1）现场展示：拖拉机犁耕与耙耕——人民政治委员会的代表，地点为中央农业实验所，1947年6月3日，出席人数300人。

（2）现场展示：用园艺拖拉机收割小麦——棉产改进所，有退伍军人出席，1947年6月6日，出席人数60人。

（3）现场展示：用联合收割机收割小麦——棉产改进所，有退伍军人出席，1949年6月7日，出席人数70人。

（4）园艺拖拉机现场演示：金陵大学教职工与学生，1947年7月10日，出席人数100人。

（5）犁耕现场展示、水泥型块制作和设备展览：金陵大学，11月1日和2日，出席人数1 000人。

（6）步犁、轮锄和水泥型块模具的安装调试和结构阐述：重庆民生公司领导，1947年12月10日，出席人数25人。

（7）现场展示：用园艺拖拉机割草，国立中央大学附近的儿童学校，1947年10月1日，出席人数100人。

（8）用万国农具公司步犁进行犁耕：江西省主席王陵基的农场，1948年1月13日，出席人数15人。

（9）现场演示：用万国农具公司单役畜牵引的棉花点播机种植棉花，国立中央大学农学系学生，出席人数20人。

（10）现场演示：于国立中央大学附近用3马力离心泵抽水，1948年4月18日，出席人数850人。

（11）农场设备展览：全国选举和制宪会议代表，地点为中央农业实验所，1948年5月2日，出席人数150人。

使用 Sears Bradley 园艺拖拉机在南京儿童学校现场演示割草

在南京参加全国制宪会议的代表参观了中央农业实验所的农业机械展览会，人们对 Farquahar 动力喷雾器非常感兴趣

来自新疆省的代表参观农业机械展览会

工作组成员、中央农业实验所职员和两名太原西北实业公司职员（左侧）与河北省主席会商

（12）展览：新疆省代表，地点为中央农业实验所，1948 年 4 月 29 日，出席人数 12 人。

（13）展览：国立中央大学"工程日"，1948 年 6 月 6 日，出席人数 400 人。

（14）现场展示与展览：双十国庆日，国立中央大学来访者和校友会，1948 年 10 月 10 日，出席人数 600 人。

（15）中央训练团农场现场演示：除作为一个研究项目的主要价值外，该活动还几乎成为了一项持续的示范项目。该地块位于一条公路附近，有数百名感兴趣的观摩观看了他们的操作。

2. 研讨会、演讲、发表的报告等

（1）每周例会均由中央农业实验所所长沈宗瀚博士和副所长吴福桢博士主持，同时经常与金陵大学和国立中央大学农学院院长和教职工召开研讨会。这类研讨会对工作组的工作极为有帮助和有益。在整个项目见，我们一直收到了上海慎昌洋行总经理 M. V. Schelke 和其他职员的宝贵建议和指导。

（2）研讨会：美国大使司徒雷登和农业参赞 Owen L. Dawson，1947 年 2 月 15 日。

（3）研讨会：教育部，南京，1947 年 3 月 10 日。

（4）圆桌会议：中国农民银行领导，CNRRA 和农林部，1947 年 3 月 19 日。

（5）研讨会：机械农垦管理处（AMOMO）处长及其他领导，1948 年 3 月 23 日。

（6）演讲：戴维森博士，南京扶轮社，1947 年 4 月 3 日。

（7）研讨会：中国农民银行经理及其他领导，1947 年 4 月 10 日。

（8）演讲：工作组成员，江西省立教育学院，1947 年 5 月 12 日。

（9）演讲：史东教授，南京扶轮社，1947 年 5 月 29 日。

（10）中央农业实验所沈所长寄送给政府部门和各大学关于黄泛区的书面报告，1947 年 6 月 10 日。

（11）研讨会：邹秉文博士，农林部副部长，农学院院长，1947 年 5 月 30 日。

（12）圆桌会议：中央农业实验所北平分所所长 Tai 博士及其职员，1947 年 8 月 13 日和 1948 年 5 月 30 日。

（13）演讲：中央农业实验所全体员工大会，南京。

戴维森博士，1947 年 9 月 22 日。

史东教授，1947 年 10 月 13 日。

麦考莱教授，1947 年 11 月 17 日。

（14）演讲：国立四川大学农学院，成都，工作组全体成员，1947 年 12 月 5 日。

（15）书面报告：将 *Havesting Rice* 翻译成中文，1947 年 12 月。

（16）研讨会：民生公司及其附属公司领导领导，1947 年 12 月 10 日。

（17）圆桌会议：美国陆军顾问团军官，1948 年 1 月 21 日。

（18）演讲：金陵大学农学院，戴维森博士，《工程与农业的关系》，中文印刷，1948 年 10 月 7 日。

史东教授，1948 年 4 月 8 日。

麦考莱教授，1948 年 10 月 14 日。

（19）研讨会：中国农业机械公司经理及领导，1948 年 5 月 10 日。

（20）演讲：史东教授，《水稻生产的机械化》，中央农业实验所，南京，1948 年 5 月 27 日。

（21）研讨会：晏博士，南京，1948 年 6 月 15 日。

（22）关于国立中央大学农业工程的论文（油印），1948 年 6 月 20 日。

（23）研讨会：山西省主席阎锡山及其农业专员，1948 年 7 月 10 日。

（24）圆桌会议：山西省银行领导领导，北平，1948 年 7 月 13 日。

（25）研讨会：河北省主席楚溪春，1948 年 7 月 15 日。

（26）论文：《水稻生产的机械化》，发表于《AMOMO 新闻》，中文印刷，1948 年 10 月 16 日。

（27）研讨会：台湾地区农业负责人，1948 年 12 月 12 日。

（28）论文：《中国农业的机械化》，发表于《中国每周评论》，1948 年 5 月。

第七节　其他特殊活动

在戴维森博士主持下，每周举办一次例会，大部分时间与会人员为中央农业实验所农业工程系职员。

所有员工均参见了会议，工作组对他们发言的质量和完整性感到满意。在此简要介绍一些会议上讨论的一些议题：

- 研究技术
- 概述研究项目
- 农业工程课程
- 农场发动机燃料来源
- 各研究项目的阶段性报告

戴维森博士还担任多个中国政府组织的顾问，负责向各类农业重建项目拨付外援资金，其中包括：
- 行政院农业救济及供应委员会咨询委员会
- 联合国粮食及农业组织（粮农组织）顾问
- 农村重建联合委员会顾问

麦考莱教授还担任农村重建联合委员会顾问，特别是与灌溉和钻井有关事项的顾问。

戴维森夫人和麦考莱夫人为研究所工作人员开设了英语课程，同时史东教授也为国立中央大学的教员开设了类似的课程。

第七章　万国研究生奖学金

第一节　荣获研究生奖学金学生的选拔

由万国农具公司发起的中国农业工程教育项目，包括企业设立 20 份研究生奖学金，这些研究生奖学金将会颁发给通过竞争考试选拔出来的获得者，用于其在美国进行为期 3 年的大学学习和农业工程实践培训。农业工程工作组不负责该培训的监督工作，其他相关人员对其培训的细节作了报告。但工作组确实协助启动了这一项目，并于 1948 年 6 月返回美国时与他们进行了联系，本报告主要涉及他们的就业问题。

万国研究生奖学金获得者都是经过中国合作方通过考试并综合其学术记录精挑细选出来的，这 20 人中有 10 人为中国大学农业专业的毕业生，前往艾奥瓦州立大学学习，另 10 人为工科专业的毕业生，前往明尼苏达大学学习。

第二节　其他技术培训

首先为万国奖学金研究生提供技术培训是为了完成上述两所大学农业工程本科课程的要求，这意味着中国大学的农业专业毕业生需要补修工程学基础科目，而工科毕业生则需要补修农业科学普通科目。

在达到本科课程要求后，这些学生继续进行研究生的学习，达成了各校对理科硕士学位的要求。

第三节　农场实践培训

由于这些获得研究生奖学金的学生很少有机会接触机械设备，所以他们在美国农场全力积累这方面的经验。虽然中国学生非常渴望驾驶拖拉机和田间机械，但由于担心造成严重事故和延误农时，这些机械的私人持有者非常不愿意让没有经验的操作员操作机械。经营农场的大学则更有能力提供实践工作。

下文详细总结了每名中国学生所接受的实践培训：

张季高（Edward）

13 周　艾奥瓦州埃姆斯市艾奥瓦州立大学农场

2 周　　参观 TVA 和阿肯色州斯图加特市（水稻）

2 周　　北卡罗来纳州烟草种植地

10 周　学习农场设备经营课程，加利福尼亚州斯托克顿市

4 周　　斯托克顿市工厂

1 周　　加利福尼亚州斯托克顿市的多家工厂

共计 32 周（1948 年 4 月 16 日因病停止接受培训）

方正三（Wallace）

3 周　　新泽西州布里奇顿市 Seabrook 农场

3 周　　艾奥瓦州斯潘塞市万国农具公司代理商

2 周　　芝加哥市万国农具公司工厂

2 周　　TVA

1 周　　华盛顿哥伦比亚特区土壤保持部

10 周　学习农场设备经验课程，加利福尼亚州斯托克顿市

2 周　　加利福尼亚州伯克利莱克市 Advance Pump 公司

3 周　　埃默里维尔市工厂

2 周　　加利福尼亚州伯克利莱克市伯克利泵公司与圣布鲁诺市钻井公司

2 周　　加利福尼亚州伯克利莱克市赫尔斯卡特发动机工厂

共计 30 周

何宪章（David）

11 周　艾奥瓦州埃姆斯市艾奥瓦州立大学农场

2 周　　新泽西州布里奇顿市 Seabrook 农场

2 周　　艾奥瓦州斯潘塞市万国农具公司代理商

10 周　学习农场设备经营课程，加利福尼亚州斯托克顿市

3 天　　洛杉矶 Ultra Cold 公司（注：3 月 18 日收到电报，称妻子于艾奥瓦州艾奥瓦市身患重病，于是离开了洛杉矶，且未返回加利福尼亚州。

共计 25.5 周

李翰如（Alexander）

11 周　伊利诺伊州欣斯代尔市万国农具公司农场

4 周　　新泽西州布里奇顿市 Seabrook 农场

4 周　　科罗拉多州格里利万国农具公司代理商

2 周　　印第安纳州南本德市奥利弗农场设备公司

2 周　　美国丹佛市（抽水站）美国垦务局

2 周　　华盛顿市美国农业部，锡拉丘兹市 J. L. Allen，底特律市福特福特汽车公司，密尔沃基市 Allis-Chalmers

10 周　学习农场设备经营课程，加利福尼亚州斯托克顿市

5 周　加利福尼亚州格伦代尔 Gladden 产品公司（小型发动机）

4 周　加利福尼亚州洛杉矶市 Moss 钻井公司（设备制造与钻井）

共计 44 周

蔡传翰（John）

9 周　伊利诺伊州欣斯代尔市万国农具公司农场

5 周　新泽西州布里奇顿市 Seabrook 农场

8 周　芝加哥市万国工厂－McCormick，拖拉机和 West Pullman

2 周　底特律市福特汽车公司和明尼苏达州 Minneapolis-Moline 公司

8 周　马里兰州贝尔茨维尔和北卡罗来纳州牛津市美国农业部；佐治亚州格里芬州试验站；佛罗里达州（柑橘）；路易斯安那州（甘蔗）

10 周　学习农场设备经营课程，加利福尼亚州斯托克顿市

3 周　加利福尼亚州 Hollydale 市 Adel 制造公司（园艺拖拉机）

6 周　加利福尼亚州格伦代尔 Gladden 产品公司（小型发动机）

共计 51 周

徐明光（Schubert）

4 周　新泽西州布里奇顿市 Seabrook 农场

10 周　学习农场设备经营课程，加利福尼亚州斯托克顿市

10 周　艾奥瓦州牛顿市 Winpower 制造公司（风车）

共计 24 周

崔引安（Emerson）

4 周　新泽西州布里奇顿市 Seabrook 农场

3 周　艾奥瓦州斯潘塞市万国农具公司代理商

10 周　万国 McCOrmick，拖拉机，West Pullman 工厂

3 周　华盛顿州美国农业部；费城市 Allen 公司；底特律市福特公司与 GMC 公司；密歇根州立大学；威斯康辛州炼钢厂

10 周　学习农场设备经营课程，加利福尼亚州斯托克顿市

5 周　加利福尼亚州格伦代尔 Gladden 产品公司（小型发动机）

1 周　加利福尼亚州里弗赛德柑橘试验站

3 周　加利福尼亚州洛杉矶市 Ultra Cold 公司（食品存储）

共计 39 周

吴起亚（Charles）

4 周　万国工厂——West Pullman，Canton 和 East Moline

1 周　明尼阿波利斯市 Minneapolis-Moline 公司工厂

1 周　参观 TVA

1 周　美国密西西比周斯通维尔市轧棉机实验室和阿肯色州斯图加特市水稻实验室

10 周　学习农场设备经营课程，加利福尼亚州斯托克顿市

10 周　加利福尼亚州弗雷斯诺市加利福尼亚棉油公司

共计 27 周

吴相淦（Kenneth）

10 周　艾奥瓦州埃姆斯市艾奥瓦州立大学 & Bailey 农场

8 周　新泽西州布里奇顿市 Seabrook 农场

6 周　北卡罗来纳州邓恩市万国农具公司代理商

2 周　阿肯色州斯图加特市万国农具公司代理商

4 周　芝加哥市、东莫林市和坎顿市万国公司的工厂，以及俄亥俄州克利夫兰市的工厂

3 周　俄亥俄州哥伦布市 Union Fork and Hoe 公司

2 周　密西西比州斯通维尔市、路易斯安那州克罗利市和阿肯色州斯图加特市的美国农业部分站

10 周　学习农场设备经营课程，加利福尼亚州斯托克顿市

10 周　加利福尼亚州戴维斯市加利福尼亚州立大学（《实用农业工程方法》）

共计 55 周

余友泰（James）

8 周　艾奥瓦州埃姆斯市艾奥瓦州立大学农场

4 周　内华达州和艾奥瓦州私人农场

5 周　新泽西州布里奇顿市 Seabrook 农场

4 周　艾奥瓦州汉普顿市万国农具公司代理商

1 周　底特律市福特汽车公司和明尼阿波利斯市 Minneapolis-Moline 公司

6 周　宾夕法尼亚州、马里兰州、北卡罗来纳州、南卡罗来纳州、佐治亚州、田纳西州、阿拉巴马州和阿肯色州（烟草、棉花、水稻、TVA、红薯、花生）农作物种植

10 周　学习农场设备经营课程，加利福尼亚州斯托克顿市

3 周　加利福尼亚州 Hollydale 市 Adel 制造公司（园艺拖拉机）

6 周　加利福尼亚州格伦代尔 Gladden 产品公司（小型发动机）

共计 47 周

李克佐（Henry）

8 周　明尼苏达州沃西卡明尼苏达州立大学

11 周　内布拉斯加州卡尼市万国农具公司代理商

6 周　新泽西州哈里森市 Worthington Pump 公司

2 周　参观 TVA

2 周　明尼苏达州克洛凯市州林业局
明尼苏达州明尼阿波利斯市 3 家工厂

1 周　密苏里州圣路易市 ASAE 会议

1 周　宾夕法尼亚州费城市 ASAE 会议

10 周　学习农场设备经营课程，加利福尼亚州斯托克顿市

10 周　加利福尼亚弗雷斯诺市 Palestrini 商品蔬菜园

共计 51 周

水新元（Walter）

10 周　明尼苏达州沃西卡明尼苏达州立大学

4 周　新泽西州布里奇顿市 Seabrook 农场

6 周　阿肯色州斯图加特市万国农具公司代理商

2 周　明尼阿波利斯市 Minneapolis-Moline 公司

2 周　参观 TVA

2 周　明尼苏达州克洛凯市州林业局
明尼苏达州明尼阿波利斯市多家工厂

1 周　密苏里州圣路易市 ASAE 会议

10 周　学习农场设备经营课程，加利福尼亚州斯托克顿市

10 周　加利福尼亚州海沃德市万国农具公司制冷代理商

共计 47 周

陶鼎来（Peter）

12 周　明尼苏达州莫里斯明尼苏达州立大学农场

6 周　北卡罗来纳州邓恩市万国农具公司代理商

7 周　明尼阿波利斯市万国农具公司工厂

2 周　北卡罗来纳州、南卡罗来纳州、佐治亚州、佛罗里达州和阿拉巴
马州作物（烟草、棉花和花生）种植园。

3 周　德克萨斯州、密西西比州和阿拉巴马州作物（棉花）种植园

10 周　学习农场设备经营课程，加利福尼亚州斯托克顿市

10 周　加利福尼亚州弗雷斯诺市加利福尼亚棉油公司

共计 50 周

曾德超（Joe）

12 周　明尼苏达州莫里斯明尼苏达州立大学农场

10 周　路易斯安那州唐纳森维尔市万国农具公司代理商

12 周　东莫林市和坎顿市万国农具公司的工厂

10 周　学习农场设备经营课程，加利福尼亚州斯托克顿市

10 周　加利福尼亚州 Hollydale 市 Adel 制造公司（园艺拖拉机）

共计 54 周

张德骏（Thomas）

10 周　明尼苏达州克鲁克斯顿市明尼苏达州立大学农场

6 周　明尼苏达州布法罗市万国农具公司代理商

6 周　万国农具公司在密尔沃基市的代理商和工厂

2 周　参观 TVA，密尔沃基市和麦科米克市万国公司工厂，底特律市福特汽车公司，明尼阿波利斯市的多家工厂

10 周　学习农场设备经营课程，加利福尼亚州斯托克顿市

2 周　加利福尼亚州伯克利莱克市 Advance Pump 公司

3 周　埃默里维尔市工厂

2 周　加利福尼亚州伯克利莱克市伯克利泵公司与圣布鲁诺市钻井公司

2 周　加利福尼亚州伯克利莱克市赫尔斯卡特发动机工厂

共计 43 周

陈绳祖（Robert）

8 周　明尼苏达州莫里斯明尼苏达州立大学农场

3 周　明尼阿波利斯市 Minneapolis-Moline 公司工厂

2 周　参观明尼阿波利斯市和圣保罗市的多家工厂

1 周　参观 TVA

6 周　阿肯色州斯图加特市万国农具公司代理商

10 周　学习农场设备经营课程，加利福尼亚州斯托克顿市

5 周　斯托克顿市工厂

2 周　加利福尼亚州奥克兰市 Bay Cities 设备公司（工业动力代理商）

3 周　埃默里维尔工厂

共计 40 周

徐佩琮（James）

10 周　明尼苏达州莫里斯明尼苏达州立大学农场

8 周　明尼苏达州威诺纳市万国农具公司代理商

1 周　伊利诺伊州皮奥里亚市 Caterpillar 拖拉机公司

2 周　伊利诺伊州皮奥里亚市美国农业部研究实验室

2 周　明尼苏达州克洛凯市造纸与木柴加工厂

共计 23 周

高良润（Leon）

11 周　明尼苏达州克鲁克斯顿市明尼苏达州立大学农场

4 周　科罗拉多州格里利市万国农具公司代理商

2 周　参观 TVA

2 周　明尼苏达州克洛凯市州林业局和造纸厂

1 周　密苏里州圣路易市 ASAE 会议

10 周　学习农场设备经营课程，加利福尼亚州斯托克顿市

3 周　埃默里维尔工厂

2 周　加利福尼亚州伯克利莱克市伯克利泵公司与圣布鲁诺市钻井公司

2 周　加利福尼亚州伯克利莱克市赫尔斯卡特发动机工厂

2 周　加利福尼亚州伯克利莱克市 Advance Pump 公司

共计 39 周

王万钧（Albert）

12 周　明尼苏达州大急流城市明尼苏达州立大学农场

4 周　新泽西州布里奇顿市 Seabrook 农场

8 周　路易斯维尔市万国农具工厂

2 周　明尼苏达州克洛凯市州林业局和造纸厂，明尼阿波利斯市 3 家
　　　工厂

4 周　参观德克萨斯州、密西西比州和田纳西州（棉花和 TVA）作物种
　　　植园

1 周　宾夕法尼亚州费城市 ASAE 会议

10 周　学习农场设备经营课程，加利福尼亚州斯托克顿市

10 周　加利福尼亚州弗雷斯诺市加利福尼亚棉油公司

共计 51 周

吴克騆（Lawrence）

12 周　明尼苏达州莫里斯明尼苏达州立大学农场

7 周　路易斯安那州唐纳森维尔万国农具公司代理商

2 周　明尼苏达州克洛凯市州林业局

1 周　参观阿拉巴马州和密西西比州作物（棉花）种植园

1 周　密苏里州圣路易市 ASAE 会议

10 周　学习农场设备经营课程，加利福尼亚州斯托克顿市

5 周　斯托克顿市工厂

2 周　加利福尼亚州奥克兰市 Bay Cities 设备公司（工业动力代理商）

3 周　埃默里维尔工厂

共计 43 周

在其培训的最后阶段，在加利福尼亚州斯托克顿南部边界外租了一个 80

英亩的农场，万国农具公司提供了机械和拖拉机，供他们在服务中学习、调试和操作。

共包括五大类设备：拖拉机，犁和耙、点播机、施肥和耕耘设备，饲料粉碎机、牧草机械，撒肥机和收割设备。人们将一整套万国农具公司机械送至该田间培训地点。每天大约留出两小时用于相关课堂作业，这段时间会提供经过精心准备的教学材料。

工作组认为这种实践培训对于学生很有帮助。一般来说，中国学生的培训仅限于教室和实验室，因为他们的背景知识有限，往往会认为农业工程与农业机械在田间的使用是完全不同的。

1948 年 3 月万国奖学金研究生在加利福尼亚州斯托克顿市进行为期 10 周的实践培训，图为与其教员的合影。后排左起依次为：水新元、李克佐、高良润、余友泰、W. J. Giese（国外运营处）、Harold W. Pals（洛杉矶）、Hugh J. Mc Kenna（奥克兰）、方正三、徐明光、崔引安、陈绳祖，前排左起依次为：张季高、吴克骗、张德骏、何宪章、吴相淦、蔡传翰、曾德超、陶鼎来、王万钧、吴起亚、李翰如

第四节　代理商与经销商处的实践培训

我们安排了数周时间供中国学生与美国先进的代理商相处，通过与学生交谈和检查他们的个人报告，得知这一经历为他们开启了一个全新的农业设备行业概念。他们对工业的概念似乎仅限于制造机器并卖给农民，再无需更多其他努力。亲身体验美国农业设备生产商和代理商为确保机器长期正常运转而承担的责任，让这些年轻人最受启发。

第五节　工厂内的实践培训

许多学生非常渴望参观美国的工厂。这首先是因为他们想亲自见识一下美国的生产方法，他们认为这些生产方法简直就是奇迹，其次他们中许多人希望在国内制造业计划中能够占有一席之地。他们回国后，我们在与一些学生交谈时发现，他们对可互换零件、使用优质且最适合零件不同要求标准材料的美国机械制造系统印象深刻。

第六节　在中国的就业情况

1948 年 6 月 21 日，18 名万国奖学金研究生返回上海。在上海停留大约 7 天后，又一起赶赴南京参加一个从 6 月 28 日到 7 月 1 日的会议。在会议第一天（6 月 28 日），大部分时间为沈宗瀚所长和吴福桢教授致欢迎辞和邹秉文博士作讲座演讲。之后，工作组在麦考莱先生和戴维森先生家中设晚宴款待大家，史东先生致了欢迎辞。工作组的三名成员主持了接下来周二至周四会议的大部分项目，其中包括一次关于中国农业工程问题的论坛讨论。周三，这些学生又一起参观了中国农业机械公司位于南京的新工厂和两所大学（国立中央大学和金陵大学），在那里大学担任了午餐会和晚餐的东道主，大家共同讨论了中国农业工程未来。

农业工程师在中国可能担任的职位：

（1）在国立和省立高等院校担任农业工程学科讲师。

（2）在国立及省立试验站担任研究人员。

（3）在特殊学校和培训中心担任拖拉机及机器操作员培训的主管，培训应包括拖拉机和机器的机械学，以及现场机器的操作与调试。

（4）在农场设备制造业中担任农业工程师、设计师、演示人员、销售工程师和生产工程师（中国农业机械公司）。

（5）农业机械和拖拉机合作社经理。人们对按照英国及 UNRRA 计划建立的拖拉机中心很感兴趣，这些中心将经营可供租用的机器，为当地工业、泵水和土方工程提供动力。

（6）农场经营与管理。这将考虑通过个体、公司或公共援助来组织足够规模的农场，为雄心勃勃、训练有素的年轻农民提供理想的经济状况。这一领域可能会成为一场全国性运动的目标。

（7）受雇于制造商分支机构、进口商或经销商，担任农业设备专家。据报道，当前中国法律要求进口公司的管理人员中雇用中国公民。

（8）在排水、灌溉和侵蚀控制工程中担任水土保持专家，保护工程的设计和施工。

（9）受雇于政府机构或建筑材料经销商担任农场结构专家，农场住房、作物储藏与卫生保持。

（10）作为钻井专家，担任卫生供水或灌溉工程师。

（11）农场农作物加工与利用行业生产工程师。

（12）道路养护改进：

a）道路材料的制备——岩石破碎机；

b）路面材料的铺设，压路机；

c）路面平整机。

（13）钻井的改进：

a）沉井方法；

b）钻井设备；

c）灌溉用井。

（14）竹子作为标准建筑和制造材料的发展：

a）特性、强度等；

b）硬化处理；

c）标准长度与直径。

（15）建房用五金的开发：

a）锁、铰链、插销等；

b）门窗框架。

（16）灌溉用水的管理与储存：

a）抽水站；

b）水库。

（17）农场卫生的改善：

a）存储与处理粪便的设备；

b）住房检查。

（18）农村用水的改善：

a）储水罐；

b）水井。

（19）农村住房的改善：

a）土坯与夯土建筑；

b）保温。

（20）农场动力燃料生产的研究：

a）煤制液体燃料；

b）燃料用植物油；

c）从谷物及废弃物中提取酒精；

d）木炭气生产商。

（21）供暖燃料生产的研究：

a）煤焦炭；

b）燃料用树；

c）燃料用作物。

（22）农用汽车的检测与研发：

a）实用性；

b）经济。

（23）符合中国国情农业机械的研发：

a）小型机械；

b）坡地用机械。

（24）作物生产工程的研发：

a）劳动力效率；

b）动力经济；

c）机械经济。

我们将上述清单发送给一些可能的雇主，并询问有无空缺。根据收到的答复以及从会议得到的额外信息，我们列出了一份可能的雇主名单。

万国奖学金研究生可能的雇主

（1）中央农业实验所，南京

职位：技术员

工作性质：研究

工作领域：工程经济学

农业生产技术员

（2）中央农业实验所，南京

技术员

研究员

手动工具研发（调查所需工具）

（3）中央农业实验所，南京

技术员

研究员

钻井员

（4）中国农业机械公司，南京

工程师

一般工程

销售开发——客户需求

(5) 中国农业机械公司，南京

工程师

一般工程

服务——现场工程

(6) 中国农业机械公司，南京

工程师

研发与设计

役畜牵引田间机械

(7) 中国农业机械公司，南京

工程师

研发与设计

脱粒设备

(可以开发多个等级或类型机器中的任何一个)

(8) 机械农垦管理处，上海

技术员

农业机械合作社组织

(9) 机械农垦管理处，上海

技术员

如上述合作社组织

(10) 机械农垦管理处，上海

技术员

在用机械的维修

(11) 机械农垦管理处，上海

技术员

作物加工合作社

(12) 烟产改进所，南京

技术员

烟草生产的机械与动力

(13) 棉产改进所，南京

技术员

研发

棉花生产的机械与动力

(14) 国立中央大学，南京

助理教授

教学与研究

（15）国立中央大学，南京

助理教授

教学与研究

（16）金陵大学，南京

助理教授

教学与研究

农场动力与机械

（17）金陵大学，南京

助理教授

教学与研究

农场经营

（18）岭南大学，广州

助理教授

教学与研究

（19）国立浙江大学，杭州

助理教授

教学与研究

（20）齐鲁大学，山东济南

助理教授

教学与研究

（21）民生公司，重庆

（22）中央农业实验所分部，北平

技术员

研发

（23）浙江省，杭州

推广专员

推广教育与组织

第七节　万国奖学金研究生所任职务

于 1948 年 9 月进行的一项调查表明，所有返回中国的研究生奖金获得者均被雇用，如下表所示（列出了雇主和地址）：

张季高：机械农垦管理处，南昌，助理主管。

张德骏、水新元、蔡传翰：中国农业机械公司设计与研发部，上海中正东路 1314 号。

陈绳祖：机械农垦管理处广西办事处，上海四川路 185 号。

方正三：国立浙江大学农学院，浙江杭州。

高良润：国立中央大学机械工程系，南京。

李翰如：机械农垦管理处湖南办事处，上海四川路 185 号。

李克佐：中央农业实验所，南京孝陵卫。

陶鼎来：机械农垦管理处台湾办事处，上海四川路 185 号。

徐明光：机械农垦管理处。

余友泰：上海四川路 185 号。

崔引安：国立中央大学农业工程系。

吴起亚：南京。

曾德超：农业工业示范处（AIS）华中办事处，上海四川路 185 号，AIS：湖南省邵阳。

王万钧：棉花加工处，上海黄浦江路 17 号 540 房间。

吴克骗：机械农垦管理处（设在复兴岛的维修、维护与供给站），上海四川路 185 号。

吴相淦：金陵大学农业工程系，南京。

何宪章：仍留在美国（1948 年 9 月）。

徐佩琼：退出。

由于中国时局混乱，上述单位、职位和地址的清单目录不一定准确。

回顾这些奖学金获得者担任的职位，表明每个人均有机会通过自己所学为国家提供良好的服务。

也许，我们应该感到遗憾，因为当时这些学生中没有一个直接投入农场企业的建设中去。不过，也有一些人表示有兴趣在有机会的情况下经营农场。

第八节　农业工程实习生

1945 年 6 月，7 名中国工程师根据两国之间的"租借法案"项目来到美国，接受为期 1 年的农业工程专门培训。该培训包括在艾奥瓦州立大学进行为期 6 个月的专题学习，在农场进行为期 3 个月的培训，以及为期 3 个月的旅行并参观美国作物种植区和生产工厂。目前，这 7 个人的就职情况如下所示：

4 人就职于中国农业机械公司（上海）、2 人就职于机械农垦管理处（上海）、1 人就职于中央农业实验所（南京）。

第八章 农业机械的选择

中国目前使用的农具种类与多个世纪以来使用的农具几乎完全相同。虽然许多农具都显示了中国人民对手头材料的巧妙利用，但大多数情况下，这些农具制作非常粗糙且效率低下。许多农具都是自制的，但也有一些须由当地工厂生产，如犁、耙、石碌和磨盘，以及水梯等。

农具投资很低，因此单位面积土地使用农具的成本也相应较低。下表[①]给出了每个农场和单位作物面积所需农具的平均值，以及小、中、大农场单位作物面积农具的平均运营成本。

中国农场与设备

项　目	农场规模		
	小	中	大
平均每年作物面积（英亩）	3.25	7.05	15.08
农场平均作物种植面积（英亩）	2.32	4.70	10.85
双季耕种面积（英亩）	0.93	2.38	4.23
经营规模农场农民所占比例（％）*	65	28	7
农具当前价值（元）：			
自有	16.21	34.31	54.60
租用	26.28	13.64	7.95
每英亩作物自有农具当前价值（元）	4.98	4.86	3.60
每英亩农具经营成本（元）	1.26	1.14	0.78

＊根据工业部 1935 年公布的数据估算。

值得注意的是，较小农场租用农具价值较高，且租用成本高于自有成本，同样随着农场规模的增大，对农具的投资和每英亩农具经营成本也在下降。

第一节 手动农具

中国手动及人力农具都是由木头、竹子和金属制成的，且大部分部件都是当地铁匠铺生产的。人们曾多次尝试引进工厂制造的农具和工具，但其成本通

---

① 基于潘鸿声《华北农具》中的信息，金陵大学，1939。

常超过了当地铁匠铺的成本，因为当地铁匠铺在打造新农具时使用了废弃原料和旧的物品，且其间接成本较低。

北平市中央农业实验所一些当地生产的手动农具，包括：日本的表土松土机、木耙、扫帚和木叉，以及铁锄、铁叉和铁耙

从中央农业实验所农场管理处借用的一套人力及畜力农具

农场使用有多种不同的人力农具。在金陵大学潘鸿声指导下编写的小册子《中国农具》列出了40多种农具。这一清单中大部分农具均属于我们通常所称的设备，如筐、桶、袋子、扫帚、垫子等。人力农具和设备主要有：挖掘钩、大锄和小锄、推拉锄、连枷、镰刀、扁担和筐、水桶、脚踏泵、手摇泵、手推

车、木锹、木叉、木勺、干燥垫、干燥筐、脱粒箱、风选机、竹扫帚、竹耙。

挖掘钩，我们通常称之为铁耙，通常有 4 个与木质或竹制手柄近似垂直的扁齿。手柄通常不太光滑，用木楔或竹楔、布头或皮革将其固定于挖掘钩的环上。

大锄和小锄均由铁锻造而成，并以与挖掘钩相同的方式固定于手柄上。锄身很重、很厚，通常约为 1/4 英寸，在使用时通常是先抬高然后在落下，铁锄的重量足以穿透土壤，除非表面覆盖有大量杂草。小锄锄身通常宽 4 英寸长 6 英寸，大锄通常宽 8 英寸。磨锄头并不常见。

推拉锄设计用于在泥水中各垄之间给水稻除草，由金属制成，形状有点像鞋，底侧有刀片。由于在使用时是用长手柄前后推拉该锄，这样即可除掉杂草和苔藓，开放式底部可很容易自我清洗。

第二节　收割农具

普通镰刀由一个铁质刀片和刀片根部的铁环组成，铁环用于连接短、圆、直的木制手柄。刀片约 6 英寸长，有的会将硬钢（但通常用的都是破损的汽车弹簧条）焊接与刀刃上。镰刀可用于收割谷物、割草和砍细灌木枝（用作柴火）。尤其是在华北，通常使用一种有点类似摇床的扇刀（一种靠手膀挥动的大镰刀，译者注），这种扇刀的铁刀片后面有一个铁丝网或板条架，用来接住割下的谷物，其手柄较长，且形状不均匀，不适合操作者，平衡性不好。

在水田中插秧，边插秧边向后退，每人每天大约可插秧 1/3 英亩

用镰刀收割和晾晒水稻，每人每天可收割 1/4 英亩

第三节　脱粒农具

连枷多由竹子制成，通过于拍打物一端伸出臂上弯曲竹板，将稍类似手状的扁平拍打物固定于竹竿上。在脱粒过程中，将谷物均匀铺于夯实硬土的脱粒场上，谷穗暴露于上一层的顶部，拍打区域约为秸秆长度的 1/2。在谷穗完全脱粒之前，需要频繁使用木叉进行翻松，以便进一步使用连枷进行拍打。最后使用木叉、竹耙和竹扫帚来分离、扬场和收集散落于干燥垫的谷物。

第四节　其他农具

扁担在中国很常见，人们用它来挑运许多农产品和其他商品。扁担由木头或全圆竹子制成，长约 8 英尺。虽然可直接将袋子系于扁担上，但通常是将筐挂于扁担两端。扁担和筐还可用于运送土、建筑材料、煤和其他燃料。

本报告灌溉章节对水桶和木勺的使用进行了讨论，此外木勺也可用于田间撒肥。在灌溉章节还对手动操作泵进行了讨论。

脱粒箱是一个大约 4 英尺见方、30 英寸高的木箱，通过在脱粒箱边缘（有时在板条架上）敲打一小捆水稻来收集水稻粒。脱粒箱背侧设有一个竹条护板，可以防止稻粒从边缘散落。需要时，可在水稻田内拖动脱粒箱，当箱内无稻粒时可由一个人将脱粒箱翻过来该在头上来搬动。

风选机是一种从谷物中吹出谷糠和其他轻质材料的风机，由木头制成，但轴承通常由金属制成。风扇为手摇式，可使气流吹过经风扇室落下的谷物。

第五节　农具的改进

现有人力农具似乎存在许多可改进之处，因此应就此目的开展研究工作，但改进工作或使农场人力农具现代化的工作却少之又少。为此，工作组给出了一个良好的开端，但还需要继续下去。将手柄固定于挖掘钩或锄头的方法就可以加以改进，同样，也可以用单独可更换的零件来锻造挖掘钩。此外，还可以对镰刀和扇刀加以改进，尤其是手柄。风选机也可以增设振动筛，用于清选稻粒。目前采用手动竹条筛进行分离，但筛孔尺寸不均匀，同时还可经济地使用网孔筛和穿孔板。我们还注意到了几种经过改进的独轮车，但大多数都是进口的，配有可充气的橡胶轮胎。中国木制独轮车非常笨重且推起来非常吃力。

第六节　轮　　锄

人们对轮锄的使用表现出了极大的兴趣，其制造始于多方面关注。虽然并不打算完全取代手锄和手动除草，但轮锄确实是节省了大量的劳动力，或者说是将人的工作能力提高了数倍。正常情况下，单位时间内，使用轮锄的除草面积大约是使用普通锄头的 5 倍。

在中国，田间工作时间很长，因为这些田间工作人员几乎没有什么"家务事"。大多数机构都认同这一点，且接受采访的农民表示，每天在田里工作鲜有少于 10 小时，而且在大多数情况下，将 12 小时当作一个工作日。通常来说一天是从天亮直至天黑，休息时间分散于全天，中午要休息几个小时。

第七节　手动农具的生产能力

下表列出了一些较常见手动操作农具及工具的生产能力。由于土壤特性、作物种类、气候（影响农民）、生活条件、激励措施等诸多因素，同一农具在中国各地的生产能力存在较大差异。

手动农具	每天 12 小时的生产能力
挖掘钩	1/18～1/30 英亩，平均 1/24 英亩
手锄	1/4～1 英亩，平均 1/3 英亩
手镰	1/6～1/2 英亩

摆镰（扇刀）	0.5~1.5 英亩
连枷（包括扬场等）	2~5 蒲式耳①（小麦）
轮锄	1~2 英亩

以下为工作组带到中国的一些主要手动操作设备或手动农具：

园艺锄	单轮锄	撒粉器
洋葱锄	双轮锄	铁锹
甜菜锄	园艺耙	铲叉
烟草锄	路耙	干草叉
棉花锄	手动园艺播种机	大麦叉
鹤嘴锄	撒肥机	粪叉
手扶中耕器	喷雾器	蔬菜叉

用镰刀收割水稻，用脱粒箱脱粒，一个八人小组每天可收割1英亩

用扁担将麦捆从麦田挑至打谷场

---

① 蒲式耳为非法定计量单位，1 蒲式耳（美）≈35.24 升。——编者注

第八节　畜力农具

一项调查显示，在中国北方，86％的农民均饲养有役畜，其中黄牛最为常见，其次分别为驴、马和骡。在饲养有役畜的农场，役畜的比例通常为[①]：

黄牛	50％
驴	29％
马	11％
骡	10％

水牛多用于水稻种植区，因为这种动物特别适合在泥水中工作。水牛还可用于操作水梯，从而将水提升至稻田。

最常见的畜力农具包括：

犁	耕锄
耙	水梯
条播机	拖车
脱粒石碾	压路石碾（华北）

黄牛拉木犁，每天可翻地 7/10 英亩

---

① 引自《华北农具》，潘鸿声，金陵大学，1939。

采用水牛拉犁来翻耕稻田地

第九节　耕地农具

　　大部分当地农具均是由木头和一些金属制成的。犁由木梁、手柄和犁底构成，犁底配有固定于犁板的金属外皮。有些地区还使用金属犁底，由当地铁匠锻造而成，有些地方也使用铸铁。稻田犁配有一个很高的弓形梁，从而可从犁底清除掉较重的黏土。犁底形状也各不相同，但最常见的类似于翻土犁。起垄犁（双壁犁）也使用广泛，尤其是水稻种植区，因为这种犁更容易搅动土壤或泥浆。单畜犁约 6 英寸宽，双畜犁 8～12 英寸宽。

　　耙的结构略有不同，但均为硬木框架，另有耙齿钉入框架内。常用钢齿，形状类似扁平的刀片，但有时也使用木齿。钢齿约 8 英寸长，1 英寸宽，1/4英寸厚。通常情况下，前杠装有 12 颗齿，后杠装有 11 颗齿，各齿之间有间隔，因此可按不同路径行进。稻田耙也可用作平整机，农民在使用耙时通常站在横木上。此外还常用一种被称为滚筒耙的农具来平整稻田地，这种滚筒耙设有一个圆木滚筒或横梁，内设像刀一样的钢片，通常 6 英寸长，1.5 英寸宽。耙通常为 5～7 英尺宽。

用连枷使小麦脱粒，采用这种方法，每人每天可得 2 蒲式耳小麦

将稻田内土壤耙成细滑的泥浆，从而使稻秧能够快速生根

畜力耕耘机通常为铁质，且大部分设计改自西方农具，均为单畜农具，通常配有 5 只铲，于两垄之间作业。此外，还可见一些进口锄。

第十节　种　植

条播机有时被称为播种犁，由木头制成，在开沟器末端有钢尖。最常见的类型有一个双手柄直立框架，底部有 2～3 个开沟器。在该框架上固定有供役畜用的辕，装有种子的漏斗固定于辕与直立框架的连接处。采用滑板儿调节播种开口的大小，并通过绳系石头的摆动作用于开口处的横杆来将种子送出开口。当在田间役畜向前牵引条播机时，操作员需稍向侧面摇晃。行间距通常为 8 英寸，但在中国较远的北方，行间距可能会进一步增大。

第十一节　脱　　粒

脱粒石磙是由坚硬的花岗岩切割而成，长约 2 英尺，直径 10～12 英寸。采用表面光滑的石磙来平整和压实打谷场，然后采用带有波状纹的进行谷物脱粒作业。通常石磙上有 9 或 10 条棱线。石磙通常呈圆柱体或稍呈圆台状，这样就更容易拉动其转圈。圆柱状石磙被拉离中心，从而使其能够沿圆形路径滚动。

第十二节　运　　输

主要用于农场的拖车通常为木轮，有时也有铁制轮胎，车轮在车轴上安装得很松。装有充气轮胎的车轮以及旧小型汽车及卡车的零件已被用于在公路上行驶或远距离拖运的拖车。

第十三节　生产能力

下表列出了几种畜力农具每天的工作效率，每日工作时长据说至少有 10 小时，多为 12 小时，但通常也需要较长的休息时间。

畜力农具每天的工作效率

畜力农具	每天的工作效率
6 英寸犁	2/3～3/4 英亩
12 英寸犁	1～1.5 英亩
耙	3～6 英亩（一遍）
条播机或点播机	2.5～4 英亩
压路石磙	2.25～4 英亩
耕耘机	1.5～2.5 英亩
脱粒石磙	10～20 蒲式耳（小麦）

牵引 23 齿耙的水牛。如图中所示土壤状况，生产能力大约为每天 1 英亩苗床

三行全木质中国谷物条播机。通过侧向摇晃，石头的摆动可使种子流出开沟器开口

一个男孩牵着一头驮着麦捆的毛驴赶往打谷场

水牛牵引脱粒石磙于村庄打谷场脱粒小麦。每天可脱粒、清选和收集 10～20 蒲式耳小麦

第十四节　种植不同作物所需的劳动力

　　人力及畜力法种植作物速度较慢，从而导致每工作日效率较低。下表[1]列出了在中国每种植一英亩不同作物所需的工作日和动物天数（每天至少工作 10 小时）。

---

① 引自《中国土地利用》，Buck。

作物	工作日	役畜工作日
大麦	40	8
玉米	23	5
棉花	53	8
高粱	35	9
小米	40	9
花生	46	6
水稻#	82	19
小麦	29	8

♯未计算西南水稻种植区所需的大量劳动力。

第十五节　现代畜力农具

目前，生产商可提供各种各样的单畜和双畜农具，包括犁、圆盘耙、加齿耙、耕耘机、点播机、条播机、收割机，以及各种车辆等。农场看完全配备畜力农具。此外，还可以根据本报告本章拖拉机部分所述的方式，对农场的耕作情况进行分析，并为使用畜力的农场选择设备。

1. 单畜农具

(1) 步犁，JA-7-C，6 英寸；

(2) 弹齿耙，9 英尺，管杆，连接装置；

(3) 钉齿耙，1 节，25 齿，带有挂接钩；

(4) 土壤粉碎机，No.49-1/5，双排，4.5 英尺，单马连接装置；

(5) 谷物条播机，5 盘，施肥型，覆土链，连接装置；

(6) 玉米与棉花点播机，No.156-B，单行，种盘（可用于玉米、棉花、高粱、豆类等），划刃器；

(7) 耕耘机，No.94，9 齿。

2. 双畜农具

(1) 步犁，JA-7-1，12 英寸；

(2) 圆盘耙，No.17，4 或 5 英尺，双马连接装置，辕杆支重轮；

(3) 弹齿耙，2 节，15 齿，连接装置；

(4) 钉齿耙，2 节，60 齿，连接装置；

(5) 土壤粉碎机，No.49-4/5，双排，6.25 英尺，连接装置；

(6) 谷物条播机，R 型，11×7，施肥型，双马连接装置；

(7) 玉米与棉花点播机，No.20-D，双行，种盘（可用于玉米、棉花、高粱、豆类等）；

（8）耕耘机，手扶，A-213自走式；

（9）割草机，No.9，4.5英尺，双马连接装置，收割台。

有许多种畜力农具，建议在选择特定农具之前，先联系生产商获取全面信息。例如，为适应在不同条件下、不同类型土壤类型中工作，犁的样式各异且由不同种类的钢制成。有适用于在坡地耕作的畜力坡地犁，也有有适用于石质土壤和稻田土壤及其他条件的犁。还有各式各样的耕耘机可供选择，通常还可选配各种地铲或平铲。因此，在订购任何农具之前，应提供完整的信息。同样，还应向生产商提供有关气候、土壤特性、地形、待种植作物、收割条件、耕作方法，以及任何特殊条件或做法的完整信息。

畜力农具很容易取代过时的农场设备，因为过时的农具都是一个个独立的单位，不会格外依赖于另一种农具来实现其最实用的用途。而大多数现代拖拉机农具均需安装于拖拉机，某些这类农具依赖于其他农具才能发挥其用途。例如，当安装于拖拉机时，棉花和玉米点播机需在播前用耕耘机整地。如有必要，可一次挂载多个畜力农具，或选择一套完整的农场农具。

钢犁很受欢迎，因为其效率比当地犁效率要高。在中国，常用犁进行整地，也就是说，大部分土地被犁过两次，当有两头役畜时，可使用4英寸或5英尺的圆盘耙来更快地整备土地，但如果只有一头役畜，那么在许多情况下，可能需要使用弹齿耙或耕耘机进行整地。

第十六节　园艺拖拉机

工作组为中国带来了多种规格和类型的园艺拖拉机，而 AMOMO 借给或捐给这3个机构的设备很少。大部分拖拉机都配备了成套的农具和配套机具，如犁、圆盘耙、耕耘机、点播机、撒肥机、草籽播种机、割草机和小型卡车车厢。

华北地区两头牛在牵拉一支钢梁、木质标准犁。这是第二次犁地，如果使用圆盘耙则可以整得更快

正在牵拉大型中国耙的两头役畜，这样就可使农场工人的效率提高一倍

用5盘条播机和水牛条播小麦，每天大约可播种3英亩

与竹制手耙相比，双轮横向搂草机更适用于在联合收割后收集秸秆。收集后用水牛拖车将秸秆运回农场

所有拖拉机均装有充气轮胎，但有些牵引钢轮是作为附加配件提供的。使用了几种旋耕犁型和集中旋转式碎土机型园艺拖拉机。园艺拖拉机有两种通用规格，即1～1.5马力和4.5～5马力。工作组计划中园艺拖拉机的使用情况见本报告第五章。

驾驶人员的能力会直接影响园艺拖拉机的生产能力。短时间驾驶的生产能力肯定高于全天驾驶条件下的生产能力。经验丰富的驾驶员驾驶园艺拖拉机并不比操作畜力农具困难。操作畜力农具时，操作者可在役畜休息时休息，而驾驶园艺拖拉机时，操作者必须根据自己的能力设定休息时间。

下表列出了一些常见带农具的园艺拖拉机规格，并给出了平均条件下的正常生产能力。

常见带农具的园艺拖拉机规格

小型园艺拖拉机——1～1.5马力	每小时工作能力（英亩）
犁，6英寸	0.10
圆盘耙，2英尺，6～12英寸耙	0.40
耕耘机，单行（宽度可调），1英尺	0.20
点播机，当行（宽度可调），1英尺	0.15
割草机，2英尺，往复式	0.40
大型园艺拖拉机——5马力	**每小时工作能力（英亩）**
犁，10英寸	0.20
圆盘耙，4英尺	0.80
钉齿耙，4英尺	0.80
耕耘机，3行（宽度可调），3英尺	0.50
点播机，3行（宽度可调），3英尺	0.40
撒肥机，附加配件	0.40
割草机，3英尺，往复式	0.60
旋耕园艺拖拉机	**每小时工作能力（英亩）**
旋耕犁，6英寸，间隔	0.08
旋耕机，18英寸，间隔，5马力	0.15

第十七节　农场拖拉机及其配套农具

拖拉机及其配套农具的优异性能、效率和经济性取决于对所种植作物的适应性、待作业面积，以及必须面对的工作条件。在作物生长过程中，必须进行一定量的田间作业，农具不仅要适应所选择的拖拉机，而且必须出色地完成这些作业。由于拖拉机通常会用于一种以上的作物种植，因此某些农具可用于所有作物，而其他农具则可能是专用的，只用于一种作物。还有些农具是为了应对特殊情况而选择的，不可能适用于所有季节，但在关键时刻缺少这样的农具就会造成作物受损。

使用农业机械的一些要求以及经济运行的一些原则如下所示：

（1）拖拉机的规格及类型必须与农场规模相适应。如果拖拉机太小，则无法按时完成某些作业，相反，如果拖拉机过大，则会在一定时间内闲置，从而带来额外成本而不经济；

（2）必须为所有必要的机械作业提供农具，如果要种植行栽作物，则需要点播机和耕耘机；

（3）农业机械应使拖拉机全负荷运行，以确保其能够经济地运行；

（4）在施行既定生产计划时，应尽可能多地使用机械；

（5）机械应配有在各种条件下进行各种作业的附件，例如，耕耘机通常需要不同类型的土壤整备工具用于不同的作物；

（6）必须对拖拉机及配套农具进行适当的保养和维修，以保持其工作效率。

第十八节　作　　物

在像中国这样的大国，有许多栽培技术可用于种植农作物。有些地区需要排水，有些地区需要灌溉，有的地区由于部分季节降水过多导致既需要排水又需要灌溉，还有地区既不需要排水也无需灌溉。在某些地区需要控制风蚀和水蚀，设备的选择和使用必须考虑到这些因素。本报告的其他章节列出了关于中国农业的一些实际情况，但在选择种植作物的农业设备时仍需要考虑一些基本要素。可选的轮作方式多种多样，在建立农业企业时，应利用好作物和土壤技术人员的力量。

在华南地区，大部分土地均可种植两季作物。冬季作物主要是小麦，还可种植一些豌豆和其他豆类用作食物和绿肥。一般来说，冬小麦紧随大豆、玉米、高粱、小米和水稻之后种植。冬小麦产量会受到收获、犁耕、苗床整备以及种植下一茬作物设备生产能力的限制，所有这些均需要在一个月内完成。这项工作的重点是种植某些可提早播种的行栽作物。由于棉花采摘较晚，无法种植冬季作物，因此尽管许多农民种植间作作物（即人工在棉花垄之间种植冬季作物豌豆或其他豆类），但棉花地通常为冬季休耕地。

华北地区主要是一年一茬的地区，如果有水资源，就可以进行灌溉。如果土壤没有流失，则可以进行大面积秋耕，但在大多数情况下，应使用类似田间耕耘机或弹齿耕耘机的机械进行垄作。在华北边疆地区，应采用带状条播、休耕和其他水土保持技术，同时应使用耙式犁、鸭脚式耕耘机、弹齿耙和双壁犁。

用 Sears Bradley 园艺拖拉机中耕大豆

使用 Planet Jr. HT 园艺拖拉机以每天 1.5 英亩的速度秋耕稻田

水稻是中国的主要农作物，在绿肥豆、小麦、大豆和其他农作物收获之后播种。6 英寸或 7 英寸行间距令人满意，最好使用撒肥型谷物条播机。

小麦通常在大豆、水稻、玉米或其他作物收获后种植，有些晚熟作物可于棉田内种植。建议使用撒肥型谷物条播机，因为总会需要肥料。在中国一般没有化肥，但由于急需这种肥料，中国正在努力发展这一产业。

通常于小麦、水稻、玉米和棉花之后种植大豆，一套 18～21 英寸垄的谷物条播机非常适用于种植大豆。

在每年种植两季作物的地区，可在小麦收割后种植晚种型玉米，还可在绿肥地种植早种型玉米。根据土壤墒情，可将玉米种于垄上、平地上或垄沟内。

棉花通常于早春种植于绿肥地上，或在秋前的任何主要作物（包括棉花）之后种植，和玉米一样，棉花可以种植于垄上、苗床上、平地上或垄沟内。

在华北小米的种植面积也相当大，在其他地区也有零星种植。在北方，行间距通常为 1～2 英尺。有时还作为一种间作作物种植。可使用谷物条播机播种小米，之后可以使用联合收割机收获。其种子是一种非常美味的食物。

高粱在中国北方比较常见，可采用玉米点播机成行种植，也可使用玉米耕耘机进行耕耘。还可使用谷物条播机进行多行条播，并使用蔬菜耕耘机进行耕耘，直至高粱长高不再适用该机器。

绿肥作物主要有蚕豆、牛豌豆和驴豆等，在那些冬季可一直生长的地区，可在秋天水稻、玉米、小米和高粱收获之后种植。在早春，可采摘一些豆荚和豌豆荚作为食物，然后将其他生长中的豆荚犁入地下，再种植水稻、棉花和玉米。

第十九节　田　　地

能否成功且经济地使用拖拉机及配套机械会受到田块大小、形状和条件的影响。田块较短会增加拖拉机转弯的时间，在某些不利情况下，拖拉机会耗费与工作一样长的时间来转弯。在可能的情况下，应尽一切努力将田块组合成一个大田块。通常情况下，可移平或降低田埂和小路，以便让设备跨越。如果需要灌溉，可用自制的田埂整备工具快速修建田埂。大多数情况下，这些田埂可用替代原有的高堤。已确定犁、圆盘犁和圆盘耙足以平整田埂，以便将多块小田合并成大块田地。

在使用拖拉机及其配套机械时，尤其是对于行栽作物，在田块之间有供拖拉机转弯的道路或草带非常方便。耕耘机上的铁铲很难在不严重损毁作物的情况下绕过大棵玉米或棉花植株。此外，草带也便于"开放"谷物田块供收割机进入田块进行收割作业。必要时，这些草带还可用作田间小路，也可沿这些小路进行割草。

在华南地区，通常沿田块边缘挖沟来进行排水，拖拉机无法跨越这类区域，但可以通过类似于沿梯田的宽阔圆形水道进行排水。如有需要，也可在这些水道内种草并收割利用。可使用犁、圆盘犁、垂直圆盘犁、中耙、双壁开沟犁、圆盘耙或自制挖沟机来修建和维护这类排水沟，因此在大多数情况下，不需要特殊设备。

第二十节　农业机械分类

根据一般用途，如耕作、种植、收割和加工，对农具及机械进行大体分类。当考虑在特定条件下进行田间作业生产作物时，根据做进行的作业（如处理以前作物的残茬、首次耕作、第二次耕作、特殊整备、种植、中耕、收获、加工和其他）对进行细分更为方便。

有多种类型的农业企业，如蔬菜产品、行栽作物、小粒谷物、一般作物生产、特种作物等。对一种耕作情况制定农业机械清单时，农具可分为以下几组：适用于所有耕作情况的基本农具；特殊处理及耕作农具；行栽作物农具；小粒谷物农具；加工机械；其他设备。

（1）适用于所有耕作情况的基本农具包括铧式犁和圆盘犁，圆盘耙和钉齿耙。本组中的农具包括用于为任何作物制备苗床的常用用具。

用法尔毛新秀（Farmall Cub）及配套机具栽种红薯。采用单行移栽机定植红薯植株

法尔毛 A 拖拉机和 A‑192 犁的工作效率相当于 100 个手持铁耙的农民

在用重型机械压平后或重黏土条件下，圆盘犁是一种非常好的农具

在春季弹齿耙比圆盘耙能更有效地粉碎秋耕硬土。中国的方式是翻地两遍

（2）特殊处理和耕作农具包括于垄上或垄沟内种植的、制备两行或以上苗床、建造临时田间排水沟、建造灌溉和排水沟分支的双壁开沟犁，仅用于土壤结块严重或多孔时的碎土机，用于早期耕作和破碎板结层的表土疏松机，用于某些苗床整备、梯田作业和中等备垄作业的耙式犁，以及主要用于特殊耕作条件的其他机械。

（3）行栽作物农具主要适用于行栽作物生产，虽然一台谷物条播机可以用于种植多行作物，但不能称作行栽作物农具。

（4）小粒谷物农具包括主要限于小粒谷物生产的农具。

（5）加工机械包括脱粒机、玉米脱粒机、水稻砻谷机、饲料研磨机、种子清选机，还可包括小型轧棉机以及其他机械。在农闲时期（如仲冬季节），农业拖拉机可为农作加工提供动力来源，并使农场企业可以盈利。农场生产的作物在加工后通常有助于上市销售。此外，还可为村里的其他农民提供定制服务。

（6）其他设备主要包括撒粉机和喷雾器、撒肥机、四轮货车和灌溉水泵。通过使用带箱体和橡胶轮胎的拖车，现代橡胶轮胎拖拉机可直接将农产品从农场拖运至市场。这种车辆在将物资运至农场、将设备和物资运至田间，以及拖运收获的谷物时也非常有用。

灌溉抽水是农场拖拉机最难安排的工作，因为抽水通常不得不在田间作业非常需要拖拉机的同时进行。通过给拖拉机和水泵安装一个廉价的遮蔽物，即可在无法进行大部分田间作业的雨天进行抽水。通常情况下，可在下小雨期间或之后进行有效的作物灌溉。如果精心伺弄经过灌溉的土地，并修筑控水设施，可利用拖拉机在无法进行大多数田间作业（如收割和耕耘）的时候在夜间进行抽水。正常情况下，一台4英寸离心泵每小时至少能泵送1英亩英寸的水。

农业拖拉机有中耕型、标准型和履带型，其中特种类型拖拉机可用于特殊用途。每种类型拖拉机均有一系列的规格，适用于几乎所有规模的农场企业。

第二十一节　农场企业情况

以下第一张表列出了一些不同规格法尔毛拖拉机的9种耕作情况。所举的例子主要是为了说明在某些类型企业中，这些机械如何适用作物的生产。第二至第五所示的生产经营项目是确定第一张表中每种情况下耕作面积的基础。第一张表列出了在特定耕作情况下，拖拉机及相关农具的年使用小时数。通过所示的方法，可以分析任何所需的耕作方案，以选择适当且充足的动力及农具来出色地完成农作物的生产与加工处理。

在确定农作物种植面积和耕作面积时，需要分析各种情况下的峰值负荷期。在一般耕作情况下，收割和耕作会相互竞争。在一年生产两季作物的土地，峰值负荷就会出现在小麦收割、翻地、整备苗床，并种植新作物期间，通常为6月，一些早种型作物的种植业面临着严峻的竞争。此外，在许多地区，6月多雨，田间工作日数可能仅稍多于当月天数的一半。

以下5张表所示的农场企业情况仅适用于拖拉机耕种农场，同时考虑了一些定制工作。人们认为，拖拉机和农具适用于中国农村的整个系列作业或部分作业。AMOMO项目在中国各地实施情况表明，中国农民渴望拥有现代化农业机械，并愿意接受以公平的价格为他们完成某些田间作业。通常，定制田间作业费用通常以实物形式支付，如犁耕、圆盘耕或耙耕每英亩土地需要90磅的精米，而大米脱壳和抛光大约需要支付4.5%的精米，从播种到收获的灌溉费用大约为100磅精米。

下列各表中的"情形"一词是指农业企业的类型，如主要生产蔬菜或小粒谷物及其他作物。

不同情形下农场企业生产农作物所需的拖拉机和机械

所用拖拉机	情形	季节	水稻	小麦	食用豆	棉花	玉米	小米	高粱	蔬菜	绿肥作物	农场规模（英亩）	每年作物种植面积*（英亩）
法尔毛新秀	I 蔬菜	冬季									10	20	30
		春季								20			
法尔毛新秀	II 双季作物	冬季		12							12	27	39
		春季	5		5	10	5	2					
法尔毛 Super A	III 双季作物	冬季		16							16	32	48
		春季	6		8	8	8	2					
法尔毛 Super A	IV 双季作物	冬季		20							30	50	70
		春季	20		20		10						
法尔毛 Super A	V 华北	冬季										60	60
		春季		15	10	10	15	5	5				
法尔毛 C	VI 双季作物	冬季		20							40	60	80
		春季			10	20	15	5	10				
法尔毛 C	VII 华北	冬季										100	100
		春季		30	10	20	20	10					
法尔毛 H	VIII 双季作物	冬季		45							40	115	160
		春季	20		15	30	30	10	10				
法尔毛 H	IX 华北	冬季										200	200
		春季		20	20	20	60	10	10				

* 不包括豌豆或其他豆类的绿肥作物。

不同耕作情形下每年拖拉机及设备使用小时数——Farmll Cub 系统

作业	所用设备	生产能力（英亩/小时）	I	II
清除之前作物残茬	对置式圆盘耙，4 英尺	1.3	8	20
翻地	双向铧式犁，1 铧，12 英寸	0.25	80	160
整地	对置式圆盘耙，4 英尺	1.0	80	78
	钉齿耙，2 节，25 齿，9 英尺	2.7	60	67
特殊整备 & 翻地	圆盘犁，15 英寸	0.4~3.0	17	10
	粉碎机，8 英尺	2.4	10	10
	表土疏松机，10 英尺	2.0	10	10
	挖沟、耕耘、铁铲	0.3	20	

作业	所用设备	生产能力（英亩/小时）	不同情形下年使用小时数	
			I	II
种植：蔬菜、水稻、小麦、谷子、棉花、玉米、高粱	蔬菜点播机，2-3-4行，4英尺	1.0	40	
	谷物条播机，12×7 DRF，肥料			14
	棉花 & 玉米点播机，单行	0.8		20
中耕：蔬菜、棉花、玉米、豆类、高粱	蔬菜耕耘机，2-3-4行，4英尺	0.8	100	21
	棉花 & 玉米耕耘机，单行	0.6		75
收获	马铃薯挖掘机	0.3	10	
	豆类割晒机	0.5		10
	谷物割捆机，6英尺	1.0		17
	割草机，4.5英尺	1.3		6
加工*	脱粒机，固定式			40
	水稻砻谷机			35
	玉米脱粒机			30
	饲料粉碎机			20
	种子清选机			30
其他	撒粉器 & 喷雾器			40
	灌溉水泵，4英寸			36
	拖运		30	40
	撒肥机		75	
	总小时数		540	789

* 小型固定式脱粒机可用于定制工作。

不同耕作情形下每年拖拉机及设备使用小时数——FarmII A 系统

作业	所用设备	生产能力（英亩/小时）	不同情形下年使用小时数		
			III	IV	V
清除之前作物残茬	对置式圆盘耙，10-A，4英尺	1.5	16	14	34
翻地	双向铧式犁，1铧，16英寸	0.35	140	200	172
整地	对置式圆盘耙，5英尺	1.5	64	94	80
	钉齿耙，3节，70齿，15英尺	5.0	45	68	48
特殊整备 & 翻地	双壁开沟犁，1铧	1.0～5.0	20	16	16
	粉碎机，8英尺	2.4	15	20	16
	表土疏松机，10英尺	2.0	16	20	25

作业	所用设备	生产能力（英亩/小时）	不同情形下年使用小时数		
			Ⅲ	Ⅳ	Ⅴ
种植：水稻、小麦、豆类、谷子、棉花、玉米、高粱	谷物条播机，12×7 DRF，肥料	1.6	28	59	18
	棉花 & 玉米点播机，单行，36英寸	0.8	20		38
中耕：蔬菜、棉花、玉米、豆类、高粱	蔬菜耕耘机，4行，21英寸	1.2	30	60	50
	棉花 & 玉米耕耘机，单行	0.6	80		125
收获*：豆类、棉花、玉米、高粱	收割机—脱粒机，5英尺，割台	1.0	36	72	30
	玉米摘穗机，单行	0.6	15		25
	耕耘机，豆类收割机，割台	0.5	18	40	20
	割草机，5英尺	1.5	10	10	10
加工**	水稻砻谷机		30		
	玉米脱粒机，No.30		26		
	饲料粉碎机，8英寸，C		12		
	种子清选机		24		
其他	通用卡车		50	72	65
	撒粉器——棉花 & 豆类		30	40	40
	灌溉水泵		60	120	100
	总小时数		785	905	912

* 玉米摘穗机所有权通过进行定制工作来保证；

** 加工机械也可用于定制工作，并从中获利。

注：在第Ⅲ种情形下，6月的工作时间为158小时，6月是降水量最多的月份。由于降水，这是所有可用的时间。

在第Ⅳ种情形下，6月工作时间约为150小时，部分土地种植大豆。

在第Ⅴ种情形下，6月工作时间约为163小时，所有犁耕工作于6月份前完成。

不同耕作情形下每年拖拉机及设备使用小时数——Farmll C 系统

作业	所用设备	生产能力（英亩/小时）	不同情形下年使用小时数	
			Ⅴ	Ⅵ
清除之前作物残茬	对置式圆盘耙，10-A，5英尺	1.5	57	40
翻地	双向铧式犁，2铧，12英寸	0.55	146	182
整地	对置式圆盘耙，5英尺	1.5	107	133
	钉齿耙，3节，90齿，15英尺	5.0	64	80

作业	所用设备	生产能力（英亩/小时）	不同情形下年使用小时数	
			V	VI
特殊整备 & 耕作	双壁开沟犁，1 铧	1.0～5.0	25	25
	粉碎机，8 英尺	2.4	20	30
	表土疏松机，10 英尺	2.0	13	25
种植：小麦、豆类、谷子、棉花、玉米、高粱	谷物条播机，12×7	1.8	20	25
	棉花 & 玉米点播机，2 行	1.7	27	30
中耕：豆类、棉花、玉米、高粱	蔬菜耕耘机，4 行	1.2	40	40
	棉花 & 玉米耕耘机，2 行	1.2	115	125
收获：小麦、豆类、谷子、玉米、高粱	收割机—脱粒机，5 英尺，割台	1.0	36	50
	玉米摘穗机，单行	0.6	25	34
	耕耘机，豆类收割机，割台	0.5	20	20
	玉米割捆机，单行	0.8	13	13
	割草机，5 英尺，割台	1.5	20	30
加工*	玉米脱粒机，No. 30		25	40
	种子清选机		20	30
其他	通用卡车		80	100
	撒粉器——棉花 & 豆类		40	40
	总小时数		923	

* 通过定制工作和增加工作类型可以获得额外的作物加工工作。

不同耕作情形下每年拖拉机及设备使用小时数——Farmll H 系统

作业	所用设备	生产能力（英亩/小时）	不同情形下年使用小时数	
			VIII	IX
清除之前作物残茬	对置式圆盘耙，8 英尺	2.4	63	42
翻地	双向铧式犁，2 铧，14 英寸	0.75	165	267
整地	对置式圆盘耙，8 英尺	2.4	96	150
	钉齿耙，4 节，120 齿，18 英尺	6.5	71	123
特殊整备 & 翻地	双壁开沟犁，2 铧	1.0～5.0	50	60
	粉碎机，10 英尺	4.0	22	40
	表土疏松机，12 英尺	3.0	30	40

作业	所用设备	生产能力（英亩/小时）	不同情形下年使用小时数	
			Ⅷ	Ⅸ
种植：水稻、小麦、豆类、谷子、棉花、玉米、高粱	谷物条播机，16 英尺×7 英尺	2.5	52	44
	棉花 & 玉米点播机，2 行	1.7	40	53
中耕：豆类、棉花、玉米、高粱	棉花 & 玉米耕耘机，搂齿梁配件，4 行	1.5	40	54
	棉花 & 玉米耕耘机，2 行	1.2	180	225
收获：水稻、小麦、豆类、谷子、玉米、高粱	收割机—脱粒机，6 英尺，割台	1.5	60	74
	耕耘机，豆类收割机，割台	0.5	30	40
	玉米摘穗机，单行	0.8	38	100
	玉米割捆机	0.8	13	13
	割草机，6 英尺	1.7	20	30
	割晒机，6 英尺	1.7	25	36
其他	撒粉器		50	40
	通用卡车		150	180
总小时数			1 195	1 611

注：情形Ⅷ 6 月使用小时数约为 190 小时，情形Ⅸ约为 175 小时。需在天气特别好的地点，或延长每天的工作时间。在上述情况下通常需要两名操作员。

第二十二节　机械清单

以下 6 张清单中所述的拖拉机、机具、附属设备均根据作为基本要素的拖拉机来制定，例如，法尔毛 C 系统，清单包括在上文第四张表中第Ⅵ和Ⅶ种情况下进行农耕作业所需的多种农具和附属设备。所有清单中机械的规格都是根据目录名称和说明列出的，从而使拖拉机和每个机具保持完整，并配有所需的附属设备。每种机具及附属设备均分类列出。

由于在每种拖拉机系统均阐述了不止一种耕作情况，因此清单中列出了这些情形所需的所有机具。在上文第二至第五张表中，我们省略了所有每年使用小时数，表明没有为这种耕作情形选择特定的机具。在为 1 名农民或 1 家农场或 1 个村庄等情形制定清单时，选择方法均相似，但只列出了特定企业所需的机械。

在编制农业机械清单时必须谨慎，因为有许多型号和类型可供选择。例如，拖拉机通常有多种设备可供选择，包括各种燃料、轮胎规格等。犁也有多种类型、规格和制造材料。耕作机械可配备多种工具，因此土壤、作物、耕作条件都要考虑在内。在选择拖拉机及其配套机具和设备时，应寻求生产商或经销商的协助，以获得最新和最完整的信息和指导。除非制造商对耕作地区非常了解，否则在选择机具时必须考虑土壤类型及特性、地形、气候和其他因素。

清单1　法尔毛新秀（FARMALL CUB）系统

作物生产情形Ⅰ和Ⅱ所需的拖拉机、农具与配件

法尔毛新秀（Farmall Cub）拖拉机，以汽油为燃料，配有7英寸×24英寸后轮胎和4英寸×12英寸前轮胎、前后轮配重、可调前桥、火花熄灭器及消声器、牵引杆及摆动式牵引装置、通用安装架、总控制器、皮带轮和动力输出装置。

所有耕作情形所需的基本农具

铧式犁，Cub-193，单铧单向，12英寸，带组合式滚动犁刀和小前犁，以及一套额外的犁刀。

铧式犁，Cub-189，单铧双向，配置与Cub-193相同（优先用于水稻生产和灌溉蔬菜）。

圆盘耙，对置式，Cub-23A，16英寸圆盘，配有刮泥板。

钉齿耙，闭端，3节，75齿，配有连接杆。

特殊整备与耕耘农具

垂直圆盘犁，Cub-12D，双24英寸圆盘，配有刮泥板，间隔15英寸。

表土疏松机，No.6，10英尺。

粉碎机，双排，8英尺。

行栽作物农具

点播机，棉花和玉米，Cub-170，单行，配有反向进料棉花料斗，备垄和开沟设备，划刃器，玉米、棉花、豆类、高粱种盘和留空；另附施肥器配件。

点播机，蔬菜，Cub-474，4行，鞋型划刃器。

耕耘机，棉花和玉米，Cub-144，单行，配有Nos.1和53地面工具组合，No.8导轮拱架，No.1马铃薯制垄器，另附豆类收割机配件。

耕耘机，蔬菜，Cub-447，4行，配有常规除草刀和鸭脚板，另附9英寸圆盘除草机配件。

马铃薯挖掘机，No.17土豆挖掘机。

小粒谷物农具

谷物条播机，DRF施肥型，12×7锯齿形单盘，配有划刃器和拖拉机挂接钩，自动提升。

谷物割捆机，割幅6英尺，拖拉机挂接钩，用于水稻和小麦。

割草机，Cub-22，割幅 4.5 英尺。

横向搂草机，M 型，25 齿，8 英尺，配有拖拉机挂接钩。

加工及其他机械

脱粒机，20 英寸圆筒型，用于水稻、小麦、豆类和高粱，30 英尺，皮带传动。

玉米脱粒机，No. 30。

饲料粉碎机，C 型，8 英寸。

多用途农用卡车和钢制车厢，橡胶轮胎。

撒肥机，No. 100。

行栽作物撒粉器，拖拉机悬挂式。

水稻砻谷机和抛光机。

种子清选机，配有各种筛网、提升机和滑车。

灌溉水泵，4 英寸离心式。

清单 2 法尔毛 SUPER-A 系统

作物生产情形Ⅲ、Ⅳ和Ⅴ所需的拖拉机、农具与配件

法尔毛 Super-A 拖拉机，以汽油为燃料，配有 8 英寸×24 英寸后轮胎和 4 英寸×12 英寸前轮胎、前后轮配重、可调前桥、火花熄灭器及消声器、牵引杆及摆动式牵引装置、通用安装架、触摸式控制悬挂装置、皮带轮和动力输出装置。

所有耕作情形所需的基本农具

铧式犁，Cub-193，单铧单向，12 英寸，带组合式滚动犁刀和小前犁，以及一套额外的犁刀。

铧式犁，Cub-189，单铧双向（用于灌溉和带状耕种），16 英寸，带组合式滚动犁刀和小前犁，以及一套额外的犁刀。

圆盘耙，对置式，10-A，16 英寸，配有刮泥板，5 英尺。

钉齿耙，闭端，3 节，90 齿，配有连接杆。

特殊整备与耕耘农具

双壁开沟犁，A-16，单铧（用于排水和备垄）。

松土机，双排，49-4/5，配有拖拉机挂接钩。

垂直圆盘犁，A-12-D，3 个 24 英寸圆盘，配有刮泥板，间隔 22 英寸（用于华北小米种植区、带状耕作和梯田）。

行栽作物农具

点播机，棉花和玉米，A-170，单行，配有反向进料棉花料斗，圆盘制垄器，滑刀式开沟器，鞋型划刃器，和玉米、棉花、豆类、高粱种盘和留空；另附施肥器配件。

耕耘机，棉花和玉米，A-144，单行，配有 Nos.1 地面工具组合，另附豆类收割机配件。

耕耘机，蔬菜，Cub-474，4 行，配有 6 英寸除草刀和后鸭脚板，另附圆盘除草机配件。

玉米摘穗机，单行，拖车挂接钩，动力输出装置。

小粒谷物农具

谷物条播机，DRF 施肥型，12×7 锯齿形单盘，配有划刃器和拖拉机挂接钩，自动提升。

收割机—脱粒机，52-R，5 英尺，配有动力输出装置、粮箱，另附捡拾台和食用豆割台。

割草机，A-21，割幅 5 英尺，动力驱动。

加工及其他机械

设备说明参见法尔毛新秀（Farmall Cub）清单。

法尔毛 A 拖拉机和 3 节钉齿耙。由于缺乏腐殖质，很难粉碎土块。该驾驶员干了一辈子农活，很快学会了维护及操作该机械

用于条播黄麻的 4 行（行间距 20 英寸）蔬菜播种机。一名车间学徒工学会了操作该机械

清单 3   法尔毛 C 系统

作物生产情形Ⅵ和Ⅶ所需的拖拉机、农具与配件

法尔毛 C 拖拉机，以汽油为燃料，配有 9 英寸×36 英寸后轮胎和 4 英寸×15 英寸前轮胎、前后轮配重、火花熄灭器及消声器、摆动式牵引装置、通用安装架和挂接钩架、触摸式控制升降钩、皮带轮和动力输出装置。

所有耕作情形所需的基本农具

铧式犁，双铧单向，12 英寸，带组合式滚动犁刀和小前犁，以及一套额外的犁刀。

铧式犁，Cub-189，单沟双向（用于灌溉和带状耕种），16 英寸，带组合式滚动犁刀和小前犁，以及一套额外的犁刀。

圆盘耙，对置式，10-A，16 英寸，配有刮泥板，5 英尺。

钉齿耙，闭端，3 节，90 齿，配有连接杆。

特殊整备与耕耘农具

双壁开沟犁，双铧，14 英寸（用于排水和备垄）。

松土机，双排，49-4/5，配有拖拉机挂接钩。

表土疏松机，10 英尺。

行栽作物农具

点播机，棉花和玉米，双行，配有反向进料棉花料斗，圆盘制垄器，滑刀式开沟器，鞋型划刀器，和玉米、棉花、豆类、高粱种盘和留空；另附施肥器配件。

耕耘机，棉花和玉米，A-144，单行，配有 No.1 地面工具组合，另附豆类收割机割台。

耕耘机，蔬菜，4 行，配有 6 英寸除草刀和后鸭脚板，另附圆盘除草机配件。

玉米摘穗机，单行，四轮拖车挂接钩，动力输出装置。

玉米割捆机，单行，地面驱动，配有捆束托架和拖拉机挂接钩。

小粒谷物农具

谷物条播机，DRF 施肥型，12×7 锯齿形单盘，配有划刀器和拖拉机挂接钩，自动提升。

收割机—脱粒机，52-R，5 英尺，配有动力输出装置、粮箱，另附捡拾台和食用豆配件。

割草机，5 英尺，动力驱动。

加工及其他机械

玉米脱粒机，No.30，30 英尺，皮带传动。

种子清选机，配有各种筛网、提升机和滑车。

行栽作物撒粉器，拖拉机悬挂式。

多用途农用卡车和钢制车厢，橡胶轮胎。

其他设备说明参见法尔毛新秀（Farmall Cub）清单。

清单4　法尔毛H系统

作物生产情形Ⅵ和Ⅶ所需的拖拉机、农具与配件

法尔毛H拖拉机，以汽油为燃料，配有10英寸×38英寸后轮胎和5.5英寸×16英寸前轮胎、第一车轮前配重及第一、二车轮后配重、摆动式牵引装置、选择性液压提升装置、皮带轮和动力输出装置（如果进行室内加工工作，则使用火花熄灭器）。

所有耕作情形所需的基本农具

铧式犁，H-86，单铧双向，18英寸，带组合式滚动犁刀和小前犁，以及一套额外的犁刀。

铧式犁，No.8 Genius，双铧，14英寸，带组合式滚动犁刀和小前犁，以及脱开安全器。

圆盘耙，对置式，10-A，18英寸，配有刮泥板，8英尺。

钉齿耙，闭端，4节，120齿，配有连接杆。

特殊整备与耕耘农具

双壁开沟犁，双铧，14英寸，H-10。

松土机，双排，配有拖拉机挂接钩。

表土疏松机，可除草，12英尺。

行栽作物农具

点播机，棉花和玉米，HM-100，双行，滑刀式开沟器，圆盘制垄器，划刀器和玉米、棉花、豆类、高粱种盘和留空；另附施肥器配件（HM-45）。

耕耘机，棉花和玉米，HM-236，双行，配有No.1地面工具组合，另附豆类收割机配件、搂齿梁配件（用于甜菜、豆类等），4~21英寸垄。

玉米摘穗机，单行，四轮拖车挂接钩，动力输出装置。

玉米割捆机，单行，地面驱动，配有捆束托架和拖拉机挂接钩。

小粒谷物农具

谷物条播机，DRF施肥型，16×7锯齿形单盘，配有划刀器和拖拉机挂接钩，自动提升。

收割机—脱粒机，62-R，6英尺，配有动力输出装置、粮箱设备。

割晒机，6英尺，配有动力输出装置和拖拉机挂接钩。

割草机，6英尺，动力驱动。

加工及其他机械

多用途农用卡车和钢制车厢，橡胶轮胎。

撒粉机，拖拉机悬挂式。

其他设备说明参见法尔毛新秀（Farmall Cub）清单。

清单5　法尔毛M系统

法尔毛M是最大的行栽作物拖拉机，可使操作员在行栽作物企业实现每日最大生产能力。下表为在正常华北地区条件下法尔毛M所需的一些配套农具及其生产能力（英亩/小时）：

项　目	生产能力（英亩/小时）
犁，3铧，14或16英寸	1.25
圆盘犁，对置式，10英尺	3.5
钉齿耙，6节，180齿，30英尺	15
点播机，4行	4
耕耘机，4行	5
双壁开沟犁和起垄机，4行	4
玉米摘穗机，2行	2
收割机—脱粒机，12英尺	3.5

一般情况下，占地240英亩或以上的农场可以按照与法尔毛H系统相同的方式规划法尔毛M系统。

清单6　其他农具及机械

有多种类型的农具和机械可用于日常农场作业和特殊作物或条件，以下为工作组运往中国的主要农具和机械（前文清单中不包括）：牧草打捆机，皮带传动；玉米剥皮机—粉碎机，双卷；移栽机，双行；马铃薯点播机，单行；石灰撒布机，牵引型；石灰撒播机，8英尺；车尾播种机；汽油发动机，1.5和3～5马力；离心式水泵，1.5和3英寸；山坡步犁；步犁的马铃薯挖掘机配件和花生挖掘机配件；种子处理机。

常用的其他机械：青贮饲料切割机；锤式粉碎机；甜菜挖掘机；甘蔗与高粱相关工具；乳业设备；牧草机械；茎秆切碎机；单孔玉米脱粒机。

多用途农用卡车，用于将联合收割机收获的小麦运输至烘干机存储仓，一种非常方便的运输车辆

TD-6 为铲除 10 年荒地内的狗牙根草提供了可靠的动力

第九章　成果评估与对未来的建议

第一节　农业工程教育计划成果评估

自从中国农业工程教育计划开始以来，一直被赞助商、主管者和参与者视为一个奠定基础的项目，其中最重要的成果将会在数年后产生。第一节所述计划目标的评估会表明尚未完全实现的目标，但只有通过长期不懈的努力才能实现这些目标。然而，在起草本报告（内容涵盖初始阶段、组织阶段和运营的第一阶段）时，我们应该简要回顾一些已取得的成果，并考虑一下未来的计划。

合作机构、万国奖学金获得者、万国农具公司以及工作组成员均表示希望将发起及组织期间取得的所有成果记录下来，以供未来查阅。

看来，农业工程教育计划中一些最重要成果就是，培养了人们对中国农民的福利和经济地位对整个国家经济发展重要性的认识。要想提高普通农民的经济地位，他必须拥有一家比现在更大的营生，而实现这一目标的最实际途径就是引进农业工程技术。当农民拥有了更大的营生，他就会成为一个更大的消费者或买家，从而促进其他产业的发展。

委员会认为，该教育计划中许多最重要的成果是无形的，且难以进行评估。任何有助于各个群的体社会及经济发展的进步运动之成功，在很大程度上取决于对所涉及因素的理解以及对指导思想的信任。

中国农业工程教育计划的成果和成就主要可以归纳为以下几点：

（1）将农业工程技术与中国农民福利之间的关系有效地呈现给中国的农业和教育领导人；

（2）利用该机会向中国经济领导人提出了一个原则，即经济状况的普遍进步都取决于让中国农民成为更好的消费者或买家；

（3）在位于南京的国立中央大学成立了农业工程系，并拥有一支训练有素且人员充足的教职工队伍；

（4）国立中央大学批准了农业工程专业。该专业与美国认可的专业具有相同的主题内容。1947 年 7 月，有 4 名学生获得了新专业学士学位；

（5）国立中央大学配备了农业机械、拖拉机和车间机械，为农业工程学科的教学提供了一个新的实验室。教学楼已经过整修，可用作合适的实验室；

（6）金陵大学已经批准了一门农场经营人员课程；

（7）金陵大学农业工程系增添了新的农业工程课程和新的教职人员；

（8）金陵大学增加了一座新教学楼和几个农业工程教学实验室；

（9）金陵大学配备了农业机械和车间设备，以方便实验室和现场教学；

（10）其他大学也表示希望效仿南京两所大学的领导，开设农业工程课程；

（11）中央农业实验所组建了一个拥有大量工作人员和建筑的农业工程系；

（12）中央农业实验所建立了实验室，配备有田间机械、车间工具和仪器；

（13）中央农业实验所启动了包括 14 个典型研究项目的研究计划；

（14）收集了关于传统农业手工生产方法的有用数据；

（15）示范了华中地区主要农作物生产的农业工程技术，并收集了成本数据；

（16）一批研究助理在中央农业实验所接受了研究方法方面的培训；

（17）与中国农业及教育领导人建立了工作关系，其中包括农林部和教育部的工作人员，以及为帮助中国农民而成立的许多组织；

（18）18 名学生获得了万国奖学金，在美国农场和工厂完成了 3 年的大学和实习培训，并于 1948 年 6 月返回祖国，这些奖学金获得者均效力于农业工程相关机构；

（19）对中国农村住房进行了初步研究，并在中央农业实验所的土地上建造了示范住房；

（20）进行了粮食烘干和储藏试验，为今后该领域的研究提供了可能。

第二节　未来的计划与建议

从农业工程技术示范计划取得的收益在很大程度上取决于计划的持续进行。鉴于当前中国政局非常不稳定，这一点尤为重要，以下建议旨在挽救迄今取得的进展，并为今后的活动制定一套方案。

我们认为，本报告所述方案的未来在很大程度上取决于接受本方案及设备的年轻人，而在任何艰难推进的运动（如以农业技术为代表的运动）中，又在很大程度上取决于主管领导人的远见和士气。因此，应尽一切努力去鼓励那些负责人，这一点非常重要。如果可能的话，年轻人应该像我们所认为的那样，相信他们在为数以百万计的中国农民及其家庭开展一项伟大的运动，同时还要相信这一项目的成功会为其祖国的进步和发展做出卓越的贡献。

为简洁起见，我们仅对未来的建议进行简单陈述，在很多情况下，建议的理由可在前文中找到。

（1）赞助商及工作组应与国立中央大学、金陵大学和中央农业实验所的农业工程负责人及管理人员保持联系，这种持续的兴趣应该有助于确保已开始的教育及研究项目继续下去。

（2）应定期检查设备的使用情况及存放地点。总领事馆农业专员、慎昌洋行代表，以及万国农具公司驻华机构可能会被要求协助进行此类检查。

（3）应鼓励万国奖学金获得者建立一个组织，并相互帮助。

（4）应鼓励万国奖学金获得者的建议，即在示范农场以实际的方式实施工程技术。

（5）以下机械特别值得进行进一步研究，以便更好地使用和加以改进，从而更好地适应中国国情。

a）手动农具；

b）手推农具；

c）畜力农具；

d）割草机；

e）轻型割晒机；

f）小型柴油（泵）发动机；

g）水稻脱壳与加工设备；

h）小型脱粒机；

i）便携式电锯

j）风车。

（6）应尝试所有能为中国农民提供机械设备益处的所有制形式及管理方式，并加以公平评估，这包括以下管理方式：

a）在农场企业足够大能够盈利的地方施行个体所有制；

b）用某些合作社所有的机械补充私人所有的设备；

c）农民合作社所有制；

d）机械所有人为某目的开展个性化服务；

e）某些组织（如 AMOMO）开展个性化服务；

f）农民合作社，为同村小农户开展个性化服务。

（7）工作组认为下列类型的农业机械对中国农民有直接利益，如果能够建立经销和服务机构，则经最低限度的改进以满足中国国情后，即可随时使用：

a）手推农具：

①轮锄；

②播种机；

③肥料撒布机。

b）畜力农具：

①铧式犁；

②钉齿耙；

③圆盘耙；

④棉花、玉米、豆类和高粱点播机；

⑤物条播机，5行，配有撒肥机附件；

⑥役畜动力；

⑦割晒机——可排出松散碎石的小型简易型收割机。

c）园艺拖拉机及相关设备。

d）适用不同规模和类型企业的农用拖拉机。

(8) 应对中国西北半干旱区土地利用方法进行研究。

(9) 应鼓励向中国寄送贸易期刊及目录材料。

附　　录

附录 A　中国的国立农业教育机构

Ⅰ农学院（中国自办）	所在城市	所在省
1 国立北平大学	北平	河北省
2 国立清华大学	北平	河北省
3 国立中山大学	广州	广东省
4 国立武汉大学	武汉	湖北省
5 国立浙江大学	杭州	浙江省
6 国立英士大学	金华	浙江省
7 国立湖南大学	长沙	湖南省
8 国立云南大学	昆明	云南省
9 国立广西大学	桂林	广西省
10 国立中正大学	南昌	江西省
11 国立复旦大学	上海	江苏省
12 国立中央大学	南京	江苏省
13 国立贵州大学	贵阳	贵州省
14 国立河南大学	开封	河南省
15 国立安徽大学	安庆	安徽省
16 国立山东大学	青岛	山东省
17 国立台湾大学	台北	台湾省
18 国立西北农学院	武功	陕西省
19 国立四川大学	成都	四川省
20 国立东北大学	沈阳	辽宁省
21 国立兰州大学	兰州	甘肃省
Ⅱ农学院（教会办学）		
1 岭南大学	广州	广东省
2 金陵大学	南京	江苏省
3 圣约翰大学	上海	江苏省
4 福建协和大学	福州	福建省
Ⅲ 农业学校（中国自办）		
国立西北农业学校	庄浪	甘肃省
Ⅳ 大学农学系（教会办学）		
辅仁大学	北平	河北省

附录 B 捐赠设备支持农业工程工作组计划的公司

A. B. Farquhar Co. 宾夕法尼亚州约克市	The Interstate Printers and Publishers 伊利诺伊州丹维尔市
A. T. Ferrell & Co, 密歇根州萨吉诺市	L. F. Kreger Mfg. Co, 伊利诺伊州芝加哥市
Aermotor Co, 伊利诺伊州芝加哥市	Marlin Rockwell Corp. 纽约州詹姆斯敦市
Anti-Friction Bearing Mfg. Assn. 华盛顿哥伦比亚特区	McMaster-Carr Supply Co. 伊利诺伊州芝加哥市
Butler Mfg. Co. 伊利诺伊州盖尔斯堡市	Paul J. Newton 宾夕法尼亚州刘易斯敦市
E. I. DuPont DeNemours & Co. 特拉华州威尔明顿市	Rototiller, Inc. 纽约州特洛伊市
Engelberg Huller Co. 纽约州锡拉丘兹市	S. L. Allen & Co. , Inc. 宾夕法尼亚州费城市
Ethyl Corporation 纽约州纽约市	Sears, Roebuck & Co. 伊利诺伊州芝加哥市
The F. E. Myers & Bros. Co. 俄亥俄州阿什兰市	The Timken Roller Bearing Co. 俄亥俄州坎顿市
Gravely Motor Plow & Cult. Co, 西弗吉尼亚州	The Union Fork & Hoe Co. 俄亥俄州哥伦比亚市
H. D. Hudson Mig. Co, 伊利诺伊州芝加哥市	Winebarger Corporation 艾奥瓦州苏城
Hertzler and Zook 宾夕法尼亚州贝尔维尔市	John Wiley and Sons, Inc. 纽约州纽约市

附录 C 万国农具公司助力中国农业发展大事记

宣布成立奖学金[*]

1945 年 3 月

万国农具公司负责公司国外业务的副总裁霍特（G. C. Hoyt）宣布成立公司奖学金，用于资助 20 名中国留学生来美接受农业工程专业培训。作为该项目的一部分，万国公司还将向中国派遣 4 名美国农业工程师，接受中国中央农业实验所安排参与该项目。

来源：687 号档案，时事通讯，第 3 卷，第 8 号，第 2 页。

奖学金项目发布[*]

新闻发布　　　　　　　**即刻发布**　　　　　1945 年 1 月 5 日

万国农具公司负责公司国外业务的副总裁霍特（G. C. Hoyt）今日宣布成立公司奖学金，用于资助 20 名中国留学生来美接受农业工程专业培训。

霍特表示，作为该项目的一部分，万国公司还将向中国派遣 4 名美国农业工程师，其中两名将派驻中国中央农业实验所，1 名将派驻金陵大学，另一名将派驻国立中央大学。

首先与中国农林部驻美国代表周秉文对该项目进行了讨论，然后与中国政府孔祥熙博士商定了相关细节。

20 名中国留学生将分两批（每批 10 人）抵达美国。第一批预计将于 3 月 1 日前抵达，因此可于今年春季入学。第二批留学生将于 1946 年初抵达。

所有中国留学生均为工程学或农学学士，其奖学金将资助他们接受为期 3 年的农业工程领域高级专业培训，其中两年将于待选美国学院或大学继续学习，另 1 年将于田间及工厂工作中获取实践经验。3 年培训结束后，这 20 名留学生将返回中国，并开始以农业工程师身份服务于中国政府的职业生涯。

中国教育部、农林部及农业协会将联合举办竞争考试来选拔留学生。

---

[*]　载于：*International Harvester Chronology*。

[*]　载于：*Gorporate News Release*，1945。

首批 10 名学生的选拔考试已于上个月在中国 7 座城市（重庆、成都、昆明、贵阳、西安、兰州和简阳成功举办。

不久后，周秉文先生将与公司代表共同商定前往中国的 4 名美国农业工程师，他们将在中国工作 3 年，目前计划将于 1945 年 9 月 1 日抵达中国。

在评论该项目时，霍特说道：

"我们相信，这样一个组织中国青年接受最佳现代化农业工程知识及实践教育的项目，将比我们公司采取的任何其他措施更能帮助中国人民发展农业。"

"任何国家农业的健康发展均离不开接受过所需专业知识培训人才的领导与指导，而这正是此项培训合作项目之目的所在。"

"当这些年轻人回到中国时，他们会就田间设备、农场动力、乡村工业、农村结构、农村电气化以及水土保持等问题从事研发工作，或担任农业工程教员，或从事推广服务，向中国农民传授先进的农业方式。"

助力中国农业

万国农具公司为中国留学生提供奖学金并发起中国农业工程研究与教学项目。

CHAMP GROSS

马可波罗在中国的见闻为宗教、商业及艺术领域的朝圣者们打开了"长城"的大门，但这种跨越几个世纪的游历，完全不足以让这片土地成为西方世界人民普遍认识的焦点。

在第二次世界大战期间，中国与美国同为同盟国成员，且关系密切，使中国成为美国的战略盟友和友好邦邻。

更重要的是，这种密切关系使中国领导者印象深刻，中国人民生活的某些方面需要向西方世界学习，包括：农业、工业、商业、交通运输，以及通信行业。

万国农具公司已在中国设立办事处数十年，通过上海慎昌洋行（Anderson Meyer & Company）的分销体系，万国农具公司的产品以为从事卡车运输和小规模工业经营的中国人所熟知。这激发了该公司对中国的兴趣，因此万国农具公司一直在致力于助力中国农业及工业向西方学习计划的施行。

该公司为晏阳初先生"中国平民教育计划"项目的发起者之一，并为中国提供奖学金用于资助 20 名毕业于中国大学的留学生在美接受农业工程培训，这 20 名留学生已通过了中国的选拔考试，且已在美国两所优秀农业院校学习了 1 年，其中 10 人就读于明尼苏达大学，另外 10 人就读于艾奥瓦州立大学。

此外，该公司还资助农业工程工作组，该工作组由 4 名杰出专家组成，前往中国开展农业改进工作。

中国已认识到农业现代化和工业发展的必要性，正在采取必要措施，使用一切可在最短时间内取得最佳成果的方法来满足这些需要。

中国农林部代表邹秉文先生认为农业现代化是中国当前问题的重中之重，因为这是让人民摆脱贫困、提高农村人口生活水平和文化水平的重要因素。

邹先生在最近的一篇文章中写道："中国正在大力鼓励工业发展，其成功与否在很大程度上取决于农业的发展。首先，农产品出口额占中国总出口额的 80％，为中国工业发展所需的生产资料提供资金的合理途径就是增加农业生产和出口；第二，由于中国新兴产业很难参与国际市场的竞争，因此承担购买机械的外国贷款最终也将取决于扩大农业出口；最后，由于中国农民占中国潜在国内消费群体的绝大多数，因此必须提高他们极低的购买力，从而为本国工业创造一个足够大的国内市场。"

"国家掌舵人必须采取行之有效的新举措来发展农业，为实现这一目标，我们必须制定一项方案。"

邹先生在该方案中考虑了以下政策要点：充分开发和利用农业资源，增加农民收入，扩大出口贸易。要实现这一目标，必须制定明确的计划，为此，邹先生列出了中国农业现代化的主要项目：（1）土地利用与水土保持；（2）增加农业用地；（3）提高单位面积耕地产出；（4）发展畜牧业；（5）植树造林；（6）发展渔业；（7）发展园艺产业；（8）使劳动力从农业向工业转移；（9）改进农具；（10）增加农业资金投入；（11）促进合作社发展；（12）促进乡村工业发展；（13）增加可出口的农产品。其中，农业工程工作组对项目 9——改进农具计划最为感兴趣。

"高效农具是兴建大型农场的先决条件，"邹先生表示："使用经过改进的农具，1 名有 10 年耕种经验的农民现如今可以完成 4 名农民的工作。例如，美国以前用镰刀收割小麦，每名农民每天可以收割两英亩。1831 年［塞勒斯·麦考密克（Cyrus McCormick）第一台收割机——Ed 问世］后，使用马牵引式收割机每名农民每天可以收割 8 英亩。在大片麦区，借助现有机械牵引的收割机，1 名农民每天可以收割 40 英亩，是使用镰刀收割的 20 倍。改进其他农具的效果也是有目共睹的，因此最重要的是与其他计划一起协同制定改善农具计划。"

为协助邹先生的计划，万国农具公司资助成立了农业工程工作组，该工作组由 4 名美国农业工程领域的顶级专家组成，在中国农林部中央农业实验所领导下工作，同时还将与位于南京的国立中央大学及金陵大学农学院的农业工程系开展合作。

经公司选拔及中国政府批准，由艾奥瓦州立大学前教授兼农业工程系主任戴维森（J. B. Davidson）博士担任工作组组长。随后，戴维森博士又指定了其他 3 位专家，分别为：麦考莱（Howard Franklin McColly），曾任美国农业部农场安全管理局首席水利设施工程师，将于中国中央农业实验所担任戴维森博士的助手；汉森（Edwin L. Hansen），曾任波特兰水泥协会农业工程师，专精于负责农场建筑，将于在金陵大学任教；史东（Archie Augustus Stone），曾任长岛法明代尔纽约州农学院乡村工程系系主任，将于中国国立中央大学任教，并于中央农业研究所担任研究工作。

工作组已于上月搭乘美国总统轮船公司的梅格斯将军号从旧金山前往中国，将于中国工作 3 年时间。

万国农具公司的一项职责是与中国农林部共同成立工作组，该公司除为组织工作提供资金外，还将为在中国开展的研究工作和示范教学提供所需的设备。该公司将支付工作组成员的工资，中国政府则承担其他费用。

工作组将基于农民有盈利这一点努力开发出种植当地农作物和饲养牲畜的最佳方法。

该工作组的计划有 4 个主要目标：（1）增加农产品供应量；（2）通过研究与试验提高农产品质量；（3）降低消费者的购买成本；（4）提高农业从业人员的整体福利。

工作组认为人们必须拥有对幸福的渴望，因此寄希望于通过教育来灌输这一点，之后必须采用标准更高的方法，这可以通过较低的成本实现较高的农业产出。工作组将以以下一般性研究及项目为抓手，并朝着这一基本目标努力：

（1）研究中国农业生产技术及设备，并按农作物及能源来源对上述技术及设备进行说明和分类；

（2）研究在中国农业推广美国农业生产技术的可操作性及应用；

（3）开展美国农业生产技术和设备在中国农业中的应用试验，这些试验可能会涉及以下类型的设备：（a）手动生产工具；（b）双畜农具；（c）小型拖拉机（园艺拖拉机）设备；（d）中型拖拉机设备；（e）贫瘠作物种植区的大型拖拉机设备；

（4）开展一项手动农具改进计划；

（5）选择和开发适合中国国情的专用农机；

（6）研究所有可用于农场的动力源，并调查燃料供给及来源情况；

（7）协助发展农机制造业；

（8）将设备使用与水土保持措施相联系；

（9）配合水利、维保技术以及建设、排水、防洪和灌溉的发展；

（10）协助发展乡村加工厂——社区制造业；

（11）研究利用贫瘠土地进行作物生产的可能性；

（12）协助改善农村住房条件，提高生活水平；

（13）研究每个农户的粮食存储问题。

（14）通过工程技术和建设促进农村健康和卫生条件的改善；

（15）促进农产品运输及分销方法的改进；

（16）尽一切可能与其他机构合作，以实现这些目标。

他们将通过试验及示范来开始上述研究及项目，为此，目前已有5处示范农场及4处国有农场投入使用，且这些农场相距甚远，足以包括所有类型的土壤、劳动力、作物和气候条件。此外，为普及大众农村教育，还将制作项目和示范用动画电影。

他们还将针对每种作物，研究如何最有效地使用劳动力，如何最经济地使用动力，以及如何最有效地使用机械。在这3个方面取得的成就使美国在低成本生产方面处于领先地位，工作组希望帮助指导中国取得类似的成就。

云南省昆明的水田，位于现代民居之后。农民在用水牛耕地，为插秧作准备。另一位农民在汲水灌田

　　20位学习农业和农业工程的中国学生获得万国农具公司的奖学金资助，来美国大学接受为期三年的深造，其中的10位在芝加哥受到董事会主席弗洛·麦考米克，总裁麦考菲以及国际业务副总裁霍特的接待

　　美国专家组成的农业工程工作组，自左至右，就座者：戴维森、史东，站立者：麦考莱、汉森

弗洛·麦考米克与晏阳初

牛群在 Pe Chih Kai 附近的平原上吃草。中国可耕地仅占其国土面积的 12%。农业工程工作组的一项目标是"研究利用贫瘠地种植庄稼的可能性"

玉米在中国很稀罕，中国人还吃不惯它。尽管玉米永远不会代替稻米，但发展玉米种植将有其价值，它将主要用于牲畜的饲料

农业工程工作组将致力于增加粮食产出、提高粮食品质并使大众可获得

中国的平民教育[*]

万国农具公司是为中国平民教育运动提供资金支持的众多美国公司之一，该运动由晏阳初先生发起，他也因此而声名鹊起。1945年，晏阳初先生来访本公司，当时我们迎来了本公司所资助的两批中国留学生中的第一批，他们将

＊ 载于：*International Harvester World*，1947 年 2 月刊。

农业工程学科在中国的导入与发展 /

在美国大学学习农业及农业工程的高级课程。

晏先生将中国的一个泥泞村庄变成了世界上最成功的平民教育和社会重建实验室，并由其走上了举世闻名之路，约有 40 万名不识字农民都是他的受益者。

一天晚上，接受美国教育的晏先生产生了一个"惊天动地"想法——即在 4 万多个汉字中选出 1 000 个基本词汇，并通过这些关键词汇来教授未受过教育的中国人读书写字。

事实证明，他的努力取得了巨大成功，通过培训"带头模范人物"再去教授他人。在短短几年内，有多达 2 700 万名中国人学会了读书写字，而晏先生认为，在未来 10 年内完全有能力在中国消除文盲。

毕业午宴[*]

新闻发布　　　　即刻发布　　　　1947 年 12 月 29 日　　星期一

获得万国农具公司奖学金资助的 20 名来美中国农业系和工程系研究生，今天应邀参加于帕尔玛家园举办的午宴。这些研究生已完成了为期 3 年培训计划中的两年学术学习阶段，该培训计划旨在帮助中国人民培养农业领军人物。

在这 20 名学生中，有 17 名刚刚获得了农业工程硕士学位，部分毕业于艾奥瓦州立大学，部分毕业于明尼苏达大学，自明年 1 月 5 日起他们将开始为期 10 周的田间实习课程。在万国农具公司的资助下，田间实习课程将于加利福尼亚州斯托克顿市以南的 80 英亩农场开展，将由万国农具公司的教员教授，每天的课程包括 6 小时的田间课程和两小时的相关课堂学习。

这些学生将被分为两小组，并参与农机的安装、操作、调试和维护等课程的学习。

现场实习结束后（大约 3 月 15 日），这些留学生将被分派至农场、田间试验站和工厂，继续参与个人感兴趣领域的学习，这一阶段将于 1948 年 6 月完成，之后他们将返回中国。中国农林部将善用这些人在田间设备、农场动力、乡村工业、农场建筑、农电应用以及水土保持等方面开展研发工作。其中一些人还将担任农业工程专业教员或推广服务人员，向中国农民传授先进的农业实用技术。

这些留学生的实际培训始于 1945 年夏季，当时有 20 名中国留学生抵达美国，其中 10 名拥有农学学士学位，就读于艾奥瓦州立大学，另外 10 名拥有机械工程学士学位，就读于明尼苏达大学。他们分别参与相关课程的学习，以便

---

　　[*] 载于：*Corporate News Release*，1947。

能够获得农业工程学硕士学位。

在暑假期间及两学季之间，这些留学生被分配至多个学科领域，包括水稻、棉花、烟草、水果种植、农场运输、灌溉和农场管理。许多人还有机会与万国农具公司经销商及销售部门，以及该公司及其他农具生产厂的员工共事。

中国农林部驻华盛顿办事处代表 Sing-Chen Chang 博士，明尼苏达大学和艾奥瓦州立大学的农业工程系教授席旺提斯（A. J. Schwantes）和 Hobart Beresford 出席了午宴。出席午宴的万国农具公司领导有总裁麦考菲（John L. McCaffrey）、执行副总裁霍特（G. C. Hoyt）、通用产品销售副总裁 T. B. Hale、教育总监 A. C. Seyfarth、农场实践研究主管 A. P. Yerkes 和制造培训主管 R. O. Johnson。

中国留学生步入深造第三年[*]

在回国协助发展中国农业之前，学术课程后的农场、工厂实习阶段。
——EDMUND LIEBERMAN

获得万国农具公司奖学金资助的 20 名来美中国农业系和工程系研究生，今天应邀参加于芝加哥举办的午宴。这些研究生已完成了为期 3 年培训计划中的两年学术学习阶段，该培训计划旨在帮助中国人民培养农业领军人物。

中国农林部驻华盛顿办事处代表 Sing-Chen Chang 博士，明尼苏达大学和艾奥瓦州立大学的农业工程系教授席旺提斯（A. J. Schwantes）和 Hobart Beresford 出席了午宴。出席午宴的万国农具公司领导有总裁麦考菲（John L. McCaffrey）、执行副总裁霍特（G. C. Hoyt）、通用产品销售副总裁 T. B. Hale、教育与培训总监 A. C. Seyfarth、农场实践研究主管 A. P. Yerkes 和制造培训主管 R. O. Johnson。

在这 20 名学生中，有 17 名刚刚获得了农业工程硕士学位，部分毕业于艾奥瓦州立大学，部分毕业于明尼苏达大学，自明年 1 月 5 日起他们将开始为期 10 周的田间实习课程。在万国农具公司的资助下，田间实习课程将于加利福尼亚州斯托克顿市以南的 80 英亩农场开展。田间实习课程将由万国农具公司的教员教授，每天的课程包括 6 小时的田间课程和两小时的相关课堂学习。

这些学生将被分为两小组，并参与农机的安装、操作、调试和维护等课程的学习。

现场实习结束后（大约 3 月 15 日），这些留学生将被分派至农场、田间试验站和工厂，继续参与个人感兴趣领域的学习，这一阶段将于明年 5 月完成，之后

---

[*] 载于：*International Harvester World*，1948 年 2 月刊。

他们将返回中国。中国农林部将善用这些人在田间设备、农场动力、乡村工业、农场建筑、农电应用以及水土保持等方面开展研发工作。其中一些人还将担任农业工程专业教员或推广服务人员，向中国农民传授先进的农业实用技术。

这些留学生的实际培训始于1945年夏季，当时有20名中国留学生抵达美国，其中10名拥有农学学士学位，就读于艾奥瓦州立大学，另外10名拥有机械工程学士学位，就读于明尼苏达大学。他们分别参与相关课程的学习，以便能够获得农业工程学硕士学位。

在暑假期间及两季度之间，这些留学生被分配至多个学科领域，包括水稻、棉花、烟草、水果种植、农场运输、灌溉和农场管理。许多人还有机会与万国农具公司经销商及销售部门，以及该公司及其他农具生产厂的员工共事。

于艾奥瓦州立大学就读的留学生分别为：张季高、方正三、何宪章、李翰如、蔡传翰、徐明光、崔引安、吴起亚、吴相淦和余友泰。

于明尼苏达大学就读的留学生分别为：张德骏、陈绳祖、徐佩琮、高良润、李克佐、水新元、陶鼎来、曾德超、王万钧和吴克騆。

中国农林部驻华盛顿办事处的 Sing‑Chen Chang 博士（中）在午餐会上受到众人关注
左一：A.J. 席旺提斯，明尼苏达大学农业工程教授；左二：麦考菲，万国农具公司总裁；右二：霍特，万国农具公司执行副总裁；右一：霍巴特·贝雷斯福德，艾奥瓦州立大学农业工程教授）

在午餐会上，学生们与 A.C. 塞法斯（前排右二）万国公司教育与培训总监和阿诺德·P. 耶基斯（前排左一）万国公司农场作业研究主管在午餐会上

　　李翰如作为艾奥瓦州立大学学生们选出的代表，向万国农具公司总裁麦考菲赠送由中国国立中央大学教师 C. Chang 所作的中国画，作为两所大学的留学生送给万国农具公司的纪念品

　　芝加哥 WMAQ 电台的巴德·索普采访两位午餐会的客人，水新元（右）作为明尼苏达大学留学生的发言人，李翰如（中）作为艾奥瓦州立大学留学生的发言人，讲述了他们返回祖国协助发展农业的计划

学生们和万国公司教育与培训部制造培训主管 R. Q. 约翰逊合影

美国专家在中国

3月20日，当"飞箭号"货轮缓缓驶入纽约港时，终于给它从上海出发3个月旅程的最后一段旅程划上了完美的句号。在这艘来自中国的货船上，除了一名《Life》的摄影师和少数几名其他乘客外，还有3个美国家庭，他们刚刚协助发展中国农业结束了为期两年的传奇经历。

他们的故事始于几年前，当时万国农具公司提出了帮助中国在农业及工业领域推行"学习西方"的计划。

作为该项目的一部分，万国农具公司还资助了20中国年轻工程师赴美并就读于美国大学接受农业工程学培训。项目的第二部分为万国农具公司资助农业工程工作组赴中国从事农业改进计划，农业工程工作组由该领域的4位杰出专家组成。

用万国农具公司总裁麦考菲（John L. McCaffrey）的话说，该工作组的目的是为"20名万国奖学金获得者在中国奠定的工作基础"。

万国农具公司推选戴维森（J. B. Davidson）博士任工作组组长，他曾任艾奥瓦州埃姆斯市艾奥瓦州立大学农业工程系系主任。随后，戴维森博士召集了其他3为专家组成了工作组，包括：前美国农业部农业安全管理局首席水利设施工程师麦考莱（Howard Franklin McColly），前纽约州农学院乡村工程系主任史东（Archie A. Stone），原波特兰水泥协会农业工程师汉森（Edwin L. Hansen）。

工作组于1947年1月从旧金山起航，戴维森博士及麦考莱博士前往中国南京附近的中央农业实验所工作，史东前往中国南京国立中央大学农学院组织成立农业工程系，汉森专门负责农场建筑，并于金陵大学任教。

1948 年 3 月，汉森先生因夫人患病不得不提前返回美国。

戴维森博士回忆说，在中国的长期旅行使他们的夫人"长时间担忧无法与不会讲英语的服务员相处"，他们几乎没碰到多少麻烦，而且他们的厨师至少也会讲几句简单的英语。戴维森先生的厨师曾几乎没碰到多少为小说家赛珍珠（Pearl Buck）及其丈夫工作过。

在距离南京城墙 5 英里外的中央农业实验所，南京政府为戴维森和麦考莱夫妇各建造了一座具有 7 个房间的现代化砖房，且每户均配有一名厨师、一名管家、一名服务员，以及一辆代步车和一名司机。此外，还有一个院子，有工作人员负责每年修剪灌木并换 3 次花，树篱围住了草坪。"就像住在公园内一样。"麦考莱对此念念不忘。

南京政府也为史东和汉森在各自任教的大学提供了类似的居住条件，史东作为国立中央大学 800 名教职员中唯一的美国人，学校为其提供了校长级别的住房。

戴维森博士及麦考莱博士以及他们当地的助手，在中央农业实验所采用了与美国农业部在马里兰州贝尔茨维尔实验站类似的技术。

他们针对手工生产设备、役畜动力和各种型号的拖拉机进行了试验，研究了中国的生产技术和设备，并按作物及动力来源进行了分类。他们对水牛犁地和拖拉机犁地进行了比较，选择并开发了适合中国国情的专用农机。此外，他们进行了钻井和灌溉试验。

除万国农具公司外，还有 24 家美国公司资助了设备供工作组使用。

在国立中央大学，史东教授建立了农业工程系，并提供学术及物资设备的支持。他开设了农业工程系课程。第一年，他亲力亲为授课，第二年，由从美国返回的万国奖学金获得者接替教学工作。

本文发表之时，已有 70 名学生正在专修农业工程的服务课程和农机课程，还有 3 名万国奖学金获得者在管理农业工程系，另有一名万国奖学金获得者接替了汉森在金陵大学的工作。其他奖学金获得者在中央农业实验所工作。

手持铁耙翻地的人们

1949 年，典型的中国农民仍在沿用他们祖先几百年来使用的同样粗糙的方法和同样简单的工具来耕种和管理他的庄稼。

戴维森博士和他们的同事开展了一些试验，在这些试验中，他们种植水稻、小麦、大豆、棉花等基本作物。如果采用机械化种植、耕耘和收获，可使工作效率提高至 25～50 倍。

"给农民一头水牛，"戴维森博士在报告中说，"你就能使他的工作效率增加至5～6倍甚至8倍。给他一把轮锄，他就能把工作效率提高至4倍。有了联合收割机，他的工作效率可达原来的200倍。"

正如工作组成员拍摄的照片中所证明的那样，中国农民现在真的是在"做牛做马"。

增加中国农场的动力使用量可使农民的日子不再那么艰苦，而且工作组认为，这还会大幅提高他们的精神及道德水平，并改善他们的经济状况和福利。

凄凉的现实与解决办法

我们不得不面对中国经济生活的凄凉现实：在中国的4.5亿人口中，有80%从事农业；在中国需要3名农民来养活自己和1名非农业居民（在地球另一端的美国，1名农民从事农业生产即可养活自己和6个非农业居民）；中国农民的收入几乎已所剩无几，他们每年的现金收入大约仅有50美元，以这种有限的购买力，他们根本无法促进工业的发展。

美国的农业技术——与使用动力机械一样会提高农作物产量，但动力机械在平均面积只有4英亩的中国农场是行不通的。

官方普遍认为，其答案就是扩大农场规模。另有数百万亩的闲置土地可供重新开垦。中国农民只能在多方资助下经营一处小农场，将来，他们将能够独自经营一处大农场，并生产更多的农产品。

中国新一批由美国培养的农业工程师必须为农民提供足够的农具和机械，以应对变化的形势。

从上海长途旅行返回并经过休整之后，中国农业工程工作组的成员在芝加哥碰面，准备起草一份关于他们在中国工作的报告

戴维森博士有时会给国立中央大学的学生们客座讲课，和史东教授一样，他发现中国学生们能干、接受能力强，对发动机和车辆非常感兴趣

孝陵卫的宝塔在麦考莱和戴维森寓所的视野内，提醒他们故乡在远方

上农业机械课的学生们。国立中央大学举办首次实验课，该课程由史东教授组织，现由一位在美国接受过万国奖学金项目培训的年轻中国工程师具体操作

中国依赖人力的典型例子：15 个男人拉着 1 个沉重的石碾来铺路

农民在插秧。插一把他们向后退一步，通过看前面的秧行来保持行距、穴距规整

战争损坏亟须重建，锯木厂繁忙运转。但这样原始的锯木方式使得建筑工程缓慢而艰苦

在中国小麦生产与其他作物生产一样，是件不折不扣的体力活，上图中农民挑着一担麦捆从田间走向打谷场

农民在村上的打谷场用连枷打麦，一人每天可脱粒扬净2蒲式耳，村上的几个农户共用打谷场

一头水牛拉石碾子每天可以脱粒小麦 10～20 蒲式耳。木杈是在树木生长时就使其长成叉子形状

美式脱粒方式在孝陵卫的南京—上海公路边的一个农场吸引了大批人群，关注的焦点是 52 - R 收获-脱粒机

用钉耙（铁耙）手工翻地每人每天不超过 1/24 英亩

在华北，黄牛牵引当地的木犁每天翻地大约 0.7 英亩

用园艺拖拉机，每天可翻水稻地 1.5 英亩

工作组发现两头牛来拉一个平整耙使得农民的作业效率
翻倍

工程师们制造的土地平整机，用于播种前水稻地的平整。两头的碾压辊之间安
装有可调节的切刀，可以碾碎土块，铲碎凸出的土堆将其填平到低洼处

　　传统方式用手工脱粒玉米，用机械每小时可脱粒 100 蒲式耳。玉米芯可用作燃料。这儿冬天的温度与华盛顿特区相当

　　中国农业繁荣的希望在于利用其大量的撂荒闲置土地，这片土地正考虑用作农户的安置

一位快乐的农家男孩驾驶法尔毛拖拉机。他正在中央训练营农场犁地，戴维森的工作组在该农场指导作物生产

典型的农家，土墙茅草屋，现金收入低限制了农户的购买力

　　中央农业实验所工人建造的示范农房，有五个房间，用混凝土和煤渣水泥砌块建成。安装了卫生管道设施和厨房，造价约 2 500 美元，造价较低的农房建造已列入计划

　　竹席用于粮食储存，无法防止昆虫、天气和啮齿类动物的侵害，储存损失极高

第三篇

陶鼎来回忆录

第一章　离开抗日烽火熊熊燃烧的祖国

1. 投考获取

1945 年年初，报纸上突然发表了教育部要公开招考 20 名留美学习农业机械制造技术的留学生的消息。报考的资格要求为毕业于国内农科大学、国内工科大学机械工程系人员各 10 名，并且都要求有 3 年以上的工作经验。我当时符合这个条件，就去报考，得到录取，按照教育部的安排，于当年 5 月初出国。

出国留学，对毕业于西南联大的学生来说不是很稀奇的事情。这次招考的名额多，录取的概率高，当然不应当放弃。其实当时我对学农业机械制造并没有特别的兴趣或抱负。而且，回想起来，1942 年夏天，我在大学毕业前的愿望并不是马上出国深造，而是赶紧获得一点在机械工厂工作的经验。学的是机械工程，仅仅学一点书本知识怎么行呢。于是我毕业时选择的是去四川重庆綦江的电化冶炼厂，后来又进了昆明的中央机器厂。

所以，我当时报名投考留美完全是因为招考的名额多，录取的可能性大，并没有真正投身于农业机械制造事业的意思。决心从事农业机械以及农业工程的工作，是后来的事了。

与我同期考取这次留美资格的，还有同班同学张德骏，他毕业后留在学校当了三年助教。同班同学中这一年考取公费留学的还有陶令桓和沈增复，他们是留学英国。1942 年毕业的我们这一班总共不过 30 人，就有 4 人公费出国留学，后来还有 2 人自费出国留学（当时政府为了鼓励学生出国学习，规定只要有 1 000 美元就可以出国，实际上也是由国家支持大部分出国费用），1 人在工作岗位上被派到外国工厂实习。可见中国正在执行一个庞大的复兴计划，迫切需要人才。全面抗战于 1937 年开始，经过 7 年多的艰苦奋斗，胜利已经在望，政府便已开始考虑战后的建设问题。我工作过的、属于资源委员会的那些在当时算是比较现代化的工厂，也正是这个计划的组成部分。

2. 出国前在重庆青木关的学习

教育部的录取名单公布不久，我们就接到通知：出国前集中到重庆青木关学习一个月，并办理出国手续。

在青木关的一个月非常愉快。年初的重庆天气凉爽。原来教育部的考试，分别在重庆、昆明、成都、西安四个地区同时举行。录取的学过机械的 10 人，除我和张德骏外，有吴克騆、陈绳祖、高良润、曾德超、王万钧、水新元、徐佩琮、李克佐；学过农业的 10 人有余友泰、吴相淦、李翰如、徐明光、崔引安、何宪章、蔡传翰、方正三、吴起亚、张季高。这些人中，吴克騆是清华 12 级比我们早一年毕业的同学，曾德超、王万钧、水新元与我同年（1942 年）毕业于中央大学，高良润、吴起亚早几年毕业于中央大学，李克佐毕业于国立武汉大学，李翰如毕业于西北联合大学，吴相淦、徐明光、张季高毕业于金陵大学，何宪章毕业于岭南大学，都比我们早毕业几年。大家从全国各地集中到这里，一见如故，意气风发。

培训班为大家安排的课程包括中国农村情况介绍、农业机械常识、抗日战争形势、美国社会情况和待人接物的礼节等。我记得比较清楚的是中国农村并不像一般人说的那样封建保守。尤其是在南方的一些农村，妇女要下田干活，对婚姻家庭关系的要求并不是很严格，实际上最保守的是一些有权势的大户人家；农村的问题是缺乏教育和适当的经济组织。有些人如晏阳初先生等在抗日战争前就已经在河北保定附近着手进行农村改革的试验，受战争影响才停下来；中国和美国联合打击日本，已经胜利在望，敌人轰炸重庆的气焰，已经完全被我们制服了。国民政府有一个战后复兴计划，要利用联合国特别是美国的帮助，争取短时间把工业和农业建设起来，而农业机械是重要的建设项目。为了使大家在出国前对农业机械有点概念，班里请金陵大学的农具学教授、美国人 Riggs 讲课。原来我们这些在国内学机械工程的，在校时并没有学过农具学，工学院一般不开农具学这门课。倒是以农学著名的金陵大学开有这门课。所以在 20 人中，只有吴相淦等几位有农具学基础。吴相淦不仅选读过农具学，而且在毕业后一直当 Riggs 的助教，所以他对农具的理论以及当时中国农具的情况最清楚，可以说是我们这批人中对出国学习最有准备的一个。

出国前最重要的准备工作要算学习美国待人接物的礼节了。培训班请了一位银行家的美国夫人为我们讲解。她特别着重讲吃饭时的要求，如不许吃出声音，不能把碗放进嘴里，刀叉不能乱放等。培训班结束前专门安排了一次吃西餐的实习，让大家练习如何正确使用刀叉。

在培训班上得到的最好的消息，是教育部为我们这批人安排了在美国大学的研究生院学习两年，得到硕士学位，然后到农场或工厂实习一年回国。所以既可以学些理论，又可以有实际经验。具体的学校和实习地点，要到美国以后再定。当时中国派出国的人很多，但绝大部分是去工厂实习的，为期只一年。少数出去读书的，也只有一年或两年。我们能够用公费在国外三年，是极难得的。当然这也让我们感觉到国家对我们寄予了厚望，责任重大。

出国的行动都由教育部安排好，20 个人分两批走。在国内没有事情要办的，安排在第一批，尽量早走，争取在当年暑假前到达美国，能在暑期中得到一次实习机会。在国内有事要办的，如已定好要在这时结婚的，可以晚三个月，作为第二批走，赶在秋季开学前到达。我和张德骏、曾德超、吴相淦、李克佐、余友泰、徐明光、张季高、徐佩踪等10人属于第一批，预定于5月7日在印度加尔各答乘美国海军军舰赴美，也就是说我们必须在5月7日前赶到加尔各答。这时中国仍被日本全面封锁，对外通路只有从昆明起飞到加尔各答一条航线，主要是为军事运输，但因运进中国的物资多，运出中国的物资少，出国的人也就可以坐上这条航线上的飞机。而要如此，就必须从昆明出发。这对我和张德骏是比较便利的，因为我们的家就在昆明。其他人则必须费很大的劲，到了昆明才能走。

1945年春，出国前我与父母合影

5月1日下午5点多钟，父亲和母亲送我到昆明机场。去印度的飞机是大型运输机，可以乘坐几十人。但这一次坐飞机的人并不多，总共不过十几人。我仔细看了，竟没有一个认识的。原来与我同批出国留学的，包括张德骏，都早已走了。飞机于傍晚起飞，我告别家人，上了飞机。要想再看到他们，已不可能，因飞机上没有几个窗户，看不到外面，而且天色已晚。他们一定是飞机飞走以后才离开机场回家的吧！

机舱里灯光幽暗。我想法躺下，听到发动机启动的轰鸣声，然后感到机身移动，驶上了跑道，发动机的声音更大了，飞机加足了马力快速前进，直到离开地面向上爬高。要是能看到外面的景色，该多好！看不见，但我能感到下面是我所熟悉的云南西部山川，我曾经多少次坐汽车来回经过那些地方。飞机到达高度以后就平稳了，发动机的声音不再波动，我觉得习惯了许多。高兴的是自己没有像预先害怕的那样难受要吐，反而是比较舒服，想着飞过喜马拉雅山时该是什么样子……直到蒙眬睡去。

经过一夜飞行，到达加尔各答。1945年5月6日，我们离开加尔各答，登上美国军舰"戈登将军号"（USS Gordon）。军舰途经苏伊士运河、地中海，横跨大西洋……不记得过了多少天。终于在某一天的下午，船上发生了一些骚动，有人传来消息：船已进入美国领海，离大陆已经不远，很快会见到陆地了。大家紧张起来，坐在甲板上，要争先看到在那海天相接处隐隐出现的一条黑线。美国就要到了！美国！这个在抗日战争中寄托有多少中国人的美好愿望和祝福的国家，就要到了！但是，船好像是特别放慢了脚步，速度赶不上大家急迫的心情。过了很久，很久，天已经快完全黑了下来，那条黑线才慢慢地显现。而等到我们能看得比较清楚时，陆地已经在黑夜中隐去，看到的只是岸上散布的灯光。我们被告知：这里是美国东海岸最大的军港，弗吉尼亚州的诺福克（Norfolk）。

大家忙于下舱收拾行李。等到再上到甲板时，船已靠近了许多，能看到码头上的活动，听到岸上演奏的军乐。那是在欢迎我们这条船的到来。显然，美军有他们的礼节，迎来送往。我们顾不上看船上的美国军人们举行什么仪式，但却沾了他们的光，也受到岸上人们的欢迎。船到码头上后，有一些女兵把饮料送到我们手里。看着她们军人打扮的英姿和热情可亲的举动，我简直不知所措，何曾梦想过会有这样的遭遇？一股温情涌上心头：我们是盟国！我们享受的是美国对盟国军人的待遇！多少天来在船上的苦熬，似乎一下子得到了补偿。

下船的中国人聚在一边。我们这 10 个人团聚在一起，不敢散开。不久有一个人向我们这堆中国人走来，边走边问："谁是来美国学农业机械的？"很快他就发现了我们，他自我介绍："我是邹先生办公室的王宜权。我来接你们去华盛顿！"他又说："火车票已准备好，我们马上就走！"

王宜权告诉我们，这一天是 6 月 6 日。我们在船上已经度过整整 31 天！后来听说比我们晚走的第二批出国的同学，是当年（1945 年）8 月 29 日离开加尔各答，9 月 26 日到纽约的，在船上也呆了 28 天。可见我们乘的船取道地中海，虽然在路程上是近了许多，在时间上却因为战争刚刚结束，航行的速度特别慢，可能并没有节省多少。

第二章　初上留学之路

1. 邹秉文先生

到了华盛顿，王宜权便带我们去见邹秉文先生。邹先生的办公室在一座公寓楼上，房间装饰简朴，面积不大，一下挤进 10 多个人，更显得狭小。天色很早，不过 6 点多钟，邹先生就已经在那里等候我们了。见了我们，他非常高兴，把他对我们如何学习的安排作了详细说明。

原来，邹先生作为当时中国政府驻美国的农业代表，与美国政府的各个农业部门和美国一些与农业有关的企业建有联系，他们正研究如何在战后帮助中国复兴农业。一些美国公司都知道中国是农业大国，战争结束后，中国便是它们的广阔市场。其中的万国农业机械公司（简称万国公司）是比较有世界眼光的，对帮助中国恢复和发展农业尤为积极。

1943 年，邹秉文任联合国粮农组织筹委会副主席

邹先生本人是有名的农学家。他知道中国派出过不少人到美国学农学，但学农业机械的极少，而农业机械又是一门比较难建立起来的学问和事业，因为设计农业机器，需要有农业生物学方面的知识；制造农业机器，又离不开机械制造技术，而当时在中国，农业和工业似乎是毫不相关的两个方面，没有人能把它们结合起来。同时，他也认为一个农业大国必须有自己的农业机械工业，不能依靠买外国的农业机械。因此，他和美国的专家们商量了一个为在中国建立农业机械事业培养人才的计划，得到美国政府和万国公司的支持。计划包括：①聘请 4 位有名的美国农业机械教授前去中国，帮助中国的大学和农业研究机构建立农业机械系或研究室，在中国培训高级农业机械人才；②由中国派出 20 名大学毕业并有一定实际工作经验的学生前来美国。其中 10 名要求是学过农学的，对中国的农业、农村有所了解；10 名是学过机械工程的，在工厂工作过 3 年以上。来美国以后，学过农学的进入大学补学机械工程方面的课程，两年为期，获得农业机械硕士学位；学过机械工程的也进入大学，补学农学方面的课程，两年获得农业机械硕士学位。在学校学习期间，要求这些学生利用每年的假期到农场或工厂实习。在获得硕士学位以后，还给他们一年时间在美

国实习和考察，真正了解美国发展农业的经验。这20人在美国学完，要回到中国和在国内培养的人才一起，把中国的农业机械事业建设起来。

这是一个比较庞大而且雄心勃勃的计划。就我们所知，以前中国还没有过这样一个针对专一目标、同时在国内和国外培养高级人才的计划。而且一次派出20人，分别从农学和机械工程两方面进修硕士学位，并获得充分的实习和考察机会，在规模上也是空前的。经过邹先生的多方努力，计划已经得到落实：我们这20人在国内已经招考完毕，并已开始来到美国；美国接收我们的大学也已联系好，即接收农学学生的艾奥瓦州立大学农学院（Iowa State College of Agriculture）和接收机械工程学学生的明尼苏达大学（University of Minnesota），它们都是美国中西部有名的农业大学。派往中国的4位教授也已确定，都是美国农业机械方面最有名的专家，两位将分别到中央大学和金陵大学，帮助建立那里的农业机械系；两位到中央农业实验研究所，建立农业机械实验室。他们在中国的工作和生活条件都已由国内妥善安排，即将起程前去。实现这一计划的所有经费，包括所需要的仪器设备费用和所有人员的学费、生活费、购置书籍和出差旅行的费用等，都由万国公司承担。

这是我们第一次听邹先生亲口讲述他的计划，深受鼓舞。尤其是他给我们安排的生活费用是每月150美元，这在当时的留学生中是比较多的，一般由国家派出的留学生每月只有90美元。这是邹先生多次与万国公司商议、争取的结果，目的是让我们能安心学习和考察，使我们非常感动。同时，我们的到来是实现这个计划的重要一步。可以看出邹先生见到我们这些人时非常高兴。他最后说："你们在美国的学习计划，我已经与负责的教授们商量过，他们会告诉你们。现在暑假即将开始，要抓紧时间去农场实习。你们今天就走！"

邹先生的话就是命令，王宜权说他早有准备，他已经将我们来到美国的消息通知了设在芝加哥的万国公司总部。公司的领导人要在那里迎接我们，表示欢迎，他已安排我们当晚就坐夜车去芝加哥，然后从那里分赴艾奥瓦和明尼苏达。

2. 万国公司和晏阳初教授

列车行走一夜，次日上午到达芝加哥。万国公司主管外事的副总经理霍特（G. C. Hoyt）在车站迎接我们，并且告诉我们，按照计划安排，我们应当立即坐车到学校去参加暑期的农场实习。所以这次就不去公司总部了，等第二批出国的同学到了，再一同到芝加哥来与公司的领导人见面。他马上安排我们上了去明尼苏达州的火车。当年9月初，我们专门到芝加哥与第二批到美国的同学汇合，也是这位霍特先生带领大家进了公司的总部，照了集体照片，然后把

一同留美的 20 个同学和万国公司工作人员合影

我们引进一间装饰豪华的客厅。那里已经有公司的董事长弗洛·麦考米克（Fowler McCormick）、总经理约翰·麦考菲（J. L. McCaffrey）等着接见我们。同他们一起的还有一位出乎我们意料的客人——来自中国的晏阳初教授。

晏阳初教授在河北省定县（今定州市）办平民教育，是我们早已知道的。我们出国前在重庆青木关的学习班上还有人专门介绍过他的事迹，没想到会在这里和他见面，可以说是给了我们一个惊喜。原来就在我们到来的时候，他也正在这里访问，说服万国公司支持他的工作。公司已经同意向中国平民教育事业捐赠 2.5 万美元。

麦考米克与晏阳初谈话

弗洛·麦考米克董事长和晏阳初教授并排坐在客厅的上方，其他公司领导人和我们分坐在两旁的餐桌边。每人面前已经摆好餐具，这是公司安排的一次专为欢迎我们和晏先生的午餐会。对我们来说，也是第一次参加这样的正式宴会，幸好出国前受过怎样吃西餐的训练，不至于手足无措。

董事长致欢迎辞。首先他说今天是公司值得纪念的日子，公司的一个重要计划开始了。晏阳初博士和从中国远道而来的学生们同时到达，是一个巧遇，也是万国公司长期以来关注中国农业和农村发展的一项必然安排。中国长期被侵略战争蹂躏，是不幸的，但是我们胜利了，我们看到了希望！他特别赞扬晏阳初博士从事中国平民教育的坚韧不拔的精神，据他所知，晏阳初博士的事业使中国农村 40 万名原来不识字的农民受到教育，从而使河北定县成为世界上最成功的农村社会改革试点；万国公司能够为晏阳初博士的事业提供一点经费上的支持，是公司长期以来最愿意做的事情。接着他谈到了我们，向晏阳初博士简单介绍了他和邹秉文先生一起拟定的培养我们这批人的计划。

接着，董事长向晏阳初博士和我们简单介绍了万国公司的历史。原来，100 多年前美国的农业非常落后，收获粮食的工具只有用镰刀和扇刀（一种靠手膀挥动的大镰刀）两种工具。1831 年，原住在弗吉尼亚州（Virginia）的他的高祖父沙瑞士·霍尔·麦考米克（Cyrus Hall McCormick）发明了人可以坐上去的马拉收割机，使畜力可以用在收割上，大大减轻了人的劳动强度，美国农民的劳动生产率才显著提高。所以马拉收割机是麦考米克家族对美国农业的划时代的贡献。后来，别人也跟着搞收割机，一时间成立了许多小的公司，竞争激烈，造成极大的浪费。1902 年，由麦考米克公司带头，经过详细商议，几家较大的公司合并成为一个大公司。这时大家了解到欧洲的农具还很落后，远远不如美国，公司的业务向那里发展一定很有前途，于是把这个新成立的大公司取名为"国际收获机公司（International Harvester Company, IHC）"。后来，公司不仅制造谷物收获机械，还制造拖拉机和耕、耙、播种等农业上需要的各种机械，尤其以运转灵活、能用于农田中耕的万能拖拉机和运输卡车最为著名。现在美国从事农业机械制造的公司中，万国公司的产品还是品种最完备、质量最好、也最受农民欢迎的。公司在对外的业务上，首先有大量产品出口到英、法等西欧国家，俄罗斯也是公司的重要市场。公司曾帮助俄罗斯建立农业机械制造厂。对中国，公司也出口过拖拉机和深耕犁，主要用于黑龙江的荒地开发。

最后，他说公司很高兴能有三年时间和我们这些年轻人在一起。公司会和两个大学合作，帮助我们获得农业机械方面的知识和经验，希望我们能工作生活愉快。他特别提醒我们，有一切困难和问题，都可以找公司的副总经理霍特，他会代表公司帮助我们。他又吩咐工作人员分送我们每人一本厚厚的书作为见面礼，书名是 *The Century of the Reaper*（《收获机的世纪》）。这本书是他的父亲沙瑞士·麦考米克（Cyrus McCormick）写的，于 1931 年出版。书中讲到沙瑞士·霍尔·麦考米克设计、制造、试验马拉谷物收割机，最后于1831年取得成功；以及后来如何推销建立市场，如何改进，如何发展多种农业机械产品，如何与同行竞争，又如何创导合作、组成了国际收获机公司的历史。实际上，这本书不仅说明了麦考米克一家在美国农业机械工业发展中的活动，而且全面反映了美国农业机械工业的整个发展历史，因为所提到的一些竞争者、合作者几乎包括了美国所有在农业机械方面有名的人物和公司。这对我们后来了解美国有很大的帮助。

从这时我们才知道这家公司的英文名字是"International Harvester Company"，严格的译名应该是"国际收获机公司"，但当时在国内我们都叫它"万国农业机械公司"，这可能更适合一些，因为公司生产的已经不只是收获机械，而是包括了农业上应用的所有机械。因此，我们也不必把它的中文名字改过来。

弗洛董事长致辞完毕，晏阳初博士讲了几句话。可能是因为主人已经很了解他的情况，用不着多费口舌。他只是强调中国国内团结抗战，已经接近胜利。条件艰苦但希望很大，他的工作会很快恢复。公司的及时帮助，使他非常感激。

我们临时推举我们之中年龄最大、英语最好的何宪章，代表大家感谢公司的盛情接待，并说我们一定不辜负国家的期望，在公司的帮助之下，好好利用这3年时间完成学业，将美国的经验带到中国去。

午餐会结束，霍特就抓紧时间派人送我们去火车站，让我们分别赶上北去和西去的火车。因为距离较近，这回乘的就不是卧铺车，而是短途客车，比当时国内的火车当然还是舒服得多。北去的除我外，还有张德骏、李克佐、曾德超、徐佩琮。我们在车上一面欣赏窗外的景色，一面议论刚才遭遇到的一切。离开芝加哥城区以后，窗外便是一片片广阔的农田，这是美国有名的中西部农业区。种植整齐的玉米、小麦和其他作物，有的还保持着健康的绿色，有的已经有些转黄，接近成熟。不时可以看到缓慢旋转的风车、高耸的圆塔（后来我们才知道那是存贮饲料用的）和一些有尖顶的房屋，那便是一个农家了。美国的农业展现在我们面前，我们觉得既新鲜又亲切，我们就要生活在这里了。

这次在万国公司见到晏阳初博士，是我们不曾预料到的。他在定县搞的平民教育活动能受到万国公司如此重视，更出乎我们的意料。后来，我读到他的传记，才知道就在我们留美的几年中，他在美国的声望达到了顶点。因为他的努力改变了世界上上亿贫苦民众的命运。1943年，他与爱因斯坦等一起被美国100多所大学和研究机构评为"现代世界最具革命性贡献的十大伟人"之一；他见杜鲁门总统，要求美国拨款支持中国的平民教育和乡村改造，以后美国国会正式通过了1948年援助中国经济的"晏阳初条款"。这是美国历史上第一个由外籍人士促使国会通过的条款。他的乡村工作经验，后来在我国台湾和菲律宾都曾发挥过重要作用。

是什么力量促使晏阳初献身于平民教育呢？1890年，晏阳初出生于四川省巴中县（今巴中市巴州区），少时熟读儒家经典，13岁入教会学校，后来就读于香港圣保罗书院和美国耶鲁大学。他曾说"3C"影响了自己的一生。"3C"指的是Confucius、Christ和Coolies，具体地说，就是远古儒家的民本思想、近世传教士的榜样和自己所了解的民间疾苦，使他走上了这条道路。

使我感到奇怪的是：为什么在美国社会、尤其是在美国知识界曾如此轰动的晏阳初，在当时和以后的中国却并不怎么为人所熟知。我不知道他，是因为他在定县（今定州市）的工作时间是在抗日战争之前，那时我的年龄还小；在大学期间，我接触的面较广，师生们对如何救国积极求知，似乎也没有人提到过他。

3. 莫瑞斯农场

1945年6月9日傍晚，我们乘火车到达明尼苏达大学农学院所在地——明尼苏达州的圣保罗。农业工程系的赫斯楚列（Hustrulid）教授在车站上迎接我们，随即送我们到为我们安排的临时住处住下。

这是一座两层楼的白色住家楼房，只有几间卧室。中国学生来明尼苏达大学农学院读书，开始时都要在这里住几天，然后搬到各自找到的住处，因此这里成为初来的中国学生的集中地，多少年来都是如此。这座楼房位于克里弗兰路1421号（1421 Cleveland），就在农学院校园边上，到哪一座上课的大楼都很近，旁边就是一个小饭店，对初来时言语、生活还不习惯的中国学生有许多方便。一些早已在校的中国同学，会经常到这里了解一下来了哪些新同学，主动给予必要的帮助。我不知道别的学校是否也有相似的情况，还是早先来这里读书的中国同学独创了这样一个便利新同学的传统。总之，"1421 Cleveland"使每个新来的中国学生感到亲切。我在50多年后的今天，已经忘掉了许多曾经住过的别的地方的门牌号码，却仍然记得这个地方。

我和张德骏在楼上的一间卧室住下。从窗户可以望见隔着马路、广场那边的农业工程系大楼。

第二天清晨，赫斯楚列教授带我们到系办公室，见了系主任席旺提斯（A. J. Schwantes）教授。席旺堤斯教授告诉我们，前不久他曾和邹秉文先生讨论过我们的学习计划。现在学校快放暑假，选课学习要等到秋季，也就是9月初才能开始。眼前正好是农忙季节，应当马上抓紧时间去农场实习。我们都是学过机械的，操作农业机械应当没有问题。我们听了非常高兴，当即决定分赴学校的几个农业试验站。我和曾德超被分配到莫瑞斯（Morris）。莫瑞斯是位于圣保罗西北的一个小镇，离圣保罗约 90 英里，农业地理条件在美国中西部的北方地区有一定的代表性。到那里我们就可以开始接触到美国农业，正是我们求之不得的。在系里的谈话结束后，我们在系秘书梅丽（Merry）处取得了万国公司汇来的支票，回到住处安排好生活。第二天，便有系里要去试验站的人顺便带我们分赴各实习农场。我们要在农场里度过整个暑假。

当时莫瑞斯农场正在收获牧草，我和曾德超到后的第一件工作就是参加苜蓿草的打捆。还未完全成熟的苜蓿草，事先已经被割草机割倒，又被搂草机搂成行，铺放在田间，经过几天暴晒，散发着一种特有的香味。据说经过这样调制的牧草牲畜最爱吃，营养价值也最高。学校畜牧系的教授正在这里研究在当地气候条件下，什么时候割倒牧草、铺放的厚度如何、暴晒几天后收获才最好。农场的具体操作就是配合这些研究进行的。打捆是收获牧草的一项重要作业。

1945 年 8 月在莫瑞斯农场

打捆用的是由拖拉机牵引的打捆机。拖拉机一方面牵引打捆机前进，一方面用动力输出轴带动机器上的各个部件，把牧草从地上挑起、压实，制成重 50～60 磅的长方形草捆然后排出，放倒在地上。这样制成的草捆，一个人可以举起，也便于用机械捡起输送；堆摞在仓棚里也能够通风，保持草的质量不变。但是这时的打捆机还不能完全自动化。机器把草压实以后，需要用铁丝捆牢，否则离开机器以后草捆会松开。每捆需要用两条铁丝，由人工插进机器，然后由机器自动捆好、打结。带领我们工作的农工比尔（Bill）向我们简短介绍了机器的性能和操作方法，便自己去开拖拉机，要我们坐在后面的捆草机上干插铁丝的活。

拖拉机牵引着捆草机缓缓前进。捆草机不断把田面上经过暴晒的牧草挑起，送到机身后面的压草槽内。压草的活塞间断地把草压向压草槽尾部的控制活门，等到集中的草量够了，压力升高到预先规定、调节好的数值，活门便自动打开，排出草捆。我们坐在机器压草槽的两边，到时候插进铁丝，动作很简单，也不累，只是必须坐在那里，配合机器工作。

捆草机把原来成条铺在田面上的牧草，变成一个个草捆散落到田间。顷刻间大地改观，使我感到一种完成了一些任务的愉快。中午有一段短暂的休息。

比尔带我们到休息室喝咖啡、吃热狗，作为午餐。然后继续捆草，直到太阳落山。

农业机器当然不同于我曾经很熟悉的制造机器的车床、刨床、铣床、磨床等工具机。我在捆草机上工作不久，就发现原来对农业机器比工具机简单、粗糙的想象，不完全是那么回事。捆草机本身没有动力，只靠拖拉机上传来的动力就能准确完成一系列的动作；而且工作环境很差，如尘土飞扬、地面不平，挑起的牧草里有时还夹杂着土块、石块，要机器顺利工作，不发生故障，确实并不简单。至于操作农业机器的人，也与在厂房里操作那些工具机的人不一样，不仅有时要出很大的力气，例如举起 50～60 磅重的草捆，而且工作条件大不相同。我工作一天下来，脸就被太阳晒得通红（虽然还戴着遮阳的草帽），全身布满了尘土和草屑；虽然人是坐在机器上，整个身体却被机器颠簸得似乎散了架。

最愉快的时候莫过于从田间收工回到住处，来一个彻头彻尾的淋浴，把身上各处的灰垢和汗臭冲洗干净，然后换上衣服，到餐厅吃晚饭。餐厅和厨房离我们的卧室不远，有一位大约 50 岁的大妈为大家做饭。她身材高大，说话直率，对我们表示欢迎说："孩子们，你们会喜欢我做的晚餐的！"确实如此，晚餐很丰富，有菜汤，有鸡肉和牛肉做的主菜，有土豆和面包，还有简单的甜品，而且数量不限。如果我自己去饭店吃饭，是不会要这么多菜的。不久，我发现这位大妈不仅叫我们"孩子们"，对那几个同她年纪差不多的农工，也同样叫"孩子们（boys）"！美国战时 18 岁以上 30 岁以下的男人差不多都已应征入伍，留在农场工作的，年纪都大了。她还这样叫他们，显得特别亲切。

从谈话中我了解到：战争对美国的农业生产影响很大，主要是年轻人离开了农场，原来人工干的活，一下子还不能完全由机械承担起来。有一些农产品的产量下降，牛奶和奶油的供应就大不如前，在一般城市里很难买到。我们在农场里，吃农场自己生产的东西当然没有问题，比生活在外面的人幸运得多。我没有想到过在美国会有买不到牛奶、奶油的困难，可见战争影响之重，同时也就庆幸自己一来美国就到了农场，吃东西不受限制。后来有许多次的晚上，大妈准备了烤鸡，每人半只，加上蔬菜和甜品，对我来说，真是太丰盛了！

这是我第一次接触农业。不曾想到来自中国这样一个农业大国的我，第一次看到、摸到的却是美国的农业。我吃中国粮食长大，到过中国农村、看到过中国农民，但是一直只是个农业的旁观者。现在我才第一次参加农业生产，而且是在美国。更不曾想到的是我现在的工作对象竟是大片人工栽培的苜蓿草，在中国有谁吃这玩意儿呢！这就是中国农业和美国农业最大的差别。原来我们以吃粮食为主，他们以吃肉、奶为主，农业对他们来说就是畜牧业。晚上，我睡不着，想着一天来的实习，非常兴奋，但也开始觉得有些问题：这样学了，能对中国有用处吗？

打捆只是收获牧草工作中的一个环节。接下来还要用机器把草捆拾起、举高、装进拖车，然后运到仓棚里储存。这些工作有的有机器可用，有的仍需要人工。例如拾捆机和拖车连着由拖拉机牵引前进，拾捆机上的输送链能很有效地把草捆拾起、举高，送到拖车上，草捆落到车厢里却是乱成一堆，一辆拖车装不了几捆，必须有人在拖车里，随时把草捆摆列整齐，拖车才能装得多。同样，运到仓棚的草捆也必须有人在那里把它卸下、摆列整齐，才便于储存。这种装草捆的活非常吃力，不仅因为草捆比较重，举起、摆好要费些力气，而且因为是配合机器工作，必须跟上机器的速度，一刻也不能停。我的体力不行，根本干不了这样的活。曾德超比我稍强一些，但也干不了多少。我们只有看着那几个美国人干。农场上的工人不多，包括带领我们实习的比尔，年纪都比较大了，但都能够操作机器，也能够干体力活，真令我们羡慕。

时间过得很快，牧草收获季节过去了，迎来了谷物（小麦、大麦、燕麦等）的收获季节。这一次农场出动的机器是康拜因，要试验的是谷物的分段收获。

我很早就听说过康拜因这个名词，它的意思是把许多不同的工序联合起来，因此康拜因又有一个名字叫做谷物联合收获机。它可以说是构造最复杂的农业机器了，现在我不仅见到了它，而且能够亲自上机操作，当然非常高兴。

不久前在万国公司听到过收获机械发展的概略历史。来到农场以后，知道了收获作业的具体过程，才开始体会到创造收获机械的重大意义和机器的来之不易。

原来这里的谷物收获季节多雨，成熟了的谷物不及时收回，就会被雨水淋烂在地里。因此收割总是农民最紧张的活。靠用了几千年的镰刀用手来割，然后用连枷脱粒，当然不行；就是应用已经完全成熟的康拜因进行直接收割也不行。因为这种割后直接脱粒的做法，只适应用于美国西部的干旱小麦区。那里气候干燥，小麦成熟时，麦粒的水分已降到14％以下，既便于脱粒，又能安全储存，康拜因的脱粒和清选功能都可以完成得很好。在美国中西部或北部，气候潮湿多雨，收割时麦粒、麦草的含水量常达到20％以上，就不容易分离；分离后的麦粒，存放时也极易霉烂。

用人工收获时，也存在这个问题。解决的办法是：在人工把麦子割倒以后，随即用麦秆把麦子捆成直径约1尺[①]的麦捆，然后把几个麦捆按麦穗在上麦草在下的方式竖立着堆在一起，成为麦垛，立在田间。这样，下雨时雨水不会停留在麦穗上，只要有几个晴天，麦粒就会干燥到适合脱粒的程度。这是历史上留传下来的成熟经验，现在要改用康拜因，该怎么办呢？

---

　①　尺为非法定计量单位，1尺=1/3米。——编者注

人们想到的方法就是用分段收获，而不用直接收获，即把要求康拜因做的工作分成两段：第一段，即把麦子割下，适当集中成为一条，平铺在麦茬上。麦茬是割麦时留在地面上的那一小节连根麦草，高0.3～0.4尺，把麦条托着，使麦穗不接触地面，因而起到堆垛的作用。为实现这一步，设计了铺条机。第二段，即在经过几个晴天、麦条已经晒干的时候，用改装了的康拜因（卸下割刀，改装上挑麦机构）挑起麦条，进行脱粒清选。这样，康拜因就可以发挥它的威力了。

　　所以分段收获是直接联合收获方法的进一步发展，它扩大了康拜因使用的地区范围。但如何使用这种收获方法，需要根据各地区的气候条件。我们在莫瑞斯农场参加的试验，就是要找出在当地气候条件下，应当什么时候开始割麦、麦茬应当留多高、麦铺应当有多厚、晒几天最合适等参数，用来向当地农民推广这种方法。

　　总结在莫瑞斯农场的实习，我们所接触到的都是当时美国在这一地区进行的农业机械化方面的重要试验，对我们熟悉所使用机器的构造、性能、操作使用方法等当然有很大的好处。但我觉得更重要的是：这段实习时间虽然很短，却为我们后来在课堂里学习农业机械理论和深入了解美国农业，打下了很好的基础。

第三章　双城记——校园生活

1. 大学校园在双城

我们在莫瑞斯农场实习，度过了整个暑假。9 月初回到学校，第二批来美的同学同时到达，与我们一起开始秋季学年的校园生活。

明尼苏达大学（简称明大）校园跨州内最大的两个紧紧相连的城市，即美国有名的双城——明尼阿波利斯市和圣保罗市。大学本部在明尼阿波利斯市，而农学院在圣保罗市。我住在农学院，但要补修理学院和工学院的课，因此需要经常来往于两个城市之间，乘的是学校内部的专用电车。

校本部位于明尼阿波利斯市区的东南郊，濒临密西西比河。校园布置和建筑物以我当时的眼光看来，应当算是十分豪华的了。除文、理、工、医等院系各有专用建筑外，给我印象特别深刻的是大礼堂（Cyrus Northrop Memorial Auditorium）和学生会馆（Coffman Memorial Union）两处，因为都是举行一些公共活动的、学生们常去的地方。另外使我特别难忘的是那大片如茵的绿草地。看到一些青年同学或坐或躺，在那草地上阅读文件或做作业，我便羡慕不已——也许因为这在中国是不可能做到的；而我自己因为每次都要忙着回农学院，虽然身在美国，也无缘做到。

在明尼苏达大学的 10 位同学

美国人喜欢用建筑物来纪念做过好事的人，即以人名来命名该建筑物。大礼堂就叫做 Cyrus Northrop 纪念堂；学生会馆就叫做 Coffman 纪念馆。学校中的一些其他建筑物，有的以用途命名，如机械工程大楼、电机工程大楼、生物楼、化学楼等，有的也以人名命名，以资纪念，如 Shevlin Hall、Vincent Hall 等。所纪念的人主要是对学校建设作过贡献的校长或教授，这使初来的我们感到新鲜。对科学、文化名人的尊重；其次也使我们感到学生们会对这些人感到特别亲切，因为他们就学习、生活在这些楼里。

大礼堂位于校园的中心，是一座堪称庄严华丽的建筑，进门处有多级台阶，然后是高耸的圆柱，托起人字形的屋顶。屋内广阔的大厅，宽松地布置有 1 000 多个座位。我不记得在大会堂里参加过什么重要的集会，却记得经常进大会堂听在里面演奏的古典音乐。明尼阿波利斯交响乐团是当时美国有名的古典乐团之一，差不多每星期五晚都会在这里演出。学校的大礼堂，似乎也就是整个州用于重要活动的建筑。遇到重要的节日或活动，进大礼堂的不仅是校内师生，而且也有外来的、社会上的人士。看到一些穿着整齐的男女聚集在大礼堂门口，我们就知道里面要有什么活动了。

我和张德骏在农业工程大楼前

大礼堂的南面，跨过广场和马路，就是学生会馆。会馆里有大小不同的会议室和能够举行舞会的大厅。会馆外的告示牌上常有各种学生组织的活动通告，有的特别号召新同学参加。我记得一次教授带我们到这里参加了"民间舞"。我们从来没有跳过舞，年纪又已比较大，不习惯与外国人混在一起，但在教授的鼓励和一位教舞女同学的热情感召下，还是参加了。这是一种源于农村的集体舞，步伐简单活泼，与我曾在电影里看到的宫廷舞的严肃呆板大不相同，很容易就与舞伴们混熟了。这可以说是我到明大后第一次、也是唯一一次参加学生活动，因为我和其他大部分中国同学一样，不太习惯于这种"轻松"地与陌生外国人一起的活动，有些老气横秋，这应当说是我们性格上的一个缺点。

学生会馆门前的马路，是华盛顿东南大街。街上有无轨电车，坐上电车往西不远，就是密西西比河上的大桥。过桥再往西去，就进入明尼阿波利斯的市区了。

农学院的校园，除几座以系名命名的大楼（如我们所进驻的农业工程大楼）外，我记得的只有一个大学书店和一栋研究生公寓。记得书店，是因为书店的经理埃里克森（Erickson）对我们中国人特别友好；记得那座公寓，是因为住在里面的来自中国的老同学们，曾邀请我们去他们家看过。其中有一位的夫人是美国人，使我觉得新鲜。

我的书桌

农业工程大楼是一座坐北朝南的三层楼房。三层楼上，最东面的一个大教室被系主任指定为研究生办公室，我们 10 人和后来进来的 3 名印度学生就都在这里安排有各自的书桌。我的桌子紧靠房间东墙的窗户，每天早上，阳光就洒在我的桌面，辉煌一片。看书、写作、打字、检阅照片、装拆收音机等活动，就都在这里了。向窗外望去，学校农场的奶牛场、大面积的放牧草场、高耸的饲料塔以及挤奶厅、农机棚等建筑物尽在眼下，完全是一片农场景象。

整个农学院就建在一个大农场里，所以这个校园就叫做"农场校园 (Farm Campus)"。这里的生活格调与靠近大城市明尼阿波利斯的校本部似乎大不相同，可能就代表了美国当时的城乡差别吧！

2. 在校本部的解剖课

我在明大上的两年课程，教室主要在农学院。到明尼阿波利斯校本部去读的，只有一门《生物学》，听教授在教室讲课，有大本的《生物学》教科书。我记得比较清楚的，是要自己动手的解剖课。

解剖实验室在生物学大楼的底层。实验室面积不大，只能容纳十几名学生，有一位讲师或助教在场指导。选这门课的学生首先要到学校商店买一盒解剖专用的工具，包括小刀、探针、镊子等。我和张德骏两人一同选修了这门课。带着工具进实验室，迎面遇到的是一台冰箱，里面保存着当天要用的动物尸体。在教师指导下，我们取出动物尸体，选择窗前的桌子坐下，便动手解剖。我们先后解剖过一只青蛙和一只小猪。

学过机械工程的我们，对用工具不觉困难，但要对动物的皮肉动刀，而且要把体内的各种器官、各个系统仔细分辨出来，却与我们所熟悉的机器"动刀"大不相同。我们还需要老师（那位指导我们的讲师或助教的年龄未必比我们大）的帮助。我们甚至开始怀疑起当初自己盲目瞧不起学生物的人、而以进西南联大工学院自豪的浅薄了！的确，几堂解剖课，两只被我肢解了的小动物，大大增加了我对生物复杂性的认识。以后我除了做菜时切过肉、剔过骨以外，再也没有真正解剖过其他生物，这种认识却成为我立志终身以工程技术服务于农业的基础。

与我们一同上解剖课的是一些生物系的女大学生。她们比我们小了六七岁，天真烂漫，很快就和我们混熟了。她们知道中国是美国的盟友，知道有许多美国兵在中国打仗，特别是不久前陈纳德将军率领的飞虎队在中国立下了不朽功勋，但是不了解中国的实际情况，对见到我们非常感兴趣，有时会围着我们提一些有趣的问题。在埋头作解剖的时候，也往往边工作边聊天，使气氛活跃起来。这也增加了我们对枯燥无味的解剖课的兴趣。

一次，在开玩笑中，我们和她们争论起来。我们说中国有 5 000 年的文化，有孔子，还有许多好吃的东西。她们争论说："听说中国的'chopsuey'很好吃，但远没有美国的东西好吃！"我们告诉她们："'chopsuey'是中国人根据美国人的口味、把各种蔬菜炒在一起的'杂碎'，不是什么好东西，中国人是不吃的。而美国有什么好吃的呢？我们见到的不就是法国油炸土豆条、意大利比萨？算来算去，可能只有 mashed potato（土豆泥）能算是美国的！"引得大家大笑。

美国人的确喜欢标榜或炫耀他们的东西来自欧洲的什么国家，而不强调什么是美国自己的。这也难怪，他们建国的时间还短。这却是和我们中国人很不同的地方。

我们很少和美国朋友们开玩笑。与这群女孩子们的争论，连带我们上的解剖课，以及与之相关的明大校本部的优美环境，便一直保留在我的脑海中，没有消失。那只原来精美的解剖工具包，也一直被保存在我身边，虽然岁月磨耗已使它的外表破烂不堪。

3. 研究生公寓

学校在圣保罗的农场校园里为研究生家庭建有公寓楼，有些成了家的中国同学就住在里面。

我们这批一共 10 人，同时进明大研究生院，要算是人数最多的了。以前来此的中国学生都是个别的。我们来时，还留在学校的中国同学不过四五人，他们大都在读博士学位。我记得其中两人的名字：蒋震同和蒋彦士。蒋震同后来是浙江大学教授，蒋彦士则去了台湾。其余人的名字，我不记得了，但记得一位同学婆了美国太太。不记得什么原因，他请我们去参观他的家，会见他的太太。他家就在这座公寓楼里。

现在看来，没有什么值得奇怪。但在当时，我们刚从万分艰难的中国过来，见到这些，确实受到很大震撼。不仅年轻貌美的美国太太本身让我们羡慕，而且一个还在读书、并没有完成学业的人，就能把太太接到学校里来，更使我们难以想象。那时中国还没有所谓"陪读"这种事，连"陪读"这个词儿都没有。人们甚至认为读书时根本不应当分心去建什么家庭；而这里却不仅同意你结婚，而且还为你提供这样好的楼房，和其他堪称舒适的建立家庭的环境条件。

我们这批人中，有的是结了婚来的，把妻子留在了中国；有的没有结婚但已有了对象；有的连对象都没有，但处在这个年龄，都会思考这个问题。

4. 《愤怒的葡萄（*The Grapes of Wrath*）》

美国电影很先进，颜色、声音俱佳，早在昆明时我就领教过了。但在昆明所看过的电影，包括后来我一生中看过的所有电影，都没有《愤怒的葡萄（*The Grapes of Wrath*）》这部黑白电影给我的印象深刻、难忘，这有几个原因。一是其中那台大型链轨式拖拉机无情地轧过 Joad 家的房屋，令 Joad 顷刻间无家可归，不得不带着父母、老婆、孩子离开庄园，加入无业大军，奔向加州南部，希望在那里找到摘柑橘或葡萄的工作。Joad 是靠体力劳动在庄园里打工的雇农。庄园主为了赚更多的钱，早就决定雇来新发明的拖拉机耕田，又快、又好，但 Joad 还是赖着不走。于是，本来与 Joad 无冤无仇的拖拉机手，成了赶走他的凶手。大型拖拉机在头顶上压轧的场面，惊心动魄；被赶出庄园的佃农们颠沛流离，在去加州的走不完的路上，Joad 的老父去世，儿子和女婿出走，女儿难产，全家花去了所有积蓄，情况惨不忍睹。这些非常生动的场景，使我这专门到美国学习制造、使用拖拉机的年轻人，不得不沉思：用拖拉机的目的到底是什么？后来，我知道英国在工业化过程中曾发生过工人联合起来砸毁机器的事件，因为机器抢了他们的饭碗；美国在推广拖拉机时也曾引起社会上一部分人的反对，因为拖拉机抢了农民的饭碗。但工业化和农业机械化的潮流终究不可阻挡，它们对工人和农民所造成的危害，是会很严重，但比起它们推动整个社会进步所带来的对全人类的好处，还是值得的，而且是应当可以由做好社会发展规划来加以克服的。当然，这是我后来的认识。在看电影的当时，我只感到拖拉机出乎意料地可怕，因而产生疑问。

二是关于美国的穷人。美国也有穷人？初到美国，住在明尼苏达州，我看到的是富人的世界。这部电影描写的却是美国穷人的生活。Joad 一家不仅在农田被沙尘暴毁掉了的俄克拉何马州活不下去，到了富饶的加州南部的葡萄园里，也仍然活不下去，不得不铤而走险，奋起暴动。Joad 和与他在一起的穷人们组织起来，杀了园里的管理员，因此犯了罪，不得不逃走。临行时他给母亲留言："母亲，不管走到哪里，我都要为穷人求生存而奋斗！"当时我只知道黑人在美国是受压迫的，所以林肯要解放黑奴，这部片子却告诉人们，美国白人中也有受压迫的穷人；当时我只知道苏联人是革命的，而美国人不革命，只知道享受，这部片子却告诉人们，美国也有穷人要革命。后来，我访问美国南方各州时，遇见了不少穷苦的黑人和白人。特别是最后和王万钧一起在加州 Fresno 的棉花农场实习时，遇到 Brown 一家（他们是由美国北方的明尼苏达州迁到加州的），使我对美国的穷人问题更增加了了解，扩大了我的视野。

后来，我知道这部片子因为提到穷人组织起来，"要为穷人的生存而奋斗"，被一些人批评为宣传共产主义，因而对影片持反对态度，但绝大多数美国人是同情和支持的。1962 年，作者约翰·斯特因贝克（John Steinbeck）因这部小说被授予诺贝尔文学奖。

三是美国的沙尘暴（Dust bowl）引起了我的注意。我在莫瑞斯农场实习时，看到的是大片黑色土壤和上面生长的茂盛庄稼。影片里出现的，却是肥沃土壤被大风刮走后的贫瘠农田。

影片开始便是乌云覆盖、狂风肆虐，作物沙石飞上了天、田里什么都没有留下的可怕景象。Joad 家租来的农田，就是被这样的风暴给摧毁的。我在美国北方的明尼苏达州没有遇到过这样的天气。后来，我知道这便是发生于 20 世纪 30 年代美国"大平原地区（The Great Plains）"的沙尘暴。"大平原地区"指远在南方的俄克拉何马州和得克萨斯州的一部分，是美国畜牧业和小麦生产最有名的地区。沙尘暴的发生，固然是天气干旱和刮起大风的结果，更直接的人为原因，却是不正确地利用拖拉机耕翻牧草地的结果。因此，这也是与农业机械化密切有关的问题，引起了我的注意。

于是我决心访问南方各州。本来我就想去南方了解美国的棉花生产问题，因为美国谷物生产的机械化程度已经很高，而棉花生产的机械化才刚刚开始研究，进入实用的一些机器（如梳棉桃机）并不理想，因此更值得我们了解。系主任已经为我安排好 1946 年暑假去当时盛产棉花和烟草的北卡实习。看了《愤怒的葡萄》电影后，我更感觉有访问美国南方的必要。尤其是与农业机械化有关的一些重要问题，只有在美国才能得到一点感性知识，从而加深理解。

第四章　农业工程——一门新的学科

1. 到美国学什么

从投考留学到在华盛顿听邹先生讲解学习安排，再到参加万国公司的接待会，我们都知道来美国是学农业机械制造的。然而，到席旺提司教授指导我们制定学习计划时，我们才知道要学的是"农业工程"，而不是"农业机械制造"。不难理解，如果是学农业机械制造，就应当进工科大学或工学院，而眼前分配我们进的两个大学，都是美国有名的农业学校，问题在哪里？

农业学校的课程，是为农民的需要安排的。席旺提司告诉我们：学校的农业工程系要求学生在语、数、理、化等基础课以外，学好农村动力与农业机械化、农业水土关系、农村建筑和农业电气化四个方面的专业课。有了这四个方面的知识，来自农村的学生就可以回家建设好他自己的农场了。自己没有农场的，也可以作为农业工程师，为农民搞好农场建设服务。农业工程师，这对我们来说是一个全新的名词。我们来自中国有名的大学工学院，听惯了土木工程师、机械工程师、电气工程师、航空工程师等称呼，完全不知道世界上还有"农业工程师"这个名词和职业。幸好刚结束的在学校农场的实习，使我们对美国农业有了一点认识，知道是应当有工程师来为它服务的。

农业工程系的本科生，以四年时间学好上述四个方面，显然只能成为一个解决农场一般问题的"通才"，而不是能够深入研究某一方面问题的专家。作为硕士研究生，要求应该稍高一些，也就是还必须明确以某一方面为主。我们既然在国内学完机械工程方面的课程，又有一定的实干经验，当然选择《农村动力与农业机械化》作为主课。由于主课的大部分内容在国内学过，在美国只需要着重在农场和工厂的实习，我们可以在学校里花较多的时间学习农业方面的课程。据此，席旺提司为我们每人制定了三年内的学习和实习计划。

这个属于农业工程的学习计划当然不同于学习农业机械制造的计划，但两者之间不是没有关系。因为要制造农业机械必须首先设计出农业机械，而设计农业机械又必须具备农业方面的知识。所以在国内招考留学生时，把学习农业工程说成是学习农业机械制造，也不为错。那时如果在国内提出到美国学习农业工程，倒可能引起混乱，因为大家不知道农业工程是什么。

2. 美国农业工程师学会

教授告诉我们美国的农业工程师组织了一个学会，我们应当参加，作为学会的学生会员。学生会员可以出很少的会费，就可获得学会的定期刊物《农业工程》月刊，以及参加学会的地区会员会议和全国会员会议。我们都欣然参加。

美国农业工程学会成立于 1907 年，可见在那以前，就有人从事农业工程这项职业了。美洲地大物博，农场面积可以尽量扩大。美国建国后，工业化、城市化迅速发展，鼓励农民开发西部，农牧业可用的土地面积更大，而矿产、森林的开发，海港、铁路的建设，以及一切其他事业的发展，都需要大量劳动力。农场很难雇到助手，不得不逐步引进机械和电力，以补充人力、畜力之不足；而大面积的农田，需要有适当的规划，才能灌溉排水；大群禽畜和大量的生产资料、农畜产品，必须有专用的棚舍和仓库，这些都不是农民个人所能办到的。这种由农场规模扩大引起的变化，使农场主不得不请来机械工程师、电力工程师、水利工程师和建筑工程师来为他们服务。但这就产生了问题：一方面，要找到这些不同专业的工程师，不是很容易；另一方面，即使找到了，由于他们不了解农业和农场的实际情况，提出的办法和措施未必完全适用。因此，就有了对一种知识面较广、有解决一般实际问题能力的工程师的需要，这就产生了农业工程师。

农业工程师不可能精通某一专项工程技术，但他有较深厚的农业基础，他根据所掌握的一般工程技术知识提出的办法和措施，往往能更切合实际、更能解决问题。而且由于既受过农业、又受过工程技术的训练，他与农场主及各方面专家都能找到共同语言。这对促进多方合作、解决一些重大复杂的农业建设问题，能发挥重要作用。所以，虽然就过去已十分成熟的机械、电力、水利、建筑等工程技术来说，农业工程师是一个通才，只能解决一般的应用问题，不能解决重大复杂的专业问题，但就农业的建设来说，农业工程师却是为实际所需要的一种专门人才，他所服务的是一个以农业为对象的非常广泛的领域。

农业虽然是人类发明最早的产业，怎样以工程技术为农业服务，却是一项比较新的职业，新到在 1945 年秋我们进入大学农业工程系读书的时候，美国还没有一本成熟的《农业工程》大学课本。我们只有《农业机械》《灌溉与排水》《农业建筑》《农村电气化》等几本基于前述四种成熟工程技术的课本，而以已经成立了约 40 年的美国农业工程师学会的月刊 *Agricultural Engineering*（《农业工程》）和学会每年出版的学术论文集作为参考。刊物和论文集记录了农业工程师们的实际工作经验和他们所关注的问题，内容非常丰富，使我们接触到美国农业工程的实际，眼界大开。我们以在国内的学习和实习基础来学习那四个课本，不觉困难，阅读兴趣反而集中到了学会所提供的材料上。同时我们也认识到，学会这种组织对一项事业的发展，能发挥多么重要的作用。

3. 实习安排

根据系主任席旺提司的估计，我们到 1947 年年底就可以完成硕士学位所需要的课业，因此，除了刚到美国的那个暑假已用于农场实习外，还有 1946、1947 两年的暑假和 1948 年上半年的几个月可以安排实习。来到美国不容易，学完回国以后，不可能再来了。大家对如何利用这些实习机会尽可能多地了解一下美国，抱有很大的希望。

系主任也把安排我们在各地的实习，看得比在学校里上课还重要。因为我们的实习计划要征得万国公司的同意，有些实习单位还需要公司出面联系，所以必须尽早定下来。为此，系主任分别与我们每人详细讨论，根据各自的兴趣和愿望，安排出不同的实习计划。

我对自己的实习，除了参加由系里和万国公司统一规定的工厂实习、万国公司产品的田间操作实习和 1948 年离开美国前在加州大农场里的实习之外，提出了几点个人要求：第一，要看看美国南方的农业。因为学校在北方，校内的课程内容主要是针对美国北方农业的，而中国农业有大部分在中国南方；第二，要了解美国的棉花生产和加工，因为棉花是中国最重要的经济作物，而且正在引进美国的棉花品种；第三，希望能访问 Tennessee Valley Authority (TVA)，那是当时全世界关注的"区域发展（Regional Development）"的典型，中国应当可以借鉴。

我身在美国北方的学校，提出要去美国南方和了解美国棉花的生产，除了我认为根据中国的农业实际情况，可能需要我有那些知识之外，还有两种想法：一是我早就从报纸和许多文学作品中知道美国南方是大庄园和曾经是农奴制的世界，应当找机会去接触一下；二是棉花就是美国南方的主要作物，但当时棉花生产的机械化程度很低，还主要靠手工栽培和收获，与中国的情况比较接近，中国学起来比较容易。

系主任完全满足了我的要求。其他同学中只有王万钧也要求去南方，于是安排了一次我和他一同去南方的旅行。关于棉花的生产、加工和参观 TVA，就都成为我个人的事了。别的同学，有的要求去果园、菜圃，有的要求去农牧产品加工厂，有的要求多去农业机械制造工厂……这种按各人不同兴趣安排不同实习计划的做法有一大好处，就是我们这些平时在一块儿读书的人，实习时分赴美国各地，回来交流看法和经验，自然就扩大了大家的视野，丰富了大家对美国的认识。

4. 土壤学成为一门主课

我选择将《农业机械化》作为学习农业工程的主课，就要把如何设计和利用农业机械来进行农业生产作为研究对象。根据当时对农业的认识，耕地（对土地进行机械耕作，并将其整理成为肥沃的农田）是农业生产的基础，也是生产中最繁重的一种作业，因此，耕作机械应当是最重要的农业机械。而怎样设计耕作机械，以及怎样将这些机械应用到土地里才能达到最适合作物生长的要求，就应当是我学习研究的最重要的问题。

设计机械所需要的力学、材料学、机件学等基本知识，我应当已经具备。通过生物学学习，对植物自然生长的规律，如对水、空气、营养物质和温度等的要求之类，我也有所了解。剩下的问题是，要把土壤整理成什么状况，才能满足这些要求呢？农民的经验和现有犁、耙等农具的性能，是经过了生产考验的，但要加以改进，以适应新的动力条件（如拖拉机的应用加大了牵引力、提高了前进速度，仅靠用畜力时的经验和参考畜力农具的构造是远远不够的），为此必须深入研究机械在土壤中的力学作用。更因为我们对中国和美国的农业生产都是完全陌生的（不像许多从农村来的美国同学，他们一般都有自己的耕田经验），我们对土壤在耕作下所发生的变化就特别感兴趣，同时也就产生了要更多了解土壤物理性质的欲望。

学校的土壤实验室在土壤系的大楼里。学土壤首先要取土样。实验室里陈列了来自不同地区，从表层土、深层土到岩石等（包括浅层地下水、深层地下水等的）经钻探取出的土样。我们研究的农业土壤只是表层植物根系主体能够达到的那一部分。虽然这与地质学地层相比，要算是非常非常浅的一层，但它的构造还要分为砂土、壤土、轻黏土、重黏土、盐渍土等，也够复杂的了。

其次要了解土壤的机械构成，即不同大小土粒各自所占重量的百分比。为此，除利用不同孔径的筛子进行机械筛选之外，还要能利用手指搓土样、凭感觉得出粒度大小和土壤分类。这费了我不少时间，但也使我很感兴趣。其他关于土壤所含水分、无机盐、有机质等的测定，都有相关的仪器设备和测试方法，按其执行就可以了。使我感到特别新鲜和特别重要的，是关于"土壤团粒结构"的观念和对它的理解、认识。

原来我对土壤耕作的目的只理解为用农具把板结的土层搞碎，以为土壤越碎，植物会生长得越好。当课堂上老师强调耕作不能破坏"土壤的团粒结构"时，一同上课的来自农场的美国同学都能理解，而我却不知"土壤的团粒结构"为何物，想象不出土壤中的不同成分能组织成什么"结构"。可能是因为我在国内没有注意过农民耕田，在莫瑞斯农场实习时又只接触到牧草和谷物的收获，我根本不知道生长作物的土壤该是什么样子。学习了土壤学，再到田间去看，才知道作物种子在土壤中发芽、生长，必须要有水、空气和营养物质的供应，以及保持一定的温度。这种生长条件就是由土壤的团粒结构提供的。团粒结构并不是所有土壤都具备的，缺乏团粒结构的土壤，生长不出好的庄稼。农业机械作用于土壤时，既要使板结的土壤松散开来，又要避免把土壤粉碎压实、破坏团粒结构。这就是我们要研究的地方。

地球上的土壤是非常复杂的物质，有很明确的地带性。要发明一种适用于任何地区土壤的耕作机械，是不可能的。美国建在亚拉巴马州奥本市的国家耕作机械实验室，建立了许多个大的土壤槽，分别填满美国主要地区的不同土壤，用来作耕作机械的试验。把分布在各地的大量土壤，通过长途运输集中到奥本做试验，看来是一个"笨"办法，但也说明了农业机械必须因地制宜的重要性。

5. "农业工程"到底是什么

课程和实习任务都被做好了安排，但我们要学习的农业工程到底是什么？难道就是各类能用于农业的工程技术的混合吗？这不能算是一种相对独立的学科。正因为如此，当时鼎鼎有名的明尼苏达大学和所有其他美国大学，都不能提供"农业工程学"的博士学位。就在我们心存疑问的同时，美国有多年实践经验的农业工程师们，以及学校农业工程系的教授们，在学会里展开了讨论：农业工程到底是什么？这当然引起我们的兴趣。

美国农业工程师学会已经成立40年，还在讨论农业工程是什么，岂不奇怪？农业是最重要的国民经济部门，农业覆盖的领域极为广泛，农业生产的对象是有生命的动物、植物和微生物，农业又极易受到各种复杂环境条件的影响。1933年成立田纳西河流域管理局、1934年大平原地区发生毁灭性的大风暴、1936年的俄亥俄流域的大洪灾等，都对农业工程师提出了许多新要求，尤其是自第二次世界大战发生以来，美国以大量人力和骡马投入欧洲战场，国内的农业机械化快速发展带来许多新问题，不是只靠传统技术就可解决。我们在美国学习的时候，正是美国农业工程师们热烈讨论这个问题的时候，可以在学会刊物上读到不同的意见。我们作为正在攻读学位的学生，对当时学校不能提供农业工程的博士学位，当然也有些感觉。当时整个明大农业工程系的教职员中，只有赫斯楚雷先生是有博士学位的，但他是数学博士，并非农业工程的博士。那么，我们在这里能读出什么呢？

我看到一篇文章解释农业工程的涵义。文章说：根据作者多年的实践，农业工程应当包括那些农场上需要的工程技术，如机械、电气、土木、建筑等已经十分成熟的技术，是没有问题的，但不能仅此而已。农场的规模越来越大，需要的生产资料和生产的农畜产品的种类、数量越来越多，要怎样布置仓库、道路才能提高运输效率，降低成本？牲畜需要的饲草要怎样调制（这是我和曾德超在莫瑞斯农场参加过的）才能既便于长期储存，又不过多损失养分？猪、鸡、奶牛等要怎样饲养才能提高效率、降低成本？这些就涉及房屋建筑、机械设备以及管理制度等多方面的工程技术问题。这些问题都是其他行业没有的，只存在于农业。因此作者得出结论："农业工程"应当包括两方面的内容，即为农业服务的工程（Engineering for Agriculture）和农业本身的工程（Engineering of Agriculture）。这个提法中的"for"和"of"，使我觉得很有意思，把大家认为十分复杂的问题进行了高度概括，也将其简化了。但所谓农业本身的工程是什么、与其他领域的工程有什么不同，还需要我们从实践中去理解。

其实，教授们为我们安排的农业方面的课程，正说明了这一点：农业本身的工程，是在以数理化为基础之外，加上"农业"这个基础的工程。后来，我们逐步理解所谓农业基础，从学科角度可以分解为"农业生物学"和"农业经济学"两方面。这是其他工程所没有的。而把生物学和经济学也作为工程的基础，就大大扩大了工程的研究领域，从而开拓了研究的深度和广度，也就可以摆脱农业工程当时面临的不能作为一门独立学科的局面。这种理解，大大鼓舞了我们学习农业工程的决心和信心。

后来，事实证明果然如此。我们于1948年6月离开美国后不久，美国各大学农业工程系的研究工作迅速发展，高水平的研究论文纷纷出现，也就有条件提供博士学位了。可这是我们在30多年以后才知道的。

第五章　认识农业机械

1. 从实际操作和回顾历史认识农业机械

农业机械的种类非常多。中国农民应用的传统农具犁、耙、锄、镰等，就是适用于不同农事作业的各不相同的器具。如果考虑不同地区、不同土壤、不同作物、不同耕作栽培制度等的影响，农具的种类就更多了。如耕地的犁，就有旱地犁、水田犁、山地犁、深耕犁、深松犁、垄作犁、步犁、双轮双铧犁等，它们的构造各不相同，用途也不一样。我们初到美国，正值第二次世界大战即将结束、农村急需机器的时候，各大农业机械公司纷纷设计、制造出以拖拉机和轻型柴油机或汽油机为动力的成套机械，使除秧苗移植、水果采摘等极少数工序还需要人工帮助外，所有的农事作业都有了可用的机器，而且还都在不断改进，不断有新的型号出现。对种类这样多、结构如此复杂的农业机械，我们怎样才能掌握呢？

农业机械是我们的一门主课。教授们根据教科书的内容，只能选择几种典型的机器，讲解它们的结构和性能。更详细的资料要靠我们自己去找。各大公司的产品样本一般都印刷精美，免费供应，可以说是最丰富的资料来源，但往往偏重于广告宣传，缺少对机器结构的详细说明。产品的使用说明书和维修手册，可以提供更详细的资料，但只有购买机器的人才能得到，而且也缺乏必要的理论分析。要真正了解一台机器，不是仅仅在书本上读到它就行的，还必须亲自操作它，体会它的优缺点。这就是为什么邹先生和教授们都十分重视给我们安排农场实习，以便让我们尽早、尽量接触机器，获取在实际使用环境中认识机器的经验。学习农业机械很少讲理论，着重在了解机器的具体构造和实际操作，也许是因为我们已经有了机械工程的基础知识和一定的机械制造实践经验，不需要在理论上作更多的补充，缺少的是对农业机械使用环境的感性认识，和对每种机器的具体了解。

此外，万国公司还在我们学习基本结束、即将离美回国之前，组织了一次专门熟悉公司产品的操作实习。

我们留美，享受的是万国公司提供的奖学金，公司当然希望我们能成为公司产品的推销员。留学最初我们还很清高，想的是要学好技术，出人头地，不会想到只当一个为公司赚钱的推销员。但我们到美国一段时间后，想法却改变了。我们知道美国国力强盛与农业工程科学技术发达的关系密切，认识到熟悉和掌握农业机器，应当是对我们留学最基本的要求。万国公司的产品，既然是比较有代表性的美国农业机器，熟悉和掌握它们，对我们将来无论是引进外国的机器，还是创造发明适合中国特殊要求的机器，都是不可缺少的基本功。

美国的年轻人一般都会开汽车，农村的年轻人开拖拉机和操作普通农业机械也不会有问题。我在国内虽然学过机械工程，也操作过车、铣、铇床等制造机件的机器，却没有开过汽车。开汽车是到莫瑞斯农场才自己学会的。那时也参加过牧草收获压捆机的作业和康拜因收获小麦的工作，但都是跟着农场机手做辅助工作，没有主动工作，也没有上过拖拉机。这次实习却以开拖拉机为主，包括如何启动、如何变速、如何连接和操作农具等，特别强调了驾驶拖拉机进行作业时的安全问题。拖拉机不像汽车跑得快，在田间作业时的速度仅每小时2~5英里。看起来容易掌握，不会发生危险，其实不然。因为牵挂着农具，有时就会发生损坏机器、甚至危及机手生命的事故。这些都由指导我们实习的讲师现场解释清楚，然后让我们分别上几台拖拉机实际操作，在场地上跑几个来回。

大家都很顺利地完成了这段实习。轮到我，却发生了一件虽然有惊无险、却令我永远记得的事情：原来我上的是一台高架式的中耕型拖拉机，前面导向的两个轮子合到了一起，中耕时走在中间的行间；后面驱动的两个大轮分别走在两侧的行间。我高坐在机身后面的座位上向前看，视野非常开阔，容易对准行子。我第一次上这种拖拉机，开着前进，感觉非常舒畅。不料前面左边地面上躺着一根直径约2英尺的水泥管。我的前轮躲过了管子，左边的后轮却躲不过。我发现时，一阵慌乱，忘掉了停机。轮子已经爬上了管子，整个拖拉机向右倾斜。如果管子再粗一点，就会翻倒在地，不知会给我造成什么危险。

理论上懂得不等于就会操作。我完全知道如何停机，到需要的时候，却全忘了。所以实际操作练习非常重要。认识到这一点，可能是我这次实习的主要收获。

每一种农业机械的诞生和获得社会认可，能够成为进入并占领市场的产品，都不是偶然的，都有其社会、经济、技术方面的必然性，也都要经过激烈残酷的竞争。竞争的结果是技术上的进步，使全社会受益。在进行各种机器的操作实习时，学习、研究一些重要农业机器的成功历史，更能让我们深化认识，看清那些外表死硬的构造中蕴藏着的人类智慧。

2. 拖拉机占领农业阵地

1953年，美国许多地方的百货商店宣布停止销售役畜的挽具、缰绳等零件，说明牲畜为农业服务历史的终结。能完全取代牲畜的拖拉机，并不是容易设计、制造出来的，而是经过几十年的技术改进，以及得益于许多关键的社会、经济条件，才得到成功。追溯现代拖拉机的发展历史，可以帮助我们了解一种新的农业机器是如何诞生的。

　　美国联邦政府成立不久，为了开发西部，制定了让移居西部的农户只付10美元就可拥有160英亩土地的政策。这是美国能在世界上最先实现农业机械化的根本原因。但开始时，这种机械化也只是应用在欧洲传统农业中已经成功应用的骡、马等畜力农具。19世纪中叶，蒸汽机早已用作工厂、轮船、火车的动力，当然也会被应用到农业上，首先只是作为固定作业的动力。当约翰·迪尔（John Deere）公司开始制造钢犁、万国公司正在试制谷物收割机的时候，19世纪40年代，另一家有名的农业机械公司——凯斯（Jerome Increase Case-J I Case）公司制造出了与蒸汽机配套的谷物脱粒机，以使用皮带传动的蒸汽机在北美洲的农业地区得到推广。在20世纪开始的20年间，由凯斯公司制造的蒸汽机就达到36 000台，约相当于同期总数的2/3。

　　这时，农场上用的蒸汽机有两种形式：一种是固定的，如用于磨房的固定动力；另一种是底座装有铁轮，可由人力或畜力推、拉到作业现场，如带动脱粒机的。当然也有人利用蒸汽机加上驱动铁轮的机构，使机器可以自动行走，作为牵引动力——那时还没有拖拉机（Tractor）这个名词，带动犁耕田和收割机收获谷物，外形看起来像小火车头，也得到一定的推广。但因为机器重量太大，燃料（木柴或煤炭）体积笨重，用水量大，启动、停机操作不便，以及有锅炉容易爆炸的危险，始终不能取代畜力。

蒸汽拖拉机

　　1861年德国人奥托（Nikolaus A. Otto）发明了利用石油作燃料的内燃机，才基本上改变了这种情况。20世纪初，美国汽车工业的兴起，尤其促进了内燃机在农业上的应用。美国第一台用内燃机驱动的拖拉机，是查理士·哈特（Charles Hart）和查理士·帕尔（Charles Parr）两人制造的。他们19世纪90年代就读于威斯康星大学农学院，设计并利用学校工厂制成工作十分可靠的用于固定作业的内燃机，于1896年在学校所在地麦迪逊成立了一个公司来经营他们的产品。他们把第一台产品卖给了威斯康星州的《富内莫尔时报（Fennimore Times）》作为印刷厂的动力，一用就是20年。机器的可靠性得到证实，就招来了许多顾客。1899 年哈特把工厂迁到他的家乡艾奥瓦州的查尔斯城（Charles City），建立新厂房。很快他们就于 1901 年年中制造出一台用于移动作业的拖拉机，经过试验后卖给了艾奥瓦州清湖镇（Clear Lake）的农民大卫·建林（David Jennings）。随即他们改进了底盘，仍用他们的内燃机，制成第二台拖拉机，并立即卖给了北达科他州的一个农民。在这两台拖拉机成功销售的基础上，他们决定进行拖拉机的小批量生产，一方面采取当时最新的机械制造方式，即适当安排车床、铣床等工作母机进行流水作业，同时生产几台机器，以节省时间和劳力；另一方面，利用当时美国最有声望的农业机械杂志《美国脱粒机手（*American Thresherman*）》做广告，宣传他们的内燃机和拖拉机。拖拉机的销售开始时并不稳定：1903 年卖了 37 台，1904 年降到 23台，以后则连续上升：1905 年 51 台，1906 年 170 台。

当时为哈特—帕尔做广告的是他们的同学威廉姆斯（W. H. Williams）。威廉姆斯在广告词中提出了"拖拉机（Tractor）"这个词儿，得到推广，代替了过去常用的"牵引机器（Traction Machine）"或"牵引发动机（Pull Engine）"等说法。也是威廉姆斯提出了"动力经营农业（Power Farming）"的概念，即以燃用石油的拖拉机和必要的配套农业机械进行高效率的农事作业。这些名词和概念很快得到普及。几乎所有的农业机械制造商都用它们来为自己的产品做宣传。许多报纸、杂志利用它们做文章，说明用机械代替牲畜的好处，如遇到恶劣天气可以抢耕抢种抢收，工作过程中不必让牲畜休息和饮水，农闲时期不必忙于搞饲料等。这样使哈特—帕尔公司几乎独占拖拉机市场达10 年之久。据美国农业部统计：1910 年时美国约有用石油内燃机制成的拖拉机 600 台，其中哈特—帕尔产品约占一半。

一时设计、制造拖拉机的个人和公司很多，如制造汽车的福特公司、制造收获机械的万国公司，以及许多其他公司甚至个人，都推出了各自的拖拉机，与哈特—帕尔展开激烈竞争。大家都愿意用实际下田操作的方法展示自己的产品。州或县的农产品集会（State or County Fair）不仅是宣传产品的好机会，更是交流技术的好机会。有人参观集会，受到启发，便可立即设计出新产品。历史上最有名的一次拖拉机展览会是 1916 年在内布拉斯加州福利蒙特（Fremont, Nebraska）举行的。当时不顾第一次世界大战正在欧洲进行的特殊情况，美国国内从各地开车来参观的，一次达 5 万多人。可见社会上对新型拖拉机产品的重视。这既推动了拖拉机技术的迅速进步，也造成拖拉机型号杂乱、质量没有保证。美国农业工程师学会因此开展了对拖拉机牵引犁进行耕地作业的研究，制定了试验方法和标准，使机器设计走上科学发展轨道。1919 年内布拉斯加州通过立法，规定凡是在州内销售的拖拉机，都必须通过正规的科学试验，并决定在州大学农学院建立拖拉机试验站主持其事。这个拖拉机试验站后来成为全美、甚至全球最有声望的拖拉机试验站。只有通过它的试验，证明合格的拖拉机才有可能进入市场。在它开始工作的第一个 10 年间，103 台不同型号的拖拉机申请测试，68 台通过，其中未经改动直接通过的 39 台，经测试发现问题，加以改进后才得到通过的 29 台。

拖拉机

　　这时设计的拖拉机都是用铁轮在地上行走。为了让轮子能抓住地面，在轮子的外缘上焊有均匀分布的钢齿。这在田野里活动没问题，但不能上正规的马路，因为会破坏路面，而且会造成机手难以忍受的震动。10 多年后，随着橡胶工业的发展，大型超低压轮胎制造成功，铁轮才被胶轮代替。这样，拖拉机不仅能上马路做短途运输，改善驾驶条件；而且对各种农事作业的适应性强，滚动阻力小，可以提高效率，降低油耗，因此很快得到推广，使拖拉机在农村的用途迅速扩大。拖拉机使用超低压橡胶轮获得成功，为后来最终完全取代畜力提供了条件，是拖拉机技术的一项重要改进。

　　在美国中西部地区出现铁轮拖拉机的同时，在美国西部加州的沙土地区，霍特制造公司（Holt Manufacturing Company）于 1908 年设计制造 3 台链轨式拖拉机。这个地区土质松散、承载力低，一般铁轮拖拉机会下沉打滑，发挥不出牵引力。链轨使承载面积加大，顺利解决这个问题。这几台拖拉机本来是应大型水利工程的需要设计

履带拖拉机

的，后来用到农业上同样成功，成为农业拖拉机中的另一种重要类型。

这时对拖拉机性能的要求，主要是发挥牵引力。因为当时的农具还都是从畜力农具继承下来的犁、耙、割草机等，只要求牵引即可完成作业。因此，标明一台拖拉机的工作能力或大小要用两个数字，如14—25、30—65等，后面的数字指固定作业时能够经过皮带传出的马力，前面的数字指前进时能够发挥的牵引马力。牵引马力不仅取决于发动机的动力大小，而且受机器重量和行走机构的限制。如拖拉机的重量不足，不能使地面产生足够的摩擦力，机器就会打滑，不能前进，发挥不了牵引力。于是，在拖拉机的发展过程中产生过一种现象：原来因为蒸汽机太重，才改用内燃机；现在则因为拖拉机的重量不够，又不得不往拖拉机上增加重量。事实确实如此，后来的许多轮式拖拉机是要在后轮轮毂上加配重的铁块，才能发挥出应有的牵引力。

带着很重的铁块在农田里行走，当然要多费许多动力，这个问题直到1939年哈利·弗格森（Harry Ferguson）发明的"三点牵引机构"得到推广，才得到比较合理的解决。

汽车大王福特制造的汽车早就卖到了英国。1906年开始在汽车的基础上设计、制造的拖拉机，后来也销售到了英国。爱尔兰人弗格森是一个天才的机械工程师，对当时、也就是第一次世界大战期间出现的飞机、汽车、拖拉机都感兴趣。他是爱尔兰驾驶飞机的第一人。他曾想利用汽车耕地，他的"三点牵引机构"就是为改进汽车或拖拉机与农具的连接方式设计的。当时爱尔兰用得最多的拖拉机是福特公司制造的福特森（Fordson）拖拉机。福特很欣赏弗格森的发明，决定与他合作，于1939年生产出福特—弗格森（Ford-Ferguson）拖拉机。这种采用"三点牵引机构"的拖拉机利用液压系统控制农具的升降，因此能把农具的重量以及拖拉机前进时所遇阻力的垂直分力转移到拖拉机的后轮上，从而使拖拉机能更好地发挥牵引作用。此外，液压系统使农具的自动升降能保持耕作深度均匀一致；在遇到额外阻力（如犁耕时遇到石块）时能自动升起，避免损坏；更重要的是能防止拖拉机后翻的危险。三点牵引加上球型关节的设计，大大简化、方便了拖拉机与农具的连接工作：只需拖拉机手一人，就可在1分钟之内完成连接或卸开任务。而且，这种连接方式可以应用到几乎所有从事农田作业的农具上，这就扩大了拖拉机的使用范围，受到农民的广泛欢迎。由于三点牵引机构的这些优点，美国农业工程师学会决定把它纳入学会的技术标准，很快得到推广。

万国公司也于1906年开始制造拖拉机，经过多次改进，于1924年设计、制造了地隙（机身离地面的高度）较高、轮距（左右轮间的距离）可以调整的中小型拖拉机。除耕地外，这种拖拉机还能在条播的高秆作物（如玉米、棉花）生长期间进行中耕除草、施肥、喷药等田间管理作业。机器上的另一项重要改进是添加"动力输出轴"，使拖拉机行进时发动机的动力，可以经过"万向节"传递到后面的作业机器上。许多机器如割草机、播种机、收割机等都有运动件，需要有动力带动；更复杂的机器，如联合收获机、玉米摘穗机、采棉机、喷灌机等，也需要更大的动力。拖拉机有了动力输出轴，就不必为这些机器另外配备动力机，也就是进一步扩大了拖拉机的用途。万国公司把它的这一系列产品命名为农事作业的全能（Farmall）拖拉机。

如果说有了橡胶轮胎，拖拉机就具备了取代畜力在农场上作业的条件；那么自从有了三点牵引机构和动力输出轴等技术结构上的改进，拖拉机就远远超过畜力，成为推动农业飞速发展的不可缺少的装备。据美国农业部资料：农村里的役畜（骡、马）1919 年为 2 600 万头，到 1929 年降为 1 900 万头，1931 年更降为约 1 000 万头。拖拉机的使用成本，仅为使用畜力的一半。

在上述几种重要的技术改进之外，许多公司根据生产需要，竞相推出多种不同结构和性能的拖拉机，如大型农场需要的 300 马力以上特大型拖拉机，小型农场或园艺场需要的 10～15 马力特小型拖拉机，蔬菜、水果栽培所需的特种拖拉机或自行机械等。这样，到 20 世纪 40 年代中期，也就是我们到美国学习的时候，美国各种农业生产部门几乎没有哪一种原来用畜力的作业是拖拉机不能完成的，而且作业质量和经济性都超过了畜力。饲养作为动力的牲畜成为一种浪费，势必要被淘汰。农业的高度机械化也就这样实现了。

3. 谷物联合收获机的发展

谷物联合收获机可以说是一般农业机械中最庞大、最复杂的机器了。它的制造成功和广泛应用，说明人类把现代机械工程技术应用到农业生产上的成功，以及农业生产全面机械化时代的来临。它的成功拉近了农业与现代工业之间的距离，提高了人们解决其他难于解决的农业机械化问题的信心。例如，采棉机的制造成功就是紧接着谷物联合收获机的成功实现的。

在我们第一次进到万国公司，接受公司对我们的欢迎时，我们收到的文件资料中，就有一本厚厚的书——《收获机的世纪》，叙述的是公司以发明、制造、推广谷物联合收获机为主线的成功史。1831 年 7 月的一天，沙瑞士·霍尔·麦考米克（Cyrus Hall McCormick）当众展示了他发明的畜力收割机（Reaper），到 1931 年，公司以拖拉机和谷物联合收获机以及耕、耙、播种等一般农业生产所需成套机械的销售占领国际市场，公司成为当时全球最大的农业机械生产商，整整 100 年。

书中首先分析了谷物收割机的发明与当时西方世界开始实现工业化的关系。那是一个重要发明竞相出现的时代：英国的斯蒂芬森（Stephenson）和美国的富尔顿（Fulton）将蒸汽动力应用于水陆运输，莫尔斯（Morse）发明了电报，惠特尼（Whitney）发明了轧棉机，霍威（Howe）发明了缝纫机，卑塞麦（Bessemer）发明炼钢术……麦考米克于这时发明了谷物收割机。各种发明都是互相依存、互为条件的：没有大批粮食待运，铁路就没有用处；没有钢铁，就制造不出机器。

发明来源于需要，特别是经济上的需要。美国 1831 年时全国人口 1 300 万人，其中 3/4 生活在农村；60 年后，全国人口增加到 6 300 万人，1/2 以上在城市。工业化需要大量劳动力，如果农村中的劳动力解放不出来，工业化就要受到阻碍；如果没有充分的粮食供应，工业化将同样遇到困难。1837 年，纽约市就发生过有名的面包骚乱（Bread riots）。

沙瑞士·霍尔·麦考米克 1809 年 2 月生于弗吉尼亚州的石桥县（Rock Bridge County）。他的父亲罗伯特·麦考米克于 1809—1816 年就进行过收割机的研究，但未成功，却以自己的经验和经营铁匠铺的技术，帮助儿子获得成功。

1831 年以前，世界农业发展很慢，用于收获谷物的工具只有小镰刀（Scythe）和摇篮扇刀（Cradle）两件，都是靠人力割倒谷物的。麦考米克发明的谷物收割机包括 7 个部件：①往复滑动的割刀；②支持割刀的镶齿；③拨禾轮；④集谷平台；⑤支持机器并传送动力的主轮；⑥使割幅偏在行走路线一边的牵引架；⑦割刀杆外侧的分谷器。其中只有单个主轮的设计属于麦考米克的发明，其余 6 项都是别人提出过设想但未能在田间成功应用的。麦考米克把这些部件结合在一起，成为一台基本上可应用的、只靠畜力牵引前进就可割谷的收割机，于 1834 年申请了专利。这时机器尚不完善，只是因为另有一位奥蓓·胡塞（Obed Hussey）也在发明收割机，并且已经申请了专利，才不得不尽早申请专利。麦考米克的机器获得专利后，又经过多次改进，才于 1840 年开始进入市场，但销售并不顺利。许多农民见了说好，却下不了决心购买，第一年只卖出了两台。

之后麦考半克把割刀改为锯齿，提高了割倒谷草的效率，销售还是不旺，第二年只卖出了 7 台。当时的报纸分析机器的效率说：1 人、1 匹马驾驶 1 台收割机割下的谷子、配 8 个人打捆，约相当于 5 个人用镰刀割谷、配 10 个人打捆的效率，即用收割机可节约收获用工成本一半左右。1843 年麦考半克的机器与胡塞的机器一同在田间收割比赛，结果证明胡塞的机器构造比较简单，没有拨禾轮和分谷器，割下的谷草是零乱的，不便于打捆，性能只相当于割草机。所以两家的机器有明显的不同。即使如此，两家还是为专利打了几年官司。

1844 年麦考米克开始走出弗吉尼亚州，把机器销售到美国东部和中西部各州，发现各地的销售成绩差异很大。他说："谷物收割机对弗吉尼亚州的农民，不过是一种奢侈品；对俄亥俄、印第安纳、伊利诺伊、威斯康星、密苏里州以及西部大平原地区的农民，却是一种必需品。"原因是美国东部是山区和丘陵，农田面积和农场规模不是很大，而且人口比较多，机器的效率发挥得不十分明显。中西部特别是大平原地区就不一样了，农场规模大、农田面积大，可供机器驰骋，尽量发挥作用；而且因为国家正在开展各方面的建设，劳动力极为缺乏，节约人力是发展农业的关键。认识到这一点，他决定把自己的事业转移到西部，1847 年在芝加哥建立了他的制造中心。

那时芝加哥还只是一个有 17 000 人口的小镇。1848 年，麦考米克的工厂长 100 英尺、宽 30 英尺，分成 3 个车间，设备有一台蒸汽动力、一些车床和锻工炉灶，雇用 33 名铁匠和机床工人。其间对收割机做了重大改进，得到新的专利，如由一匹马牵引改为两匹马牵引，由人步行操作改为坐在机器上操作，这就大大提高了机器的效率，减轻了人的劳动强度，受到农民的欢迎。1848 年制造了 500 台，1849 年猛增至 1 500 台。

当时俄亥俄和宾夕法尼亚州是美国谷物的主要产区。人工用镰刀收割，每天只能割 2～3 英亩。广大西部的开发，受制于人力的多少。加州发现金矿以后，西部各州农民找不到帮手，情况更为严重。麦考米克称为"弗吉尼亚收割机"的机器的到来，发挥了大的作用。人们给予其荣誉："它证明开发西部是可能的！"麦考米克的注意力不在加州的金矿，而把希望寄托在金黄色的小麦上。金矿有挖完之时，农业却是无尽的。1849 年，工厂厂房长度扩大到 190 英尺，各式机床达到 37 台，雇用工人 120 名，有了装卸货码头。1851 年，大火毁掉了厂房，新建起 4 层楼的工厂，引进新式机床，有了一些工序实现机械化。《芝加哥日报》称赞收割机的制造是"机器的奇迹（Magic of Machinery）"。麦考米克不仅是发明家，而且是事业家，是美国工业发展的带头人。

工厂成长很快，1856 年生产能力达到日产 40 台、年产 4 000 台。在工厂制造逐步实现标准化和大批量生产的同时，收割机的销售代理已布满美国所有的小麦产区，形成一套新的机器推广、销售制度和工作程序：①大力利用各地报纸宣传使用机器的优点，开展关于机械化问题的辩论；②对产品实行保修；③对机器的使用实行技术服务；④建立信贷机制，允许农民分期付款。这些在美国当时都是新的创造。所以，麦考米克不仅发明了谷物收割机，而且也发明了使农民能够有效利用收割机的方法。

1851 年，"弗吉尼亚州的麦考米克收割机"参加了英国皇家主办的"各国工业成就展览"，非常成功，收割机开始在英国推广。1855 年在法国的展览也很成功。1856 年产品卖到了奥地利，以后进入波兰，1858 年进入俄罗斯。在欧洲销售的成功，有效地提高了谷物收割机在美国国内的声誉。

在这个过程中，收割机不断得到改进：在 7 个基本部件之外，不仅增加了座位，还增加了自动搂草器（Rake），用可拆卸刀片代替整体刀杆，护刀器由生铁改为熟铁（Malleable Iron），加重、加大了主轮，收获台面加上了镀锌板等。其他从事农业机械研究、制造的厂家虽然也取得了显著的成就，如1837年发明钢犁的约翰·迪尔（John Deere）使犁的设计形成理论，并解决了自动脱土问题，詹姆士·奥利弗（James Oliver）于1853年用冷铸铁制成了犁，威廉·琶林（William Parlin）于1840年也制成了犁，奥苒道夫（Orendorff）于1866年制成美国第一个垄作犁（Lister）等，但都未能动摇麦考米克在农具制造业中的领导地位。直到1863年马西（Marsh）兄弟提出应当研制割捆机，这种情况才开始有所改变。

美国南北战争加快了谷物收割机的推广。每台收割机可以腾出5个农村劳动力上战场，且不影响粮食生产。而缺少人力和粮食，北方的胜利是不可能的。

战争结束后，美国对谷物收获机械化的要求更为强烈。1872年，查尔斯·威辛顿（Charles B. Withington）向麦考米克提供了一个用钢丝的打捆装置模型。1877年麦考米克开始成批生产带有打捆装置的收获机——割捆机。1台割捆机配备2人跟在后面拣捆，每天可收获12～14英亩，进一步节省了人工，受到农民的欢迎。称雄了30年的收割机，不得不开始让位给割捆机。1879年，威廉·迪尔公司生产了由约翰·艾朴贝（John F. Appleby）设计的用麻绳的割捆机（twine binder）。艾朴贝发明了麻绳自动打结机构，是美国农业机械发明史上的有名人物。钢丝混在谷草里会伤害牲畜，因此麦考米克也不得不购买艾朴贝的技术，从1880年开始，改为生产用麻绳的割捆机。自此，割捆机占领美国谷物收获机械化市场，长达约40年。

生产收获机的几个公司之间的竞争非常激烈，有所谓"收获机之战（The Harvester War）"。麦考米克于1884年去世，由儿子小麦考米克继位。各公司对无序竞争造成的浪费，如机器不到应当使用的年限就被淘汰、增加农民的负担等，深有体会，于是决定于1890年以麦考米克的公司为主，联合成立"美国收获机公司（American Harvester Company）"，麦考米克任主席，威廉·迪尔任董事长，巴特勒（E. K. Butler）任总经理。以后，鉴于欧洲市场前景广阔，于1902年决定在公司的名称中，增加"万国（International）"字样，也就是正式成立后来的"万国收获机械公司（International Harvester Company, IHC）"。

麦考米克发明了谷物收割机，后来又生产、推广了割捆机，对谷物特别是小麦生产的机械化贡献很大。但这两种机器解决的只是田间谷物切割和打捆作业的机械化，而不是谷物生产全过程的机械化。

美国、欧洲以及我们中国的农民，过去靠人工收获谷物，都是非常复杂的过程，所用的工具也都基本相似，大致包括割倒、打捆、堆垛、运送、脱粒、晾晒、清选、谷粒入仓、场地清理等多个工序，其中脱粒和清选也都是十分费力的作业。历史上，东方和西方的农民都是用打击或碾压的办法脱粒，都是在固定的场地（我们叫"晒场"）上进行的。人工脱粒用的工具是连枷（Flair），畜力脱粒用的工具是石磙。经过打击或碾压，谷粒就从谷穗中分离出来，但仍和整个谷草的其他部分混在一起，需要经过费力的清选工作，才能得到干净的、可以入仓的谷粒。1786 年，苏格兰机械工程师安德鲁·迈克尔（Andrew Meikle）发明畜力驱动的脱粒机，经过多年不断改进，使脱粒和清选性能完善，经济效益显著。它的基本结构包括滚筒、凹板组成的脱粒部件和逐稿器、风扇、分级筛组成的分离清选部件等，为后来谷物收获机械的发展打下了基础。应用脱粒机，大大减少了脱粒、清选工序对劳力的需要，使许多农忙时的帮工失业。因此，1830 年时英国曾爆发过农业工人砸毁脱粒机、袭击脱粒机所有人的严重骚乱，为首者 9 人被处绞刑，参加者 450 人被流放到澳大利亚，可见当时脱粒机推广的规模之大，产生了重大社会影响。

1784 年瓦特取得蒸汽机用于街道车辆的专利，1817 年史蒂文森制成蒸汽火车头，蒸汽机在农业上的应用，首先便是用于驱动脱粒机。小型、固定式蒸汽机通过皮带驱动脱粒机工作，曾经在欧洲和美国的农场普遍推广，一些工厂成批量制造脱粒机和与之配套的小型蒸汽机。本来只能在一个地方（如在脱粒场或晒场）固定作业，加上轮子、脱粒机和配套的蒸汽机后，便可以由人或牲畜推移或牵引到其他地方作业。这时畜力牵引的谷物收割机，在历史上早已经完全成熟，能由农民顺利操作使用，于是就有人想到：为什么不把收割机和脱粒机组串连起来，在田间作业呢？把收割机割下的谷株直接喂入脱粒机，不就省去了打捆、堆垛、搬运的工序了吗，那将有多大的好处呀！

于是，1910 年前后，在美国西北部帕卢斯（Palouse）地区的陡坡上，出现了用多匹马牵引的"收割—脱粒机组（Harvester Thresher）"，收获时在田间直接脱粒，其中规模最大的用了 36 匹马。有关新闻报道引起全美轰动。这种庞大的机组显然不切合实际，新闻工作者特别加以报道，只是为了宣传美国西部农田面积的广大，引人注意。但较小的、由几匹马牵引的收获—脱粒机组，确实得到推广，成为一个地区收获小麦的常见方法，直到马匹完全被拖拉机取代、康拜因走上历史舞台为止，历时长达 30 多年。帕卢斯地区位于华盛顿州的西南、爱达荷州的西北，总面积约 10 000 平方公里，是一个干燥的丘陵地带，以生产小麦为主。当地的气候使小麦成熟时，麦粒含水量便已降到安全限（13％）以下，所以原来就不需要在田间进行堆垛干燥。但打捆、运捆作业还是需要的，而且在陡坡地上运捆，常常发生翻车事故。割后直接脱粒，正适应农民要求。这是马拉"收割—脱粒机组"在这一地区首先试用成功的主要原因。

图书上的"收割—脱粒机组"

万国公司从 1914 年开始就有关于设计、制造"康拜因"的设想。以后，随着内燃机和拖拉机的发展，以及劳动力成本的日益高昂，设想逐渐变成现实。"康拜因"可以把原来人们收获谷物的各项工序集于一身，从田里直接收回经过清选的谷粒，而把谷草撒在田间，节省的人工不可计数。经过年复一年的改进，机器的各项性能已经达到非常完善的地步。到 1927 年，美国西部、中西部各州和南美阿根廷等国的广大小麦区，都已用上了联合收获机。

对于气候不是很干燥、在收获季节多雨不宜进行直接脱粒的地区，如密西西比河以东各州，不能直接用联合收获机，而要先用"条铺机（Windrow）"将麦株割倒，成条铺放在麦茬上，等晒干到合适程度再用联合收获机将麦条挑起进行脱粒。这个问题正是我们初到莫瑞斯农场时遇到的。我亲自操作机器参加了有关试验，所以倍感亲切。

4. 让荒原披上绿装的中心支座灌溉系统

拖拉机和联合收获机的发展历史，都经过半个多世纪或更长时间的由"低"到"高"的过程都说明了现代农业机械与传统畜力农具之间的关系。很明显，拖拉机受到早先成功的火车头和汽车的启发，联合收获机则是割草机与脱粒机的结合。然后经过无数个人和公司的设计改进，才达到现在这样成熟、完美的地步。但是在已经实现高度工业化、科学技术已经普及到农民中的美国，根据生产需要，创造出一种完全新型、也就是不必经过很长发展阶段的农业机器也是完全可能的。1947 年 9 月我离开学校之前，*Scientific American*《(科学美国人)》杂志上关于"中心支座灌溉系统"的报道，引起了我的注意。

美国中西部有广大的干旱平原。由于缺水，植被稀疏，从空中向下看去，地表都是苍白色的。现在却有人利用喷灌，使一片圆形土地生长出绿色的牧草。这圆形、碧绿色的草地，在茫茫的苍白色荒原中非常显眼，让人看到一线生机。难怪这篇报道的作者、内布拉斯加大学农业工程系教授威廉·斯普林特（William E. Splinter）认为，这种喷灌机的发明，应当算是仅次于拖拉机取代畜力的农业发展史上最重大的事件。

喷灌，即水在压力下经过喷头的小孔，被分裂成雾状喷出，这时刚发明不久，还只用来灌溉花卉、蔬菜等园艺作物，被叫做"人工降雨"。内布拉斯加州的农民弗兰克·支贝克（Frank Zyback）经营农业多年，知道只要有水，这荒原的土地就能生长出漂亮的庄稼，但原来的灌溉方法要求地面畦灌必须要有平整的田块，这在荒无人烟的寥廓荒原是无法做到的。现在有了喷灌，他就想：喷灌的特点是水滴均匀洒在地面上，被土壤吸收，不产生径流，因此不需土地平整就能收到灌溉效果。如果能使喷灌机自己移动，就可以扩大灌溉面积。而要使喷灌机移动，就要妥善处理水源和水的输送问题。当地水源是由勘探石油留下来的深井和当时已经完全成熟的涡轮水泵（Turbine Pump）提供的有压力的水，输水管上沿着长度能分布着安装出水喷头，但它们都是不能移动的。要移动，只能在输水管道上做文章。于是，根据他使用、维修机械设备的经验，和他的农场修理车间的制造能力，他考虑并且实际制成能使水管能在田间移动的方案：用钢管、角铁焊接制成塔架，悬挂钢丝，吊起输水管，然后考虑如何使这些塔架移动。水源既然是固定的，输水管的进水端就必须是固定的，整个输水管的移动就必然是围绕水源和水管进水端的圆周运动。如何使塔架在田间自动行走，来实现输水管的这种运动，让支贝克很费思量。他最先想到的，是利用水压推动活塞，使下面装有橇板的塔架在地面上滑动。试验成功后，他决定马上制造两个塔架，悬挂两根水管，接通高压水，进行实际喷灌试验。虽然遇到大大小小许多问题，结果还是取得成功：水管运动覆盖了的圆形地面上，基本都喷上了水。这是 1947 年春天的事，支贝克多年梦想成真，便匆忙播下牧草种子，到 7 月长成绿油油一片，获得斯普林特教授如此高的评价。

斯普林特教授就职于内布拉斯加州大学，对本州农民的发明难免有所偏袒，但从后来这项发明对世界农业的影响来看，却并不过分。我当时没有可能前往现场看这项发明，仅只在杂志上看到照片和简单的文字说明，就牢牢记住了这件事情。事隔 30 年，中国开始实行改革开放政策，我有条件打听到它的发展概况，知道不仅在美国本土，而且在其他许多国家，尤其是中东、非洲、南美等干旱荒漠地区，经过改进的中心支座灌溉系统早已得到大量推广，把不毛之地变成良田。仅内布拉斯加州的东北部一角，1972 年时就有 2 000 多套。

1978 年，经过中国农业科学院农业机械化研究所金宏治同志的努力，这项技术也进入中国，并发挥较大作用。1983 年 10 月，我在埃及亲眼看到 40 多座中心支座灌溉系统的运行，把尼罗河水成功用于改造沙漠，并听到当地负责人对这项技术的极高评价。

是的，在全世界人口暴涨、饥饿威胁无时不在的情况下，还有哪一种技术、哪一种设备能比变不毛之地为良田的中心支座灌溉系统更有价值呢？当然，后来得到大量推广的，并不是支贝克开始发明的、粗糙供试验的原型，而是经过许多重大改进，采用了许多高新技术的高度现代化的工业正规产品。

取得初步成功后，支贝克于 1949—1952 年制成具有 5 个塔架的系统。把滑橇改为轮子，仍靠水力驱动，并保持塔架的位置连成直线，固定在塔架顶端的钢绳把水管吊离地面 2～3 尺。这套装置启动以后，能自动覆盖面积 40 英亩，适用于牧草、甜菜等低矮作物的灌溉。至此，中心支座灌溉系统的原理和技术得到证实，支贝克正式获得专利保护。

为了使技术真正得到推广，变成财富，仅靠农场修理间来制造产品是不可能的。支贝克利用友人投资成立了一个公司，建起了工厂。但初制成的产品问题很多，运行极不可靠，许多农民认为不能进行正式生产，两年间只卖出 19 套。在这困难时期，该产品引起罗伯特·道泰（Robert Daugherty）的注意。道泰经营富来（Valley Company）灌溉设备公司，看到支贝克的发明前途光明，决定买下他的专利，指定有能力的工程师进行多方面改进，如改用薄壁钢管以减轻输水管的重量，将输水管高度提高至 7 英尺左右以适应种植玉米的要求等。即使这样，开始几年进展也并不顺利。1955 年只制造了 7 套，20 世纪 60 年也只制造了 50 套。到 1960 年代末，一方面产品性能有了大的改进，另一方面世界扩大了对粮食的需求，同时支贝克原来的专利保护结束，中心支座灌溉系统才得到腾飞的好机会：许多个人和公司提出相似的设计或产品，展开激烈竞争。原理基本相同，具体结构则各具特色，一时进入市场的达到 80 多家。1972 年仅内布拉斯加州内就达到 2 725 套，1980 年达到 18 785 套。到 2002 年，全球安装、运转的这种系统估计达到 25.8 万套。

竞争促进技术得以进步、完善，但也非常残酷。1980 年，世界粮食市场发生变化，对中心支座灌溉系统的需求减少，许多经营业绩较差的公司退出市场。剩下为数不多的公司中，规模较大的只有 4 个，就是由 Valley 改名的 Valmont 公司、T－L 灌溉机械公司、林德舍制造（Lindsay Manufacturing）公司和源克制造（Reinke Manufacturing）公司。4 家都坐落在这个系统的诞生地——美国的内布拉斯加。

中心支座灌溉系统从 1947 年创意，到完全成熟并在全世界范围内推广，经过了 30 多年的漫长时间，融入了许多个人及公司的参与努力，但它的发明人始终被公认是农民弗兰克·支贝克。支贝克提出他的设计方案，一方面由于他熟悉农业，知道在当地环境中水的重要，另一方面也由于当时已经有了下面的工业技术条件：

①大容量涡轮水泵：20 世纪 40 年代为石油工业制造的由内燃机和电动机带动的深井泵，可用于提供压力水。

②管道：第二次世界大战以后，钢管或铝管已经广泛用于输水和地面灌溉。

③喷头：20 世纪初，美国一般城市已经有了压力水系统，已经有人用压力水经过喷头向草坪灌溉，喷灌已经普及到苗圃、菜圃里。1946 年，美国已有农民在农田里用喷灌，总面积不足 25 万英亩。

有了这些物质条件，还需要支贝克和其他参与者解决的技术问题有：

①如何使输水灌道产生围绕水源中心的运动。支贝克用的是水力，即用压力水推动活塞，再由活塞经过一组连杆推动塔架下面的撬板或轮子运动。后来有人改用油压，最后几乎所有的产品都用电力，即由安装在塔架上的电动机驱动，可前进，可后退，可调速。

②如何保持所有塔架排成一条直线。要形成围绕水源中心的圆周运动，各个塔架在同一时间内行走的距离是不同的，离中心愈远的，走的距离愈长，加上地面情况不一，因此，如何保持正确的塔架相对位置，成为决定这个方案成败的关键。后来的解决办法是：让离中心最远的塔架先走，它的位置移动给出信号，令紧接着的塔架跟上，后面这个塔架的移动也给出信号，令其次的塔架跟上，如此类推，所有塔架就能有次序地按着需要移动了。后来用电力传动，加上自动化装置，这个问题就比较容易解决。

③如何保证喷水均匀。在同一时间内，离中心愈远的输水管道覆盖的土地面积愈大，因此需要喷出愈多的水，才能保证地面灌溉均匀。这是由沿着管道的长度，在不同的距离安装不同容量的喷头来达到的。

④如何支持输水管道。后来建成的最大的中心支座灌溉系统的管道长达660 多米，如以标准的 10 英寸管径计算，装满水的重量将超过 40 吨。支贝克设计的方案是用塔架顶端固定钢丝绳，将管道悬挂起来，离地面 2~3 英尺。这个高度对种植牧草或甜菜等低矮作物是可以的，对这个地区最重要的作物玉米则远远不够，必须提高到 7 英尺以上。这样，如果还用钢丝绳悬挂方案，就必须加高、加大塔架，很不经济。所以后来的型号，一般都采取"下结构(Undertruss)"支持方案。

⑤如何传送电力。所有塔架的电力驱动系统和控制系统，都必须随塔架做圆周运动，因此开发了一种"电力集流环（Collector Ring）"装置，使电力能从固定的中心传递到整个运动系统。

⑥管道的材质。开始时用的普通钢管既重又不防锈，涂漆也不能持久。很快就改用镀锌薄壁钢管，后来又采用铝管、不锈钢管或镀塑管，可防水锈和化学品腐蚀。

有了这些技术上的改进，中心支座灌溉系统才能成为高度自动化，用于生产的农业机械。它的构造庞大复杂，威力无比，不同于一般的农具或农业机械，但它的确是完完全全为农业服务的一种机械，只是结构超出一般人的想象而已。

5. 社会影响重大的采棉机

棉花是美国的重要作物。20 世纪 20 年代，全世界所需棉花的 2/3 来自美国。那时，棉花生产的耕地、整地、播种、除虫、灌溉等作业的机械化技术问题已经基本解决，所需要的机械设备也都能制造出来。唯一不能使人满意的是，还没有一种机器采摘棉花纤维能如同手工摘的那样干净。而达不到清洁标准的棉花，纺织工厂是不收购的，或要压低价钱。

实际上，很早就有人在考虑用机械采棉。美国最早的有文字记载的关于机械采棉的专利，出现在 1850 年。1850 年 9 月 10 日，田纳西州孟菲斯的伦伯特（S. S. Rembert）和普雷斯科特（J. Prescott）提出由垂直滚筒和水平转盘组成的采棉机构，获得了专利。在其后的约 100 年中，有关机械采棉的专利申请多达 1 800 多件。如曾经有过一种"梳棉桃机"，原理是机器在棉株上通过，用栅条把棉桃梳离棉株，集中送到车间，再用机械的方法进行清理，取得纤维。这样，和棉花纤维混在一起的棉桃壳和棉叶等杂质当然很多，实际上没有办法清理干净。如要达到如同手工摘的那样干净，所需要的清理工序就太多了，成本也不合算。也有人设计过用气流吸出棉花纤维的采棉机，即用一台风机产生强大气流，带动许多吸管。工作时，风机固定在田间，由人操作吸管和吸头，对准开裂的棉桃吸出棉花。吸完一片地方的棉花后，将整个机组转移到另一片地方。这就需要很多人配合工作。而且，棉桃在棉株上的位置是零乱变化的，要对准很难；即使能对准，工作效率也不会高，吸进的杂质也还是太多。还有人想过利用静电吸附棉纤维的办法采棉……所有这些，有的只停留在实验室阶段，有的制成样机在田间试验，有的甚至得到少量推广，但都没有成功。采棉只能由人走在棉株行间，拖着长长的布袋，用手摘取成熟开裂棉桃吐出的棉絮。布袋装满时，重量达到 100 多磅，拖着行走，非常费力；而摘棉的手与棉株中的锋利枝叶相遇，会被划破流血。因此，手采棉花，看似轻巧，实际是非常辛苦的农活。尤其是棉桃的成熟期不一，过早采摘的尚未完全成熟的棉花，和成熟后过久才摘的棉花，质量都会降低很多，所以一个采棉季节里，一般要由人工采摘三次以上，棉花生产所需要的劳动力，也就特别多。

当收小麦、大麦、大豆等作物的联合收获机和收玉米的联合收获机都研制成功，并在美国北方普遍使用的时候，美国南方的棉农们当然迫切要求解决棉花的收获问题。两次世界大战吸收了大批黑人参战，更引起劳动力紧张和劳动成本高涨，这些都促使万国公司大力加强对采棉机的研究。他们经过试制气吸式采棉机（1920）、为棉花成熟期一致地区设计的牵引式梳棉桃机（1927）、初期安装在拖拉机上的纺锭式采棉机（1938），终于在1942年试制出人类历史上第一台成功的"H-10-H纺锭式"采棉机。

"纺锭式"方案是利用许多表面上布满小针的纺锭，以高速旋转，沿轴向进入棉株，不伤枝叶。但遇到开裂的棉桃时，能使吐出的棉絮附着并缠绕在上面，然后沿轴向退出，与橡胶制的旋转着的脱棉盘（Doffers）相遇。脱棉盘上的线速度稍大于棉絮在纺锭上的速度，使棉絮脱离纺锭，被风机产生的气流送到集棉箱。这样采摘的棉花清洁度，几乎可以与人工手采的相比。脱棉后的纺锭在再进入棉株之前，经过加湿器，使表面附着水分，以利于以后脱棉，水量多少可由驾驶员控制。万国公司取得这项成就时正在第二次世界大战期间，限于钢材供应，还不能大量投产。所以我当时只知道采棉机已研制成功，也知道是利用当时的中型（50～60马力）轮式拖拉机作为动力，在拖拉机后部悬挂两组采摘部件，集棉箱则安排在整台机器的顶部，工作时倒着走。由于采棉时机器前进的速度受到限制，拖拉机要更换齿轮箱，但这在技术上是没有问题的。这种设计方案非常合理，因为利用了当时完全成熟的拖拉机作为动力，可以大大降低设计、制造的难度，降低采棉机的价格，并能扩大拖拉机的用途，肯定会受到农民的欢迎。

当时，我到南方考察棉花生产的机械化，没有能看到采棉机的实际使用，很觉遗憾。后来听说到我离开美国时的1948年，万国公司的采棉机经过多方面改进，成为更成熟的"M-12-H"型。同时，生物学家配合机械采棉的要

采棉机

求，育成了棉桃离地面较高、而且成熟期比较一致的棉花品种。加上在采摘前应用化学脱叶技术，使机器的效率能得到充分发挥，才正式投入大批量生产。田间试验表明：在平均每英亩产一包（Bale）皮棉（约合500磅）的棉田里，单行机器第一次采摘一英亩，只需要用时1小时30分钟，就可采净95％的棉花，达到1 500磅籽棉，也就是约够一包的皮棉，这就使人非常满意了。一旦试收成功，机械

采棉便得到迅速推广。采棉这个环节的机械化，必然促进棉花整个生产过程的机械化。从 1948 年开始，到 1960 年，美国棉花生产的机械化程度发展到96％。根据加州的资料，人工采棉时，每英亩棉花生产需要 99 人时（合每亩16.5 人时），实现采棉机械化以后，每英亩棉花生产只需要 3.3 人时（合每亩0.55 人时）。大致一台两行的采棉机，可以取代 80 名工人。这项技术成就，对美国社会产生了重大影响。

①对美国黑人地位的影响：美国南北战争后取消了奴隶制度，原来在庄园里劳动的奴隶得到解放，变成了"分成雇农（Share Cropper）"，但实际上在田里的劳动条件并没有改变。棉花是美国南方最重要的经济作物，只有棉花生产实现机械化，才能真正把黑人从南方的农田里解放出来，大批黑人家庭迁移到北方，参加到各个方面的生活中去。这对美国整个社会产生了重大影响。

②机械化改变了种植棉花的劳力密集型生产状况，使美国广大中西部和西部地区都有可能种上棉花，对美国的国民经济影响重大。

③对美国农业结构的影响：棉花生产实现机械化以后，为了充分发挥机器效能，棉田的田块面积要求越大越好，于是，美国东南部山区和丘陵区的棉田逐渐减少，而中西部南方大平原地区和西部加州南部的棉花种植迅速扩大。如1950 年时，东南部加利福尼亚州的棉花产量占全美棉花产量的 14.8％，西南部加州和亚利桑那州的棉花产量占全美棉花产量的 14.5％；到 1978 年，东南部的棉花产量下降到 4.8％，而加州与亚利桑那州的棉花产量则上升到27.9％。当然，西部地区灌溉面积的扩大，对棉花生产面积的扩大也同样起到了重要作用。

第六章　印第安纳波利斯

1. 印第安纳波利斯市

印第安纳波利斯市是印第安纳州的首府，美国的重要工业城市之一。万国公司在这里建立了一个工厂，专门制造与卡车和拖拉机配套的柴油发动机。1946年暑假，我按计划来这里实习。

印第安纳波利斯与明尼阿波利斯的名称相近，都带有"-polis"这个来自希腊文的字尾，意思是"城市"，可见两地建立起来的时期差不多。据说因为有一条"白河"流经这里，人们以为会有舟楫之利，才决定在这里建立城市。不料白河泥沙太多，不利航行，所以不能像明尼阿波利斯那样，依靠密西西比河得到发展。好在这里是一片平原，陆路交通方便，随着工业特别是汽车制造业的发展，四通八达的道路建设起来，使这里成为美国中西部的交通运输枢纽，与中西部各大城市如芝加哥、辛辛那提、克利夫兰、圣路易斯等，都联系密切。

印第安纳波利斯的汽车制造业曾经非常发达，甚至可与底特律齐名。这里有当时世界上唯一的赛车场（Indianapolis 500）和美国开始兴建的有名的高速路（Indianapolis Speedway），成为人们来这里旅游参观的重点。

印第安纳州的州名和印第安纳波利斯市的市名都明显带有印第安（Indian）字样，指的是美洲原有的印第安人。我早就知道白人到美洲占领印第安人土地的历史。到了美国，看到许多地名与原来印第安人的部落名称有关，不是在一般英文技术书籍里能经常见到的。现在印第安纳州和印第安纳波利斯市都把整个印第安的名字用上了，可见在这个问题（美国政府与印第安人的关系问题）上很不一般。至少在名称上，承认这个州和这个市是原来印第安人的。

2. 万国公司的铸造车间

发动机机体由铸铁制成，万国公司的印第安纳波利斯厂主要从事铸造。我选择来这里实习，就是因为我在国内的翻砂厂工作过，对铸件的成型过程比较熟悉。

发动机的汽缸体、汽缸盖、曲轴箱、活塞及传动箱等都由生铁铸件加工制成，各类零件所用生铁的成分有所不同。工厂的任务是按图纸上的形状、尺寸，用大批量、流水线的方法把零件的铸铁毛坯生产出来，提供给机械加工厂做进一步处理。要生产出铸件，第一要有化铁炉（cupola），把生铁和配料熔化成成分符合需要的铁水；第二要有形状、尺寸准确的砂模，能让铁水充满并冷却成型。用人工做单件生产时，这些工作都是在翻砂车间的地面上进行的。现在要大批量、流水线生产，所用的工具、设备和工作方法当然要有改变。这也就是工业化、现代化的意义所在。好在基本原理和要求没有改变，我对来这里看到的一切并不难理解。

从綦江到印第安纳波利斯，铸铁翻砂厂里最明显的改变是：用人工举起、移动的费力工作，改由空中的桥式吊车和斗式提升机等来做，或把物件放在装有滚轮的平台上，便于推动；用人工压制砂模和制砂芯的动作改由制模机和砂芯机来做。这些机器利用压缩空气使砂箱上下震动，产生的压力可以调节，比人工压制可靠、均匀。在生产过程中，化铁部分——从生铁、石灰石、焦炭等的进料，点火、鼓风、到浇注铁水，成为一个系统；制模部分——由型砂从屋顶上的储砂箱落到制模机、砂芯机，进入翻砂箱，形成砂模，经过浇注铁水，铸件成型到离开翻砂箱，经过调制，与新砂混合，由斗式提升机输送到屋顶上的储砂箱，也是一个系统。这两个系统在浇注铁水环节相连接。于是在车间里可以看到：①砂是循环使用的，因此有很多很复杂的砂处理设备。②所有需要由人工来完成的工作，按耗费的时间，等分成若干个岗位，以便纳入流水线。③按时严格检验生产过程中的各项技术控制指标和最终产品的质量，及时发现问题，及时解决。

这是当时万国公司铸造厂的情况。虽然增加了许多不同种类的运输设备，但节省的人力还不是很多，因为许多设备还是靠人工控制的。我最感兴趣的是制模机和砂芯机，它们把翻砂车间里最需要技术经验的工作用机器代替了。负责操作这些机器的工人，似乎不需要什么经验。

另一方面，设计制造制模机和砂芯机的工程师肯定要有很多经验，管理这个翻砂厂的工程师也肯定要有很多经验。因为机器的工作参数是设计时确定的，机器使用时必须调节正确，而且如果型砂的处理质量达不到要求，机器也没法正常工作。在车间工作正常时，工人们按岗位站立或坐着干各自的工作，工件按规定的速度在流水线上前进。这时，只听到压缩空气驱动制模机和砂芯机发出的"咚咚咚"震动声和"哧哧哧"排气声，以及输送链和吊车等的各种工作声音，整个车间里几乎没有人讲话，也看不到工程师们的活动。这是工厂运行效率最高的时候。一旦出现问题，流水线会马上停止前进，一切机器的声音暂时停息，工人们难得有点时间休息并讲话，等待问题解决。这时，非常紧张、忙着解决问题的是工程师们。有严格的质量检查制度，发现问题似乎不难，要尽快解决问题就不容易了。而车间停工就是工厂的损失。

我遇到过一次出问题的时候。正运转着的车间，突然一切声音停息，工程师们紧张起来。原来是产品检查部门发现气缸体侧面有一处地方的铸铁壁厚，比设计的少了约 1 毫米。气缸体是这里生产的体型最大、构造最复杂的铸件，体内有让冷却水循环的空间，铸造时砂芯在砂模内的位置稍有变动，就会影响铸成的缸壁的厚度。厚度不够，也就是气缸的强度不够，当然是非常严重的问题。整个流水线不得不停下来，等工程师查出问题，纠正以后，重新开始工作。这是一次比较大的事故，停止工作约 10 分钟。

这样的工作方式，显然减少了对一般工人的技术要求，使没有任何经验的人能轻易承担一些岗位上的工作。这对国家实现工业化是非常重要的。但这加重了对设计机器和整个工厂的工程师们的技术要求和责任。如果他们掌握的技术不可靠，或他们在工作中有所失误，造成的损失就太大了。

我在这里体会到流水线的大批量生产方法的重要意义。美国能把汽车普及到一般老百姓的生产和生活中去，就是靠发明这种方法。在西南联大机械工程系将要毕业时学过对机械加工的"工作分析（Work Study）"和"时间分析（Time Study）"，是针对某一项加工任务研究如何精简工作程序、节省工作时间以提高工作效率的。那是工厂管理的重要内容，但只是针对某一个工序、单项作业的。如果把制造产品的整个过程按耗用时间等分为若干工序，排列起来，使工件有节奏地移动，工人则不动，就成为一条流水线。只要生产的批量大，就可以大大提高生产效率，因为每个工人都只用重复分给他的那份简单的工作，他会非常熟练准确地完成。

铸造车间的工作不同于一般的机械加工车间，设计的流水线比较复杂。化铁、砂处理、制模、浇铸、产品后处理等工序如何设计成不同的流水线，而又在某些节点连接起来，使整个车间能够协同有序运转，进行高效率的生产，是很不容易的事情。我找不到人回答我的问题，只有把见到的东西详细记载下来。

流水线的工作方法使贵重的工业品降价，造福于全人类，是国家实现工业化必须采取的方法。它让一般没有受过专门训练的人，进了工厂就能比较容易地参加工作。这是好的一面。不好的一面是它把工人变成了机器的组成部分，在岗位上不能有一点自己的想法，更不能有任何规定之外的活动，只能是机械地重复那十分简单的动作。

但眼前最重要的是把机器用最快、最有效的办法生产出来，流水线的生产方法不可少。关于对工人的影响，只有用发展自动化来解决。压缩空气驱动的制模机和芯模机，已经可以取代许多人去做那些重复的简单动作了。当然，自动化又会引发一些新的问题，如工人的就业问题。

我是为准备中国实现工业化来这里学习的，顾不得许多。除了详细记录各个流水线的构成外，我把这里的重要设备如制模机、芯模机、砂处理设备等的型号、制造厂名称、地址等资料都记载下来，心里想着，如果要我来设计这样的翻砂间，我能完成任务吗？我发现制造这些设备的工厂都分布在芝加哥、克里夫兰、辛辛那提等几个位于美国中西部的大城市里。这是美国实现工业化的精华地区。如果没有这些工厂提供非常成熟的制造设备，要建成这样的翻砂间，是完全不可能的。这是多少人的聪明才智和实践经验的积累，我怎么可能轻易学到？

3. 普舍尔一家

哈罗德·普舍尔（Harold Purcell）是工厂里工具车间坐标镗床的主管工人。工具车间负责制造和供应全厂需要的刀具、卡具、模具，坐标镗床就是用来制造钻模的。我访问工具车间时遇到哈罗德。因为我曾经在中央机器厂管过坐标镗床，双方有共同语言，我和他便一见如故，成为好朋友。

哈罗德约大我 10 岁，是万国公司的老钳工。他亲眼看着这个工厂建立和壮大起来。由他负责管理使用坐标镗床已经多年，所以他对床子的构造和性能非常熟悉，能介绍许多有用的经验给我。他还送给我几件他自己设计制作的小卡具，说："可能以后你会用得着。"

从哈罗德身上，我看到了技术熟练的老工人在工厂里的作用，不仅在工业落后的中国，在美国同样也是重要的。许多具体的技术问题，不是只靠书本知识可以解决的。美国的工业化，除了因为有完善的教育系统培养掌握科技理论的专家外，由实际工作锻炼出来的一大批老工人带头克服种种难关，也作出了不可或缺的贡献。

芭芭拉和珍妮特姐妹

哈罗德说，他的家人听说有我这样一位从中国来的朋友，都很高兴，邀请我去他家做客。我一人来到这座城市，除了进工厂学习，没有别的地方可去，当然也非常高兴去他家看看。他的夫人贝蒂（Betty）、大女儿芭芭拉（Barbara）、小女儿珍妮特（Janet）和岳母老太太见了我，很快就熟悉起来，出乎我意料地热情，尤其是那 8 岁和 5 岁的两个孩子，没有见几次面，便缠着我，不让离去。

哈罗德和贝蒂对我，可说是无话不谈，包括他们自身的情况、家庭琐事、城市生活甚至国家大事等，使我增加了许多对美国的认识。这是在学校里得不到的。当然他们也向我了解我的家庭和国家的情况，我也无拘束地告诉他们。

暑假实习结束，我回到学校读书、上课，一切如常。有天晚上回到住处，忽然发现桌上摆着一个包裹。打开了，里面是一个小的生日蛋糕，外加一封短信，上面写着：

　　"亲爱的彼德：

　　你远离家乡，在外国过生日，一定很寂寞吧。这是贝蒂亲手为你做的生日蛋糕，由哈罗德送到机场，委托他们运送给你，希望能够及时赶到，让我们分享你的生日快乐。祝一切如意！

贝蒂和哈罗德"

　　读着信，我不禁伏案大哭。多少年来有谁记得我的生日呢？连我自己也没有放在心上。离家出国一年多来，深藏在心底的寂寞，又有谁知道？与国内通信来往一次要两个多月，我所期盼的父亲和于红的来信往往落空，或是语焉不详，不能化解我的思念。我像一个被抛弃的人，谁来爱我？美国朋友的关怀，触到了我情感的痛处。

　　等平复过来，我给远在伦敦的陶令桓写信说：我没有想到美国朋友会这样热情。我一向认为自己是家中最受宠爱的，实际上家里对我还远不如美国朋友。他回信批评我的看法说：在感情问题上，中国人比较含蓄，美国人比较开放；另外中国多年战乱、贫苦，那能像美国人这样过生日？其实，父母的爱才是任何人都比不上的。我觉得陶令桓还是比我成熟多了。

　　后来我发现其他美国朋友并不都像贝蒂和哈罗德那样对我。大部分人是见面打个招呼便了事，不能深谈。所以普舍尔一家与我的关系还是有些特别。在以后的漫长岁月中，无论是新中国成立后与美国的意识形态差别，

1946 年，我与芭芭拉

还是一般人无法跨越的太平洋的辽阔海域，都没有能够割断我们之间的联系。其间，哈罗德于 1976 年、岳母于 1990 年、贝蒂于 2004 年先后去世。2007 年 9 月，已经成为白发老人的芭芭拉还同妹妹珍妮特、侄女卡茬开车 2 000 多公里来到罗得岛州，要求在我和爱人吴祖鑫离美前，和我们及孩子们见上一面。说我们陶家与她们普舍尔家存在几代人的终生友谊，应不为过。

　　哈罗德是一个掌握了技术的工人、贝蒂和芭芭拉都是正规的护士。他们都是美国最普通的人，靠自己的劳动生活。我通过他们认识美国，应当是我的幸福。

4. 《万国公司通讯》

　　哈罗德家里没有什么书籍，也没有订阅报纸，却摆着近期的几本印刷精美

的《万国公司通讯》。我希望从里面找到一些有关公司历史的资料。翻阅之后，发现提及公司历史的资料不多，多的是关于许多工人家庭情况的报道，如某某工人的大儿子刚结了婚、二儿子进了学校，老婆买了新家具、重新布置了房间；某某工程师对生产技术有了新的改进，获得公司奖励，买了新房子等。一律附有彩色照片，做到图文并茂。被报道的人家，有些是哈罗德和贝蒂知道的，他们便补充一些细节，使我读了更感亲切。因此，通过这个刊物，我对公司职工的生活情况有了更多了解，不只是了解普舍尔一家。

哈罗德叫贝蒂把刊登了他们照片的那期通讯找出来，那已经是两年多以前出版的了。哈罗德设计的一个卡具解决了生产上的问题，得了一笔奖金，他的事迹和全家照片便出现在刊物上。这是全家的大喜事，也使哈罗德一举成名，成为整个公司几千职工家喻户晓的人物。他们当然把这期刊物珍藏起来，让我看了，也为他们高兴。

不久前我在芝加哥万国公司总部见过公司的大老板麦考米克先生，那时我钦佩他能建立起这个世界上最大的农业机械公司。现在我似乎发现了他之所以能够成功的窍门：他利用公司通信轻而易举把职工的积极性调动起来了，大家都会为他贡献聪明才智，使公司不断生产出更好的新产品。

哈罗德谈起公司时有些感激之情。他说，他进公司时年龄很小，工作能力和技术是在公司里培养起来的。如果不是老板出钱出力建成这家公司，凭他自己个人的能力，能混出什么样的生活呢？他又说，该知足了，人有能力的不同。有的人聪明、会经营，能干出名堂，像麦考米克家族就是美国历史上了不起的人物。老麦考米克发明麦类收获机不容易，后人能发展成为这样的大公司，就更不容易了。他自己只有点搞技术工作的能力，不妄想开什么公司，能跟着老板干些事就不错了。

但我还是少不了疑问，总觉得是万国公司会做"工作"，迷惑一些有技术的老工人，用金钱、荣誉收买他们，为资本家说话。

事隔30年后，当我于1980年再到美国时，万国公司因为竞争策略过于保守，被后起的约翰·迪尔（John Deere）、纽荷兰（New Holland）等农机公司淘汰，已不复存在。时过境迁，麦考米克家族的能力终于抵挡不住同行业中的一些后起之秀。在这期间，曾经非常钦佩麦氏家族的我的好朋友哈罗德·普舍尔已经去世多年。贝蒂和她的母亲、孩子见到我，依然热情如故。我看到她们的生活没有什么变化，禁不住问贝蒂，哈罗德不在了，她们靠什么生活。她说靠万国公司为她发的养老金。我觉得奇怪：公司不在了，工人也不在了，工人家属还可以继续拿到养老金，这是一种什么制度？

第七章　北卡罗来纳的农业和农机代理店

1. 丹城

1946 年秋，我按学习计划来到北卡罗来纳州（简称北卡）的丹城 (Dunn)，一方面了解美国南方的农业，特别是棉花和烟草两种作物的生产情况；另一方面在这里的农业机械代理店实习。选择丹城是系主任席旺提斯教授与万国公司商定的。

北卡是美国东南部的一个州，东临大西洋，西面是美国东部最大的山脉阿巴拉契亚（Appalachians）山，气候温和，雨量充沛，是美国著名的棉花和烟草产地。由于地形（不是大平原）和作物（当时美国的棉花、烟草栽培还远没有机械化）的特点，这里的农户经营面积比较小，生产还主要靠手工作业。万国公司设计制造的最小型拖拉机（Cub tractor‑14 马力）和配套农具，正在这里推广。这样的生产条件与中国当时的农村情况比较接近。这可能是学校决定让我来这里实习的原因。

我的到来，早由万国公司通知了当地的代理店。代理店的老板保尔亲自到火车站迎接，并送我到安排好的小旅店住下。

2. 北卡的农业

北卡是最早参加联邦的 13 个州之一。在殖民地时期，北卡的农业发展很慢。直到南北战争前，分散的农民主要还是生产维持家庭生活所需要的食物，很少栽培经济作物。英政府为维护本土养羊业和毛纺业的利益，又执行不鼓励殖民地棉花生产的政策，因此，烟草就成为北卡唯一也是最重要的经济作物。北卡的烟草产量，一时仅次于弗吉尼亚和马里兰，在美洲大陆排名第三。以后随着纺织工业的发展，棉花的生产逐渐重要起来。

美国建国后，农业仍然是北卡的主要产业。虽然猪肉、禽肉的生产也很发达，在全美国占领先地位，棉花与烟草始终是北卡最重要的两种作物。南北战争解放了黑奴后，独立从事农业生产的农家迅速发展。1860 年时，北卡有57 000 个农户，其中 2/3 的耕作面积少于 100 英亩。到 1950 年时，农户数稳定增加到 288 508 户，为满足纺织工业发展的需要，棉花产量也一直稳定增长。烟草产量受内战影响曾经下降，后来因为香烟生产实现机械化、大的香烟工厂建成（19 世纪 80—90 年代），烟草消费市场扩大，烟草生产很快恢复。

1925 年，北卡生产棉花 110.2 万包，生产烟草 38 020 万磅。棉纺织品和烟草制品的产量都居美国首位。

北卡农家

1950 年以后，北卡独立生产的农户数急剧减少，到 2000 年恢复到 57 000 户，也就是 1860 年的数字。原因可能是第二次世界大战后劳动力紧张，黑人的社会地位改变，能在州内外找到更好的职业；同时农业生产的机械化程度有了很大提高，农户的耕作面积有所扩大。但这些都是我离开美国以后的事情了。1947 年我到北卡实习，正是当地农业稳定增长、农民急迫需要农业机械的时候。

3. 棉花和烟草的生产迟迟不能机械化

历史上，北卡农民种植棉花、烟草有十分成熟的经验。1947 年，当小麦、玉米等粮食作物生产早已实现高度机械化时，这两种经济作物的机械化却仅刚刚开始。在丹城近郊的农田里，不仅可以看到黑人农民的手工劳动，也能看到驴、骡等役畜的身影，与在明尼苏达州看到的机器繁忙景象完全不同。地形地貌不同，这里田块面积较小，使机器的效率不易发挥，是一个原因；由于技术难度大，需要的机器当时还没有创造出来，可能是更重要的原因。这就关系到棉花和烟草的生物学特点以及农民习用的栽培方法了。

棉花的采摘，历来依靠人工。机器摘棉所获得的皮棉（或称棉絮）质量（主要是清洁度）很难与手摘的相比，因此采棉机迟迟不能过关，不能取代人工。另一项棉田的重要作业是春季棉苗出土以后间苗除杂草的工作，因为要选择保留壮苗，除掉弱苗和其他杂草，也是当时的机器难以做到的。既然春天的间苗除草和秋天的摘棉都还用不上机器，都还必须保留人工，其他作业即使有机器可用，也会因为用了不经济而不能用。

至于烟草生产，在 19 世纪 80—90 年代卷烟生产已经实现高度机械化后，

农业工程学科在中国的导入与发展 /

北卡农民的栽培到 1947 年时却仍完全依靠手工和毛驴作业。所有工序也是完全按照传统的做法，即种床土地整理、撒种、覆盖、大田土地整理、移栽、除虫、采叶、烘烤、入库。据统计那时生产一英亩烟草，需要 900 个工时。其中移栽作业要三个人同时进行：一人在前面开洞，一人将烟苗直放入洞，一人注水及施肥覆土。移栽不仅耗工很多，而且要移栽十分嫩弱的秧苗，是不容易实现机械化的。那时已有的移栽机，需要有人坐在上面用手操作，劳动强度很大而效率很低，并不理想。后来，据说经过多年改进，美国烟草生产的机械化程度有了很大提高，到 2009 年，生产一英亩烟草需要的劳动已减少到 60 个工时。能够做到这一步，肯定是对烟草生产的整个过程做了重大改变。这在 1947 年时是不敢想象的。

4. 农机代理店

代理店老板保尔是一个 40 多岁的生意人，身材不高，但很结实，操着浓重的南方口音。对我的到来，他表示真诚的欢迎。一来因为我是他的上级万国公司派来的；二来也因为我来自中国。他对中国知道不多，但很感兴趣，尤其是对中国农业的发展，似乎很有信心。

代理店位于丹城近郊。保尔开车把我接到店里，就开宗明义地对我说："你是从万国公司来的，我是公司的代理，这里也就是你的工作地点。你想了解什么就问；你想看店里的哪个部分就去看；你想找谁就找谁。我可不能老是陪着你！你要愿意，也可以和我们一起工作。总之，一切自由，无须顾虑，我希望你能把我们的一切，学了带到中国去！"

原来代理店并不属于公司，而是一个经济上完全独立的商店，只是与万国公司建立了代理关系。保尔原是当地农民，因为对工具、机械感兴趣，在经济大衰退以后的日子里，贷款兼做些贩卖马拉农具的生意。第二次世界大战爆发以后，随着拖拉机的推广，他的业务有所发展，但总觉得个人力量单薄，生意不能做大。这时几个大的农机公司都在适应市场需要，研究开发新的拖拉机和农机，也都在为产品寻找市场，相互之间竞争激烈；而一般农民面对这种形势，也很难作出适应自己要求的选择。经过一段比较混乱的时期，一些大公司逐渐找到一种针对农机产品的推广方法，那就是建立农机代理制度（Dealer System），在各地寻找适合对象，发展它们成为公司的代理店。保尔的商店，就是经过申请、审核，被万国公司选中成为它在这个地区的代理店的。

代理店的布置分为四个部分。门外是一片广场，供大型产品陈列；进到门内是小型产品和工具的陈列，里面有面向大门的柜台，柜台后面是常用零部件和各种易耗品的货架，房屋一端有一小间是接待室兼技术文件陈列室；第三部分是仓库，有高大的货架和空地，将产品按整机、零件、易耗品分别有序存放；第四部分是修理厂，可对拖拉机和农机进行拆卸、安装、调试等工作。整个店里只有五六名工作人员。

我很快就把保尔的代理店浏览了一遍，跟着保尔自己或他下面的工作人员在店里接待顾客或出访农家，或是在修理厂做些拆卸、安装机器的活儿，都觉得没有什么值得学习的地方。一切都很简单明了，因此也提不出什么问题，平安无事地很快就过完了一个月的实习期。

离开丹城以前，我请保尔介绍，从一个农民手里买下一辆用过多年的雪佛兰汽车，用以实现我计划已久的横跨美国南方的旅行。保尔为我详细检查了汽车的技术状态，认为没有问题。当我把车开回旅馆时，遇到倾盆大雨。进到市区，雨下得更大，使我几乎辨不清路口的红绿灯，但还能隐约看到雨中的过街行人被我"闯红灯"惊骇了的样子。这使我产生严重的"后怕"——幸好当时路上人少，没有发生事故。我在学校农场实习时学会开车，但没有在市区里的马路上开过。

5. 建立农机代理制度的重要意义

农机代理店是联系工业与农业、工厂与农民的桥梁。

我是在中国从事农机化工作多年、遇到过许多困难之后，特别是在 1978 年考察了法国的农机代理店，促使我仔细回想自己当时在丹城的实习之后，才真正了解建立"农机代理店制度"对一个国家或地区实现农机化的重要意义，才知道为什么我的系主任把安排我到农机代理店实习看得如此重要。

作为出卖商品的店铺，农机代理店等于是大农机公司设在农村的门市部，这种商业营销作用是显而易见的。但农机不同于一般商品，与地区的土壤、作物、气候甚至农家的栽培制度、经营规模等有密切关系，而且农业机械（重要的大型机械如拖拉机、收获机、运输车等）相对农产品来说价格高昂，等于是农家的大笔基础建设投资，要农民在技术上作出正确的选择，在经济上作出明智的决策，谈何容易？因此农机公司应当指导和教育农民如何选择和使用产品，尤其是本公司的产品的性能特点，要对农民讲清、讲透。这个任务必须、也只能由代理店承担。一般只有理论知识而缺乏对当地情况深入了解的所谓技术专家或教授们，都承担不了。

农业机械还有一个特点，就是在使用过程中需要不断补充易损件、消耗品。一旦任何一个小件供应不上，都会使整台机器停摆，延误农时。如发动机的活塞环、火花塞、风扇皮带、机油过滤芯、收获机的驱动皮带、割刀片等就是如此。这些物件种类繁多，而且技术规格要求严格，农家既不能自行制造，也不可能储备很多，必须有商店随时供应。这个既琐碎又紧急的供应任务，也只有由代理店承担。

农机的修理也是必须解决的问题。尤其是在农事作业期间临时发生的机械故障，必须就近解决。代理店的修理人员随唤随到，不能在农家处理的，可以把机器拉到代理店的修理厂处理；一时修不好的，可以由代理店派出储备在那里的完好机器去农家代替作业，保证不误农时。所以，修理和紧急支援也是代理店的重要任务。

还有就是用过了的农机的处理。农家买下的机械，用过一阵以后感觉不合适，或是有了性能更好的产品，愿意更换，就需要把用过的机械处理掉。也有一些农家愿意选用这些所谓"二手货"，因为价格相对便宜，感觉用着划算。因此代理店在收购、出售（或经过维修再出售）二手产品方面大有可为，而且对农家帮助很大。

再就是有些基本建设性的作业如土地平整、挖沟埋管等，以及临时性作业如重型物件的运输等，都需要价格高昂的专用机械，而这些作业在农家虽然是需要的，却不是常年进行的，往往进行一次要管许多年。代理店准备少数这类机械出租给农民，或组织力量为农家服务，也是必要的。

代理店如能做好上述各项工作，农民用机械进行生产就不会有什么顾虑，因为代理店就是他们在技术上和物资供应上的靠山。这是代理店与农民的关系。

代理店与公司的关系也非常重要。公司要出卖产品，分布在各地的代理店起到门市部的作用，自不待说；更为重要的是代理店能传递公司所需要的、来自农村和市场的各种信息。

首先，公司应当设计和制造什么产品，必须根据农民的需要；其次，公司已有产品在各地使用中存在什么问题、应当如何改进，必须听取农民的意见；最后，农民在生产中有什么新的想法或创造发明，应当及时收集，供公司参考。做到这些，就把公司和农村密切结合起来了。农村地区这样广大，各地情况这样复杂而互不相同，要公司自己派人下乡调查，只能是个别的，偶尔为之，不能有计划地集中全面系统的资料。要求代理店定期反映情况，则是轻而易举。

因此各大公司都非常重视建立代理店的工作，设置专职部门管理这件事。他们选择各地在农民中建有威信的商人，委之以代理任务，并定期举办培训班，印发技术资料和交流经验的简报，提高他们的业务水平。经济上，公司当然把代理店放在非常重要的位置，用各种办法帮助他们搞好经营管理。代理店的业绩就是公司的业绩，他们是紧连在一起的。

1978年我所看到的法国的农机代理店，与1947年万国公司的丹城代理店相比，基本业务没有大的差别，只是应用了计算机，能掌握更详细的农家情况，以及更密切了与上级公司的联系。另一个我注意到的情况是，在我去访问的地区，同时存在着 7 家大公司的农机代理店，他们用各种办法争取当地农民的光顾。因此，代理店成为各大公司激烈竞争的先锋阵地。他们竞争的结果，当然是农家受益。

中国改革开放以后，农机化的发展走上快车道。不仅机械在农业生产上的作用显著，而且农机工业也走在全国机械工业的前面，取得了十分突出的成就。世界各国建立农机代理店的经验，应当也可以在中国得到验证。可惜这时我已离开农机战线，不再参与这方面的工作了。

6. 威尔逊（Wilson）姐妹

丹城最令我难忘的，除了业务上的学习，还有就是在我到达后的第二天晚上，有两位 50 多岁的老小姐开车到旅店来看我，并邀我去她们家做客。

"我们从今天的报纸上知道你来到这里。"她们让我在花园里的小桌旁坐下，忙着解释："离家这么远，会感到寂寞吧！我们家的侄子应征到太平洋打仗，和你一样远离家乡。"我没有想到当地报纸会有关于我的报道。我不记得曾有记者访问过我，设想可能是保尔把我来的消息告诉报纸的。这是一个小城，当时全城居民不过数千人，没有什么大的产业。万国公司的代理店，就算是当地出名的企业了。我远从中国来到这里，当然不是一件小事，至少说明丹城受到国家甚至国际上的重视，应当让所有的居民都知道。

"我们见到你，就像见到我们的侄子。战争结束了，但他还没有回来，可能是被派到你们中国了。"她们继续说："所以，你也应当把我们这里当作自己的国家，把我们当做自己的亲人——的确，如果你觉得那个旅馆不满意，就可以住到我们家里来！"

我完全没有想到会在这个应当说是陌生的地方，得到这样家庭般的温暖。不久前我收到贝蒂为我制作的生日蛋糕时，曾经感动得流泪。但那还可以说是因为我与哈罗德有过工作关系。而现在这两位老小姐，对我这个从中国来的孩子为什么也能"一见如故"？这只能用中美是战争中的同盟国，结成了生死与共的情谊来解释。保尔既然已经为我安排好在这里的生活，我就不愿增加她们的麻烦，对她们说谢谢，我觉得那家旅馆不错，不用搬了，我可以找时间来看望她们。当然，我知道她们欢迎我的这种情谊，不是一句简单的"谢谢"就可以报答的。

我概略地说明我过去是学机械工程的，现在进一步学农业工程，来此是为了学习美国南方的农业生产经验。她们听着很感兴趣，问了一些有关中国和我个人家庭方面的问题。突然，她们问我："你知道我们这个小城市为什么叫'丹'吗？"我说没有人告诉过我。

她们向我详细介绍这里的发展历史，原来这与一位工程师有关系。几十年前，这里还是一片荒野，只散居着一些砍伐木材的人家和几家提炼松脂油的工厂。但这里直通海边，交通方便。是一位名叫贝内特·丹（Bennett R. Dunn）的土木工程师看中了这个地方，为这里规划了道路、桥梁，又组织领导建成了经过这里到达菲耶镇（Fayetteville）的铁路。铁路于 1885 年开始规划，经过 7 年，于 1892 年建成。有了水路，又有铁路，来这里做生意的人就多了，农业也跟着发展起来。人们为了纪念工程师丹的业绩，决定用他的姓氏"丹（Dunn）"作为这里的地名。

美国的历史不久，丹城的市区建设不过才几十年，两位威尔逊小姐身历其境，当然记得清楚。她们仿佛迫不及待地要把当地的一切都告诉我："除了丹，这里还出了一位有名的人物，你应当知道。他就是威廉·李（William Carey Lee）将军，他建立了美国第一个空降部队。他 1895 年出生在这里，参加过第一次世界大战，看到过德国的滑翔空降部队，回来就在这里提倡空降运动，训练了大批空降战士，在这次大战中发挥了非常重要的作用。"

我在报纸上看到过美国空降部队的战绩报告，知道盟军在诺曼底登陆战役中就应用了空降部队，却不曾注意到美国空降部队的发源地竟在这里，不禁对这个地方肃然起敬，也感到自己能够来到这里，值得高兴。

谈话中，两位老小姐拿出了院子里结的无花果（figs）和她们自己酿的苹果酒（cider）让我品尝，问中国是否也有这些东西。我说我们有很多的枣和柿子，到美国却没有见到。

从威尔逊家回到住处，我觉得自己对美国的感情更深了。不仅是友谊，而是一种来自家庭般的亲情，把我和这片土地、和这里的人们捆绑在一起！

第八章　田纳西河谷开发工程

1. 田纳西河流域管理局

我首先到达田纳西州东部的诺克斯维尔（Knoxville）。这是法兰布河（French Broad River）和霍尔斯通河（Holston River）汇合成为田纳西河的地方，是田纳西河流域管理局（Tennessee Valley Authority，TVA）总部所在地，在丹城之西约 350 英里。

诺克斯维尔地处美国东南部两大山脉（the Cumberland Mountains，the Great Smoky Mountains）之间，气候温和但交通不便。于 1791 年建市，以华盛顿总统的作战部部长亨利·诺克斯（Henry Knox）命名，但在 1947 年我去访问时，还是一个刚刚兴起的、很不起眼的小城市。TVA 于 1933 年成立后，立即开始在这附近建设大坝和水库。第一个兴建的诺瑞斯大坝（Norris Dam）大坝完成于 1936 年，后来兴建的劳登堡大坝（Fort Loudoun Dam）大坝完成于 1943 年，都离这里不远。工程建设为当地提供了许多就业机会，使这里受大衰退影响的经济得到复苏。工程建成的两个大湖是全国闻名的旅游胜地，为当地吸引到大批避暑休闲的游客。我去时，可以明显看到一切都欣欣向荣的繁忙景象。

我参观了 TVA 总部。在那里看到壁上悬挂的河谷发展规划图，上面画有田纳西河及其主要支流，标明了已建及将建的水库位置分布情况。规划要在田纳西河上建造 9 座一连串的大型水库和船闸、电站，使这条河全程通航，并成为当时美国最大的、由国家控制的电力生产基地。劳登堡水库就是这项宏伟规划的起始点，已经建成了三年多。规划图上还有许多布置在支流上的水库，有的已经建成，有的待建，总共有 20 多处。看了这张规划图，也使我对 TVA 工程覆盖的面积到底多大，有了一个大致的概念：田纳西河从田纳西州流经亚拉巴马州到达肯塔基州，然后流入俄亥俄河，最后流进密西西比河；所有支流的流域涉及美国东南部的 7 个州，除上述州外还有佐治亚州、密西西比州、北卡和弗吉尼亚州，全流域总面积达到 4.1 万平方英里。

2. 诺瑞斯水库

在听完 TVA 总部的口头介绍并取得一些文字资料后，我就开车去到诺瑞斯水库（Norris Reservoir）。这是 TVA 于 1933 年成立后立即动手建造的第一个水库，也是田纳西河所有支流上最大的水库。诺瑞斯大坝高 265 英尺，长 1 860 英尺，跨在田纳西河的支流克林奇河（Clinch River）河上，汽车可以直上大坝。

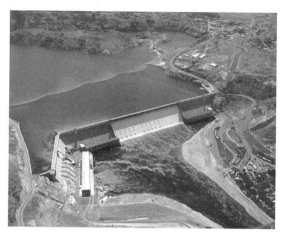

TVA 的大坝建设

我下车在坝顶上步行，看到河流上游是水平如镜的人工湖，有树着高帆的船只成群集结在岸边，还有点点汽艇在远处掀起白色浪花；在河流下游，经过坝下发电厂出来的水平静流走，没有高大瀑布在老远就可以听到的轰鸣声。显然，200 多英尺水头应有的咆哮动能，是被水轮发电机变成 131 400 千瓦时的电力输送走了。变电站就耸立在发电厂的旁边，输电线路的塔架则沿着山坡，一个跟随一个，引向远方……

我学过水力学、水轮机学，对这些工程我不应当陌生，但见到这座大坝并身处其中时，还是不免被它的宏伟所震撼。尤其是想到它只是 TVA 的第一项工程，还有许多大的项目在其后展开，更不免对 TVA 所蕴藏的伟大理想肃然起敬。

水库所形成的人工湖上溯克林奇河 73 英里，上溯包威尔河（Powell River，克林奇河的支流）56 英里，整个湖岸线长 809 英里，湖水面积 33 840 英亩。我开车沿着湖边公路，走访了新建的诺瑞斯镇（Norris Town）。这里原是大坝施工时大批工人的集中住地。大坝完工后，TVA 决定在这里按照科学规划，建成一个完全新的城镇，成为向其他地区推广的样板。在湖边道路两旁可以看到不少单幢的豪华住宅或宾馆，显然是选择面向湖面的优越地形，在水库建成后新建起来的。此外，还有一些船坞、码头、游泳场、小饭店、鱼市场等为旅游者服务的设施。时值暑假，来此的人不少。

回到诺瑞斯镇的晚上，我虽然感到疲倦，却久久不能入睡。白天看到的湖光美景，使我真正体会到改造自然的人力的伟大！驱车来到这里时经过了多少深山狭谷，看不到多少水，有的却是急流险滩和大量土壤的冲刷流失。没有水，也就没有船，没有鱼，没有人能来此生活，更谈不上有人来休闲度假和建设新的城市。一座大坝改变了这一切。这是人类科学技术进步的成就，也是人类为了自身幸福敢于向自然挑战的结果。

我奇怪 TVA 建造的第一座大坝和水库，以及与其相联系的那座作为建设模范样板的小市镇，为什么都以"诺瑞斯（Norris）"命名？当晚查阅了资料，才恍然大悟。从前我以为有关 TVA 的设想是"新政派"的科学家们提出，经罗斯福总统批准付诸行动的。其实在罗斯福新政以前，美国国会里就存在有关一个地区的自然资源是应当由资本家去开发、还是应当由政府代表公众去开发的争论。第一次世界大战期间，美国为了生产作战用的炸药，在田纳西河中下游的马斯尔肖尔斯（Muscle Shoals）地区建造了一座威尔逊大坝（Wilson Dam），用以为两座大硝酸铵厂提供电力。大坝于 1924 年建成，发电能力达到 675 400 千瓦。但战争早已于 1918 年结束，于是这座能够发电的大坝应当怎样经营管理，成为需要由国会和总统来决定的问题。

乔治·诺瑞斯（George William Norris）在美国内战时期出生于俄亥俄州，曾经主要在美国中西部从事农业工作，十分关心小农户的生活。20 世纪 20 年代他被选为内布拉斯加州参议员，任联邦参议院农林组组长，因而能过问全国有关农林业的事务。当时来自共和党的哈定总统主张把联邦的各项事业私有化，包括要求政府停建威尔逊大坝；而汽车大王亨利·福特（Henry Ford）也正带着他的好友汤姆士·爱迪生（Thomas Edison）一同在国会游说，愿意出 500 万美元买下这座大坝，为他的化肥厂提供电源。福特的主张不仅得到美国总统哈丁的赞成，而且也受到当地农民的拥护。因为农民知道福特曾经从事汽车生产，没过几年就把底特律地区的民众带动得富裕起来，因此对他在这里经营化肥厂满怀希望。如果有人反对由他买下大坝，农民是不答应的。

诺瑞斯虽然是共和党人，却不同意哈定的意见，认为一个地区的自然资源应当归公众所有，应当由政府经营为公众谋福利，而不应当被私人占有，为私人创造财富。他在参议院坚持反对将威尔逊大坝卖给福特，同时他从威尔逊大坝的所在地——田纳西河上的马斯尔肖尔斯地区，想到应由政府在田纳西河上其他地区兴建更多大坝，并在参议院提出了正式建议，但遭到哈丁反对，未能通过。

福特在汽车工业上的成功使他具有很高声望，他曾经想竞选总统。1923 年哈丁去世，柯理基继任。有传闻说，柯理基为了保证自己的总统职位，曾向福特表示，如果福特肯退出竞选，他一定设法使参议院通过由福特占有威尔逊大坝。所以诺瑞斯既要在参议院坚持斗争，反对政府出卖大坝，又要面对当地农民对他发出的死亡威胁。而他关于在田纳西河上建设更多大坝的建议，当然也受到柯理基的反对，再一次未能通过。

一直等到 1933 年，福兰克林·罗斯福入主白宫，同时民主党取得国会控制权，出卖大坝的议论才在国会销匿，诺瑞斯参议员提出多年的应当在田纳西河上建更多大坝的建议才得以在国会通过，并经总统批准实施——这就是 TVA 综合开发工程。所以人们称诺瑞斯参议员为"TVA 之父"，并把在 TVA 成立后建造的第一座大坝、水库以及新建城镇，都以他的名字命名作为纪念，也就不奇怪了。

3. 劳登堡水库

第二天一早，我就开车离开诺克斯维尔，沿着劳登堡水库（Fort Loudoun Reservoir）周边公路到达西南方的林诺市（Lenoir City），这是劳登堡大坝的所在地。大坝横断田纳西河，全长 4 190 英尺，是诺瑞斯大坝长度的两倍以上，所以非常壮观；但坝的高度只 122 英尺，不及诺瑞斯大坝高度的一半。这两座大坝还有一个显著的不同点，就是劳登堡大坝附有很大的船闸，以便田纳西河的航运，诺瑞斯大坝则没有船闸。

我到达大坝时，看到上游和下游都已经集结、停靠了一些船只，等待过闸。船闸的构造和运用，我是第一次看到，感到非常有趣。大坝上游是劳登堡水库，下游是瓦茨巴水库（Watts Bar Reseroir），两边水面的高度差达到 70 英尺。大坝船闸的作用就是把从下游来的船，利用闸内水的浮力提高 70 英尺，使它能平稳地驶向上游；同时把从上游来的船，利用闸内水面的下降，降下 70 英尺，使它能平稳地驶向下游，所以船的升降是由闸内的水面高度控制的。劳登堡船闸的宽度 60 英尺，长度 360 英尺，也就是说小于这个尺寸的单个大船或排列在一起的数个小船可以进闸，得到这项服务。船闸的两端是高大的闸门，要能完全开启、让船只进出，也要能完全关闭、使闸内的水不外漏。另外一个技术关键是向闸内注水和由闸内向外排水的控制，既要加快速度以节省船只过闸时间，又要保证船只升降过程平稳安全。这些构造和运用的原理都非常简单，不过是普通的力学问题，但因为构件的尺寸巨大，承受的力量也特别大，问题就复杂了。这几扇高度达到约 100 英尺、宽达 30 多英尺，必须承受 70 多英尺水头压力的闸门和它们的开关控制机构，竟使学机械工程的我大感兴趣而流连忘返。

我在坝上观察了轮船通过船闸的全过程，看到满载客货的轮船如何从这里向上驶向诺克斯维，以及向下驶向美国各地。这是田纳西河最上游的船闸。轮船在这刚建成的航道中来往，谈何容易！我向闸上的工作人员打听到：为了通航，规划要在河上建造 9 座大坝和船闸，其中威尔逊大坝是在 TVA 成立以前就建好的，其余 8 座都已由 TVA 在 1944 年前完成。整个航道长 652 英里，跨越肯塔基、亚拉巴马和田纳西三个州，年平均运输量达到 5 000 万吨。船运的物资主要是谷物、木材、木屑、纸浆原材、大豆油、石油、钢铁制品、煤等。已经有一些大公司选择有条件的河港地区兴建粮食、大豆、木材、石油等的加工厂和物资转运站……一个贫困山区的经济就这样开始起飞了！当然，那时还仅仅是开始。

后来，我听说诺克斯维尔果然发展成为田纳西州的第三大城市，并且闻名于世。1982 年这里召开了世界博览会（World's Fair），刚刚实行改革开放的中国曾参加了这次博览会。

4. 肯塔基水库

离开林诺市，我决定访问 TVA 建造的最长的、位于田纳西河最下游的肯塔基大坝，作为访问 TVA 综合开发工程的结束。大坝位于肯塔基州的帕迪尤卡市，离田纳西河汇入俄亥俄河入口处 22 英里。这里水面宽阔。栏截河流的大坝从远处看去，像一长排白色的墙壁，安静地耸立在那里。走近了才发现水从电站流出和船闸运作的一派繁忙景象。这个大坝和劳登堡一样，都有蓄水、防洪、发电、通航多项功能，只是因为地处田纳西河的最下游，坝两端衔接的山势开阔，坝的长度（8 422 英尺）、高度（206 英尺）都约为劳登堡大坝的两倍，所以更为壮观。

大坝形成的水库（肯塔基湖）从肯塔基州上伸到田纳西州，跨越两州，全长 184 英里。水库的湖岸线长 2 064 英里，水面积 160 300 英亩。水库的集水面积 40 200 平方英里，是 TVA 系统中最大的水库，也是整个美国东部最大的水库。这个水库于 1944 年建成后，与 TVA 系统的所有其他水库一起，对俄亥俄河和密西西比河下游 1 000 英亩农田的防洪，能发挥显著作用。

这个大坝有 5 台发电机组，总装机容量 223 100 千瓦。大坝建成后，与田纳西河上其他 8 座附有船闸的大坝一起，完成了整条田纳西河的全年通航任务，把自古以来非常贫穷落后的河谷地区与全美内河水路系统连接起来，对这个地区的经济、社会发展当然也会发挥显著作用。我站在大坝上，向坝的上下游看去，只见两边平静的湖面一直延伸到远去的地平线，船只来去有序。这个大坝，不就是这个莽莽山区的门户吗？有了它，一切就有了生命，而现在仅仅不过是开始！我这么想。

我在坝上流连到很晚，想趁此即将离去的时刻，回顾一下几天来观察、学习得到的印象和知识，仔细思考眼前的田纳西工程在人类发展历史上的意义。中国有过一位伟大人物——大禹，他能把整个中国作为对象，理顺亘古以来为害的 9 道河流，让人民安居乐业，发展了中国古代文化。创导田纳西工程的人们，难道不是这样吗？他们把整个地区作为对象，利用现代工程技术去害兴利，为人民谋幸福，太值得我们学习了！

但是我在匆忙中看到的还只是 TVA 工程中的几座水坝，远不全面。水土保持、灌溉排水、草场建设等发展农业、林业、牧业及水产业等的具体活动并未见到。至于所发电能如何利用，对本地区以至对全美国能产生什么影响，更谈不到有什么印象。但这些是不难想象的。有了能够蓄水、发电的工程，一切就都活了，等待以后看 TVA 的发展吧！

5. 地区的综合治理和开发

离开 TVA，一年多以后我便回到了中国。在多年从事农业工作的过程中，我会经常想到在那里看到的一切。新中国的社会主义建设，应当有能力就地区发展制定整体规划，但我实际看到的却是部门之间的分割，尤其是我亲身参加的农业机械化工作就没有与农业结合，与水利更是无缘，原因何在？

TVA 工程是罗斯福新政为克服美国当时面对的经济衰退，付诸实施的一项解决办法：开展大规模的水利建设以提供就业机会，并为当地民众发展农、林、牧、渔业生产创造条件，措施效果显著。但它的实质内容是地区的综合治理和开发。在实施过程中也不断伴随有不同意见的争论。

后来，我读了一些美国历史，才知道像 TVA 这种对地区进行综合治理和开发，其思想基础既非始于罗斯福总统的新政，也不是诺瑞斯参议员的发明，而是有更早的根源。

这要提到基佛·坪畴（Gifford Pinchot），他年幼时到美国东南部的阿巴拉契亚山脉游览，惊叹森林河流之美，但也发现有严重的土壤侵蚀、冲刷问题，就提出应当把一个地区的资源作为整体来管理，而不能简单地从单个资源出发。1891 年他 26 岁时，在北卡西部的一个私人森林中任管理员，这时美国才刚开始有所谓"森林管理员"这个职位。这个地区——比尔模尔（Bilmore）是南北美的交界处，树木种类非常之多，森林规模非常之大，也就成为美国最早有所谓"森林管理（Forest Management）"的地方。

后来，他任西奥多·罗斯福政府林业局（也是美国政府成立的第一个林业局）局长，提出应当对一个地区的土壤侵蚀、防洪、发电、水产保护和旅游等问题进行整体解决。他说："这里没有多个孤立、分散的问题，存在的是一个复杂的整体（Here were not isolated and separate problems。There was a unity in this complication）。"在他的影响下，当时的总统否决了由政府将马斯尔肖尔斯地区水力资源出卖给私人的提案。他后来回忆说："（总统的这次否决）为后来 TVA 的成立创造了条件。"

1906 年，坪畴与地质学家麦克基（W. J. McGee）一同开始研究关于河流的政策。1907 年他们和总统西奥多·罗斯福一起，视察了从艾奥瓦州基奥卡克（Keokuk）到田纳西州孟菲斯的密西西比河段和田纳西州的西部地区，然后召开了全国的自然资源保护会议。1908 年，他们提出了政策：美国有可供航行的内陆河道 50 000 英里，但每年流失表土 10 亿吨，提出任何治理措施都必须基于两项原则：①每条河流从源头到出口，都是一个整体；②在开发内陆水运时，必须考虑水质的清洁、发电、防洪、开发土地的灌溉排水以及其他水的用途。总统支持他们的意见，结果成立了"国家水道委员会（National Waterway Commission）"，成为 TVA 的前身。

1909 年，西奥多·罗斯福卸职，由塔夫脱（William Howard Taft）继任总统。塔夫脱对保护自然资源没有兴趣。次年坪畴去职，但仍坚持自己的看法。1913 年他在诺瑞斯，也就是后来 TVA 总部的所在地，举办了全国第一次自然资源保护展览会。第一次世界大战以后，坪畴仍然强烈反对福特想占有马斯尔肖尔斯地区水电资源的企图。他的主张由参议员诺瑞斯继承下来，结果使 TVA 得以成立。

1933 年 TVA 成立时，坪畴 68 岁，任宾夕法尼亚州州长。人们认为如果没有他坚持了 27 年之久的由公众管理内陆水道的斗争，TVA 的成立也许是不可能的。他于 1946 年去世，TVA 工程规划基本实现。

因此，地区资源的综合治理与开发能在美国的 TVA 工程中进行实验，也不是很容易就实现的。为什么这样？在美国很明显的是有资本家争利，在中国，又是什么原因呢？

6. 现在的 TVA

1978 年，中国开始实行改革开放政策，我有机会接触一些从美国来华考察的农业工程专家，阅读国外科技资料，并且曾为建立中国农业工程研究设计院，亲往已经阔别 30 多年的美国作科技考察。20 世纪 90 年代末以来，在我来往于中美之间的日子里，我更可以从互联网中追溯美国的历史和现况。在此过程中，TVA 的发展是我比较关心的问题之一。

我首先注意到的是在我与美国阔别的 30 多年中，系统工程这门学问得到蓬勃发展。地区综合治理与开发，应当就是系统思想的应用，所以 TVA 应当与系统工程有关。果然，我查到设立在奥地利维也纳的国际应用系统分析研究所（International Institute of Applied System Analysis，IIASA）于 1975 年专门组织专家对 TVA 作现场考察，结果认为：虽然 TVA 成立之时还没有系统工程这门学问，TVA 的规划和建设却是完全符合系统工程原则的。

1985 年 6 月，我写了《关于美国田纳西河流域的综合治理与开发》一文，由中共中央书记处农村政策研究室作为"送阅件",送请中央领导同志参考,又经中央批转有关各部。

到现在,TVA已经成立了70多年。它经受了多少次资本家的批评、攻击,依然耸立于这个最发达的资本主义国家,而且发挥着越来越重要的作用。据统计,它是目前美国最大的公共能源供应公司,总装机容量29 469 000千瓦,拥有水力发电站29处、抽水储能发电站1处、火力发电站11处、核能电站3处,总输电线路17 000英里,配电站158处,为流域内170个县的800万户居民供电。每年有34 000只运输船在田纳西河上通过,相当于200万辆大卡车的运输量。

流域范围内7个州的农林牧渔业以及各种工业生产和旅游业的发展,缺乏具体数字。有一个大的变化我注意到了,就是:这里原是美国南方的棉花产区,现在棉花却让位给了大豆。原因是采棉机的成功运用要求棉花种在大平原上,不得不离开这里,而这里竟成为美国大豆和豆油的重要生产基地。

第九章　中国出路

1. 要让中国富起来

初到美国，我受到触动最大的是美国人的富，与我们中国人的穷形成强烈对比。在一段时间内，这成为我日夜思索的问题。过去在国内，早就知道美国的富强先进和我们的贫穷落后，但感觉是模糊的，并无切身之痛。现在经过参观华盛顿、芝加哥、明尼阿波利斯等大城市的市容，又深入农村，接触到那个能自己赚钱买小汽车的孩子，才真正感觉到我们实在是太穷了。听了邹先生的讲话，加上自己操作了拖拉机和康拜因，我不仅感到美国富裕的真实，而且知道其所以富的原因，那就是美国农业很高的劳动生产率。现在我来到这里，根据邹先生的安排，学的就是这一行，学着掌握机器，不就是为了使中国富起来吗？而掌握这些农业机器，对我们这些学过机械工程的人来说，似乎并不是很难的事情，我完全有能力把它学好……想到这里，我便万分激动，觉得在国内考留学时，只想到来美国学农业机械制造，使个人在技术上提高一步，是太简单、也太一般了，现在我才知道我们这批人的出国使命，远远高于只学习一些技术，而是要让中国富起来。当然，学好技术是重要的，但学习的目的明确到要让中国富起来，学习的意义也就完全不同了。

我和曾德超第一次实习是在莫瑞斯农场上，学习掌握大田谷物收获机械。其他同学，有的到果园、苗圃，接触的是小型机械和喷灌设备；有的到食品加工厂，看到的是粉碎、搅拌、灭菌、蒸煮等与农田作业机械完全不同类型的设备。但大家似乎都有相同的感觉，就是致富的门路很多，应用的技术都很成熟，我们完全有能力把这些机械设备用好。大家又发现能为农业服务的技术非常广泛，也不深奥。当时学校安排的农业工程系大学本科课程——农业机械化、水土关系、农村建筑等，已经够广泛的，还有许多新的技术要求在生产上不断反映出来。农业工程是实用的技术，一般情况下，并不需要作多么深入的研究，就可以在生产上得到明显的效果。所以，一个学工程的人，只要为农业服务的观念明确，就不怕没有用武之地。

同学们经常聚在一起，谈论这些事情。大家都为有来美国学习农业工程这门科学技术的机会而高兴。大家也都记得抗日战争时期在国内的艰苦日子。现在国家终于赢得了抗日战争的全面胜利，正是应该奋发图强、大展宏图的时候。我们已经奉派来美国开始学习了，在这个共同抗日的盟国，美国政府、企业、人民都对我们特别友好。尤其是我们在学校和实习场所接触到的老师、同学、工人、农民们，无不对我们热情帮助。有人甚至真诚地向我们表示知道我们负有建设国家的重任，不是一般的出国留学，因此对我们特别关怀和羡慕。这使我们更加珍惜自己的留学机会，更加重视农业工程这门学科。

应当承认当初在考取出国留学的时候，大家都曾有过利用这个机会深造、成名、成家的想法。我在进入西南联大以前，就曾有过要成为一个大科学家的幻想。在西南联大选学机械工程，就有为将来学物理打基础的意思。现在有了留学机会，所学的不是在物理方面的深造，而是生物学、土壤学等方面的基础课，专业方面也只是一些应用技术，没有什么高深理论，不免有些失望。但经过一段时间，明确了农业工程对农民致富的重要意义之后，这种情绪很快就没有了。我和大部分同学一样，反而认为能实实在在为国家做一点事情是最重要的。个人的学问和学位，不值得考虑。1948 年年初，大家完成了农业工程硕士学位，国内战事正酣，一时不可能开展工作。有人建议我们留在美国，继续攻读其他学科的博士学位。结果 20 人中只有徐佩琮 1 人留下，其余 19 人都如期回国，投入当时可能开展的工作，并不留恋在美国深造的机会，可以说是经受了一次考验。

2. 刘仙洲访美

1947 年夏，刘仙洲先生访美考察农业机械，事前并不知道他会来，我们是在美国农业工程师学会在圣路易斯城召开年会的会场上遇见了他。师生在海外相逢，而且是在一次盛大的会议上，大家高兴的心情可以想见。刘先生问我们的学业，我们首先说明的是美国把农业机械作为农业工程的一项内容，我们来学的是农业工程，不仅是农业机械，内容要广泛得多。我们又说，经过两年来的学习、观察，我们深感农业工程这门科学技术对国家富强的重要，中国应当尽快建

与刘仙洲先生（中）合影

设这个学科。刘先生非常同意我们的意见，为我们有这些想法而高兴。会议结束后，刘先生随我们回到明尼苏达州，由我们陪同参观建立在学校附近的明尼阿波利斯—摩林农业机械公司。

3. 试探一条出路

情况摆在面前，我们该怎么办？1947 年，在准备为完成硕士学位所需要的论文或机械设计的同时，我们 10 人碰到一起，就谈这个问题。系主任见面

也问到我们是否有回国后的打算，他可以帮助我们制定的具体行动计划，一直具体到拟定要开办的实验室或修理厂所需要的设备清单。万国公司根据邹先生要求聘请的以 J. B. Davidson 教授为首的 4 位农业工程专家，这时已经到了中国，分别在中央大学和中央农业实验所开展教学和研究工作。我们回去，正好与他们的工作结合，实现邹先生的计划。但是，在当时国内战事正酣的情况下，我们能安心工作吗？工作又能有什么结果呢？

我们讨论过许多次，也争论过许多次，结果得到比较一致的认识，就是坚持搞农业工程，建设中国农业，使农民富裕起来，最后达到国家富强，人民幸福。不仅因为农业工程是当前切实可行的科学技术，而且因为它是我们已经开始掌握了的一门科学技术。要搞好农业工程，只有我们自己动手，学习晏阳初先生在保定搞平民教育的方法，到农村去做普及工作。晏先生是做文化教育工作，教农民识字；我们则是教农民掌握农业机械，进行农业生产。生产直接联系到农民的利益，可能效果比教农民识字更好些、更快些。

想到这里，我们就很激动，认为找到了救中国于贫穷落后的路子，只要我们认真去干，前途就是光明的。

1947 年 7 月，我们决定利用这个暑假的部分时间，游览美国东部。一同去的有李克佐、张德骏、王万钧、李翰如和我。在波士顿，我们无意中发现住在同一旅馆的陈衡哲先生。陈先生是任鸿隽先生的夫人，是最早留学美国的女学者、文学家、诗人，也是政论家，是我们都知道的。我们就要求见她，希望能从她那里了解一下国内的情况，并请她指示我们该怎么做。她见了我们，非常高兴，尤其是对我们准备回国后到农村普及农业工程技术的想法十分赞赏，建议我们尽快写成文章，寄回国内发表。她说："国内许多人看不到前途，特别是青年学生，苦闷极了。他们一定会同意、支持你们的意见，一定会有许多人愿意参加你们的工作。"

意外见到陈先生，并得到她对我们想法的赞赏，是我们这次东行的最大收获。回到学校，我们便讨论如何把平常讨论的意见写成文章。等到写文章，我们才发现有些问题不够具体，必须作更深入的研究。其中一个最重要的是到农村去怎样干？是办学校，还是办农场？办的规模多大？必要的物质条件如土地、资金等从哪里来……都不明确。结果大家推举李克佐执笔，根据他自己的意见写出初稿，再经过讨论定稿。李克佐初稿的意见是办小型（不超过 140 亩）的机械化农场，一切自力更生，不需要国家负担，以便在农民中起示范作用。大多数人同意这个稿子，曾德超和吴克骕表示怀疑，于是只有 8 人签名。文章题目定为《为中国的农业试探一条出路》，文稿当即寄给陈先生转寄国内。

约两个月后，我们便收到国内寄来的 1947 年 9 月 13 日出版的 3 卷 3 期《观察》杂志，上面刊登了我们的文章。令我们诧异的是，在我们文章的前面，有陈衡哲先生写的《写在〈为中国的农业试探一条出路〉的前面》，热情洋溢地表达她对我们的支持。这使我们非常感动。此后我们便陆续收到由杂志社转来的读者来信，共100多封，大部分表示同情和支持。有的愿以自己的土地，帮助我们实现理想；有的愿意参加工作，共同奋斗。其中有浙江省政府以省主席陈仪名义写的信，算是读者中地位最高的了。所有这些信都由我和张德骏作复。除了一封北平的一位女大学生写的，说我们不了解国内情况，做不切实际的幻想，内战在即，哪是安心建农场的时候。我们不好回，交给了李克佐，让他处理。

在以后收到的《观察》中，有杂志主编储安平先生写的《〈为中国的农业试探一条出路〉刊出后的响应》，集中报道了读者们给我们的信件内容，从中可以看到国内果然如陈先生所说，不乏愿以各种方式支持我们的各界人士，同时也可以看到储先生本人对我们想法的支持。这时已是1947年年底，这些与我们直接有关的信件，足以使我们对国内一部分人士的思想动态有所了解。他们的确是不愿看到内战发生，而急盼动手建设的。

后来，内战还是发生了。在时局最紧张的时候，我们回到了国内。战争，果然如父亲在那封信里所预料的，不需要怎么打，就很快决定了胜负。在新中国成立不过几个月的短暂时间里，我就参加了政府领导的大规模农业建设，其他人也都找到了各自的工作，不需要我们冥思苦想地去探索什么出路了。

附件：有关"中国出路"的三封信

附件一：陈衡哲先生的文章——《写在〈为中国的农业试探一条出路〉的前面》

约在一个月前，有五位中国的学生来看我。他们都是政府派来，现在在美国的中部和西部专学农业工程的。我和他们谈了两点半钟。我发现他们都是有诚意、有理想的热血青年；而且也有苦干的精神。在现在的留美学界中，这样的青年是不常遇见的；我感到无上的兴奋与安慰。

但他们都感到苦闷，感到没有出路。他们要回去，他们不能为一己的安适而留连①在此，像许多学成的中国学生一样。但回去之后怎办呢？他们不愿做官，他们也不愿教书，因为他们已经有了一个确定的企愿，那便是：用实际工作的方法，去改善中国的农民生活。我又发现他们所崇拜的，是李仪祉先生和范旭东先生一类的人物；因此、我也相信他们的眼光与步骤都是不错的。

我对他们说："我一定尽力给你们以道德上的支持。我也有一点建议：我

---

① 同"流连"。

希望你们趁尚在读书的时候，先团结起来，作一种团体生活的练习。"他们说："我们已在实行了，我们一共有二十余人，我们每两个星期聚会一次，来讨论各种的问题。"我说："好极了。"有一位说："但我们怎样能保持这个团体精神呢？又怎样能使我们每一个人，将来都能不为名利所诱呢？"我说："古人说的：'君子和而不同'。我希望你们对于他人，要尽量容忍私生活的不同；而对于自己，却又须尽量忘记小我，以贡献于大我。至于保持团结与防备腐化，我想，最好是先把那领袖欲扑灭了，而把事业与真理作为终身努力的引路灯。"最后，我请他们回去以后就拟出一个草案，给我寄来，我再看怎样办。结果是他们前天给我寄来了这份"创办生产农场刍议"。

以上是这个"刍议"的源起，现在再说我写此"介绍语"的理由。

第一，我近年来凡对美国人演讲或谈论中国问题时，总是对他们说："在此次九年苦战中，只有知识分子及农民守住岗位的，（少数败类除外）；而他们为国家所负的担子也特别重。所以中国的希望，也就在这两种人民；但这两种人民必须联合起来，方能发生力量。"不意我的这个看法，恰与这个"刍议"的精神符合；而且这"刍议"还提出了一个知识分子与农民合作的具体方案。因此我愿为它作一点介绍，以表示我个人的赞成。

第二，这个"刍议"有许多值得特别注意的地方，现在随便举几个例子：（一）它是主张"从技术方面着手，以增进农民的经济生活"；而把农村教育放到了辅助的地位。这是很合理的。（二）它一方面为知识青年谋取下乡的途径，一方面又把工业生产也收到他们工作的范围去，为农村剩余人口将来进入工厂时，作一种准备。这是一件很好的架桥工作。（三）它不赞成设立消费的机关，它主张知识青年和普通农民一样的种田；这样，不但这两个阶级可以接近，而且他们的工作还可以自给自足。这些都足以证明，这个"刍议"是经过研究与讨论的一个成熟方案，它不是纸上谈兵。

凡是一件有希望的事业，总是先有灵魂，再找躯壳的。若是单单先把躯壳做好了，再找灵魂，那就等于造好了庙子去叫鬼；即使你叫到了若干孤鬼游魂，他们与那庙子的关系也不过是一个斋饭问题罢了，他们绝不是那个庙子的灵魂。而且那种庙子也是绝不会有灵魂的，即使那些孤鬼游魂愿意它的永远存在！现在我看完这个"刍议"之后，却好像是看见了一个充满活力的纯洁灵魂，又好像听到它在找躯壳。我希望我们能帮它一点忙。我是一个无田无产的人，所以只好"秀才人情"，把这一点"介绍语"奉送给那个灵魂。但我却希望我的朋友中之有田有土的，看见了这个"介绍语"之后，能分出一两份的农田来，借给这几十位青年做试验——几十位愿意把"血汗流在中国农民土地上"的青年们。我个人愿意来做他们的担保。

第三，在现在血流漂杵的中国，我们对于国内青年的反内战、反饥饿运动，同情是不用说的。但同时，我们若能把眼光转向其他角度去看一看，便知道青年们的严重问题也并不是限于一方面的。比如这一群在美国快要学成，而又是愿意吃苦与奋斗的青年们，他们该是国家的一笔好资本。但对于这一大群的有为青年，政府把他们送来美国之后，似乎就把他们忘记了。即不忘记，至多也不过是给他们找个位置，赏碗饭吃。但是，有志气的青年是不愿抓住一只饭碗，就抛弃他的理想的；于是他就只有旁皇①，只有孤寂，只有苦闷了。国家费了许多金钱，青年们自己费了许多精力与光阴，结果却只有垃圾堆与杂碎锅的两条出路；这不但可怪，而且也真是浪费到了万分。岂但浪费而已，这样的环境是会使他们灰心的，会使他们失去自信心的，甚而至于会使他们走向堕落之路的。到了那个时候，原来一笔丰富的资本，便将变为一大笔国债了。除非中国已经不要前途，我们能让这个情形继续的存在青年们之间吗？

这是一个有全国性的严重问题，希望关心青年与中国前途的教育领袖们，能把这个问题多多的想一想。我不久即回国了，那时希望能领教。

一九四七年八月二日　写于美国康桥

附件二：《为中国的农业试探一条出路——创办生产农场刍议》

李克佐　高良润　陈绳祖　张德骏

水新元　王万钧　陶鼎来　徐佩琮

中国农业的生产方式和技术，已经沿用了两千多年，没有多大变化。这种方式和技术，适应千百年前的国家社会的要求，自无多大问题；但是要以之应付一个现代国家的需要，就不免捉襟见肘了。

我们是一批知识青年，来美国研究农业工程，已经两年多了。我们在学术研究和技术实习之余，经常讨论到中国农业的前途。我们认为中国的农业，两千多年来所以没有显著的进步，知识分子应该负主要的责任。为什么呢？

中国的知识分子自有史以来，一向是所谓的"四体不勤，五谷不分"。将整个国家命脉所系的农业，交给没有知识的农民。试想，这样的农业，怎么会进步！直到今天，这种情形并没有改变多少。许多知识分子，自命清高。做工认为是"雕虫小技"；经商又讥为"逐蝇头之利"。讲到务农，又不如老农老圃。于是便只有仕宦一途了。这样一来，国家多一个知识分子，政府就必须多设一个官位；老百姓便多增加一份负担。所以尽管裁员简政的呼声喊的响彻云霄，机关和人员仍然一天比一天多。而最不幸的，做官以后，又往往是个贪官；老百姓的生活只有一天比一天苦，国家只有一天比一天穷。

---

① 同"彷徨"。

我们在美国两年多以来，除了在学校读书外，其余的时间都是在农场上或工厂里。在农场上，我们和农夫一起下田；在工厂里，我们和工人一起动手。因此，我们所见所闻，感触特多。我们看到美国的农夫，很多是大学毕业生，他们的农具推销商，更是大学毕业生。我们不禁感到人家的农业和我们的比较起来，是人家的大学毕业生在和我们没有受教育的农民竞赛。人家的知识分子都从事生产，而我们的许多知识分子都在作农民的寄生虫！我们觉得难过；我们觉得惭愧。因此，我们愿意趁此机会，提出一个口号："知识分子要赶快和农民携手。"这是中国最大的希望。本来在中国的历史上，知识分子和农民便是国家的两大支柱。国家的兴亡盛衰，全靠这两大支柱的健全与不健全。到今天这两大支柱都已走到穷途末路；只有知识分子和农民携起手来，共同努力，才能够打开一条生路。

　　可是如何携手呢？

　　我们知道像我们一样苦闷的知识青年，不知有多少。他们不怕吃苦，甘愿牺牲，不求名利，单求能够对中国的农民有所帮助。然而，似乎都是无从下手，下乡之后去找谁？如何帮忙？十数年前知识分子下乡的口号就曾提出过，而结果并没有几个人真下了乡，症结在哪里？主要的还是没有摸到路。

　　我们研究了过去从事乡村工作人士的经验；斟酌目前中国的情形，我们现在提出一条新的路线，去重叩中国农村的大门。

　　我们的路线是：首先在全国各地创办几个生产试验农场；然后以生产农场的试验结果，组织合作农场。生产农场是合作农场的雏形。生产农场的土地是单一的，不像合作农场的土地那样合成的。生产农场的任务是在为合作农场试验出一种生产方式和技术；推广到合作农场，而达到中国农业现代化的目的。我们的手段是从技术方面着手，以增进农民的经济生活。我们认为一切措施要能够提高农民经济上的收入，才能发芽生根，因为经济是一切的基础。

　　过去办农村工作的人，多从教育方面入手；对于农民的经济，并没有直接改进多少。虽然许多人在乡村工作了几年，农民的生活并没有显然的提高。而且下乡之后，多半先成立个机关，和农民、不易打成一片；老百姓始终以客人看待。所以事倍功半，成效甚微。

　　针对过去的经验，我们建议从生产入手，教育副之；不成立消费的机关，而创办生产的农场。

　　这种农场，我们就叫它生产农场。它和一般的农业试验场不同。前者是以生产为主，以生产的一部维持工作人员的生活。后者是以研究为主，其维持费是靠政府的税收。前者不增加农民的负担，后者则靠老百姓的封粮纳草。

　　这种生产农场有两大使命：第一，为中国的农业探寻一条出路；第二，为中国的知识分子试探一条从事生产的途径。但是如何才能达到这两大使命呢？

　　我们先创办一种试验性质的生产农场。尽可能地应用一切现代的科学知识和技术：防旱、防涝、杀虫、除害、气候预测、选择种子、酌用肥料、引用新式农具、改良旧有农具等。总之，我们尽一切人事上技术上的可能，看看我们的农业生产可以希望提高多少。

我们知道中国农民之所以穷，苛税重赋，地主压迫，固然是原因之一；而根本原因，还是农村人口太多，每个农民的耕地面积太小。譬如华北，每个农家的耕地，平均不过24市亩。丰年的收入，以战前的币值计，不过百五十元。一家五口，仅吃食一项，这点收入，已不足以维持适当的营养，遑论其他？假如要改善农民的生活，仅仅从育种或者其他单方面设法是不够的。例如育种，其成效有限，即使增加产量百分之二十五，已经到达育种的极限，而实际在一个农民每年百五十元的收入里，增加百分之二十五，也解决不了他的问题。所以我们认为要解决中国农民的问题，必须从各方面下手：不但要改进生产的技术，而且要改良生产的方式。换言之，就是由旧式的、个人的、人力的小农制，过渡到新式的、合作式的、机械化的中农或大农制。因为只有中农或大农制才能利用现代的农作方法：最有效的机械，有利的轮种，有计划的生产，有组织的农场。只有大农场才能维持具有农业专门知识的人来工作，才能在农业专家的计划下生产；而不像在小农制下让农民个人去碰运气。

但是，如何将农场面积扩大呢？

要扩大中国每个农民耕地面积，立刻就遇到两个问题：第一，在中国的旧式生产技术之下，每个人最多只能耕种十数亩。再多了他也无力照管。第二，是失业问题。假若每个农民的耕地面积增加一倍，其余的一半农民便失业了。这两个问题不解决，便无从开始。

解决第一个问题的方法，可以利用新式的机械，自无问题。至第二个问题的解决方法，便是我们计划中的第二步，就是首先创办生产农场之后，立即在生产农场之内设立小型工厂从事乡村工业，而使农业机械化替下来的人，从事工业生产。这样一来，不但许多农民的失业问题解决了，而且他们藉此[①]也学到了工业上的技术，待中国工业化建设需要大批技术工人的时候，他们便可立刻应命。因此，这种乡村工厂，也是将农民从乡村过渡到工厂的桥梁；因而逐渐减少中国乡村的人口；同时又是为中国工业建设储备技术工人的训练所。否则，没有技术工人，空谈工业化也是徒劳。

假使这一计划成功的话，我们便达到了中国农业现代化、乡村工业化的目标。那时不但合作农场上需要指导员，乡村工厂里需要管理员，而且乡村教育、乡村卫生等，都需要人。知识分子哪怕没出路呢？而且中国工业和农业现代化是相辅相成的。工业的市场靠农村，工业的原料很多很多要靠农业。譬如

---

① 同"借此"。

在美国，我们看到玉米就是人造橡皮、人造丝、酒精、乃龙、淀粉、喷漆、食糖等重要工业品的原料或部分原料。在矿藏丰富的美国，尚积极提倡以广大的农业补充有限的矿产。所以我们可以说，在工业落后的中国，只有健全的农业，才有健全的工业。

我们说过，生产农场是一种试验性质的农场。这种试验不见得就会成功。但是一切的路都是从没有路的地方试探出来的，所以我们愿意试一下，在全国各地办几个这样的农场。如果成功的话，我们最后的理想是合作农场。合作农场的一切生产方式和技术，都是根据或抄袭生产农场试验的结果；不过，合作农场是由几个或十数个农民自己组织的，土地也是合成而分有的。合成后的合作农场，交一二人去用机械耕种，其余的人便从事乡村工业生产。农场和工厂的营利，以合理方法分配。

总结起来，我们所要创办的生产农场，有以下几个特点：

（一）以生产为主，自给自足。不加农民的负担，不必慈善机关捐助。

（二）不但从事农业生产，而且从事工业生产，其收入是两方面的；而且可以不必另设农具修理厂。

（三）生产方式和技术是现代化、机械化的，每个农场面积最少四十英亩，合二百四十市亩。

（四）场内任何人员都须从事生产。

（五）因为是农场，不是机关，我们要和普通农民一样种田，仅仅生产方式和技术不同而已；所以比较容易和农民接近，打成一片。

（六）生产农场也是乡村教育的中心。农场负责人员，在工作之余，还要教附近农民读书和农业知识。

（七）代国家训练技术工人，为减低农村人口的桥梁。

（八）和农业研究机关及学校密切合作，从事部分研究。

（九）促成农民团结合作的精神。

（十）如果试办有效，取得农民信任，和农民发生感情，便可以开始劝他们组织合作农场。

最初创办这种生产农场，是冒着种种风险的。谁也不敢保险一定成功。而且中国乡村生活，艰难困苦达于极点。所以最初我们不敢希望知识青年都下乡。我们愿意牺牲一切，冒着风险，不怕苦、不畏难地去试探一下，以免许多青年作无谓的浪费和牺牲。这是我们的一点意思，希望政府和社会人士给我们指教，给我们帮助，同我们合作。我们希望政府帮助的有三点：第一，政府租借给我们一百亩以上的土地一处或数处，分布于全国各地。或为荒地，或为现有之农场，位置以交通方便为宜，如苏北运河以东之碱土地带。第二，除正式的田赋外，免除一切的苛捐杂税。同时保障我们的工作不为军队破坏。第三，在可能范围内予以农贷。我们希望社会人士的也有三点：第一，如果有人有地而无人耕种的话，我们可以试代耕种，我们照样交租（最少须二百四十亩）。第二，希望社会贤达和我们合作，帮助我们接洽较长期的贷款，以作开办费。第三，给我们精神上的援助。我们也有三项保证：第一，以五年为限，届期报告试验结果。第二，我们不取薪水，仅由农场供应食住。工作人数因农场大小而异，在六百市亩以下者，以两人为限；一人负农场责任，一人负工厂责任。第三，一切经费公开，每月公布一次。

至于农场的详细计划。因为农业是有区域性的，因作物、土壤、气候、地形、水旱而不同。所以必须先知道农场设在那里，才能作详细的决定。不过，我们也作了几个计划，如：（一）东海渤海沿岸碱土之开发。（二）西北畜牧屠宰罐头业之创设。（三）华北牛奶厂及牛奶工业计划。（四）江南灌溉中心站之设立。（五）东北大豆农场的开展。（六）南通棉农之发展等等。因各计划作成后，曾请美国师友指教，所以原文都是英文。这些计划用于此不一定适于彼，所以一切详细计划非待农场决定后不能定。

最后，我们希望政府和社会人士于谈战说和之余，多多为中国农民着想。并望和我们一样苦闷的青年，多思索，少忧虑，尚行动，不空谈，为自己为别人开辟一条出路。

（我们大约于民国三十七年夏返国。我们希望于回国后能够立即开始工作。我们没有政治立场。我们出自中国的农村，我们还愿意将我们的血汗流在中国农民的土地上。我们回国时可能携带一套供给一个农场应用的机械。）

一九四七年七月二十日于美国明尼苏达大学

编者按：无论政府，社会各界，或本刊读者，对于这个理想和计划，表示同情，愿意讨论，或予实助者，如有信件，编者愿意代为转寄，以便双方可以直接通信。

附件三：储安平先生的文章：《〈为中国的农业试探一条出路〉刊出后的响应》

本刊三卷三期刊载了李克佐等留美八位读农同学的一篇《为中国的农业试探一条出路》。他们预备明年夏天回国，回国后预备创办若干生产农场。在那篇文章里，他们大体上陈述了他们的理想和计划，在字里行间，他们充分表示他们有一种新的建国精神，想以实际的工作来改造社会，充实社会。他们希望在回国以前能先得到国内人士的赞助支持，共同为理想而努力。本刊的一贯态度：对于一切怀有新理想、新计划、新精神的人或事业，赞助支持，愿意尽力给他们各种便利。所以在那一篇文章的后面，我们表示：假如政府当局，社会各界，或本刊读者，愿意和这八位留美同学通信商讨，或给予赞助者，本刊愿意代为转达，俾使双方可以直接通信。

三卷三期出版后的第三天，我们就收到沈亦云夫人来信，表示赞助。原信云："安平先生：昨日课毕归家，见案头观察三卷三期，急取为《中国的农业试探一条出路》及衡哲先生的前置辞二文先读。通篇似言我所欲言，示我所欲知，不觉兴奋累日。云以不辨菽麦、畏牛羊为异类之身，孜孜不舍于一隅之农村，原因固多，以知识阶级了解困苦之农村及与无告之农民为友之意，实居大半。自问工作同人，咸具灵魂，惜以外行之故，似土地庙中供的关公，致文武不相称，用力多而成功少。今之为农村事业者，或出之政府，视人事为转移；或出之商人，以余唾为农民之福利，养猪食肉，养鸡生蛋而已；亦有借以号召，强购民地，此则等而下之矣。此三者，云所幸免之者也。对此八位青年及其同侪，彼决心，彼办法，无不钦佩赞同，祝其成功。敝山（编者按：莫干山）准先准备其所需一单位之地亩（编者按：二百四十市亩），供其实验，欲稍多亦可。即不来敝山，亦愿为棉力所及之援助。舍下除山中公益事业外，无一亩私田，故以此相邀耳。附'莫干山小学十五年'一册，敝山内容历史略可参考，并烦转寄。（下略）"

其后又收到教育部中等教育司职业教育科陆厚仁先生致留美八同学信云："仆在教育部办理职业教育行政工作，内心希望于各职业学校者，正如尊论中之能于校内有实际的生产农场和生产工场之类。只是目下极难推行，其主因还是在缺乏真诚实干不移之人才。先生等志切实干，鄙见极盼将来初步能在几处农业职业学校来实行。在南通现在办有一所'国立南通高级农业职业学校'，内设农艺、园艺、畜牧、农产制造四科，在南通有实习场地二百亩。另在如皋还有田二千亩，正可作新式生产之实验。此外，海南岛有国立琼山高级农业职业学校，陕西有西北农学院附设高级农业职业学校……目下国内各农校所用教材，恐怕都是旧的，教育恐怕也大都还是以书本为主，纵有广大场田，但设备恐亦陈旧贫乏。先生等如不嫌屈就，极希望将来能替这些学校革新一下，一面也好把生产农场实验推行出去……"

又收到前江苏省民政厅厅长王公钰先生致留美八同学信，大意叙述辞官之后，正有"田园将芜胡不归"的计算。王先生并已拟有一套计划，就他自己的计划及留美八同学的意见，一一提出商讨，并认为政府方面，社会方面，甚至金融机关方面，都可设法请求帮助，对于留美八同学的需要，王先生说可以负责设法代为进行。

又收到南京姜国楹先生嘱转的信："我的家乡在湖南邵阳，那儿的教育颇发达，土地也还肥沃，物产丰富，交通便利。现在善后救济总署设有一个乡村工业示范组织在城里，正在进行创办肥料厂、炼油厂、碾米厂、和其他乡村工业。不过那儿是山地，没有广大的平原。山上可种桐，平地可种水稻，其他副产也很多。如果你们认为这种环境可以适合你们的需要而又相信我的话，我可以即刻回乡去做开路先锋，宣扬你们的主张，假我半年时间，便可组成一个合作农场，筹集资金。你们回来后，我可以陪同你们去参观设计，正式进行工作。"

又收到南京司法行政部聂健英科长嘱转的信："司法行政部近年来在各处创办外役监，利用人犯，开办农场。现有安徽宣城一处，定于明年一月成立。该监有耕地 5 000 亩，土壤肥沃，交通便利，犯人生活，职员薪俸，以及一切设备全由国家供给，收获除以百分之十缴解国库外，余者供扩充农场之用。若得志同道合之士数位，认真合作办理，三五年后，不难使该监成为一理想之模范农场，并可以此为基础，向附近农民推行尊文中所述之理想。"

又收到江苏省地政局郑君平先生嘱转的信："本人年来对于土地农村正作积极研究。苏省淮安县丰太乡有滩田七千余亩，土地肥沃，战前计划开殖，嗣以军兴未果。刻仍拟继续前愿，业经拟就复兴合作农场计划（兹附上一份），极欲征求同志合作。兹读宏文，尤钦钧见，愿让地千亩，以供君实验农场之需。有关各项手续，容俟诸君海外归来，再行面洽。"

又接常熟张礼纲县长来信："编辑先生：读贵刊三卷三期创办生产农场刍议一文，深佩李君等真能为中国农民谋出路，为中国农村谋复兴，为中国建设作打算。礼纲从事县行政工作前后八年，由黔而苏，无时无地不感觉知识分子未能负起其应负之责任，以至无知无识之农民，经常在水深火热之中呻吟。前在贵州时，试探以教育为中心谋农民生活之改善，在江苏太仓时，亦曾试探以乡村工业及棉作改良为中心，谋农村经济之复兴。终因时间及人力所限，未能收效。阅此文后，大意与礼纲所见者不谋而合。乃乘县参议会开会之时，提议将县农场借与李君等作为试办生产农场之用（场地约八十亩，位于常熟小东门外），该议案已经大会通过。特函奉闻，并请转函李君等，如其志已决，场地大小适宜时，即进行议定详细办法。礼纲藉隶江阴距常熟城仅四十里之遥，且与地方人士颇为熟悉，即离职后，仍可用私人身份进行是项事业，深愿能用此办法，求得中国农业一条光明大道也。"

又接重庆民生公司缪成之先生致编者信："……鄙人愿向李先生介绍，在重庆北碚地方有两处可供他们理想之经营。地在北温泉斜对面大渡口处，有二百六十多亩。地临江边，前由慈幼院植有果树三千余株，地面年可出包谷近一百老担（合三百市担）。近为一友人购得，正感无法经营。如李先生等有人愿意藉做试验，决可办到。又鄙人在北碚相辉学院附近有山林及熟土约一百亩（其中有田二十亩），极愿让供李先生等试验，如需贷款，亦可设法。北培为名胜区，有卢作孚先生之乡村建设及前中央农业试验场与相辉学院农艺系，一切实验可收相互观摩之效。"

又上海中央银行业务局朱汉民先生愿意介绍李先生等分租露香园畜植公司杭州集团农场，并表示可以不受其原有计划之限制。

又天津南开大学张俨先生，愿意将他们兄弟所合有的四百多亩田，在粤汉路湖北蒲圻茶庵岭车站两侧，供给李先生等作生产农场。

此外，陕西泾阳吕致芳先生愿以全部田产约二百亩供做试验农场的基础。南京余棣北先生、杨作仁先生、上海张光华先生、严沛然先生、九江芳英先生、丽水潘瑞沧先生等都有信和八位同学讨论，严沛然先生并附有他的计划大纲。北京杨姿蕊女士则以封好的一封信托我们代为转美。

以上这些信件我们业已分别用航空挂号或普通挂号寄美。我们所以除了将信件直接转美之外，还要在此地摘述如上者，主要的意思，希望全国广大的青年认识：我们今日所处的这个社会，虽然是处处黑暗，处处腐败，处处不合理，但是仍旧有许多有热血有志气的有心人士，散布在全国各地及各职业阶层。只要我们有理想、有计划、有决心、有勇气，我们仍旧可以凭我们的热血、决心、智慧、人品，创造事业，改革社会，充实国家的生命。单单消沉、悲观、牢骚、愤怒，是无用的。我们不应当向消极的方向走。以后读者有信嘱转寄美者，我们当随时代转，不再在本刊上披露。我们要求留美八同学的是：你们收到本刊转寄的信件后，对于他们的意见、或赞助，不论你们同意与否，接受与否，均请一一答复，使寄信人能早日收到回信。

1947年在明尼苏达大学学习的8位留学生联名撰写《为中国的农业试探一条出路》，表明他们用工程手段建设中国农业的志向。经中国著名女学者、文学家陈衡哲教授推荐，发表在上海的《观察》杂志当年第三卷第三期上

明尼苏达大学八位留学生在《观察》杂志发表的署名文章

陈衡哲教授为《为中国的农业试探一条出路》撰写的评论文章

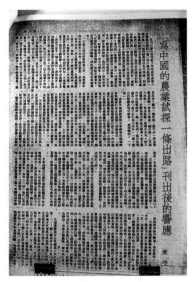

《观察》杂志主编储安平先生撰文介绍《为中国的农业试探一条出路》，刊登后在社会上引起强烈反响

第十章　在美国的最后实习

1. 结束学业

从东部回到学校，已经是 1947 年秋，大家忙着干两件事：一是前面说过的讨论和写出回国后决意卜农村办生产农场的刍议，主要由李克佐执笔，我和张德骏参加工作；二是结束在学校的课业，争取通过硕士学位考试。当时按农业工程系规定，获得硕士学位有两种办法，可任选一种，即：搜集资料，写出一篇论文；或作一个简单的机械设计，做成试验模型。我选择后者。作出这个决定是因为我感到根据美国当时的情况，秧苗移栽是还没有得到很好解决的问题，这阻碍了北卡烟草生产的机械化。因此我曾设想利用学校比较应手的机械加工设备，设计制作一种秧苗输送带。这不是整台机器，只是一个部件，但如试制成功，能够不造成损伤地把秧苗送到应当去的地方，就可以用到整机上发挥它的作用。

决定后，我进行了简单的机械设计，请约翰·斯涛特（John Straut）讲师担任指导，请老钳工马克（Mark）帮助加工，选用学校工厂仓库存有的螺丝、螺帽、皮带、练条、练轮等标准零件，加上自己设计的用橡胶薄片和铁皮制成的秧苗抓手，以及木制机架，配上也是在仓库里找到的小电动机，一台可供试验的秧苗输送装置就完成了。然后按照学校规定，请专职打字人员和摄影师帮助，把设计、试制、试验的全部文字资料和照片，整理、装订成册，共复制若干份，分别供学校存档和我自己留作纪念。

这个作业没有解决任何问题，虽然轻易通过了硕士考试，但我自己并不满意。不过经过制作过程，我发现一个普通机械加工车间，加上各种丰富的标准机械零件的储备，对试制一种机器能发挥多大作用——不仅可以节约许多时间，还可以节约许多经费，便于进行一些不成熟的想法的试验。

2. 在美国的最后一个圣诞节

在学校的生活眼看就要结束，系主任很早就打招呼，要我们趁这个节日到他家团聚。"前年的圣诞节是欢迎你们，今年该欢送了！你们的家人一定都在盼你们回去。我知道你们早就做好了回去的准备。但是我和我的太太怎么舍得让你们走呢？"

明州零下 30 度的严寒，使人更感围坐在圣诞树前的温暖。系主任家生活简朴，平时来往的人不多。我们这一群去了，平添许多热闹。我们帮着整理客厅，帮着在厨房准备圣诞前夜的晚餐，一方面为学业结束、大家都通过了硕士学位考试，可以很快回国感到高兴；另一方面，又对两年多来在美国的学习生活，对席旺提斯主任和夫人的盛情接待依依不舍。系主任除总管我们的学习计划外，还负责为我们讲解农业机械课。特别难得的是，他还找我们每个人详细研究回国后的打算，并提供具体帮助。我们把到东部遇见陈衡哲先生，以及已经与国内建立了一点联系的情况向他作了说明。他提出一个问题，就是我们这些想法，和邹秉文先生原来关于培养我们这批人的计划，是个什么关系？这一下真的把我们问住了，使我们作不出明确的回答。

原来邹先生为我们安排了三条路：到大学教书，到研究机构作研究，到工厂制造农业机械。我们经过在美国的学习、实习，应当能够胜任这些工作了，但是我们现在想的却是到农村去办农场，怎么对得上呢？难怪我们中间就有人（吴克騆、曾德超）不同意这个做法。

回想我们（主要是李克佐和我）当时为什么会想到下乡办农场，原因是认为国内政局很乱，学校、研究机构、工厂都办不起来，我们能够做的，只能是靠自己的力量办一个可以自给自足的小农场，起一点示范作用。但是当时国民政府并没有完全垮台，下这样的结论还为时过早，尤其是对我们的系主任，我们更不能说邹先生的计划已经没有希望成功了。

于是，我们只能说办农场是我们想下乡去做的一个试验。我们想向中国农民说明：只要组织起来使经营的土地面积达到140亩左右，用现有的小型拖拉机和农业机械，就可以实现生产有利，就可以改变中国农民的生活了。因此，这与原定的邹先生的计划没有矛盾，而只是原来计划的补充、落实。系主任对我们的这个说法非常满意。当晚，办农场便成为那顿圣诞节前晚餐时的主要话题。系主任和太太预祝我们成功。

后来，在我们离开双城、前往加州之前，系主任还就如何办好农场提了一些意见，并帮助拟订了所需设备的清单。

3. 到加州实习

把我们在美国最后的农业生产实习安排在加州，可能是因为加州地处美洲大陆最西部，我们回国肯定要走太平洋，去加州是顺路的；同时，也可能是因为加州的农业比较先进和多样化，在美国占有重要地位，我们在离开美国前，应当对加州有所了解。

加州是太平洋沿岸的一个南北长1 240公里、东西宽400公里的狭长地带。北部年降水量超过4 000毫米，冬季寒冷，雨雪成灾；南部沙漠干旱，年降水量仅200～400毫米，最干旱的地方甚至不足60毫米。州的中部是西海岸山脉与东面内华达山脉之间的谷地，本来也是一片干旱的沙荒地，但由于有了灌溉条件，反而成为美国最发达的农业生产基地。

按实习计划，由明尼苏达和艾奥瓦来的人先全部集中到旧金山之东约 90 英里的斯托克顿（Stockton, California）。万国公司在那里的一个面积约 80 英亩的农场，可供我们接受拖拉机和农业机械使用、维修的实际操作训练，为期一个半月。然后按各人的要求，分别到不同的农场或农产品加工厂实习，为期两个半月。这样，就把我们在美国的最后半年时间全部安排满了。

4. 筹备成立中国农业工程学会

到这个即将离美回国的时候，我们，包括在明人和在艾奥瓦州立大学农学院同时取得硕士学位的全体同学似乎有一个共识，就是大家应当趁聚集在加州的机会，把"中国农业工程学会"成立起来。这是因为通过在美国学习的实践，大家深知学会这种组织的重要。而一旦回到国内，各奔东西，忙于安排工作和生活，要想再团聚在一起就不容易了。学会当然不应当仅限于我们这 20 人，而应当把我们当时知道的所有在美国学习（和实习）与农业工程有关领域的人都包括在内。通过联系，成立学会的意见也得到了他们的同意和支持。

于是，1948 年 1 月 15 日在斯托克顿举行了成立中国农业工程学会的会议。会上签到的有王万钧、水新元、方根寿、方正三、何宪章、余友泰、李克佐、吴克騆、陈绳祖、徐明光、李翰如、吴起亚、吴相淦、马骥、张季高、蔡传翰、蒋耀、钱定华、徐佩琮、高良润、陶鼎来、张德骏、曾德超、吴大昌、陈立（其中少数几位请人代签）。经过热烈讨论，大家认为国内培养农业工程人才的计划已经开始，势必有很多人愿意参加学会，不如回到国内再正式成立，现在先做好筹备工作。当即投票选举李克佐、李翰如、蒋耀三人负责具体筹备工作，包括联络会员、征集建议、制定计划、编印通讯等。会议并决定每人交纳 1 美元的筹备费，于 1948 年 1 月 18 日发出筹备组正式成立的通知。

我们对回国后立即成立学会满怀希望。但时局动荡，正如已经预料到的，大家为了工作和生活，不能安定下来。新中国成立后，学习苏联大力发展农田水利和农业机械化。这两项是农业工程非常重要的内容，我们积极参加工作，并推动成立了水利学会和农业机械学会，但都不能代替农业工程学会，因为不能包括农业工程应有的全部内容。这样的情况延续 30 年之久。直到 1979 年 11 月，才得到中国科学技术协会批准，作为中国农学会之下的二级学会，成立了当时的中国农业工程学会。这时，我们这批早年的学会发起人已经都是 60 岁左右的老人了，但都还是意气风发，积极开创，力争上游。1985 年，学会晋升为国家一级学会，正式出版学会理论刊物《农业工程学报》，我们 1948 年时怀抱的愿望才算基本实现。

5. 弗雷斯诺的棉花农场

我和王万钧希望了解棉田的灌溉工作，于是就在机械操作实习之后，转到斯托克顿南面的弗雷斯诺（Fresno）的一个垦殖公司实习。这个地方正处于加州谷地的中间。摩斯教堂（Moses Church）早在 1850 年前就为这里建造了第一条灌溉渠道，从而开始了这里大规模的农业开发，首先是小麦生产。1875年制酒商人法兰西斯·艾森（Frances Eisen）无意间发现在藤上干燥的葡萄有很高的价值，于是开创了非常有名的经营葡萄干的事业。还有人在这里开设大规模的肉牛牧场。我们 1948 年春来到这里时，公司的农场已经种植了棉花，田间任务是布置灌溉系统，把水引进棉花行里。

在明尼苏达州我们接触较多的是谷物生产，我原来就希望看到棉花生产。几次到南方，看到了棉田和棉花，却未能深入到生产中去。这次可以深入棉田，当然是高兴的。原来我实习过的都是机械方面的事情——工厂里如何制造机械，农田里如何应用机械——现在要实习的是农田灌溉，正是学习农业工程所必须补的课。所以对这次实习的安排，我非常满意。

6. 半固定式地面灌溉系统

当时美国用于大田的喷灌技术还不成熟，喷灌只用于庭苑花草或小面积的蔬菜生产。大田作物还不得不依靠地面灌溉，也就是依靠各级渠道把水引到棉田较高一端的横沟里，使水沿着排列整齐的纵向棉行之间的灌水沟，自动流向低处。因此田面的坡度对灌溉的效果影响很大，要根据地形布置田块的方向、确定田块的长度和宽度，使田面坡度适当。如何把水从送水来的灌渠引到田间，最理想的也是利用自然坡度，修建田间的输水渠道，实现自流输水（我们中国把这些渠道，按其地势或水位从高到低，分级叫做"干渠""支渠""斗渠""农渠"，水是由最后的农渠引到棉田里去的）。但这也需要根据地形布置。这些需要根据地形决定的事情，如何决定，对用人畜力经营的农业，影响不大；对高度机械化的农业，却影响很大。因为田块太小或不规则，都会阻碍机器效能的发挥。

我们到来的时候，条播的棉花已经长高达 10 厘米左右，所以农田如何规划、输水系统如何布置等工作早已过去，田间工作只是按照农场的技术要求，向排列整齐的棉田轮流供水。这时正在推广新上市的管径 4 英寸左右的无缝轻型铝管，每根长约 3 米，便于一个人扛起，在田间移动。管子两端带有方便装卸的接头，可以多管连接，把水很容易地送到远处。用铝管代替靠土建的田间渠道的好处是可以避免输水过程中水的渗漏和渠道对田块布置的限制，因此可以大大提高机械耕作和灌溉的效率。实现这项措施，除要有重量较轻的制管材料（除铝管外，镀锌薄壁钢管、塑料管都可）外，还要解决多出口管道、管子接头、控制阀门以及造成水压的泵站等问题。但这些技术问题有些是早已成熟的，如水泵和各种阀门，只需要按要求选择标准产品即可；有些要根据实际使用条件进行设计，也不存在什么大的困难。

这里的棉田面积比较大。为了省水和使田面灌水比较均匀，田里的灌水横沟已建成固定的防渗沟，要靠人工用虹吸管把水引到棉行里。我们在这里的工作就是和工人们一起操作虹吸管，一条棉行沟的水灌满了，再灌另一行。这也是当时正在推广的一种新灌溉方法。

这样的灌溉系统，因为从远处送水来的灌渠、泵站、地面下必要的输水管道和分布在地面上的出水栓等是固定的；而地面上的输水铝管则是由人工临时移动安装的，所以叫"半固定式地面灌溉系统"。这是美国干旱、半干旱地区种植棉花、玉米等作物用得最多的灌溉系统，因为不需要对地面做大量的平整工作。但用人工移动铝管，和用人工移动虹吸管把水引向棉田里的每一条灌水沟，终究是太费力的工作，不能实现更高程度的机械化。

为了改变这种状况，在后来的几十年中，人们在技术上进行了两方面的突破：一是改地面灌溉为喷灌，如前面提到的"中心支座喷灌系统"，可以在地面坡度不大于20度的地区，实现农田耕作和灌溉的完全机械化；二是利用激光实现大面积土地的高精度平整，使田块内地面高程差不超过2～3厘米，然后实行固定渠道大水漫灌。这样也可以实现整个生产过程的高度机械化，但只能用于原来地势基本平坦的地区。我亲眼看到这两种技术的实际应用，已经是20世纪80年代的事了。由于需要比较严格的使用条件（如要有丰富的地下水源、地面上不能有树木或任何建筑物等），以及设备投资巨大，一直到21世纪初叶，利用轻型管道组成的半固定式地面灌溉系统还是在美国大田作物灌溉中占主要地位，所灌溉面积超过大田作物灌溉总面积的60%。没有其他技术能够完全取代它。

用好这种灌溉系统的关键在于掌握好田面的坡度，正确规划输水路线、田块方向和田块长度。但水在田间灌水沟中的下渗与流动，不仅由坡度决定，而且与土壤性质和耕作状况有密切关系。因此，要做好设计，必须有当地的实验数据，包括地面的等高线测量和土壤的持水特性等。这就是农业工程师应当做的事了。

7. 脉冲灌溉

传统的地面灌溉，无论中国或外国，都是先筑埂把田块围起来，在田块的最高处设进水口。然后把水引向田块，使水从进水口，流满整个田块，在最低处设出水口。水在田面上某一点流过时，一部分流入地下；一部分流走，成为径流（径流指流向别处的水）。流入地下的水，又可分为两部分：一部分被土壤吸收，是可以供农作物利用的；超过这部分的则渗入地下，成为地下水。土壤吸水和水流入地下都需要一定时间，因此田中各处所有各部分水量的多少，视来水水量和水停留的时间而定。如果来水量小、不够土壤吸收的，就不会产生径流；如果来水量大、水流很慢，土壤吸收和下渗的水就多，径流的水量也不大；如果来水量大、流得很快，径流的水量就会很大。灌溉的要求是希望田里的每一株作物都能得到生长所需要的水量，不足或过多都会影响产量，因此灌水均匀是最重要的。但地面灌溉靠在地面上输水，进水口附近的田面来水量大，有水的时间长，必然得到的水量多；而出水口附近的田面只能得到别处来的"尾水"，水量可能少得多。因此，这种灌溉方法很难达到灌溉均匀的要求。

为了使灌水比较均匀，我们中国的传统办法是将田块尽量划小，把田面尽量整平，把水尽快一次放满，即所谓"小畦漫灌"。但这只适用于精细的人工作业，不能机械化。将漫灌改为"沟灌"，即在田面上顺坡开挖均匀排列的灌水沟，使水沿沟进入土壤，可以大大提高灌溉的均匀度，而且可以与玉米、棉花等重要条播作物的栽培相结合，实现整地作业的机械化。这就是我在弗雷斯诺实习时所遇到的美国大田里用的灌溉方法。沟灌减少了沟与沟间的灌水量的差别，提高了田块中横向均匀度；但对一条沟内进水端与出水端的水量差不能减少，不能提高整个田块的纵向均匀度。为了解决这个问题，有人研究提出了一种"脉冲灌溉法"。

到加州之前，我已在报刊上读到过有关脉冲灌溉法的研究，到这里才知道这项研究还没有进入实用阶段。但通过在这里的沟灌实习，我对它的思路有了比较具体的了解。脉冲灌溉的要点是，把一次灌入沟里的总水量分成多次，间断灌入。前几次灌水后，沟面表土吸饱了水，后几次灌的水就可以较快流到沟尾。这样就减少了沿沟的渗漏，加大到达沟尾的水量，提高了沟内灌水的均匀度。我回国后，没有机会参与灌溉的研究，不清楚脉冲灌溉技术的发展情况，但1994年去台湾考察，发现那里正在进行相似的研究。当然，水在田间的流动，与田面坡度、土壤性质、整地状况等都有很大的关系，制定一套完整的"脉冲灌溉制度"，必须对当地的具体条件有深切了解，不仅是一个产生脉冲水流设备的研究开发问题。因此，即使在一个地方试验成功，推广也可能遇到困难。这也可能是为什么经过几十年的研究、试验、推广，脉冲灌溉始终未能完全取代简单的沟灌的原因。

8. "老板来了！"

我们到达公司时，是公司门市部的一个职员接待我们，帮助我们安排了住处，告诉我们如何参加田间劳动等，但没有让我们见到老板。这是一个公司，不是一个农家。公司不仅有大片农田，而且还有棉花、棉籽等农产品的加工厂，老板没有时间接见我们，是正常的。

经过半个多月的实习劳动，我们还是没有见到过老板。忽然，有一天下午，我们正在田里摆弄虹吸管的时候，一个工人大声喊道："看，老板来了！"我顺着他指的方向看去，一架小飞机正向我们飞来，飞机在头顶上盘旋一阵后离去。这边，工人们议论开了。有人发现我们对老板开飞机来视察有些惊奇，就问："你们看清楚他了吗？"

"我们看见飞机里有人，但没看清楚是什么模样。"

"他可看清楚你了。老板不常来，但熟悉我们每个人。老远他就看清楚了我们，张三、李四的名字都叫得出！"

这个农场有多大？我始终没有搞清楚，但老板乘飞机视察的事实可以告诉我们这农场确实很大，大到老板必须从天上才能观察到田间灌水的全面情况。步行无济于事，甚至开汽车来都有些勉强。美国中西部的农场主（也就是农民，那里农户一般雇工很少）都是开车下田的。这也可以说明从美国中西部到美国西部，农业经营的规模起了变化。当然，更大的变化是，在这里下田劳动的都是由公司雇来的工人，而不是一般的农民。这对个人、对社会、对国家都会产生重大的影响。

9. 从明尼苏达来的同乡人

过了不久，一个 40 多岁的工人找到我们："听说你们是从明尼苏达来的，是吗？""是。我们来自明尼苏达大学。""那我们就是同乡。我原来在明尼阿波利斯工作，前年来到这里。我的名字叫亨利·布朗（Henry Brown）。我邀请你们今天到我家吃晚饭，我的太太会欢迎你们。是的，是她要请你们，昨天她就开始准备做什么菜了。"

这完全出乎我们的意料。他竟然把我们看成美国人，而且攀起同乡来。我们能扫他的兴吗？不能！

晚上，他领着我们来到他家。用木板搭起来的房屋有些破旧，门窗狭小，是个穷人住的地方。进了门，看到桌椅都是用纸箱拼凑起来的，更能肯定布朗家的经济状况不佳。但主人的热情和菜的美味，使我感到分外温暖。显然，布朗太太茱丽叶（Julia）是一个善于做家务的人，做菜的手艺不错，能够把便宜的原料做得十分可口。她也很会谈话，关心我们的生活，尤其对我们的家庭状况感兴趣。我们觉得在这里遇到他们夫妇这样的朋友，真是幸运。他们知道我们是从中国来的，很快就要回中国去。我们知道他们是靠出卖劳动力生活的，很艰苦。布朗曾经长时间在明尼阿波利斯做清理烟筒的工作。"年轻时还可以，年纪大了，爬那么高，我真怕他发生危险。"茱丽叶说，"可在那里就是找不到别的工作。"

他们是听说加州在沙荒地里种棉花能赚许多钱，才下决心离开明尼阿波利斯的。果然，这里开发棉田还不能完全机械化，缺乏劳动力，来了能找到工作机会。"到加州，你可以有两种办法供选择。"茱丽叶说，"如果有钱，你可以投资买地、买设备，自己干或当老板、雇人；没钱，你也可以受雇于人，当工人，帮老板赚钱。这就是工作机会。我们没有钱，只有帮人家干。工作很苦，你知道加州的太阳多厉害，在田间干体力活是什么味道。好在能图一个'安全'，比清理烟筒安全多了。"

布朗家真的获得了"安全"吗？没有！亨利和茱丽亚简单谈了他们打算怎样积蓄一点钱、开始过好一点的生活后，突然话锋一转，亨利问我："你知道公司老板准备裁人吗？"

我说："没有。我们还没有见过老板。即使见了，老板也不会告诉我们这些事。"

"有人说老板正在联系水利施工公司，要他们来这里改造灌溉系统。改造好了，就可以少用一些工人。老板当然要把对农业、对灌溉有经验的老工人留下。要裁，只有裁亨利这样的人。"茱丽亚详细解释道，"我们商量很久，只有请你们向老板说句好话，不要开除亨利。你们能来这里，你们一定是公司的人，能和老板说上话。"

我们终于知道茱丽亚要请我们吃饭的意思。她误会了我们与这家公司的关系，有了非分的想法。中国人找事一般要托人情，是我们读书人不大愿意干的，没想到美国有的人也如此。但是再一想，如果有别的办法，他们又怎么会想到找我们呢？我不禁联想起斯特因贝克在《愤怒的葡萄》一书中所描写的美国穷人的命运。那个故事发生在 20 世纪 30 年代初美国遭遇经济大衰退的时候，现在已经过去 10 多年了。第二次世界大战之后，美国进入经济繁荣期，可是还存在布朗这样的困难家庭。我们除了说几句无关痛痒的安慰话，还能为他们做些什么呢？很抱歉，白享受了他们的热情招待，我们只有带着十分沉重的遗憾，向他们表示感谢。

当然，这又是一个与农业实现高度机械化有关的问题。要怎样为亨利这样的人安排出路呢？

第十一章　告别美国

1. 告别美国朋友

我们回国的事早由万国公司安排好，豪华邮轮克利夫兰总统号 (President Cleveland) 的船票已经寄给了我们。定下的航程是 1948 年 6 月 1 日自旧金山启程，途经洛杉矶、夏威夷、马尼拉、香港，最后到达上海。这是横渡太平洋的一次长途航行，在沿途经过的每一个大城市，都将靠岸停留一天，让乘客上岸观光。所以与三年前搭乘美国军舰横渡印度洋和大西洋的那次令人寂寞难熬的航行，大为不同。何况这次乘坐的是当时世界上最豪华的"总统级"邮轮，公司为我们买的又是二等票，可以享受船上提供的所有服务和娱乐设施。所以我们对这次回国的航行抱有殷切期望，准备在离开美国时，最后在豪华邮轮上享受一次所谓的"美国生活"。

离开美国，告别学校、告别万国公司的事情都已办妥，还有一件重要的事，就是告别自己结交的朋友。

来到加州之前，我曾到印第安纳波利斯向普舍尔一家告别。孩子们听说我要离开美国回到中国，急着问中国在哪里，到底有多远，我只能在地球仪上给她们解释。幸好芭芭拉在学校里接触过地球仪，能够听懂我的话。接着她们问："你回到中国去了，还会回来看我们吗？"

"我当然想再来看你们，但是，地球这样大，不是我想回来就能回来的。"我说："我还有家在中国。我的妈妈可能不让我再来美国，那就不能再看到你们了！"

孩子们扑向母亲，带着哭声说："妈妈，你看彼特说他不再来看我们了！""不会的，"贝蒂安慰她们说，"他会回来看我们的。告诉他，我们这里就是他在美国的家。他不能忘记我们！"孩子们的真情和母亲的话，使我非常感动。离别总是令人伤感的，无论在中国还是在美国。

2. 在旧金山的奇遇

根据航程安排，轮船将从旧金山启航，到洛杉矶停靠一天，然后离开美洲大陆，前往夏威夷。我们这批人就按实习地点的远近，分别到旧金山或洛杉矶登船。我和王万钧在登船的前一天到了旧金山，住在一家华人开办的旅馆里，想趁机出外游览一下旧金山市容。没有料到将要离开的时候，旅馆迎来了一批刚从中国来美的客人。其中竟有我的老同学潘和西。他是在西南联大待了几年之后才决定来美的。他急于了解美国的情况，我急于了解国内的情况，见面时的高兴可想而知。这次与潘和西意外的短促相见，对我30年之后的生活，特别是对我能送小女儿陶瑛到美国上大学，以及后来的一切，产生深远影响。

这一天发生的另外一件事情，也是我完全没有料想到的，就是有一群中国人正集中在这家旅馆开会。他们是来自许多州的"一元店"经理。我们来到美国，很少有机会见到华侨，因此对华侨在美国的工作、生活情况一点都不了解。如果就这样离开美国，岂不遗憾？所以在这离美前的最后一天能见到这些老华侨，听他们说些事情，也是一种运气。我能够听懂一些广东话，这时也意外地发挥了一点作用。

"一元店（Dollar Store）"是美国一种卖低档日用百货的商店，其中所有商品的价格都是一美元。有些价值较高的商品，因为外观较差或积存太久，也拿到这里出售，实际并不影响使用，所以受到一般群众的欢迎。我们在芝加哥和纽约都去过"一元店"，但没有想到有些"一元店"是中国人开的，更没有想到这些来开会的经理们正共同经营着一元店的连锁店。许多城市的一元店连成一体，经营规模就很大，竞争力比较强。他们每年聚会，研究经营策略，看来都是兴旺发达的样子。

3. 克利夫兰总统号邮船

三年前我们从中国到美国，先是乘美国的军用飞机从昆明到印度加尔各答，然后乘美国的军舰到美国；这次回中国去，乘的是邮船。当时（1948年）全世界的航空工业还不发达，远程飞机还只能供军用，一般人的跨海长途旅行只能靠轮船。

上船后，我们首先找到自己的舱位，二等舱的房间在船后半部的甲板上。我和张德骏同在一个房间。住定后，大家就结伴溜达，想看看所谓豪华邮轮的真相。果然，名不虚传，很容易就找到了豪华餐厅、舞厅、电影院、游泳池等的位置，都是我们可以去的。特等舱和头等舱在轮船前半部的几层楼上，是我们不能去的，但可以看到是一些套间和单人间。比我们差的三等舱在船尾部的甲板下面，相当于我们在军舰上住过的位置，也是我们可以去的。视察一遍以后，我们发现二等舱以上旅客的登船梯在船的中部，上船时，所带的大件行李登记后马上运送到行李舱存放。旅客只需要带随身物品进自己的房间，而且人数也少，所以上船的过程显得轻松愉快；相反，三等舱的登船梯在船的尾部，大小件行李随人进舱，舱里只有床位，不分房间，行李占满了通道，而且还不断有人挑着行李进来，因此显得特别拥挤紧张。

找到不同舱位的地方以后，我们又像三年前在军舰上那样，想发现这船的机械构造有什么特点。军舰上规定严格，有许多地方是不许我们去的。现在我们凭着二等乘客的身份，在船上自由多了。到轮机舱看了发动机和变速装置，到船两侧看了救生艇，到船头看了起锚机……甚至爬到船的最高处，看了十分壮观的烟筒，发现它并不冒烟，只是一个轮船体形上的装饰；真正用于柴油发动机排气的，是藏在里边细得多的排气管，在外面是看不到的。

4. 黑夜中起航

夜幕降临，船将起航。我们在甲板上扶着栏杆，望着灯光下的旧金山码头渐渐远去。我们就这样离别了旧金山，但还没有离开美国，还经过洛杉矶、夏威夷。现在是沿着美国西海岸的浅海向南航行，风平浪静，我们可以回舱，在非常舒适的房间里睡个好觉，但即将回国的极度兴奋，使我们无法平静下来。等大家散去后，我独自一人在甲板上站立了很久。"今日离别后，何日君再来？"刚刚在黑夜里隐去的这片土地，给了我很多、很多，包括孩子们给我的离情别意，令我难忘。而我给了他们什么？什么都没有……

从洛杉矶经过夏威夷，再到菲律宾，航行一直向西，横渡太平洋；从马尼拉航行改向北，我们离祖国就越来越近了。

第四篇

亲友、学生访谈录

陶鼎来同事冯广和访谈录

【陶鼎来简介】农业工程学家、社会活动家。1938 年从桂林高级中学毕业后考入西南联合大学机械工程系。1945 年考取公费留学美国，进入明尼苏达大学农业工程系学习，1947 年毕业获得农业工程硕士学位。1949 年进入华东农林水利部华东棉垦训练班任农业机械教师，1950 年任江苏省国营东辛机械农场技术副场长，1954 年任江苏省农林厅农垦局工程师。1962 年任中国农业机械化科学研究院副院长，1978 年任中国农业科学院副院长兼农业机械化研究所所长，同时兼任国家科学技术委员会农业工程学科组副组长。1979 年任农业部党组成员，中国农业工程研究设计院院长，中国华北平原农业项目办公室主任及协调员。从 1963 年开始历任中国人民政治协商会议第四、第五、

1950 年 4 月，陶鼎来到江苏省灌云县创办第一个国营机械化农场——东辛农场

第六、第七、第八届全国委员会委员，中国农业机械学会第一、第二届副理事长，中国水利学会第三、第四届副理事长，中国农业工程学会第一、第二、第三届副理事长及第四、第五届常务副理事长。2013 年 11 月，获中国农业机械学会颁发的"中国农业机械发展终身荣誉奖"。

【访谈时间】2020 年 10 月 21 日

【访谈地点】北京长城饭店

【访谈对象】冯广和（83 岁，陶鼎来的老同事、老朋友）

【访 谈 人】宋　毅　吴洪钟

　　算起来我和陶鼎来院长相识已经 57 年了，我一多半的职业生涯是在他领导下度过的，他是我的老领导，更是我的老朋友。

　　我 1964 年从北京农业机械化学院农业机械化系拖拉机维修专业毕业，分配到了 1962 年才成立的中国农业机械化科学研究院（以下简称农机院），那时

他从中国农业科学院农机化研究所合并来到农机院，担任副院长一职。当时我和他接触还不多，并不熟悉。因为那个年代大学毕业参加工作后都要劳动锻炼一年，所以我按要求下去锻炼了一个时期。

等我回到院里时，组织上又分配我到唐友章副院长主持的课题组工作。唐友章副院长当时主持的课题是研制跃进-2式拖拉机，实际上它是在仿苏联的德特-2式，一种多功能的拖拉机。当时第八机械工业部的想法是让洛阳拖拉机研究所研究拖拉机，而不让农机院搞动力机械，结果张文昂院长等院领导接受不了。张院长的想法是，要把农机院建成亚洲最大的研究拖拉机的机构，有点要对抗八机部的意思。之所以选择跃进-2式开刀，并且由唐友章副院长主持，是因为他资格老、没人敢找他麻烦。在这样的背景下，我当时就进了这个课题组。

我参加唐友章副院长主持课题组屁股还没坐热，1966年陶鼎来副院长主持的一个课题又上马了，而且是非常大的一个课题。

这是一个面向整个社会的宏观研究的课题，总的名称叫"自然界的辩证发展"。那个年代特别强调学习马克思列宁主义唯物辩证法，比如搞农业机械，就要结合拖拉机的发展过程。一开始是用链轨拖拉机作业，为什么能发展到后来的轮式拖拉机呢，就是因为在橡胶园中作业需要有链轨拖拉机，而链轨拖拉机经常会把橡胶树的皮蹭坏，后来在外面包上一层橡胶皮，对橡胶树的损害就少了一点，之后慢慢就发展出来轮式拖拉机了。当时就把这个过程叫做辩证发展，是在实践中辩证发展。

这个总课题的负责人是于光远先生，当时他还是中宣部副部长，亲自主持这个课题。我们做的子课题叫"农业动力和工具的辩证发展"，由陶鼎来副院长主持。我那时在农机院的第二研究室，专门做宏观研究，由陶院长分管，所以我就参加了进来。本来计划到1966年底课题要出成果、出书，但还没等出成果、出书，一场持续10年的动荡就开始了，也正是这时候我和陶院长的接触开始多了起来。

我刚去农机院那几年还是比较受重用的。农机院里年轻人很多，大部分人是20世纪60年代毕业的大学生，1962年、1963年毕业的最多，1964年毕业的比较少，我就是1964年毕业的。后来还有1965年毕业的，像后来担任过农机院院长、机械工业部工程装备司司长、国机集团党委书记兼董事长、中国农机工业协会会长的高元恩先生就是1965年毕业分配去的。当时农机院有一个大房间，本来是一间学术会议室，因为我们好多人都没地方住，院里就让大家一起在那个大房间住下了，高元恩也在其中。当年农机院的1 100多中人有900多共青团员，我1964年去劳动了一年，1965年回来后就当上了农机院的团委委员。

我参加陶鼎来副院长的课题组后，自然是很投入工作，到 1966 年的六七月，因我负责的那部分研究做得比较好，被放在大课题组中传阅。我所在课题组的组长，课题结束半年了研究报告还交不了。我问他怎么回事？他说"写不出来"。"你写不出来我给你写"。结果我用了一个星期就写出来了。原计划 1966 年底是要出书的，出了书我马上就可以评工程师，当时院里规定的条件是要毕业五年以后才有资格参评工程师。我 1964 年毕业，农机院 1966 年底就准备评我工程师了，谁料运动狂飙一来，这些都告吹了。

十年动荡突至，一切都乱套了，而且谁也不能独善其身，于光远先生成了全国著名的"黑帮分子"被打倒了，张文昂、唐有章等院领导成了走资派也被打倒了，陶鼎来副院长和其他留美、留苏的老专家们被戴上"反动学术权威"的帽子靠边站了，接受革命群众的批判。

我本人也不能再搞课题研究了，但我是院团委委员，平时为人也比较随和，运动开始时院里让我当农机院运动领导小组秘书组的成员。当年北京大学出现第一张大字报后，需要各方声援，农机院就是我带队去的。后来院里成立了一个组织叫"东方红公社"，又让我当秘书组组长，负责起草文字材料。再后来又说我是院里的修正主义苗子，什么也不让我干了，还被发配去了五七干校。

运动中，农机院里被打倒的走资派、反动学术权威以及其他莫须有罪名加身的人先后被关进了"牛棚"，其实就是农机院现在前面那栋办公大楼后面的一片平房。那片平房最早是农机化研究所做实验室用的地方，那时候没事干了，就派上用场当了牛棚，最多时关了 60 多人。

陶院长虽然被关了"牛棚"，好像并没有受到皮肉之苦。他这种人本来就是知识分子，是做学问的，没有什么民愤，没有人有针对性地去报复他，造反派最多是骂他几句"反动学术权威"。相反倒是院里有些做行政工作的干部，运动中就吃了不少苦，群众组织中像东方红公社里那些心存正义的职工还是同情陶院长他们的。

即使在那样的逆境里，陶院长还是那么认真，是就是，不是就不是，他那股执着劲，我看了都为他捏把汗。

举两个例子：一个是造反派批斗反动学术权威的事情，批斗会都是在操场上开，四周围着一圈群众，戴着反动学术权威帽子的人站在场边，一个挨一个被叫进操场中间接受"革命群众"的批斗。其中，有的"反动学术权威"头脑比较灵活，不吃眼前亏，造反派问：你是学术权威？回答：我不是。又问：那你会什么？回答：我什么都不会，群众才是真正的英雄。周围人一笑，把他轰走了，由此躲过了一劫。而轮到批斗陶院长时，造反派问："你会发动拖拉机吗？"他回答："我会。"本来嘛，他学过这个专业，又在东辛农场待了那么多年，肯定是会的。现场就有一台链轨拖拉机。这种拖拉机一开始是没带小型发电机的，得用小汽油机拉着启动，用绳子把飞轮缠住，人用力一拽，咚咚咚声响，小汽油机发动着，然后小汽油机的小齿轮带动了大飞轮，外面有一个齿条再带上它把大发动机发动着，拖拉机才能发动。但在当时那种环境下，周边围着一圈人在批斗他，他还非要说我会。造反派说你会你就来，结果没有发动着。不少人实际上是为了保护他，就喊着陶鼎来你不会就走吧，他还不走。后来他往场外走的时候，一边走还一边回头说："我会，我就是会。"

另一个例子是陶院长他们这批留美学生都被牵扯到国民党特别党员案中去了。说是1945年他们在办理出国手续时，每个人都填写了一份加入国民党的表格，成为国民党特别党员。运动中，农机院造反派让他交待有关情况，但他就是不承认，坚持说没有加入国民党。即使后来在五七干校因这件事被重点监督改造，不让他解放回北京，他也坚决不承认加入过国民党。听他讲，他和任总工程师的老同学王万钧一起被关在牛棚时，王万钧总工就悄悄地问过他："咱们参加国民党了吗?"陶院长说："反正我没参加，你参加没参加我不知道。"他就是不承认，在干校期间还给院里写了挺长一封申诉信。农机院说你不承认我就查你，派人去重庆、南京等地调查。查来查去，他确实没有填过加入国民党的表格，连王万钧也没填过。

1969年我和陶院长先后都到了湖南常德地区西洞庭的农机院五七干校，在那里我们的关系一直比较好，他当时在食堂负责做豆腐。我一开始在机务班，但在那个地方开拖拉机很麻烦，一下雨都要上大堤，而洞庭湖的大堤很危险，在上面时刻提心吊胆。我后来不开拖拉机了，就到食堂做饭去了。当时干校的人谁也不愿意去做饭，干别的活都可以偷偷懒，唯有做饭没法偷懒，每天都要起得最早，不然耽误大家出工罪过就大了。我当炊事班长给大家做了两年饭。

陶院长的爱人吴祖鑫在干校期间不慎染上了血吸虫病，当时不少人都染上了这种病。一般来讲，对这种病医生不轻易给病人确诊，必须从病人化验的粪便中确定有孵化出来的幼虫，才敢确诊。当时对这个病的治疗，要吃有毒的药，以毒攻毒，但陶院长万幸没有染上。

离开湖南干校以后，我就萌生了离开农机院的想法。我本来到农机院后挺受重用，后来被当成修正主义的苗子受到冷落，我又和当时的院领导不大合得来，我尊敬的老领导陶院长也早就不管事儿了，自身难保。我想想算了，不在这里干了，带全家回到山西老家去。我是山西晋南地区芮城县人，1972年底，我调回了山西省农机局，全家来到太原。陶院长恢复工作后一直搞宏观研究，我也从山西帮他搜集一些资料，比如农业机械化大的形势和发展，在山西工作期间我和陶院长一直都有联系。

农业机械化研究所最早成立于 1956 年，在合并成立农机院之前就是中国农业科学院下面的一个研究所。1978 年全国科学大会闭幕以后，农业部决定恢复成立中国农业科学院农业机械化研究所，上级任命陶鼎来去当中国农业科学院副院长兼农业机械化研究所所长。最初他还身兼农机院副院长一职，一人兼着两个科学院副院长的职务。

但是他从农机院出来办农机化研究所的时候，只有几个人愿意跟着他出来回到农机化研究所，即便是当年从农机化所划过去的人也大多不愿回来了。陶院长当时可说是要人没人、要房没房，要多困难有多困难。好在陶院长能够见招拆招，没有人就先从各地借人，就是在这个时期陶院长主动和我联系上了。应陶院长之邀，我从山西农机局回到北京进了农机化研究所，没再回农机院。一开始山西农机局不愿意放人，人家那里也要搞建设，也在争取 1980 年底基本实现农业机械化。既然不放，那就先借调过来工作，我就这样回到了北京。

后来听说，恢复农机化研究所这件事，是当时农机化管理局科技处处长徐汉臣具体负责的。估计是陶院长跟他说的要借我过来，山西省农机局不同意。随后，科技处干部张惠文一天连发三封加急电报催省局放人。当时农机局工作的一位女同志，她爱人是山西省军区的高级干部，她敢说话，跑到局长那里说，哪有这样子的，中央要人你们还不放人家走？这样山西省局才同意我借到北京来。一来到北京我就到了成立农机化研究所工作组，部科技司、农机化管理局科技处也经常找我帮助做些具体事情，包括恢复中国农业科学院农机化所，收回南京农机化研究所，当时给上级的报告不少都是我起草的。

1995 年 2 月，农业部规划设计院党委书记白福耕（中）与原院长陶鼎来（左）、原副院长张季高（右）合影

我到农机研究所后具体任务是对内搞管理，对外跑项目，农机所刚恢复就开始搞研究、做项目了。因为我在农机研究院宏观研究课题组时，和国家科委分管这方面业务的人有接触，有些人还比较熟悉，找起来较容易。同时我和中国农业科学院联系也比较多，和农科院的科研管理部关系也挺好，前后立了不

少课题项目，像农村能源课题的研究就是从那时候开始的。

在农机化专业人才方面，农机研究院没给研究所什么专业人才，陶院长就向沈阳农学院借来了张季高教授，从广东省农机研究所借来了何宪章研究员，从东北农学院借来了佟多福教授。前两位都是他留美学习农业工程时的同学，佟多福教授所在的东北农学院尚未复校，他是搞农机修理专业的。

因没有办公场所，这些人借来以后，就在农机研究院靠北门位置的农机院招待所里开始办公。当时，北京农机化学院还在河北邢台地区办校，还没迁回北京，新盖的两栋宿舍楼，一个叫新北楼、一个叫新南楼，当时都空着，农机所就搬过去了。陶院长又借了北京农机化学院的新北楼搬进去办公。

最早借调到农机化研究所工作过的人，我记忆中有：张惠文，她是陶院长同学、北京农机化学院李翰如教授的研究生，后来担任过农业部农机化管理司科教处处长、副巡视员；黄家俊，他后来担任过农业部科技司专利处处长；陈英，是从北京农机化学院修理教研室借的，她当时在办公室工作；还有一个是农机院的女同志，她爱人是从苏联留学回来的，担任过农机院第一副院长、机械工业部副部长的李守仁；还有罗必武，在农机院时我们在一个研究室，跟着陶院长主管办农机展览业务。

张季高先生是最早借调过来时，他不负责具体事情。他们几位老专家主要是帮助陶院长出出主意，搞搞策划。后来他正式调来时，已经不是农机化研究所了，而是中国农业工程研究设计院（简称农工院）了，他是调到农工院的，在农工院被部里正式任命为副院长，主管学术、学会方面的事情。农工院是1979年经15位总理、副总理画圈批准同意成立的单位，原因有二：一方面，农业部决定以农机化研究所为班底成立农工院；另一方面，农机院那边要恢复农机化研究，上级也决定农机化研究所回到农机院。于是，农机化研究所就分成两部分了，一部分人跟着陶院长来到了农业部新成立的农工院，另一部分人又回到了农机院，其中就有大家比较熟悉的刘泽林，他后来是《农业机械》杂志的社长。农工院由三部人组成，除了农机化研究所这批人，还有林产设计院的一批人，以及东北过来的一批人。

1979年，农工院酝酿牵头成立中国农业工程学会，我也根据陶院长的指示参与了学会的筹备工作，经历了学会成立的整个过程。成立学会的请示报告、第一届会员大会的会议纪要都是我起草的。农业工程学会成立大会在杭州召开，第一届理事会理事长是朱荣副部长，陶院长是副理事长兼秘书长，但他们两人都不管学会的具体事情，具体工作主要是张季高先生管的。

在我看来，陶院长对一起在美国留学的同学是很讲感情的，像王万钧先生的儿子王正元、徐明光先生的儿子徐及、张季高先生的女儿张克轩、方正三先生的女儿方平等都安排在了农工院工作。

2015年陶鼎来和夫人吴祖鑫金婚纪念时老同事们合影（后排左一冯广和）

　　陶院长和吴祖鑫的一个儿子、两个女儿很早就去了美国，在美国定居。我作为他的老部下、老朋友，又和他同住在一栋宿舍楼，在他晚年的时候和他走得比较近。他的一些大活动我都参加了，比如，他90岁生日庆祝宴会，他和吴祖鑫金婚50年纪念等。

农业部规划设计研究院（中国农业工程研究设计院）建院30周年高层论坛

方正三之子方中访谈录

【**方正三简介**】浙江省东阳市城关镇人，生于1919年，九三学社成员。1942年毕业于浙江大学农艺系；1945—1948年赴美国留学，获硕士学位；1948—1955年在浙江大学任教；1955—1980年先后在中国科学院西北水土保持研究所、中国科学院地理研究所工作，曾任西北水土保持研究所土地利用研究室及地理研究所水文研究室主任；1980年调至中国农业工程研究设计院。

【**访谈时间**】2020年7月13日
【**访谈地点**】北京西城区方中老师家
【**访谈对象**】方　中（方正三先生之子）
【**访 谈 人**】宋　毅　吴洪钟

方正三（1919—1995年）

　　我父亲出生在浙江省东阳市城关镇的一个破落小生意人家庭。东阳人很会做生意，比如传统的东阳木雕生意从古至今一直都很有名，到现在也是这个地方的支柱产业之一。父亲出生时家道已经开始走下坡路。家庭中，父亲还有一个姐姐和一个妹妹，只有他一个男孩。当他大学毕业参加工作挣钱以后，不但要负责赡养我奶奶和两个姑姑，还要负担在省城杭州读高中的远房亲戚的学费和其他费用。父亲从年轻时就对家人表现出很深的爱，对家人很有担当。

　　父亲1942年从浙江大学农艺系毕业后，在中央农业实验所稻作系工作，从事水稻气候的研究。从他一生的经历来看，他的学术生涯跨度非常大：先是学习农学从事水稻领域的研究；考取赴美公派留学生后，又学了机械方面的课程，取得农业工程的硕士学位；回国以后长期从事的是西北地区水土保持方面的研究工作。但不论怎么跨，他始终都是从事农业工程、水土保持、农村建设的科研和实践工作，把毕生都献给了中国农业工程事业。

　　听亲戚讲，父亲先后考过两次出国留学生。第一年他没有考到公费留学资格，想出国也行，但要自己掏钱。所以虽然考上了，但是他没有去，为什么呢？当时能自费留学的人，家庭出身非官即宦、非富即贵，他觉得自己家里没钱，做的小买卖维持生计已经很困难了，他自己虽然在中央农业实验所工作，有薪水，但要负担母亲和姐妹的生活费，压力的确很大，所以，他放弃了这次机会，下决心第二年再接着考。备考期间，他把身上的棉大褂后面剪掉一大块儿，后背露了出来。不时有人会嘲笑他几句，他就用这个方式激励自己一定要考上。第二年，1945年招收赴美学习农业工程研究生时，他已经毕业后工作满3年，大学本科是农学专业，符合招生的条件，再加上平时的发奋备考，这次就考上了公费留学生（全国录取的第二名），进入了美国艾奥瓦州大学的农业工程系。

赴美留学时期的方正三

他读硕士时，学校给每人发了一枚像刺绣一样的徽章，后来在"文化大革命"期间，这枚徽章被人搜走，当成"四旧"给烧掉了，这个东西我见过，所以我知道有这么回事。至于去美国以后在美国怎么样读的书，具体情况我不太清楚，父亲很少跟家里人说起这些事情，他是一个个性非常内向、认真严谨的人。

在美国读书时，国民党政权摇摇欲坠，腐败横行，物价飞涨，他和大多数民众一样对国民党统治很是不满。凭着书生意气，他给当时美国副总统写信，建议美国政府不要去支持蒋介石，结果，信往报纸上一登，被国民党当局知道了，立即把他划进了思想"左"倾的阵营。

1948年学成归国后，父亲回到母校浙江大学教书，他的普通话说得不太好，东阳口音重，讲课时学生听东阳话比较吃力。于是有学生就提出："方教授，您看能不能这样，您用英语给我们讲课吧，您的口音我们听不太懂。"于是父亲就用英语讲课，他刚从美国回来用英语讲没有问题，但学生里又有几个能听得懂用英语讲的农业工程课程呢？父亲和他的学生们只好加紧努力，不断地磨合。

我母亲是河南郾城人。母亲家里当时挺有钱，外祖父在国民党时期是当地的县财政局局长。外祖父是个开明人士，他希望子女能够出去读书。那个时候传统的北方家庭大多是不赞同女孩子上学的，但母亲很幸运，家里不但让她上学，还一直供她读到河南大学。

母亲一开始学的是医学专业，但到上解剖学课程的时候，面对冰冷的尸体心理上有些不能适应，于是转成了文科专业。日本军队侵占中原后，她同学中就有被日本人杀害的（我外祖父的死也和日本侵略军有关），母亲十分仇恨日本侵略者。日军侵占河南时，她就翻越秦岭前往四川。那时候秦岭没有什么铁路，只能徒步翻越，没有吃的，就吃山上柿子树上结的柿子充饥，一路吃了很多苦。后来到了成都，她去四川大学教书，通过教书挣点钱养活自己。父亲是从美国回来后和母亲相识、相知，并走在一起的。我姐姐出生于1952年，我出生在1954年，都是在杭州出生的。父母一"洋"一"土"，父亲是"洋"的，在家里面管教孩子很严格，同时又很节俭。母亲是"土"的，受家庭出身的影响，她对子女的教育和父亲不一样，虽不像父亲那样在经济上抠得那么紧，但也不让子女大手大脚乱花钱。从小到大，都是姐姐穿完的衣服母亲给我改一改让我接着穿。

1955年，时任浙江大学校长同时兼任中国科学院副院长一职的我国著名物候学家、气象学家竺可桢先生被中国科学院遴选为学部委员，并且在这年调往北京，兼任中国科学院生物学地学部主任。

父亲在浙江大学读书时，竺可桢先生是他的老师。竺可桢先生一直很欣赏父亲，这次调任北京，他就把父亲带到了北京。随后，在我两三岁的时候，全家人从杭州迁到南京再到北京，与父亲团聚了。

父亲到北京后进入了中国科学院地理研究所，担任地理研究所一个室的室主任，具体哪个室我记不清了，位置在中关村，后迁至朝阳区大屯路上，今天与奥运村为邻，母亲也调入地理研究所的资料室。那个时候，黄河已经成为了一条地上河，经常泛滥，给沿河各省百姓生产生活造成很大损失，所以水土保持工作很重要，也很迫切。父亲到地理研究所工作后，把目光投向了大西北的水土保持研究工作，很愿意在这个领域为国家做点有用的事情。

黄河的主要问题是泥沙的淤积问题，即水土流失，这是问题的本质。黄河上面修了一座大坝，建设了三门峡水库，可泥沙淤积严重影响了水库功能的发挥。当时我们国家政府构架中还没有水土保持机构，而像美国这种经济发达的国家就有。父亲认为政府设立水土保持机构很重要，得由一个国家机构来对水土保持工作统一进行管理和运作，光靠几个科学家去研究、靠民间去推广，力度显然不够。刚好中国科学院在陕西省武功县杨凌镇（今杨凌示范区）有一个西北水土保持研究所，所长虞宏正是国家一级教授、国内著名专家学者。父亲自己提出要求，愿意到那里工作。但这次他没有真正调过去，户口仍留在北京，他人到那里主要从事陕北水土流失治理工作。

父亲调到中国科学院后是三级研究员，月工资为280元，他除了供养自己的家庭外，作为孝子还一直给奶奶寄钱，所以生活过得很简朴，从不给子女零花钱。倒是母亲，时不时塞给我们姐弟一点零花钱，童年的我还能经常吃到冰棍等零食。但有一次父亲带我到王府井买东西时，我无意中发现父亲的兴趣爱好竟然还挺高大上。当时王府井的商店里有一些过去的资本家寄卖的私人汽车，就在小铺子里卖，车摆在那里，轮胎也没气。我清楚记得是辆别克车，美国产的二手老车。他看见后就在里面围着车转，看得出他非常感兴趣。我很奇怪，当时国内根本没有私人汽车，也就是达到一定级别的领导干部才会有车。

他在那看，我也跟他一起看，这时我才知道父亲早在美国留学时就会开车。他告诉我留美期间，一到寒暑假的时候，那些家境比较好的同学就会结伴出去旅游了。父亲舍不得花钱旅游，假期里有的时候就借门口传达室一个打扫卫生的老员工的汽车开出去转转。我当时不理解，一个传达室打扫卫生的老人，怎么会有汽车呢？这也说明父亲在经济上一直是比较拮据的，从而养成了节俭的习惯。

总之，父亲就是这么一个人，不太爱说话，而且对子女的教育非常严格，在学术上也是这样一是一、二是二的。一直到1966年，我们家一直住在北京中科院地理研究所，但父亲总是在陕西出差，回来没几天又走了，风尘仆仆的，非常辛苦，这给我们留下很深的印象。

在我上小学五年级的时候，"文化大革命"开始了，北京大学聂元梓的第一张大字报一出，形势陡然间发生巨大变化。父亲头顶着"反动学术权威"的帽子，全家4口人一起被下放到了陕西武功县的杨凌。和之前父亲主动要求去西北水土保持研究所不同，这次不但全家人都去了，户口也都迁到杨凌，全家人都变成陕西人了。

当年的杨凌建有8个单位，以西北农学院为中心，旁边还有中国科学院西北植物研究所、中国科学院西北水土保持研究所、水利部西北水利科学研究所、陕西农科分院、西北林业大学、陕西农业学校、陕西水利学校。西北农学院是民国时期建的高等学校，国民党元老于右任先生是学院的创始人，学校里有美国人修建的建筑，更多是民国时期及欧式的建筑。除了这8个单位，周围没有过渡，都是农村庄稼地，且离武功县城还有一段距离，离省城西安就更远了。虽然离开了漩涡的中心北京，但我家落户的西北水土保持研究所那阵子折腾得也挺厉害，正常的科学研究几乎停顿了。一个时期，父母的工资也被停发了，只发一些生活费，每天的工作就是打扫卫生等。

尽管身处逆境，父亲仍然没有放弃自己心中的事业，用自己所学的科学知识报效祖国。在西安附近的长安区五台乡境内，水利部要修建石砭峪水库，他就申请到那里去推广从美国引进的一项定向爆破沥青混凝土堆石坝技术。该技术当时国内没有，在国际上也是先进的。技术要点：一是定向，在两面山上打隧道，放进去很多炸药，根据设计好的方案引爆，炸开以后就定向形成了一个堆石坝；二是要防止渗漏，用沥青混凝土防渗技术，在邻水一面铺上沥青防渗，这在当时可说是多快好省的一项先进技术。当时的水利部长钱正英去视察过。我知道这些是因为父亲出版定向爆破专著的时候，我帮助他一幅一幅画过插图。但让他没想到的是，这次技术推广工作差点要了他的命。石砭峪水库一带有一种老鼠叫黑线鼠，带有一种病毒，可以传染出血热，而当年的出血热就相当于今天的非洲埃博拉病毒那么厉害，患上以后死亡率非常高。父亲就不幸染上了出血热，病情发展很快，眼看就不行了。幸好当时离西安近，他被人赶快送到西安抢救，还好最后被救治过来了。养病期间，他一直也没闲着，还在给国务院时任总理、副总理写信，呼吁在我们国家成立水土保持局。这一时期父亲曾经当选为陕西省政协委员。

父亲这辈人如此，我们这些生活在杨凌各单位的孩子们也不甘沦落。周边都是农村，这里的孩子远离城市，既没有休闲娱乐，也没有地方逛商场公园，大多数人的家长都是专家学者或是科研院所的工作人员，各家孩子都是拼命学习，不愿放任自己。这么多年过去，据我所知，杨凌这地方走出去的孩子，有不少人在海内外是有所建树的，为国家做了不少贡献。

父亲回到北京是改革开放以后的事情。1978年全国科学大会召开以后，农业工程被列为国家新时期需要重点发展的学科之一，农业部专门成立了中国农业工程研究设计院（以下简称农工院），他留美时的老同学陶鼎来前辈出任农工院的第一任院长，负责筹建农工院。陶鼎来先生在他的回忆录中讲过，搞农业工程需要有专门的人才，而我国从1952年开始就取消了大学中的农业工程系，代之以农业机械系，农业工程人才培养出现断档，真正学习过农业工程的就是他们这批留美硕士研究生，以及新中国成立初期南京大学和金陵大学的少量本科毕业生，因此，他首先向留美时期的各位同学发出邀请，愿意搞农业工程的可以到中国农业工程研究设计院来。

父亲没有对家人讲过他是如何与陶鼎来前辈沟通调到北京农工院的，但是我知道，他那时的确想调回北京从事农业工程方面的研究工作。正好农工院急需人才，他的专业背景又完全符合条件，因此父亲抓住了这次机遇。按政策，父亲母亲调回北京的同时可以有一名子女随迁，于是，我姐姐就随父母前往北京，也被安排在了农工院工作。我因为当时已经在杨凌参加工作了，就一个人留在了那里。这是20世纪80年代初的事情。

在农工院工作期间，有一年农业部组团去意大利参加联合国粮农组织的活动，农工院领导负责带队。在会议上父亲就中国农业工程的有关问题作了发言，全程用英语演讲。回国后，他还拿回来一盒录音带，里面有他用英文演讲的内容，对这盒录音磁带我有深刻的印象。另外，他到欧洲访问考察时曾被意大利比萨大学聘为名誉教授，还赠送他一枚伽利略纪念章，纪念章一直由我保存。

即便是出国访问，他在生活上依然很简朴。到联合国粮农组织参加活动时，出国前单位给每个人发了300元置装费。他领到钱后，去买了一双猪皮鞋。全家人一致反对，劝他说你就买一双牛皮鞋吧，是国家给的钱，又不要你自己花钱。他却说，"我这不是穿着挺舒服吗？牛皮鞋多硬啊！"

我是1976年在杨凌参加工作的，工作单位是中国科学院西北植物研究所，在著名遗传学专家、小麦遗传育种专家李振声主任领导下工作。后来他当选为中国科学院院士。他有一个学术研究团队，其中一个组是搞植物化学的，在40多年前他们就开始搞遗传工程，在国内真是算起步挺早的了。他们研究的植物细胞融合、单倍体培养等，在当时也非常先进；还有一组人是从兰州大学毕业的学生，搞遗传育种。他的团队选育出来的种子经济效益很好，在全国推广应用面积很大，对解决中国人吃饭问题做出了很大贡献。

我在李振声老师手下工作了8年，对他很了解。他和我父亲也熟。1951年从山东农学院毕业后，他和爱人都在中科院西北水土保持研究所农业室工作，后来才调到西北植物研究所，再之后调到北京。

1977年，国家恢复高考制度，那时我在西北植物研究所的实验室当实验员，搞遗传工程单培体培养。当时我没有经过系统的基础知识学习，算是个外行，但是单位安排了"扫盲"，学习了植物学、遗传学等课程。我那时候倒是很努力，有一份工作来之不易，为了生存着想，我每次考试考得都不错，常得100分，有一些这方面的基础都是那时候打下来的。我所在课题组的负责人因为要完成课题任务，要求大家一切都要围着他转。他设计了一些培养基，让单倍体细胞在里面生长。培养基里面有很多东西需要去配，我就是负责做这项工作的。结果他使用顺手了，怕换新人耽误事，1977年恢复高考后他不支持我考，为此我和他之间搞得不太愉快，后我改行干了电子显微镜工作。

在西北植物研究所工作8年后我调回了北京，调入农业口的植物检疫研究所。因为我依然想读书，想接受高等教育，后来有一个调到公安部单位的机会，我提的条件是若有机会考大学的话，你们让我去考，考不上是我没本事，但是给我这个机会就行。他们答应了我的条件，我就调过来了。他们为什么会答应我的条件呢？当时我在中国科学院系统定的是行政23级，是最低的级别，但我已经搞了几年电子显微镜了。40年前，包括全国医院、部队、科研单位，各行各业加起来，搞电子显微镜的总共才400人左右，算是凤毛麟角，有一技之长了。刚好我又在中国科学院相关研究所进修过，参加考试也考下来了，我凭着这点特长调到了公安部，他们刚好在进电子显微镜，需要这方面的科技人员。

此前，我曾想去中国科学院地球物理研究所，他们要组建一个电子显微镜室，所长陈宗基是当时全国侨联副主席，我的一个同学在他门下读研究生，他就把我引荐给陈所长。面试时陈所长提了几个问题，我顺利回答完了以后，他跟我同学说这个人要了。后来为什么中国科学院人事部门没批下来呢？是因为我当时的转干材料还没从陕西转过来。

最后公安部这个单位答应接收，我才有机会进入公安系统。再后来我考上了中国人民警官大学，如今学校已经合并到公安大学。读书时我把户口都转到了学校，还好，毕业时又分配回原单位，我总算圆了多年的大学梦。无疑，我考上大学后父母都是非常开心的，感觉为他们争光了。

父亲是 1995 年 10 月 12 日不幸因病去世的，他生前患有帕金森综合征，后来摔了一跤导致脑溢血，是在北京朝阳医院离世的。

母亲是 2019 年去世的，享年 100 岁。母亲之所以能百岁高寿，主要有两个原因：一个是母亲家族有长寿基因，我的外公活到 80 多岁才去世，在他那一代人里算是高寿了；二是母亲心态非常好，不为杂事所烦恼，外公给母亲留下一对很有名的鸡血石，很好、很漂亮，上面刻有两个淡黄色凤凰，现在应该是价值连城。这个宝贝传到我手里已经有些年了，但在搬家的时候不见了。我很愧疚地对母亲说：对不起，老辈留下来的传家宝让我弄丢了，谁知母亲心平气和又非常简短地说了几个字："财去人安"！情绪上根本不为所动。对此我深受触动。还有一件让我感慨的事，父亲去世后，家里收到过几封来自北京大学、清华大学的信。打开一看才知道，是我父亲生前资助过的学子们汇报学习情况和感谢我父亲资助他们的信。父亲生前生活十分简朴，对子女生活要求也极为严格，但在鼓励下一代读书学习方面确从不吝啬，慷慨解囊。老一辈的崇高品德值得我们好好学习。我愿把这种好的家风传承下去。

父母调回北京后，一直住着农工院分配的住房，有一个时期和陶鼎来院长家是门对门。陶老在世时，我曾见过他和吴祖鑫阿姨两个耄耋老人推一辆轮椅，你推我一程，我推你一程，成为农工院家属区一道靓丽的风景线。

因年代久远，有些记忆已渐渐模糊，但我父亲那一辈老科学家对待科研工作一丝不苟、实事求是、不为名不为利、严谨的学术精神却深深地铭刻在我的心里，希望这种精神能一直传承发扬下去。

李翰如之女李佳明访谈录

李翰如（1917—1987 年）

【李翰如简介】中国农业机械制造和农业机械化专家，湖南省湘潭县人。1933 年初中毕业后考入湖南省立第一师范学校，1937 年考入西北农林专科学校水利系，1941 年毕业于改制后的西北农学院，1943 年回西北农学院水利系任教。1945 年留学美国艾奥瓦州立大学，1947 年获得美国农业机械硕士学位和机械工程职业工程师职称，1948 年回国。新中国成立后任华北农业机械总厂高级工程师、计划科科长。1953 年 10 月调入北京农业机械化学院，1980—1982 年任学院副院长，1982 年后任顾问。编译《农业机械学》（共三卷），主编《农业机械学》《农业机械化辞典》《英汉农业机械辞典》等。

【访谈时间】2020 年 10 月 23 日
【访谈地点】中国农业大学东校区
【访谈对象】李佳明（李翰如先生之女）
【访 谈 人】宋　毅　吴洪钟　卫晋津

李翰如之女李佳明

长沙第一师范的寒门学子

我父亲1917年出生在湖南省湘潭县，自幼家境非常贫寒，但他天资聪颖，深得家族长辈们喜爱。他从小学一直念到初中都是由家族的李氏祠堂供给学费，他也不负众望，学习成绩在同龄孩童中从来都是第一，没有考过第二。

初中毕业要考高中时出现了一个问题，如果考取高中，学费就高了，祠堂负担不起了，家里更出不了这笔钱。他当时学校的校长是著名教育家王季范（1885—1972年）先生。王先生还有一重特殊的身份，他是湖南湘乡人，是毛主席的表兄。20世纪70年代，奉周恩来总理指示，参与接待美国总统尼克松访华的时任外交部副部长王海容是王先生的亲孙女。原来我们家有父亲和王先生的照片，我叫王老先生爷爷。

王老先生当时跟我父亲说："你应该继续读高中。"他说："老师，我不能读高中，我家里负担不起我。"王先生说："我是校董事，我可以作主，减免你的学费。"父亲说："您减免了我学费，但是一个学期四块光洋的生活费，我们家还是出不起。我不如去考师范学校，读师范不但不用出学费，还能发生活费，我还能节省一些贴补家里。"师范学校在新中国成立前就是公费，不但免学生学费，还给学生发生活费，正好可以解父亲的燃眉之急。

结果，父亲按照自己的意愿考上了的湖南长沙第一师范学校（以下简称长沙一师）。这是一所在中国现代历史上有重大影响的学校，位于湖南省会长沙市的书院路，享有"千年学府、百年师范"的美誉。早年，毛泽东主席在这里求学、任教8年，从这里走上职业革命家的道路。一个有趣的事情是许多年前，毛主席曾担任过长沙一师的学生会主席，而我父亲则是他们那一届的学生会主席。

1936年父亲从长沙一师毕业后在一所小学任教，任教一年以后才考的大学，属于先工作后考大学。由于考试成绩好，国立清华大学要录取他，但一看要交那么多学费，他就选择了放弃。倒是位于陕西武功县的西北农林专科学校（今西北农林科技大学的前身）招的是公费生，不但免学费，还发生活费，他就报考了西北农学院。父亲时常提起：他们那时候从湖南长沙到陕西武功县西北农林专科学校上学，因为家里没钱，别说卧铺，就是硬座都坐不起，是坐闷罐车去的。闷罐车是拉货用的，很便宜，就是没有座位，他们就是这么去的陕西武功。求学期间，他在节衣缩食的同时，还参与刻蜡板、在铁路旁边挖坑种树等勤工俭学活动，这样就可以挣些外快贴补家用。

农田水利专业的研究生

父亲大学毕业以后留在西北农学院任教。他在西北农学院的一些老同学对我说，你爸爸那时候被誉为西北农林专科学校之光，不但学习好，人品也不错。他本科学的是水利机械专业，所以水利界很多人都认识我父亲。1941年，水利系主任沙玉清教授组建"西北农学院农田水利研究部"，招收两年制研究生，父亲成为研究部首批研究生，导师就是沙玉清教授。两年后，父亲研究生毕业，留在了水利系任教。

后来他怎么改行到农业机械领域呢？这与1945年报考美国留学研究生有关。父亲说当时招生简章上说明，水力机械学制两年，农业机械学制3年。他想，机械学是相通的，我为什么不报这3年的，反正都是相通的东西，多学几年再回来，不更好一些、学得更扎实一点？当时他也没想到要做官，就觉得应该扎扎实实多学点，觉得两年学不到什么东西，所以就报考了农业机械专业。考试结果出来，水力机械、农业机械都录取了他，他就改行选择了学习农业机械专业，与其他9位大学时期学习农业的人一道，进入美国艾奥瓦州立大学农业工程系攻读硕士学位。此前，他在国内虽然读了在职研究生，但是没有硕士学位。

1945年，父亲去美国留学是先飞到印度，从印度坐船横渡印度洋、大西洋去的。父亲说，印度天气热得要命，船票也难买。在印度办点事是要给小费的，因为他英语好，到了印度后同行留学生们派他去联系船票。第一次去联系说是没票，后来再去时他发现别人在卖票的地方敲击柜台底部，这是什么意思？父亲想了一下明白了，是要给小费，后来他也去敲，把钱递过去，票就有了，要不然还要在40℃的高温下等待。

1948年父亲完成学业、取得农业工程学硕士后，美国有企业聘请他留美工作。当时国内解放战争已经进入后期，国民党军队节节败退，政权更迭的迹象越来越明显，留学生不回来也没多大问题。父亲为什么要回来？他说过的一段话给我留下深刻印象：那时候的美国农村已经普遍使用了联合收割机，当看到美国农业机械那么发达，人工那么少，效率还那么高，而中国还完全是靠人力畜力劳作，相比较非常落后。父亲心里很不服气，中国人学习一点都不比别人差呀！

毕业的时候，学校举行了毕业典礼，还为留学生举行了告别典礼。那些一起留学的伯伯、叔叔们，有的比父亲大、有的比父亲小，一致推举他作为留学生代表作离美前的最后告别演讲，因为他英语演讲能力还是挺不错的。

父亲这批人坚信的是一定要实业救国。他原来有两个好朋友，一个是"延安派"、一个是"西安派"。那两个人因为观念不同，总爱发生争论，就让父亲来评判究竟谁说的对。父亲坦诚相告："我就是相信实业救国，救家也救了国，我家里生活也能够过得好一些。我是家里的老大，兄弟姐妹又多，我必须把家里也照顾好，我跟你们不一样。"

陶鼎来前辈在他的回忆录里谈到这样一件事：回国的时候，留学生们手里都有点美元，1948 年回国前夕大家都买东西，国内有对象的，就给对象买东西。父亲买了一块金表戴在手上，结果船到菲律宾时，大家下船参观马尼拉，他戴着金表的手搭在车窗上，当地人趁他不注意一把将手表拽下来，瞬间跑得无影无踪。这件事我在家里听父亲讲过，但不是专门给我讲的，是他给家人和学生们讲时我听到的。

还有就是听父亲讲过集体加入国民党和国民党特别党员案的事情。先后经历过两次，每次都和求学有关。第一次集体加入国民党，是考上西北农林专科学校的时候。父亲考取的是公费生，但有个条件，公费生必须是国民党党员，国民政府才给你出钱供你读书。第二次是考取留美公派研究生时。出国前，在重庆青木关中央政治学校培训时，国民政府教育部宣布必须成为国民党特别党员才能办理出国手续。后来，到了"文化大革命"时期，这批留学生都因国民党特别党员案受到过冲击。

父亲在中央政治学校培训的时候结识了一个好朋友，他很早就出国了，在国外定居、娶了外国的夫人。改革开放以后他回到国内，第一件事就是打听我父亲的下落，还真打听到了。他说他特别佩服我父亲的人品，回到国内一定要打听到他，多年来他一直想回国看一看，第一个想见的就是我父亲。

大家闺秀钟情于青年才俊

我父母的姻缘挺有意思。1948 年父亲回国后进入南京国民政府善后事业委员会机械农垦处，任技术专员和湖南分处业务组长，回到湖南老家在长沙建立示范农场和农机修理厂。

我母亲是湖南长沙人，出生于 1925 年，与寒门出身的父亲不同，母亲家是当地的大家族，家族是做中药材生意的。当时长沙有两大知名的药店，其中一个就是我母亲家经营的"朱福芝堂"。我母亲怎么跟我父亲认识的呢？我父亲跟我母亲的嫂子，也就是我舅妈认识。父亲从美国回来以后，人年轻还有才干，人品各方面挺不错，舅妈对他印象很好。

父亲虽然人很有才，但是长相一般，而且小时候得过天花，脸上有一些雀斑。舅妈问母亲："你不会嫌弃这个吧？"母亲说不嫌弃，还是要看人品。后来两人一见钟情、一谈就成了。1949 年新中国成立后，两人步入婚姻殿堂，父亲调北京工作后，母亲一道来到北京，在北京农机化学院、北京农业工程大学、中国农业大学做了一辈子会计工作，2019年去世，享年94岁。

从赤脚医生到中医大夫

我是父母亲的独生女儿，出生于1956年。我出生时父亲已经39岁，属于中年得女，因此对我处处关爱有加。

我小时候家住北京农机化学院的7号楼，是一座小楼。我就在北农机的院子里长大，上幼儿园、上小学。到10岁时赶上了"非常岁月"，学校停课了。先是父亲在北京小汤山搞教改，我随母亲下放到河南罗山五七干校；后又与父母一道跟着学校被迁出北京，搬到了重庆北碚西南农学院的校址。在重庆，我读完了初中、高中，毕业的时候北京农机化学院又从重庆整体搬迁到了河北省邢台地区办学。我家随学校搬到邢台后，我就到邢台地区南和县插队，又在当地的中专工作了两年。

其实我作为独生子女是可以不插队的。我上高中的时候，高中同学就说，你不用插队。我当时就赌气说："我就要插队！"我就记得父亲说的一句话，人没有吃不了的苦，只有享不了的福。他举例说：美国的牛奶好喝吧？但是有些人喝了牛奶就肚子涨，他就享不了这个福，但是苦人人都能吃。后来我说："爸，我要插队。"我爸说"可以，我支持你。"他还说，知识青年到农村接受再教育，一定要把你们学到的新东西、新知识带下去。我记住了这句话，就开始准备东西。当时我妈以为我是闹着玩呢。当我从街上把做的箱子拿回来开始装东西时，她恍然大悟，觉得我真要去了，大哭起来了，就跟我爸爸说，她真要去、你真让她去啊！咱们就这么一个女儿，你让她去插队？后来我爸就劝我妈，"让她去吧，吃一吃苦，没有坏处。"后有很多人都说我傻，别人都不想去，你还偏去，这有什么好？而我感觉插队对我后来的人生产生了很大影响，后来我人生旅程中有很多起伏都是我个人不得不去面对、去承担的，我觉得父亲在这方面对我的教育是很有好处的。

去插队之前，我们家自己花钱让我到北京中关村医院去学习。父亲说你得学学针灸。他是什么都学，自己在重庆的时候得过冠心病，人家给他开药，他就买来医书边看边琢磨，包括中医医书、西医医书。插队之前，我到北京来做一个扁桃腺手术，做完手术父亲说能不能再请假两个月，让我学学针灸，于是我就请假到了中关村医院学习，别的地方我们也联系不上。为什么能联系上中关村医院呢，北京农机化学院有一个叫沈在春的老师，他也是搞农业机械专业的，他爱人是中关村医院的外科大夫，帮助我联系了到中关村医院学习的事情。

我很早就知道冠心病的冠状动脉硬化、粥样硬化等各种症状。20世纪70年代，父亲就跟我讲，他得的是冠状动脉粥样硬化，是什么症状、用的是什么药，所以我就知道了一些。我到农村后没几天，到大队部开会时，我就到了赤脚医生站，我说这是什么药、这是什么药，都治些什么病。大队书记就说，这个知青怎么懂这么多？我说我父亲有病时吃过这种药，而且我小时候也爱生病，也常吃药，我父亲说人多学点东西是没有坏处的。我又说，我还会扎针灸呢。书记惊讶了："你还会扎针灸？正好我们缺一个女赤脚医生。"因为那时候农村老要搞计划生育，男赤脚医生就很不方便做这方面工作，这样我就当上了生产队的赤脚医生，在那里一干就是两年。

我是北京农机化学院子弟里面第一个当上赤脚医生的，不过我还差点没有干成，原因是说我出身不好。我当上赤脚医生本来说是让我去学习，得先培训一段，可怎么也没人通知我呢？再过几天我们队的书记就跟我谈话："小李，你父亲参加过国民党啊？"我说"是啊。"我就觉得很奇怪，心想插队地方大队的书记怎么会知道这事。他又说："您母亲家里是大资本家？"我说："是工商资本家，不是官僚资本家，这是有区别的。"他再问："你舅舅还在台湾呀？"我答："是啊。"这些事上高中时填表都得填，但我想生产队怎么也不可能知道。后来我听说，我们一起去插队的人，听说我要当赤脚医生了，就把我汇报到学校，我们学校管理知青的人就提醒当地生产队，劝他们要慎重。

插队两年后，我上了当地一所中专学校继续学医。毕业后留在学校，一面教书，一面坐门诊给人看病；后来又考上北京中医学院大专班，拿了个大专文凭。到1980年前后，在时任党中央、国务院领导同志关怀、过问下，北京农机化学院由河北邢台整建制迁回北京原校址，尽管校园校舍还被其他一些单位占用着。相比较而言，北京农机化学院还算幸运的，当年同时建在学院路上、同为八大学院的地质学院、矿业学院和石油学院至今也没有全部搬回北京。

1980年，我因父母身边无子女调回北京，照顾年事渐高的父母。当时生活条件比较艰苦，我家先是被安排在了4号楼，后来又调回我出生时的7号楼。3口人挤在一间十二三平方米房子里，屋里搭两层床铺，我睡上层，父母睡下层。回京后根据我从事中医工作的业务专长，将我安排在校医院当了中医大夫，一直干到了退休。

20世纪80年代，国内掀起了一股出国热，周围不少同龄人都出国了，父亲也问过我："你想不想出国？"我说我学的是中医，也喜欢中医，我还是留在这儿吧。后来父亲告诉我，有好友问他："翰如兄，现在我们这些人的孩子都送出国了，你的女儿还没出去，有的人说好、有的人说不好，你对出国这个事怎么看？"父亲回答："好与不好，要看孩子们自己在外面的作为，他就是入了美籍、加籍、意大利籍，他后面还得加那几个字——华人，永远改变不了他是华人。我的女儿虽然没有出国，她留在国内一样能做有意义的事情。"但他又说，世界各地哪个角落都有咱们华人又有什么不好呢？可见父亲并不排斥让子女走出国门。

我退休后一直被原单位返聘，坐门诊、值夜班，发挥余热。目前，我是一个人生活，我也只有一个女儿，出生于 1992 年。她高中毕业就去瑞典留学了，现在在瑞典首都斯德哥尔摩生活，在瑞典银行搞数据分析。让我没想到的是，2020 年经过新冠肺炎疫情、世界局势动荡这些事，她看问题更加成熟了。有一天女儿对我说："妈，说实话，我觉得咱们中国政府是世界上为数不多的真为老百姓做事的政府。"

矢志农业机械化

新中国成立后，父亲从湖南来到北京，被安排在华北农业机械总厂，先后担任工程师、计划科长、总工程师等职务。1953 年，父亲调到新成立的北京农机化学院，开始了毕生的教书生涯。

父亲调到北京农机化学院还有个小插曲。当时清华大学著名学者刘仙洲教授很看好父亲的才学，邀请父亲到清华大学任教。刘仙洲教授是中国现代机械制造领域泰斗级人物，和父亲一道去美国学习农业工程的好几位伯伯、叔叔都是刘教授在西南联大任教时教过的学生；新中国成立后，刘仙洲教授出任过清华大学副校长，还是中国农机学会第一届理事会的理事长。在接到去清华大学任教邀请的同时，北京农业机械化学院（最初叫北京机械化农业学院）也要成立，父亲就说我到清华大学虽然名声好听，但它只是一个系，而新成立的农机化学院是一个学校，我还是踏踏实实地在农业机械这一块土壤上干吧。他就没有去清华大学，婉言谢绝了刘仙洲教授的邀请，从建校起一直干到生命的最后一刻。

父亲是带着对农民的深厚感情搞农业机械的，经常和农民兄弟打成一片。在重庆北碚时的某一天，家里快要吃午饭了他才打着赤脚走进家门，进到家里就开始洗脚。我边帮着洗边问：都说你在那里跟农民一起下田了？他说"这有什么不好呀，搞农业机械的，不了解农民的苦，怎么能有信念去做？你可不能有这种瞧不起农民的想法。"

父亲在农机学术界取得的成就是有目共睹的，在学术界的地位也是大家公认的。20 世纪 50 年代出版的《苏联机械制造百科全书第十二卷》（农业机械），其中第 1~5 章是父亲领衔翻译的，把苏联的农业机械系统地介绍到了国内。50 年代后期，他编译了《农业机械学》上、中、下册。80 年代初，他为研究生撰写了农业流变学讲义，并且和从事水土研究的潘君拯教授合作撰写了

《农业流变学导论》。父亲去世后，农业出版社于 1990 年出版了这本书，这是农业流变学的开山之作。他晚年的时候建立的第一个农业机械流变学实验室，现在已经初具规模了。

力主成立食品学专业

父亲虽然是研究农业机械、教授农业机械的，但他的思维方式绝不仅仅局限于农业机械。农业机械只是农业工程的一个组成部分，农业工程是系列的，它包括农田水利、食品加工等其他领域。我们学校食品学院的前身就是他力荐成立的。

我有个舅舅原来在台湾，后来到了美国，以后又在联合国粮农组织任职。改革开放后的 1979 年，舅舅回了一次国，是应国内某部门邀请回来讲学，与父亲见了面，父亲去美国参加学术会议又跟我这个舅舅见面了。

聊天时，舅舅谈起美国的食品科学情况。那时候我们国内还处于粮食定量供应、大多数人吃不饱饭的阶段，根本没人想过食品科学是怎么回事。通过和舅舅聊天，父亲了解到世界上不少发达国家食品科学发展的现状，敏锐地感觉到中国人在温饱问题解决后，也会有从吃饱到吃好的那一天。而且，他也意识到食品工业也应该是农业工程的一部分。于是，回国后，他向学校建议，主张把食品工程系建立起来。

曾任中国农业大学副校长的李里特（1948—2013 年），1982 年毕业于西北农学院，当年被公派到日本北海道大学留学。他父亲跟我父亲是西北农学院时的同学，他希望儿子出国前，我父亲能给他一些指导。我父亲就对李里特说："现在中国搞农业机械的人已经有一批了，力量较强，但食品工程还是个空白，你去留学一定要把国外先进的食品加工、食品工程系列学回来。"

他就听从我父亲的建议，学的食品工程。毕业回国时，东南地区一所农机院校要聘他去，住房、职务各方面给他的待遇非常优厚。就因为我父亲说过"你去学完回来后要充实我们这里的食品学系"，他记住了这句话，舍弃了那么好的待遇，来到北京农业工程大学。刚到这里时什么都没有，房子都是借给他的，在顶楼的一个小角。他说："虽然李先生去世了，我也必须回北京农业工程大学，我答应李先生了，我就不能够食言。"

"年轻"的中国共产党党员

我父亲在新中国成立前夕就向往加入中国共产党，成为一名中国共产党党员。他向党组织递交了用三个夜晚写下的入党申请书，接受了党组织对他 30

多年的考验，不管遇到什么坎坷他始终坚持共产主义信念。他常说，他经历了国民党时期的民不聊生，街头饿死人、冻死人的现象时有发生；也参与了中国共产党领导下的新中国的建设，中国发生了翻天覆地的变化，中国的农业机械化从无到有，到走向农业机械现代化，这都要归功于党的领导。

我记得在 20 世纪 80 年代初的一天，他回到家激动地对我和妈妈说："今天我非常激动，我被党组织批准正式成为中国共产党党员了。"我从小到大没有见过爸爸流过泪，那是我第一次见到，我想那泪水一定是滚烫的。父亲虽然在 1987 年去世了，但是他对共产主义坚定不移的信仰使我终身难忘。

严师如父

父亲常说，中国的农业机械不是一代人，一批人，更不是某一个人的力量能发展的，需要一代又一代接续传承的，这句话我记得特别清楚。作为人民教师，他在教书育人方面从来都是一丝不苟。

父亲很早就开始带硕士研究生，曾任原农业部农机化管理司副巡视员的张惠文就是我父亲 20 世纪 60 年代初带的研究生，今年已经 83 岁了。20 世纪 80 年代，经国务院学位委员会批准，父亲成为博士生导师，那时候的博士生导师必须要经过国务院学位委员会批准才行，后来博导的审批权力才下放给学校。

现在想起来，父亲在治学上真的是挺严谨的，有时近乎苛刻。恢复高考制度后，父亲开始招收研究生，前几届研究生基本都是"文化大革命"前的大学生，有的大学毕业了，也有的刚上大学一二年就因运动去农村、去工厂、走向社会了。但整体上他们在"文化大革命"前都受过正规的教育，基础相对较好。

后来正式恢复高考后招收的几届学生，大多数人还没读完中学就上山下乡走向社会，即使在学校读过高中，也谈不上什么教学质量，因此，底子就相对薄一些。我记得父亲回家看学生的作业和文章时常常显得很焦虑，说："你看看研究生写个文章标点符号都不对，字都是错别字，真费力，我还得一个一个给他们改，要不然拿出去丢人。"所以好多学生对我说过，你父亲特别认真，让我们重新拿回去时还说："我已经给你改了，不要拿着我给你改的去交，而是要重写一遍，再好好润润色，再好好修饰一下。一个人的文笔也是很重要的，不是说光完成学业就行了，将来你要搞科研或者是搞教学时，还得写东西。"

父亲对他的研究生们是既关爱又理解，从不搞唯师命是从。在北京农业工程大学和北京农业大学合并为中国农业大学之前，父亲建立了一个实验室，看好了一个研究生毕业留校的学生，想让他来负责。但是这位学生当时一门心思想出国留学。为这事父亲特别不理解，劝他说："你别着急，迟早会有出国的机会，而且到时候你是访问学者出国，那种身份出去多好啊！"尽管不能理解，父亲还是尊重他的选择，放他走了。回国以后，那位学生在非常规饲料研究开发领域也做得风生水起。

父亲还有一个研究生，毕业留校后一个人带着孩子在北京生活，经常在我们家吃、在我们家住。父亲就对我们说，他一个人又要搞学问，又要带孩子，能帮咱们就帮帮他。有一段时间，他回老家给爱人转户口去了，孩子就放在我们家，是我帮着带的。那孩子整个就吃住在我们家，要给他做饭，督促他做作业，连洗澡都是我给他洗。父亲在世时，一般逢年过节时几个研究生的家庭肯定是要在我们家吃饭，一起聚一聚，毕竟我们自己做饭做得更好一点，那时还没有条件一聚餐就下饭馆。

虽然父亲严厉，但学生们都挺敬重我父亲，说李老师虽然严厉，但是人特别好，对他们严格起来的时候，当事人心里也有气，但过后一想，又觉得非常受益。他们也愿意到我们家来，家里有点什么事，他们也都愿意伸手帮忙。

父亲对于功名利禄看得很淡，他当过北京农机化学院副院长，兼任国务院学位委员会农学类学科评定委员会委员、中国农业工程学会副理事长，他一退下来马上把兼任的职务就全部卸去了，交给更年轻的同志去干。

我真的很感谢现在这些关注农业机械化发展的人，虽然做的是文字工作，能够关注到这些老人们，对他们在农业机械、农业工程方面做的贡献能够想到、能肯定他们，我真的是由衷感谢。

王万钧之子王正元访谈录

【**王万钧简介**】1918 年 9 月 2 日出生，江苏海安人，农业机械工程专家，中国农业机械科学研究与开发的主导者与奠基人之一。1942 年毕业于中央大学机械系，1948 年获美国明尼苏达大学农业工程硕士学位。曾任中国农业机械化科学研究院总工程师、中国农业机械学会副理事长兼秘书长、国家科委农业机械学组副组长、国家发明奖励评审委员会委员、机电部科学技术咨询委员会会委员等。担任第二、第三届全国人大代表。曾多次被聘为联合国工业发展组织顾问、联合国粮食及农业组织农业机械化专家小组成员。

王万钧（1918—2012 年）

【**访谈时间**】2020 年 10 月 28 日
【**访谈地点**】北京长城饭店
【**访谈对象**】王正元（王万钧先生之子）
【**访 谈 人**】宋　毅　吴洪钟

我的父母亲都是江苏人。父亲是江苏海安人，划定家庭成分时，父亲家没什么家底，被划成了中农；母亲家有 9 分地，在人多地少的江南已经不少了，被划定为富裕中农。我曾和母亲开玩笑说，你们还挺富裕，富裕的中农。

父亲和母亲虽然都是江苏人，但不是一个地方的，他们是通过我舅舅认识的。父亲比我母亲大 10 多岁，跟母亲的哥哥、我的舅舅是在扬州上中学时的同学。1945年父亲出国留学前和母亲就已经认识了，1948年父亲毕业回国以后和母亲结的婚。

王万钧之子王正元

我们兄妹共3人，哥哥出生于1953年初，我出生于1954年，妹妹出生于1956年。我们小的时候，我舅舅没孩子，母亲就对他说，干脆把孩子过继给你一个吧，就把我给过继过去了。去了3年，我被"退货"了，原因一是年龄有点大，大了以后就不那么招人喜欢了；二是太淘气，舅舅家条件非常好，舅妈家原来是一个军阀，在杭州旁边有一个非常大的院子，一圈房子，佣人房、小楼、水井等都有，我在那里没事干就总是折腾。比如知道夏天把西瓜搁到井水里拔凉后特别好吃，我就在那里把西瓜拿起来扔下去。尽干这种讨人嫌的事，不知道好歹。舅舅舅妈很头疼，就把我退回来了。母亲说，那把姑娘给你们吧，就把我妹妹换过去了。办了过继手续，户口也迁过去了，姓也随舅舅了，叫孙正琪。再后来时间长了也不行，还是岁数大了点，所以妹妹也回来了。最后他们自己又抱养了一个孩子，这次不错，非常成功，那孩子现在也50岁了，对二老特别孝顺。

父亲于1950年来到北京，在朝阳区双井一带的华北农业机械总厂当设计科科长，主持研制成功了我国第一台联合收割机，后又担任农业机械研究所副所长。1958年农机研究所搬迁到北沙滩后，我家一直住在这里。中国农机化科学研究院成立后，父亲担任了首任总工程师。

我母亲早年毕业于上海一所卫校，到北京后在朝阳医院工作，当过护士长。中国农机化科学研究院有一个医务室，后来她就调到了中国农机院，在医务室当大夫。

我小的时候，出了德胜门、马甸，往北走都是农田，根本没有三环路，公共汽车也很少。中国农机院墙外全是水稻田、果树林、果树园。那时出去钓鱼很方便，还偷过农民家的白薯、花生。农机院里我们家住的那个院子，就是现在幼儿园的位置，原来就是葡萄园、桃园。

当年农机院的孩子上小学、中学都在附近的北沙滩小学，就近入学的原则。我们那一批基本上都是在九间房小学，上了中学就到南沙滩中学，必须得去这里，别的地方去不了。后来可以上附小、附中了，农机院离北京石油学院附小近。

中国农机院那时候叫"东大院"，1966年以前经常搞农机新技术、新产品展览会，不少党和国家领导人都去看过。在我印象里，我真正近距离看见周恩来总理就是在中国农机院，但是什么时候去的就记不起来了，我心中一直牢记着周总理是关心农机化事业的。

父亲在"文化大革命"前当了两届全国人大代表，被分配在河南代表团，当时我们觉得挺奇怪，你不是江苏人吗，印象里也没去过河南，怎么是河南省的人大代表？后来才知道，中央国家机关单位选出的全国人大代表，是由全国人大常委会统一安排到各个代表团的。

我一直感觉父亲性格太平和，在家里平常我们在一起时，他基本上不说自己以前的事情、现在的事情、跟谁有什么过节等。他的事情都是我们在问，他不会主动去表达。他不是一个善于表现的人，性格很好。与他的老同学陶鼎来院长比起来，我感觉陶院长要比我父亲活泛一些。

我对父亲最深刻的印象是他为人特别正直，几乎就没发过牢骚。在家里从不说工作上的事情，也不说包括他自己的一些事情。有一年涨工资，一个特别个人的原因使他当时没赶上，一下就拖下来了，最后陶院长和张季高副院长都是二级，而我父亲一直是三级。当时负责这件事的农机院副院长把他的晋级工资表放在抽屉里就出差了，回来以后忘记报出去。事后一再对父亲说："哎呀！对不起，明年再给你报。"可第二年"文化大革命"开始了，一下就全黄了。所以我父亲一直在级别上比同资历人低一级，一直差了那么多年，但他从来不说这个事，一点都不抱怨。而且我们在家里面，他也不让我们说所谓的负面的话，他就是告诉大家要高高兴兴的，他身上正能量的东西很多。他不太爱多说话，完全是在用行动影响着别人。他在我们整个大家庭里威信非常高，包括父亲这边和母亲这边，他在两边都不是老大，但是威信高，所以我们这些晚辈、他的同辈对他都是非常尊敬。

我母亲是比较愿意交流的人，我父亲工作之余基本上就是在家看书，是特别爱学习的一个人。到晚年，父亲还通过各种途径去订纽约的《时代周刊》。我妹妹在美国定居，他就让我妹妹给他订，从美国寄回来，他常年坚持阅读。他不是看时事，更多是关心有没有一些新的英语语法、新的说法、词组，这些他都一段一段地记下来，所有的新词汇专门有一个本。他曾经一直逼着我们学英语，小时候父亲教过我英语，父亲教完之后，母亲每天都盯着我们背单词，天天都有任务，但我学不出来，后来反而是其他途径学的。

算起来，我上小学的时候就遇到"文化大革命"了。他们从干校回来的时候我又下乡了，我从农场回来结婚后就不和父母住在一起了，实际上我哥哥跟父母住的时间更多一些。

王万钧 1948 年用英文撰写的文章（原件存于南京中国第二历史档案馆）

我父亲作为"反动学术权威"受到冲击后，有一个时期被发配到湖南常德西洞庭的中国农机院五七干校。我们兄妹 3 人都没有随父母去五七干校，我哥去了黑龙江生产建设兵团，北京没有人了，我就带着妹妹到了南京我姨家。

"文化大革命"结束后，陶鼎来院长牵头恢复成立中国农科院农业机械化研究所，这个所最早成立于 1956 年，1962 年与我父亲所在的农机研究所合并后成立了中国农机化科学研究院，进入新时期之后又从中国农机院分离了出来。我是 1980 年前后调入农机化研究所的，当时北京农机化学院已被搬迁出北京，正在河北邢台地区办学，研究所就在北京农机化学院的五四楼里租了房子办公，后面有一个大操场，我在后勤部门做行政工作。后来担任过中国农业工程学会秘书长的秦京光和我是前后脚来到研究所的。他当过拖拉机手，小时候我们住在一个院里，但是不太熟悉，他比我大一届，跟我哥是同届，从那时起我们就开始熟悉了。

1982年我们所的一部分人跟着陶鼎来院长来到新成立的农业部所属的中国农业工程研究设计院（今农业农村部规划设计研究院前身，以下简称农工院）。我最早是在能源研究室，后来改成能源所，现在叫能源环保所。后来又把我调到昌平，在昌平我们院和意大利的阿吉普公司合作建了一个农村能源培训中心。中心落成剪彩那天，农牧渔业部何康部长、北京市分管农业的陆副市长、意大利驻华使馆官员出席了仪式，我在中心被任命为办公室副主任。

　　后来院里把我从中心调回院里工作。因为我没有正规的学历，在研究所里发展不太合适，别人都是博士、硕士，起码也是本科毕业，于是被安排做院里的行政处处长。

　　1991年11月，中国农村能源行业协会成立，由农业部主管，挂靠在农工院。院里安排我去做协会工作，担任驻会副会长和秘书长，一干就是15年，办公地点在北京朝阳区麦子店街农业部北办公区出版楼的八层。2012年10月，农业部农业生态与资源保护总站成立后，协会2013年由挂靠农工院变更为挂靠在农业生态与资源保护总站，科教司副司长兼首任站长王衍亮接任会长，以后王久臣站长也当过会长。一直到现在我还在协会担任职务，2019年换届时，我也不当副会长了，就兼着两个专委会主任，一个是标准专委会，一个是清洁炉具专委会。

　　做协会工作多年我也有一些感触，想当年中国农业工程学会成立时，陶鼎来院长、张季高副院长这样的人物来当副会长、秘书长、副秘书长，会长通常都是部长当的；再往前我父亲也当过中国农业机械学会秘书长。多年过后我也当了很长一段时间副会长和秘书长，可我的能力、学识和父辈们相比怎可同日而语？我只有在敬仰老一辈的同时，虚心向父辈们学习。

　　我父母、哥哥都在中国农机院工作，父亲2012年去世，母亲2019年去世，享年90岁。父亲在世时，时任中国农机院院长陈志对我父亲很好、很关照，对我哥哥也很好。因为我跟我哥在那个特殊的年代都没受过正规系统的高等教育，我哥在农机

王万钧和夫人

院工作，不如我话多，但是挺能干、动手能力较强。陈志院长领导的农机院任人唯才、不唯文凭，我哥在院里得以评上了高级工程师，后来又评上了研究员，算是破格评上的，我们全家都由衷感谢陈志院长。

余友泰之子余立访谈录

【余友泰简介】江苏扬州人，中国农业机械化专家、农业系统工程倡导者，教授，博士导师。1940年毕业于中央大学，获农学学士学位；1945年留学美国艾奥瓦州立大学，1947年获农业工程科学硕士学位。归国后被聘为上海机械农垦处技术专员，兼南通农学院教授。历任东北农学院教授、教务长、副院长、院长，黑龙江省科协副主席、主席，中国农业机械学会、中国农业工程学会第二届副理事长，国务院学位委员会第一、二届学科评议组成员。

余友泰（1917—1999年）

【访谈时间】2021年5月27日
【访谈地点】黑龙江省哈尔滨市香坊区余立家中
【访谈对象】余　立（余友泰先生之子）
【访谈人】宋　毅　吴洪钟

余友泰之子余立

父亲的家世

我父亲 1917 年出生，江苏省扬州市广陵区桥头镇南华村田家庄人。他 4 岁时我的亲祖母就去世了。过了几年，祖父再娶，父亲有了继母，我家三叔和父亲同一个母亲，四叔、五叔为继母所生，与父亲同父异母。好在继母对父亲和大伯、三叔都非常好，三叔得到了母爱，性格不但活泼，而且还有些顽皮。而我父亲可能是有几年缺少母爱的原因，性格有些内向、孤僻，有时还很倔。

父亲兄弟 5 人，他排行第二，大伯十五六岁就出去学徒了。祖父讳孝通、字惯之，在一个钱庄当账房先生，他就把大儿子送到那里当学徒，主要是因为当时家里经济不太宽裕，出去学徒可以减轻家里的负担。祖父希望父亲也能去做学徒，这样家里的负担能更轻一些。但父亲认准了一定要读书，不愿早早做学徒，三叔也坚持要读书，两个人一个倔犟、一个淘气，都不太受祖父的喜爱。

祖父的两个弟弟，我的三爷爷和四爷爷，两个人都没有儿子，祖父儿子多，于是就把我父亲和三叔分别过继给他们了。我父亲年岁稍大，性格有些孤僻，不太受三爷爷的喜欢，三叔活泼调皮，就把三叔过继给三爷爷了。好在四爷爷特别喜欢爱读书的孩子，就把我父亲过继给四爷爷了。

父亲和三叔小学时候学习还是很好的，他们的老师叫温正明，非常喜欢他们。到考中学的时候，祖父又坚持要送他们去做学徒，这两人不同意就和祖父闹了起来。他们虽说过继出去了，但还是在祖父这里住。因为三爷爷、四爷爷两个长辈长年都在外边做生意，走南闯北不方便带着他们。后来闹得凶了，祖父没办法，让他们都回来了。父亲后来对我说过，祖父的心思是，你们都有钱，既然过继了，你们就出钱培养他们吧。于是四爷爷替我父亲出学费，三爷爷替三叔出钱，先后让他们到扬州最好的中学念书了。父亲和三叔两个人都非常珍惜力争来的念书机会。

我四叔有条件念书，但他不想念，也没念。他喜欢吹拉弹唱这一套。解放前有这么一门才艺，在农村就不得了，祖父对他非常欣赏，曾经说过：我将来就靠老四了，你们两个都不行。这给他们两兄弟少年的心灵上留下点创伤，一直到老了还跟我提这个事。父亲说坏事变好事了，一受刺激就奋发了，学习起来非常忘我，在扬州中学的学习成绩也是名列前茅的。

他在扬州中学读书时虽然有四爷爷的资助，但生活费并不宽绰。小孩子都嘴馋，时常想买点零食，所以要到饭店里打打工、刷刷碗盘，甚至是到路旁帮人家推一把上坡的洋车，挣回一毛、两毛钱。他曾跟我说，当时最爱吃的就是煮花生米，水平也不过如此，吃饱饭而已，他的中学生活还是挺艰苦的。由于在中学一切生活都得自理，这也锻炼了他的生活自理能力。

学生时代的余友泰

上大学时，他有一个同学叫李寿先，后来是西安交通大学的教授，一直从事航空事业。他们两人在中学的时候就是好朋友，都立志要学习飞机制造。但是父亲打工时在饭店里看到扬州街面上有一群一群的乞丐，人数很多，他当时就改变想法，觉得解决中国人吃饭的问题很重要。他把想法和四爷爷说了后，四爷爷说，你去学习农业好，学农业可以帮助老百姓搞饭吃。同时，你身体不怎么样，学习农业还可以在农村里呼吸到新鲜空气。于是他就转学农了，同时报考了吉林大学、上海交通大学和中央大学，都被录取了，最后他选择了中央大学的农学院。1937年五六月间来到中央大学时间不长，由于南京一带战况吃紧，中央大学被迫西迁，他自然就坐轮船跟着到了重庆。

父亲上大学的费用是我四爷提供的，他当时是上海金城银行的襄理，相当于总经理助理。他没有子女，就拿我父亲当子女，供他上大学。

父母亲在重庆先结婚后恋爱

我父亲随中央大学到重庆上学的时候，四爷爷把我母亲作为童养媳接到家里。母亲也是扬州人，他们两家居住的村庄距离不是太远。母亲实际上是我父亲的表姐，他们是表姐弟关系。

1937年日本侵略上海的时候，四爷爷不幸在日机轰炸时被炸死了。他一死，由于四爷爷没有子女，对四奶奶的打击非常大，身体抵抗力下降，加上日军进城后到处乱糟糟的，医疗条件、各方面环境都非常差，她患上伤寒病得不到及时有效的治疗也去世了。这样，这个家庭就散了，母亲也没人管了，按说家里房子、资产也不算少，但我母亲是一个从乡下来的小女孩，在乱世中懵了，不知道该怎么办才好。后来也不知道是谁给她出的主意，让她到重庆中央大学去找我父亲，身为童养媳的她早已认定父亲是她的丈夫，女人必须要找到丈夫。但那时候随着战事推移，从长江上走已经不行了，被日军封锁了，于是母亲一个人先到越南，从越南绕道昆明，又从昆明进到重庆。她有一个聪明劲儿，就知道父亲是中央大学农学系的，去了后果然就找到了。有次我跟母亲开玩笑说，古人讲千里寻夫，您实际上何止是千里。

四爷爷去世以后，父亲的生活费就中断了，生活变得很困难，但是他挺有福，得到了老师金善宝教授的资助。金善宝教授特别喜欢他，不时慷慨相助。他们几个穷学生也想办法找挣钱的路子，相约一起到公共厕所收集人的尿液，用来做硫酸铵，大致相当于氮肥，他们那时候都叫"硫酸亚"，想用这个去卖钱。不幸的是他们把资助来的钱、集资来的钱都赔进去了也没赚到钱，最后不得不停了下来。但是老师对他们的资助还是有的，他们继续过着饥一顿饱一顿的日子。学校那时也不收学费，抗日战争期间办学条件艰苦，还要躲日机轰炸，大家在一起念书维持着学校的运转。金善宝教授虽不时对他进行资助，但不像原来四爷爷那样定期给钱。父亲实在周转不开的时候，就会跟老师开口，老师就会借他钱或者送他钱，而且经常到老师家里蹭饭吃。这也怪不得父亲，当时的重庆，只有挣金条的人才能保持住一定的生活水平。

这期间父母结婚了。母亲去了重庆以后，父亲还是个在校大学生，两个人维持生活都很难，没办法选择了结婚。父亲亲口跟我说过，母亲那么老远来找他，当时根本谈不上爱情，有的只是同情、尊敬和感动，结婚也是一种无奈之举。

父母结婚的时间应该是在1938年。1939年日机轰炸重庆时，我大姐不到一岁，父亲正好到金教授那里去拜访，没在家里。防空警报响起的时候，人们都要钻防空洞。母亲带着还不到一岁要喂奶的孩子，行动起来不方便，抱着她也跑不动，磕磕绊绊的，路也不熟，也不知道防空洞在哪里，还没出房间，炸弹就把房子炸坏了。母亲浑身烧伤了，一度命在旦夕，说是有50%～60%的烧伤面积，几乎就救不活了；我大姐也有30%的烧伤面积，东北农业大学的老人都知道我大姐身上留有烧伤的疤痕。最难的是我父亲，既要读书完成学业，又要谋生养家糊口，还要支付巨额的医疗费，那时候大后方的药品很贵，一针青霉素要不少钱。他就借钱，可以说把全班同学都借遍了，同时，还得护理病人，穷学生更请不起护工了。不过在这个过程中坏事儿也变成了好事，父母之间培养出感情了，互相是生死之交了。从此，母亲对父亲更依赖了，这样逐渐就成了大家说的先结婚后恋爱的那种类型。

出国留学前安排好家事

父亲1940年以优异的成绩从中央大学毕业，留校给金善宝教授当了助教，因为小有名气还被四川教育学院农艺系聘为兼职讲师。这样，他同时干着两份工作。因为写论文当时是有稿费的，他还发表了不少论文。发表论文得有杂志社，后来我就问他，您是在哪个杂志社发表的？他说叫"中正出版社"，因怕在政治运动中遇到麻烦，他一直没敢对外说。

1945年，父亲考上公费硕士留学生，要去美国学习农业工程。重庆是考点之一，他是在重庆参加考试的，也是从重庆出发的。那个时候他已经有三个女儿了，我的大姐、二姐、三姐。

父亲出国要一走几年，母女4人的生计是他最放心不下的。自从四爷爷遇难后，他的财产一直没有人打理，其实，他也没有什么了不起的资产，就是有房子、存款和一些家具。我六爷爷当时是做买卖的，四爷爷的资产被六爷爷管理了起来。父亲是四爷爷唯一的继子，他要留学了，就跟六爷爷说，四爷爷有什么资产他在那么远的地方也管不了，从美国往回汇钱也很费劲，两人达成一个协议：财产还是六爷爷负责打理，但要负责母亲她们母女4人的生活，保证每天要有粗茶淡饭。

父亲不在国内期间，待中央大学回迁到南京后，母亲带着3个姐姐就在上海生活，住在一个亭子间，离六爷爷家挺远。六爷爷是上海的一个资本家，具体开什么工厂我说不清楚，好像是一个小的纱厂，不是了不起的大买卖，但起码自己有工厂。在这种安排下，我母亲算是有了温饱，但大姐二姐三姐从小都营养不良，可见这个温饱水平也不怎么样。后来母亲回老家了一趟，到老家后她的哥哥不接纳她，以为她是回去分资产、分地去的。便对她说，你是嫁出去的姑娘，是余友泰的媳妇了。实际上母亲并没有想常住在他那里，她自己有生活来源，只不过多年没见，想回去看看他们。这次她体会到了世态的炎凉。从那以后，母亲和她娘家那些哥哥们基本就没来往了，真伤心了。母亲后来说，实际上我还带着一些钱回去，想要资助资助他们。但是进门没说两句话，就先聊起这个话题了，她转身就回老余家了。这就是后来为什么我们家和父亲他们家人走得非常近，和我母亲娘家基本没来往的一个原因。

留学美国期间

父亲到了美国以后进入了艾奥瓦州立大学农业工程系，这时他面临着新选择，他在中央大学本科是学农学的，毕业后又给金善宝教授当过几年助教，而现在学习农业工程需要重新学习机械、尤其是农业机械方面的专业知识，差不多等于改行了。在这种情况下，父亲只用了3个月多一点的时间，就把工科知识补习完，然后又顺利通过农机专业的硕士课程。他的那些同学，包括稍后自费到艾奥瓦州立大学学习农业工程的蒋耀伯伯对他都挺佩服的。蒋伯伯从中央大学农学系毕业后也是留校给金善宝教授当助教，这个人特别直爽又特别敦厚，有什么说什么，他说起自己学习不好来从不忌讳，说别人好也从不嫉妒。他实际上非常有才气，20世纪50年代研制出世界上第一台插秧机。他跟我讲，你爸那时候一边嚼面包，一边看书，你爸这个人并不是特别聪明，就是读起书来不要命，没有任何杂念，留学期间不像有的人有钱就去酒吧、咖啡厅。

父亲在美国的时候，最大的娱乐就是听唱片，他说自己是"土得掉渣"的出身，但就是对西洋的古典音乐、交响乐特别喜欢，他没事就放音乐听。他的第二个爱好是开汽车，他那么拮据，还把钱攒起来买了一辆二手车，自己连修带补，开起来也挺不错。当时同学中买车的人并不多，即使富家子弟也不是人人都买了车。他买了车，闲暇时拉同学到处逛逛，他出车，坐车的同学负责出油钱。

艾奥瓦州立大学农业工程系主任戴维森教授有"农业工程之父"的美誉。中国留学生到校后，按规矩得报考某某教授的研究生，教授自己负责出题、自己阅卷、自主决定取舍，当时有好几个学生报考戴维森教授的研究生，最后录取了两个人由他负责直接指导，其中一个是我父亲。

留学期间，父亲搞了一种小型拖拉机。他的毕业论文就是论述中国农业机械之路的，题目是《设计和制造一种适合中国的小型拖拉机》。论文中说，现在中国农民耕作水平、机械化程度都很差，但人口又多，尤其是农民人口特别多，大型农业机械在中国，尤其是江南地区根本就使用不了，小型农业机械特别有发展前途。他的毕业论文和毕业实践就是围绕这个观点写的，后来回到中国他也一直在搞小型农业机械。

父亲说，当初在国内各考点考试的时候，考的都是基础学科，像高等数学、英语等，等到上研究生的时候，就要考农业机械和农业工程课程了。也不知道他是谦虚还是什么原因，总是说我们学农学的到这后都手忙脚乱的，原来学机械的人学农学学得非常轻松，出去参观或玩的时间也比我们多，也潇洒一些。

1947年，他获得硕士学位后，美国著名的勃兰纳特手扶拖拉机公司高薪聘他前去工作，但被他婉拒了。1948年，父亲学成回国时，带了两个大箱子。一箱子是书，包括教科书、工具书论文、收集的各种资料；一箱子是他喜爱的交响乐唱片。还有一个小手提箱是给家里人买的礼物，给母亲买的衣服，给孩子买的玩具，还有给亲戚朋友的礼物。他按照手里有限的美元数、列出一个表，谁多少谁多少都列得清清楚楚，生怕把不该落的人落下。父亲、哥哥、弟弟们都想到了，最后买来买去自己的钱还是不够，还得向同学借钱。

上海解放前后的见闻感受

回到祖国后，父亲被安排进在上海的国民政府行政院善后事业委员会机械农垦管理处工作，工资待遇还不错，一个月能发一根"小黄鱼"。一家人在上海团聚了，生活安定了一些。

尽管那时期政局动荡不稳，距上海解放不到7个月，但他也是努力工作，一安顿下来就到苏北地区农村去搞调研，内容是苏北地区机械农垦的发展方向。调研回来后写了很多材料，有的是建言，有的是论文，谁知交上去以后国民党政府连理都没人理。多年后聊起这事，我说他，您那时候怎么政治上一点感觉都没有，国民党政权都快垮台了，哪有心思管你这种事情？他回答说，我哪知道呀？刚一回国两眼一摸黑。最可恨的是机械农垦处的处长马保之，他把全处人两三个月的工资扣下了没发，说是这笔工资到台湾后再发给大家。结果，马保之不光是扣了工资，还卷款跑路了，全处人都拿不到钱了。其实，他自己没去台湾，他知道处里这帮人到台湾后肯定会找他，后来听说他跑到新加坡去了。

当时，行政院善后事业委员会要求各部门和人员都迁往台湾。这时我三叔就给父亲写信，说你千万不能去台湾，你现在在大陆什么样，到台湾后还是什么样，你到那里干吗去呢？共产党非常重视知识分子，你们都是新政权的宝贝。父亲问：你能代表共产党吗？三叔回答说：我就是共产党员。

后来才知道，三叔参加上海地下党组织后经常组织学生游行。他在我家开秘密会议时母亲还给他们看过门。三叔说：二嫂你在门口坐着，有人过来你就唱一句扬州小调，你可千万别忘了。母亲那时候也不知道他们要干什么事，这是后来才想起来的。听了三叔的话，他就打消了去台湾的念头。三叔在政治上挺敏感，在很多事情上提出指导性意见，比如说出国留学，就是听了我三叔的意见。三叔的意见最后结果都不错，所以父亲对他挺服气的。

这个时候上海解放了。父亲回忆说，他第一次见到解放军是在1949年5月的一天。因为受三叔是共产党员的影响，他对共产党有了一定的好感。解放军进城那天，他亲眼看到解放军睡在大街上，贴着墙根儿，一个挨一个，抱着枪在那里坐着睡。南方夜里的露水很重，士兵们衣服都被露水打湿了，但还是坚持不扰民，当时他就感到挺震撼的。他喊母亲来看，母亲当时不敢出门。除了我们家，整个一条街都是收入比较高的人家，即便不是了不起的富户，起码也是有收入的人家，他们都不敢出门。一条街上就我们家门开了，解放军的一个基层干部，看不出是排长还是连长，"啪"地一个敬礼，把父亲吓了一跳。他用苏北话问父亲，要点水喝行不行？父亲听得懂苏北话，忙说：可以。家里赶紧烧开水，还拿出面包、馒头，给他们吃喝。由于解放军人多，开水供应不上，就改喝自来水，一个个喝得欢天喜地，看得出来战士们渴得不行了。完事之后，解放军还拿出钱付水钱、馒头钱、面包钱，这件事对父亲思想上的影响很大。

这时在上海的一些共产党的领导同志也开始接见父亲他们，其中就有上海军管局农业水利处处长何康。一次，何康处长和父亲几乎谈了一夜，听取他对新政权恢复发展农业生产的建议，一直谈到天快亮了，何康说睡觉吧，就在他们这边凑合着睡了一觉。由此，父亲就觉得共产党还真不简单，根本不是国民党宣传的形象。通过交谈，他看出来何康是高级知识分子出身，跟他谈起中国农业时谈吐文雅、学识渊博，所以父亲从心里感到服气，互相谈得挺交心的。正因为如此，父亲对共产党从这时开始有了一个真正的认识。

到东北去创办农学院

上海解放没过多久，新中国成立后担任沈阳农学院首任院长的张克威就到上海来招募到沈阳办农学院的教授。张克威原来并不认识父亲，但到上海后就直接找到他，说你不但要去，还得动员其他同学也去。张克威是位老革命，早年曾在美国艾奥瓦州立大学学过农学，抗日战争期间开展的大生产运动中，他还是八路军一二九师生产部长和著名的劳动模范，据说他是从何康那里获知父亲信息的。父亲去找吴克骕先生，当时他工作还没有着落，就答应去了。父亲又找到同学陶鼎来，他先是答应去了，后来一听说华东局要在苏北办机械化国营农场，就改变了主意没有去东北。

父亲他们先是到了沈阳，跟张克威在那里办沈阳农学院，但不久爆发了抗美援朝战争，沈阳距朝鲜前线太近，学校就迁到哈尔滨，合并到1948年在解放区创办的东北农学院了。在哈尔滨这个地方办农学院那真是要什么没有什么。父亲他们到哈尔滨后就在新香坊农场的一个平房住下。办学地点叫"二部"，实际是一所农业职业学校的第二部。他们到那里后要生火烧火炕，我母亲是南方人哪里会干这个？搞得满屋子都是烟，呛得她直哭。当时一起去的人中就有回去的，有的南方人受不了就回去了，别人想回去就回去吧，人家一个劲地直哭，父亲想做工作也起不了什么作用。母亲那时候也跺着脚说，不行，太冷了，要回南方。父亲说，你既然来了，就不能轻易离开，你知道逃兵一说吗？当逃兵可不是闹着玩的，在战场上逃兵是要被枪毙的。父亲这是在吓唬她，父亲坚持留下了，母亲和全家同样也坚持留下来了。

一道来东北的吴克骕教授也不简单，也坚持留下来了，他的夫人不是普通家庭妇女，原来是上海一家教会医院的资深护士，中专毕业，在当时她这身份可不得了。后来我父亲给她做工作，你还是当护士吧，就通过东北农学院组织上的关系介绍到哈尔滨医科大学附属医院工作。东北农学院建立没几年，她就当上哈医大附属医院的护士长了，在那里工作一直不错。他们家生活条件比我们家改善得要快，因为哈医大是老牌学校，条件好还有住房。

后来农学院为了照顾学校教授们的生活，就在哈尔滨市宣化街原来的一个日军军官宿舍中安排了教师住房。东北农学院好多的教授、讲师都在那里住过。那里的生活条件与新香坊农场的"二部"相比就好得太多了，基本过上城市里的生活。再往后就是在今天黑龙江中医药大学的校址建设东北农学院老校园，逐步走向正规化了。

创办东北农学院农机系

东北农学院成立后，第一任院长是由哈尔滨市第一任市长刘成栋兼任的。父亲到学校时是农机系主任，当时才35岁，还很年轻。在建设农机系用房的过程中，系办公楼的边上有一个农机工厂，建房图纸是父亲亲自画的。到建得差不多时，刘成栋院长问他，你这个地方怎么修得东一块西一块的，还是手笔太小了。谁都知道刘成栋院长手笔大，东北农学院新建的主楼号称"飞机大楼"，当时在全国都有名，花费了不少钱，还被中央批评过，他的确是一个大手笔的人。而我父亲苦日子过惯了，特别算计钱的用途，不管用在什么地方，够用就行。所以给农机工厂建的是一层房，还比较简易，办公楼是幢二层小楼。他的说法是，有什么条件就说什么话，我得把钱省下来买仪器设备，包括买农业机械的设计仪器，引进先进的农业机械教学设备，买教学用的拖拉机等。那时候中国自己还不能制造拖拉机，从前苏联进口拖拉机价格很贵。于是两个人就争执起来，刘成栋院长说，我不跟你犟这些专业上的事，我也不懂，让你管你就说了算，反正到时候出了毛病也是你来承担。父亲回答说那当然。当年老革命就这点好，能听进别人的不同意见，而且尊重别人。

废寝忘食工作和坚持原则的人

东北农学院建设过程中百废待兴，事情非常多，我看到的父亲真是废寝忘食、忘我地工作。从创建农机系开始，一直到1966年下半年靠边站、进牛棚，才算没什么事情做了。这么多年，我都觉得没怎么接触过父亲，因为我中学住校，只能星期六、星期日回家，而星期日他总在书房里坐着，要不然就是出去开会或下乡调研或到农机工厂帮助解决问题，反正总是见不着面。尤其是1958年"大跃进"的时候，夜里还要去单位炼钢铁。我三姐就是那时候得的脑膜炎。母亲虽是家庭妇女也要跟着去炼钢铁。三姐患脑膜炎在家里躺着，家里还以为是得了感冒，结果耽误了治疗。父亲的废寝忘食真的难以形容，作为系主任他一年编了两本教材，先把苏联的讲义翻译过来，又跟美国的教学内容结合起来，然后编成自己的讲义。

我上小学的时候，虽然住在家里但几乎见不着父亲。每天晚上我睡觉时他还没回来，早上我醒来时他早就没影儿了。有时父亲即便回来了，吃完饭就进到他的书房，我们在这个房间里不能出声，有母亲管着我们呢，一点儿动静都不能有，要玩就去外边儿。如果在家里弄出一点声响，脖子上立刻就会挨上一下，母亲会警告我们："你爸忙着呢！"我们家家教特别严，导致我们几个孩子都非常内向，包括我也是。他工作的具体情况我就不知道了，那是单位里的事情，我感觉到的就是他很忙。我给东北农大写的材料里讲过，要问我作为孩子对父亲的直接感受，那就是他这一辈子就是忙，从没有消停的时候，没事儿也自己要找事儿忙。

他来到东北后，放弃了对亲生父亲留下的一个祖宅的继承权。老家人挺讲亲情和义气的，给父亲写信说，老人留下的祖宅有你一份，可以继承。父亲明确回答说：我放弃继承。此前，在上海有我四爷爷的住宅和他的房产，父亲也是写信明确表示放弃继承。尽管父亲从小被过继给了自己的四叔，亲生父亲并不太喜欢自己，但从1948年回国到1968年，父亲一直给我亲祖父寄生活费。我记得他是三级教授，月工资246元，经常是我跑邮局汇款。老家亲戚们都对他都挺敬重的。

前面说过，早年母亲回娘家探亲被哥哥误解后从此很少来往的事情。但1962年最困难的时期，我舅舅的孩子找上门来了，哭哭啼啼央求父亲给安排工作。他怎么安排呀？那时候工作多紧张，城里有那么多失业人口。不得已，他就找东北农学院校办农场的场长商量，说是他们在乡下饿得确实活不下去，能不能在农场当个临时工？场长说我们正缺少农业工人呢，就安排舅舅的孩子到那里去养猪，整整养了两年猪。因为东北天寒地冻，他坚持不住了想回去，又听说老家那边形势好转，农村里开始实行"三自一包""四大自由"了，于是就回去了。从这件事情上可以看出父亲为人仁心宅厚，能够做到以德报怨。

在20世纪60年代前期，国家经济最困难的时期，父亲做人一直坚持两个原则：第一，不从黑市上买任何吃的东西。那时期最紧缺的就是食品。有一次邻居从黑市买了食品给母亲匀了一点，被父亲知道后亲自退了回去，一点不敢沾边儿，可以说他胆小，也可以说是严于律己，他确实对自己要求特别严。"三反五反"的时候，有一个供应商送给他一支派克笔，为了把买卖做成他收了，回来后就交给农机系党总支书记了。没几天就有人揭发，说是余友泰收受人家贿赂，收了一支派克笔。组织上调查时，父亲说上交了，有人证物证在，就没什么事了。父亲对这件事印象特别深，要不上交，说都说不清楚。第二，不接受任何特殊照顾。有的时候总务处给领导干部分点豆油、猪肉，父亲一听就火了，他当着我面就把人家总务科长给训回去了。

我二姐从小营养不良，学习成绩一直不理想，考了两次大学都没考上。那时候父亲已经从东北农学院教务处处长任上调到地处王岗的黑龙江省农业机械化学院当副院长。当时该校没有院长，他虽不担任院长的职务但管院长该管的事情，是有实权的。学校教务处处长得知二姐的情况后，好心对父亲说：老二考试没考好，可以到咱们这里来，让她当旁听生。后来父亲就打听旁听生是怎么回事，得知先旁听以后有机会转成正式大学生。父亲问，咱们学院的教师都有这个待遇吗？要是都有这个待遇，我当然是可以的；要不是大家都有，就别在这里胡扯，我不能让别人指着后脊梁骂我。他把教务处长说得红着脸走了。母亲知道后因为这个事跟父亲大吵一架，我亲耳听见母亲说他从小就歧视老二等，但不管母亲说什么他都不理会，就是不松口。这件事反映出父亲是个原则性很强的人。

后来二姐考上的是中专，学的是师范，毕业后分配到东北农学院校办新香坊农场当小学老师。有人劝父亲，你把老二调到东北农学院子弟小学不是能离家近点吗？他回答说：是组织上安排在这里的，说明这里有需要，都调走了，人家农场的小学生该怎么办？因为这件事，二姐对父亲非常有意见：明明是顺手的事情，又不违反原则，你怕什么呢？

1975 年秋，余友泰和家人游览哈尔滨动物园时留影

我们家可能是母亲出身童养媳的原因，操持家务能力很强，家务活被她全管了。父亲在家里可以说是油瓶子倒了都不扶的人，他不爱做家务劳动，也真的没时间去做。困难时期蔬菜供应短缺，农业机械化学院就在家属宿舍后面，给每一位老师、教职员工平均丈量土地，一家分一块地来种，地都是基建以后留下的工地，到处是石头、瓦、砖头等。父亲领着我们一家在自己那块地上开荒，钉上个木头橛子，牌子上写上"余友泰"，和别人家的地区分开来。说是他领着全家人开荒，结果一个电话打来，院长找他，转身就走了，剩下的活都是母亲干的。后来播种、施肥、浇水等环节，他也就是累了干点农活消遣消遣、除除草、收拾收拾庄稼，反正我没看到他真正干过几回活，不过全家人对

他是既理解又支持的。

在欲加之罪何患无辞的日子

"文化大革命"开始的时候父亲已经从黑龙江省农业机械化学院调回东北农学院，原因是那所学校被撤销了。他回去后任东北农学院副院长，当时院长是刘德本，党委书记是邹宝祥，他两人都是延安时期的老干部。刘德本当过延安抗日军政大学的教员，邹宝祥是保卫延安时的一个武装部长。还有一位副院长叫滕顺清。我父亲知识分子出身，1956年加入了中国共产党，当了副院长。运动突如其来，刘、邹、滕、余成了学校造反派打倒的对象，大学院墙上用黑字写着4个人的名字，然后打上了大红叉。

这时候，父亲平静地对我和母亲说：我是问心无愧的，你们记住：第一，我不会自杀，遇到什么情况都不会自杀。第二，我不是坏人，没有存心干过坏事，可能会干过错事，而且是不知不觉的错事，所以你们不用害怕，早晚有一天我该干什么还会干什么。

我记得父亲头上被冠上一堆莫须有的罪名，一块白布上写着：走资派、反动学术权威、美帝特务、苏修特务、漏网国民党特务、漏网地主等。说他是走资派是因为他已位居领导岗位，运动初期领导干部大多被冠以这个帽子。说他是反动学术权威，是因为他留过学，又是三级教授，他和他那些留学的同学们基本都有这个罪名。说他是美国的特务是因为他曾在美国留学。说他是国民党特务是因为牵扯到一个国民党特别党员案。当年出国留学前办理出国手续时，发给每人一张表格，签完字才给办手续，是一张加入国民党的表格。此后父亲既没交过一分钱党费，也没参加过任何活动，只是认为这是出国手续的一部分，也没有多想。而且加入中国共产党时，已经将这件事的前前后后向组织上说清楚了，还列出了证明人，每个时期每个月都有人证明。运动以来这又是一个挺大的事，专案组调查花费了很多经费，最后啥新证据也没调查出来。说他是漏网地主是因为我四爷爷在老家有块地，他虽然去世那么多年了，家乡还是把他定为了地主。说我父亲，你既然过继过去了，地自然就落在你的名下了，你就得承担这个成分，这样他又成漏网地主了。说他是苏修特务的原因更可笑。20世纪50年代，他曾跟随农业部部长到苏联去访问过，参观一圈回来后就在学校里做报告，谈苏联见闻、讲苏联如何先进。当时是中苏友好的年代，况且，那时候苏联确实比中国发达，他无非就是介绍苏联人民怎么对中国友好，苏联政府对中国怎么支持，还有就是一些专业领域的情况，结果因为这些运动中被打成了苏修特务。

他被关进牛棚时，东北农学院还在哈尔滨。我在学校住宿，我那时也戴上了红袖章，算做可以教育好的子女，还被农学院两个红卫兵带过去，勒令我交代余友泰的问题。我那个时候也不常在家住，一听勒令余友泰怎么怎么着，我心里就一哆嗦，感觉不舒服。后来父亲在劳改队的时候背毛主席语录和《毛泽东选集》内容，让我一起背，我说行，正好我也学学。他说你先考我，我说考什么呢？他说考《敦促杜聿明投降书》吧。以后每次我礼拜天回家，就帮他背，母亲也背，还背诵"老三篇"，"老三篇"的内容我当时都背得滚瓜烂熟。

"插队干部"余友泰

1968年10月，东北农学院被迫搬出省会哈尔滨，迁往佳木斯市所属汤原县香兰镇的香兰农场，从经度纬度上看，这个地方在哈尔滨的东北方向、佳木斯的西面。在哈尔滨的时候，各级领导干部、教授该挨斗的挨斗、该进牛棚的进牛棚，但学校还在。一搬到香兰农场，不光校园没了，设备、仪器、图书馆都损失殆尽，把学校彻底折腾垮了。

父亲先是随学校在香兰农场隔离劳动，以后又来到巴彦县的建华生产队插队落户。当时，黑龙江给所有戴帽的所谓走资派出台了一个过渡政策：把他们的工资复发，原来是什么级别工资还是什么级别工资，但是户口要迁到农村去，这辈子就当农民了。对此父亲毫不在乎。他说：我原来就是农民，当农民就当农民。不但去了，还把母亲也带去了。当时我已经是常水河农场的下乡知青，没和他们一起去，这是个劳改农场，属于北安农场管理局管辖。有一年冬天，父亲上井台挑水时一下子滑倒，把腰摔坏了，这下家里就没有劳动力了。母亲一看不行，就让我回到他们那边去。于是，我就开始跑手续，回到了父母身边。

到建华生产队插队开始，我觉得跟父亲才真正在一起生活了，这是以前多少年都没有过的。我们住在农民家里，和他们一家住在一间屋子里。人家本来就是父亲、三个儿子、女儿、儿媳妇一大家子人。屋里是对面炕，原本是父亲和几个孩子睡阳面炕，儿子和儿媳妇在阴面炕。生产队安排我们家住进去了，人家全家都挤到阳面一个炕上去了，我们一家人睡阴面的炕。当时就是这么个条件。

在当地，不管是有钱的、还是特别穷的，父亲都能和他们打成一片，大家都管他叫"老余头"，没人再叫他"余院长""余教授"，大家有时还在一起喝喝酒。我们家不会养猪，村民就主动提出来帮着我们家养，这家人同时养了3头猪，其中1头是替我们家养的。我们家过年要杀了吃的，他们家也要养1头过年杀了吃，还有1头人家要拿去交公，挣的钱就归人家了，本来就是人家养的。这种做法农民也觉得挺合适的，当时政策是一家只有养两头猪的指标，养

3头猪就违反政策了；现在他养3头猪里有1头是"插队干部"余友泰家的，不违规了，他也觉得挺高兴。

即使在农村父亲也一如既往地闲不住，闲着也得找点事儿做。他在极其简陋的条件下，给生产队研制了多种手动、畜力播种和中耕机具，无偿给乡亲们使用。虽然简单粗糙了一些，但乡亲们使用起来还是能提高不少生产效率。插队期间他设计出一种耙，机械式的，用木头做成，马一走啪拉啪拉直响。这实际上是耢耙和玉米点播器的混合体，犁上面有一个箱子，箱子上有低、中孔，齿轮一转就掉下去一粒种子；轱辘就像驱动轮，带动齿轮排走，既能犁地，又可播种，把两道工序变成一道工序，所以生产队对父亲还是挺重视的。

在农村时，有人问父亲你一个月挣多少钱？一听说一个月挣240元，而且还是国家发的，都感觉是个天文数字，一个生产队的人加起来挣得也没这么多。对此，我深有体会，我在插队后干了一年，算下账来倒欠生产队2.5元钱。母亲那时候开玩笑说，这场运动唯一好处就是让我发了一笔小财，一个月240多元，好几年都没地方花。这中间，又给父亲补发工资，这对我们家是一笔巨大的财富。

那时候正赶上我二姐坐月子，城里买不着鸡蛋，凭本限量供应。母亲决定就在农村买，村里人听说老余太太为女儿买鸡蛋，一人拎一篮子都往我家送，连外村人都跑到我们家来了。

母亲有钱买不说，给的价还高，一共买了一两百斤鸡蛋。我二姐亲自来拿，自己拎回去了两水桶。剩下的我家吃不了，父亲就给佟多福教授，给顾永康、童庆哲夫妇，给周围的学生，给旁边生产队一些插队干部们分送。

父亲懂得苦中作乐，一有时间就和我娱乐娱乐，其实也没啥好玩的，没有扑克，就拿塑料鞋鞋底用刀划开、切成一个个小粒的，就当围棋子。他一个红鞋底、我一个白鞋底，我们俩下围棋，小围棋子就这么一点大，我围棋就是那时候学的。

父亲在我下乡的时候，就给我买了一整套高中的自学课本。那时候已经有了高中，但还没恢复高考。父亲说不管你将来干啥，不能说只上过中学二年级，那不行，你必须自己学一学。他对我的学习挺重视的。

敢于坚持正确观点的人

1970年，父亲从插队的地方又回到了东北农学院，到1974年，东北农学院从香兰农场搬回哈尔滨郊区的阿城县办校。

在邓小平同志重新复出主持国务院日常工作那段期间里，父亲重新担任了东北农学院副院长。省委组织部找他谈话时他提出一个要求，我儿子跟着我一起来巴彦插队，我不能把他一个人扔在这里。人家说那没问题，省委组织部批准我跟着一起返城。

20世纪70年代中期，在邓小平同志复出工作后再次遭受不公正对待的阶段，父亲的一些言行在学校里也受到了批判，虽然不像1966年时那么激烈，只是在党委会上提提意见，但也有不少上纲上线的提法。父亲的观点是，大学就是要搞教学、就要有教授，还得有自己的讲义。不能整天喊口号，大学生要是只学工、学农、学习解放军，那还上大学干什么？不如直接当工人、当农民、当解放军好了。他的话音刚落，一部电影在社会上公演了，名字叫《决裂》，著名演员葛存壮饰演的老教授给工农兵大学生讲解"马尾巴功能"的桥段，给观众留下的印象非常深刻。于是，有人就说这个电影就是批判老余头的，是给演给余友泰看的。

影片中学生们考教授，让教授们答中学生考卷的场景被移到现实生活中来了，影片中的教授因为答不上试题被给了"负零分"。而我父亲可能是一直在辅导我自学高中课程的缘故，高中课本中的基数、平面几何、解析几何都难不倒他，他考了93分。那场考试下来老师们得30分、50分、80分的都有。

尽管父亲的观点受到批判，但他没被停职，恰在这时农机部要编一本农业机械化方面的手册，他就跑到北京编手册去了。东北农学院有些领导想叫他回来，有继续批判的意思。父亲说编手册是部里的要求，你要批判就批判吧，我在这里也能知道，把材料给我邮来，我在这里给你写检查材料，但是我的工作不能停，部里的工作是中央布置的。有人问，哪个中央布置的？回答是：自然是毛主席为首的党中央了，就这样对抗着不回去。甚至有人还给省委组织部、时任中共黑龙江省委书记、省革命委员会主任刘光涛写信，说老余不服从组织安排，擅自脱离岗位等，但最后都不了了之了。

108位教授联名上书

父亲政治上得到彻底平反是中共十一届三中全会之后，此前，虽然早就出来工作了，但政治上还留了"尾巴"，有些问题还没做结论。这时运动中给他戴的各种帽子全都摘掉了，以莫须有罪名整的材料都当着父亲的面，在我们家灶坑里给烧了；有些以党组织的名义作出的停职、反省等处理决定，也都予以撤销了。

1979年省里调父亲到省科协当了副主席，离开了东北农学院。此前，在北京编手册的一年多时间里，老同学陶鼎来、王万钧等前辈都劝他留在北京，说是咱们这些人在北京一起把农业工程学科做起来多好。那时，农业工程学科沉寂多年后，刚在1978年召开的全国科学大会上被确定为国家急需发展的25

门重点学科之一。父亲想想也是，在农学院这 10 年，学生批、老师斗、下放农村插队，的确有些寒心，就动心思想走了，而北京方面，陶鼎来前辈出任首任院长的中国农业工程研究设计院也在全国范围内招揽懂农业工程学科的人才。

他还没有正式提出调离，黑龙江省委、省政府作出了东北农学院迁回哈尔滨办学的决定。就在上级物色考察院长人选时，一件出乎意料的事情发生了，东北农学院 108 位教授联名上书时任中共黑龙江省委书记杨易辰，强烈要求省委派余友泰回去当院长。父亲表示想离开黑龙江，但被杨易辰书记给劝了回来。杨书记说，108 位教授都找到省委了，你还想走？就留下来吧。父亲一想，省委书记发话了再顶也没用，况且省委组织部不批，你想走也走不成，于是又回到农学院来建校了。

东北农学院院长余友泰

建校最难缠的四件事

如果说父亲早年在东北农学院当农机系主任和副院长的时候工作起来废寝忘食的话，这次出任院长担负重建学校的重任后，工作状态应该用披星戴月来形容了。因为经历十年浩劫之后，他接手的实际上是一个烂摊子。

第一个难题是离开省会十年，现在想搬回来，既没有校园，也没有校舍和教室。原来是想搬回农学院的老校区，这是广大教职员工心驰神往的事情。但实际情况是，它不像东北林学院，林学院搬走后，校园整体被军队占用了，后来林学院要回来复校，上级一声令下部队全撤了，校园迅速恢复了原样。而农学院被省直八个局占用，每个局都有自己的办公楼和家属宿舍，而且大多是农学院搬出后建的，想动员他们撤离，哪一个部门都不是好惹的，都动员不起。父亲一看不行，就跟杨易辰书记报告，说是省里把我们学校的校园给八大局了，我们想回去回不去了，那你就得给地、给一些条件。杨书记表态，你要地给地、要钱给钱，你就提吧，最后就要了现在东北农业大学的这块地。实际上父亲是挨着学校教职员工的骂要下来的这块地，当时那里建有化工厂，条件很不好，有时候化工厂一生产空气都呛鼻子。后来学校和省化工厅签了协议，化工厂 3 年迁走，学校进驻。父亲还直接向杨易辰书记诉苦：3 年后化工厂要是迁不走，书记您另请高明吧，这校长我干不了。而学校里的普通教职员工也不理解，你老余头得到什么好处了，把我们整到那么个地方来？今天看来，这个校园周边环境发展还是不错的，当初选址为后来校园建设留下很大的余地，建大学必须有空间，后来很多人都称赞父亲是有战略眼光的。

学校的规划、学校的建设自然都是挺累人的，父亲什么事情都得亲自审查，他就是事无巨细、事必躬亲挨累的性格。但比建学校更让他头疼的是四件事：分房子、评职称、涨工资和"雁南飞"。每一件都牵涉到职工的个人利益，父亲说这四件事简直要了他的命。

那时候我们家的门槛可以说快被踩平了。来要房子的都是老同事、老朋友，刚回哈尔滨谁家都没有住房。有一次父亲到北京开会，当时学校老校区盖了栋五层教授楼，他回来后审查分房名单，一看这名单上除了处长就是院领导，基本上没有教授、没有教师。父亲不干了，在党委会上提出来教授楼是以修建老师的住宅、解决师资住房的名义向省政府要钱修建的，这个名单不对。我记得父亲回家后跟我说，毛主席说了正确的政治路线决定之后，干部是决定因素，教师、教授就是教育事业里最关键的干部。由于两种意见争论很厉害，父亲找到省委书记，说请您评判吧。最后在领导的关心下，分房还是以教授、教师为主了。

"雁南飞"指的是复校之初大量人才的流失，有很多副教授都被南方各学校以各种优惠条件挖走了。父亲不放人，有关系较熟又想走的人就对父亲哭诉自己受了多大委屈，家里如何困难。父亲说：你家那么困难，是不是可以考虑看看我们家哪块地方行，就搬到我们家来住来吧。一句话，说得人家不好意思了。父亲又说，你不能走，要不然你想想办法，你走把我老余也一起捎过去？这就有点像"耍无赖"了。父亲说他也就是要耍无赖，根本就讲不出道理来，办个学校，搞得大学教授都没有房子住，你让我怎么办？还跟人家说什么道理？反正关系熟，他们会理解的。的确如此，刚回哈尔滨时很多老师都是到街上自己花钱租房子住，父亲一直既感激他们，也感觉愧对他们。

当然，也有不能理解产生误会的情况。一位老领导被迫害致死了，劫后余生的老夫人不好意思自己来，因为原来我们两家关系不错，就让他儿子来找父亲要房子，父亲说现在还解决不了，活人都安排不上，去世的暂时就更解决不了了。小伙子也是岁数不大，说了一句"人一走茶就凉呗"，把我们家门甩得"咣"的一声走了。那些年，这样的事情多了，谁让父亲"巧妇难为无米之炊"呢？

此外，因为涨工资、评职称的事来找他的人更多，因为父亲这个人没有威严，谁来找他他都和颜悦色，所以谁都能找他、什么事都敢找他。我觉得从一个角度来看，他对底下的员工确实非常尊重、非常好；但从另一个角度来讲，他确实在行政管理这方面存在短板，不太会处理人际关系。别人找他谈事，就是行或不行，你不听，那我也没办法。结果，跟他关系好的人就听他的，很大程度是靠面子；跟他关系不好的人，往往会跟他谈崩了。所以说这方面是他的短板。

余友泰（前左三）和老同学张德骏（前左四）等人合影

随着时间的推移，东北农学院 1994 年更名为东北农业大学后一步一步条件改善，发展起来了。大家公认余校长还是为他们做长远考虑的，所以百年诞辰之际想起给他立了一个塑像。父亲去世的时候，嘱咐我们不要开追悼会、不要登讣告、不要建墓、不要立碑，更不要建什么塑像。他说周总理那么伟大，骨灰都撒到海里去了，我们算啥呀？这是他的原话。

父亲的真实心愿

在父亲看来，大学校长的位置虽然挺高，但从他的内心来讲，还是愿意从事学术研究和教学。他说过，他内心很矛盾，一方面，只要看到农学院在非常岁月被祸害成那个样子就不忍心，下决心一定要把这个学校恢复起来。但另一方面，这个校长当得真头疼，真不如干自己的专业。他以蒋亦元教授为例，说他是金陵大学农业工程系毕业的，1950 年 10 月以教师身份调入东北农学院农机系给父亲当助教，几十年间致力农业装备研究，创造性地进行谷物割前脱粒收获机的研究并取得成功，1997 年当选为中国工程院院士。我感觉蒋院士和他的夫人学习都特别好，而且学习起来并不像我父亲那么刻苦，是一种很轻松的学习，成绩又非常好，业余时间也不荒废，蒋院士文学、艺术造诣都挺高。父亲曾说，小蒋能干出一点名堂，就在于长期对教学科研的坚持，如果我这辈子搞软件农业系统工程研究，我也会是非常感兴趣的，不像搞学校管理，不是我感兴趣的事情，但是还必须得好好干，实际上并没干好。

余友泰与著名科学家钱学森在一起

前几年，中国科学出版社要出版《中国近代科学家名录》一书，将父亲收录了进去，他们找到东北农业大学，要求提供不超过 5 000 字的一个材料。后来材料是我写的，写着撰稿：余立。尽管他是我父亲，但我也不能凭空去写。他们要求写专业方面的内容，工作上的事情，我还得找学校的人，当然熟悉父亲的那些老先生大多不在了。后来我就自己收集资料，一点点翻我父亲以前写的履历。他没有记日记的习惯，我只能把收集到的逐件写成文字材料。

父亲生前的报告、论文，后来学校给他结集出版了，在他教学生涯多少周年纪念的时候出版的。他在位时学校给他出过一本论文集，编辑稿件的时候，发现笔记本上的字特别潦草，家里人只有我能看懂，我爱人就看不太懂，结果，印他那本书成了学校印刷厂遇到的三大头疼事之一。稿件上的字不大有人认识，就去找他的学生帮助辨认。当时他是校长，别人也不敢轻易去问：余校长您这是什么字？只能找他周围的人帮着认。

父亲对子女的期望

父亲因患前列腺癌于 1999 年 5 月 2 日去世，他临终时寄语我们几个子女，人活着只要对社会有用就行。东北农业大学很多人都知道，余校长的 3 个子女没有一个是正规大学毕业生，我是夜大毕业的，大姐和二姐也不是大学生。我大姐在 1958 年招工时招到东北农学院农机系当实验员，一直干到了高级工程师，但她不是正规大学生；我二姐中专毕业，是小学老师。后来父亲针对这句话说过：虽然有人这么说你们，但我对你们都挺满意的，我的儿女都不错。他在弥留之际，我问他，你对死亡这件事怎么看？他说我不怕死，但唯一舍不得的是家里人。我对工作上的事可以说无憾了，我都尽力了，但是对家里人做的不够好，所以我舍不得你们。

我 1951 年在哈尔滨出生，跟随父母插队回城后，先是在一个集体性质的哈尔滨低压元件厂当临时工，进厂 3 个月后成为质量监督员，后又担任检查组组长、生产组组长，一年后当上副厂长，并在那里得到公派到哈尔滨工业大学读夜大的机会。退休前我在省科技厅下属的科技情报所工作，在一个部门任主任助理，负责科技信息社会化服务工作，正高级技术职称。

我爱人原在一个区级小厂——绣花厂工作，我们是一个系统的，后来工厂倒闭了，她失去了工作。恰在这时东北农业大学印刷厂缺一名会计，她又正好学过会计，我找印刷厂厂长认识商量，他说得找教材科，印刷厂归教材科管，教材科长批准后才能调入。我说当临时工还不行吗？他说干吗当临时工，当就当正式工。我说当临时工有一个挣钱吃饭的地方就行了。印刷厂有两种体制：一种是大集体，不受限制，需要人就可以进；还有一种是全民所有制，进人须省人事厅批准，比较麻烦。于是她在那里干了大集体，一直干到退休。我们两人只有一个女儿，现在已经成家，我们老两口正在安度晚年。可惜的是我二姐因患直肠癌 20 世纪 90 年代就去世了。父亲去世后，母亲随大姐到了无锡，大姐从东北农大农业工程系电工教研室退休后在无锡定居。父亲去世两年后母亲在无锡得了脑血栓不幸去世。

余友泰和夫人韩君苏

张季高之女张克宣访谈录

【张季高简介】江苏苏州人，沈阳农业大学农业工程系创始人，我国杰出的农学家、农业工程学家、教育家，我国农业工程学科创始人之一。1944 年毕业于金陵大学研究院农学部，获农学硕士学位。1947 年获美国艾奥瓦州立大学农业工程硕士学位。历任复旦大学教授，沈阳农学院农业工程系主任、教授，辽宁省农业机械化研究所所长，中国农业工程研究设计院副院长，中国农学会第三届理事，中国农业机械学会第二届理事，中国农业工程学会第一、二届副理事长，国务院学位委员会第一届学科评议组成员。

张季高（1917—2007 年）

【访谈时间】2020 年 11 月 10 日
【访谈地点】中国农业科学院科海福林大厦《优质农产品》杂志社
【访谈对象】张克宣（张季高先生之女）
【访 谈 人】宋　毅　吴洪钟

我父亲被派往美国留学主要是跟"农业工程学之父"——艾奥瓦州立大学农业工程系主任戴维森教授学习农业工程。1948 年父亲从美国留学取得农业工程硕士学位回到上海后，被分配到国民党政权行政院下属的善后事业委员会工作。根据《中华农学会报》1948 年第 188 期记载，父亲是进入了该处工作。但他后来到了江西，在当时的中正大学农学院任教。1949 年中华人民共和国成立后，学校改名为南昌大学农学院，1952 年改名为江西农学院，就是今天的江西

张季高之女张克宣

农业大学的前身。父亲退下来之前要确定参加工作的时间，我记得父亲说那个时间点他正好在江西的农学院教书。1949 年以后转到复旦大学农学院任教。

1935 年高中时代的张季高

1944 年获金陵大学农学硕士学位

在艾奥瓦立大学留学期间去农场实习

1950 年复旦大学农学院全体师生合影

父亲去沈阳农学院任教是 1952 年全国高等院校院系调整时的事情，复旦大学农学院整体迁往辽宁省会沈阳成立沈阳农学院。我是 1952 年在上海出生的，迁沈阳时我已经 5 个月了，后来我的少年、青年时代大部分时间都是在沈阳度过的。我父母只有我和我弟弟两个子女，后来我随父亲调到了北京；弟弟1985 年依靠自己的努力，考上赴美留学生，现在在一家美国公司从事硬件开发工作。

到沈阳后，我母亲就一直没工作。在上海时她本来是上班的，后来随张克威院长从复旦来沈阳后，那些老先生、教授的太太都不让上班了，在家做起了全职太太。母亲虽然也在居委会工作过，但到北京后才发现社保、医保等都没有，就想去办理，折腾了半天也没办成，后来也就算了，所以我母亲看病、吃药一直是自费。

父亲在沈阳农学院主持创建了水利系和农业机械化系，农机系后来又改成农业工程系。因缺乏教材和教师，他就自己编讲义，自己教基础课如画法几何、理论力学等，专业课有农田水利、水土保持、拖拉机、农业机械等。从我记事起就感觉他很忙，整天在忙着工作。我们家在沈阳住在一个两居室时，其中有一个小屋子他们整天在那里开会。有一次我弟弟还说起，父亲虽然不抽烟，但一起开会的人总是把屋里弄得乌烟瘴气。要不然就是下乡，不上课、不开会时，他就经常去农村，有的时候还带我们到他的试验田去，是在后山上一个雷达站的旁边，那时我也不知道要带我们看什么，反正爱带我们到他的试验田，我们去了也只觉得那里挺好玩。记忆中家里的事、我和弟弟的事都是母亲在管，父亲很少过问。

沈阳农学院位于东陵附近，距离市区挺远。在1964年前后，吃的东西匮乏，从上海复旦来的一些南方人生活很不适应。张克威院长就在城里联系了一家餐厅，我记得叫香雪餐厅，在沈阳故宫一带。一到星期天，我们就得从学校走到香雪餐厅去吃饭，吃完后再拿着一堆饭盒打包回来。当时是从小东门走，有时能坐车去，但回来就没车了，只能走着回来。有的孩子小，走不动就哭，但哭完还是要坚持走去走回改善伙食解解馋。我记得我们家还养鸡，母亲带着我们到菜窖那里，人家收拾完白菜后，扔出来的白菜帮子拣回来剁剁就喂鸡了。

我印象中"文化大革命"前我家不缺钱，父亲是三级教授工资挺高，就是买不到东西。学校对他们还有一项照顾，他们那个级别可以到小东门菜市场去买一些特供应的食品，比如糖、油、肉等，但给的数量很少，每个月就有那么一点。

张克威院长是资深的老革命，抗日战争时期大生产运动中他就是著名劳动模范，八路军一二九师邓小平政委亲自为他颁发荣誉证书。前一个时期热播的电视剧《太行山上》中，有两集演的就是他的事迹。张院长对父亲很好，挺器重他的。父亲的教授职称是在复旦大学评的，但是系主任一职是在沈阳农学院担任的，36岁就当上系主任了，他一天到晚都在工作，我总也看不见他。张克威院长在生活上对父亲也挺照顾。父亲有胃病，在东北伙食中玉米面的比重比较大，而南方人喜欢吃大米，张院长就想办法给我家弄点大米照顾父亲，但我们必须到小东门菜市场一个特供点去买，数量没有多少。即使这样，我们作为子女还是沾光了，父亲在生活上尽可能照顾我们，我们没怎么受罪。总之，在东北的时候想吃点细粮太难了。

张克威院长家住的是甲等宿舍，小洋楼似的一边一户。我们家住的是乙种宿舍，一个门洞有4户，是二层楼，面对面的一层住两户，当时在沈阳农学院条件是相当好了。我认识张克威院长，我跟他家孩子关系特别好，他家有3个女孩，两个比我大、一个比我小。

沈阳农业大学校园内张克威雕像

我中学读的是沈阳市第二十六中，学校在大东区，离沈阳农学院挺远。我是考进去的，住在学校里。"文化大革命"开始后，沈阳农学院被拆散了，不同的系被迁往不同的地方，有的系搬到锦州，有的系搬到昌图，农机系整体搬到了瓦房店，父亲就去了瓦房店。

但我没有跟随父母去瓦房店，我1968年下乡插队到了铁岭县大甸子公社下面的一个生产队，直到1972年。我下乡的前后，父亲也受到运动冲击。他平时对学生特别好，我记得他后来说过，学生既没有骂过他，也没有打过他，更没有挂过牌子游街。不像我同学发小家，爸爸妈妈都被挂过牌子。下乡的那一天不知道什么原因，他被关到一个食堂里面住着去了，没人管我，我自己拎着一个包就走了。1972年抽调回城，我还是没有回沈阳，回到了铁岭市，在铁岭一家汽车修配厂修轮胎，工作环境可艰苦了，一直到后来我都没有上大学。

1979年父亲被陶鼎来院长请到北京帮助筹备成立中国农业工程研究设计院（以下简称农工院），帮助起草有关文件，在北沙滩一带住了好几个月。农工院成立后他就从沈阳调过来了，并且被任命为副院长。后来中国农业工程学会成立时，父亲主要负责学会工作，朱荣副部长是会长，父亲和陶院长都是副会长。改革开放以后，他通过各种关系，向美国、英国、加拿大等其他国家推荐了不同年龄和资历的优秀农业工程人员出国进修、攻读学位。为写推荐信，他用1948年从美国带回的打字机给推荐单位写推荐信，经常要写到深夜。他教过的很多学生担任过各级领导，如第九届、十届、十一届全国政协副主席白立忱，农业部相重阳、洪绂曾、朱丕荣等，还有很多著名教授和学者。

1987 年 6 月，张季高出席辽宁农业工程学会成立大会

按照规定，我们家可以有 1 个子女随父母迁到北京，照顾他们的生活。我当时还没有结婚，1980 年就随父母迁到北京了，工作安排在了新成立的农工院电气化室，和后来担任农业部信息中心主任的方瑜、担任过副主任的董振江以及邵连生、张发国等人一起工作。我们室搞的是硬件，记得方瑜研制了一个自动测温、控温设备，达到设定的温度后，储藏室可以自动开门降温。我们带着这个装置到盛产苹果的河南灵宝县做试验，当地那时很穷，没有公共交通，我们几个人就骑着自行车下乡，到农民的苹果窖里，帮助人家测温控温。

1989—1991 年，我被派去意大利罗马联合国粮农组织工作了两年，是在总部中文组。我去之前中文打字机都是用手敲着打的那种，后来信息中心有电脑了，要派我去常驻两年或两年以上。我母亲当时身体不好，我问能不能去 3 个月？答复是不行。刚开始是拿总部的工资，但是很少，我那时候的职位是三秘，工资 1000 多美元。但一发工资我国驻粮农代表处就去人了，我们就把钱上交了，最后个人能留 200 美元左右，够生活费就行了。后来刚满两年，因母亲有病我就赶紧回国了，仍旧回到信息中心，一直干到退休，在编采处、服务处、信息化处都工作过。

父亲来北京后是农工院分的住房，在北京朝阳区团结湖南三条，房子比较小，一直到他去世都住在那里。父亲离世得太快了，2007 年的一天，他说难受解不出来大便，当时正好是流感最流行的时候，又是个星期六，我也不知道什么原因，就想等一等周一再去医院。但这一等人马上就不行了，根本来不及上医院，人在家里就走了。父亲走了两年以后，母亲也走了。父母走后，我一直住他们的房子。

我是2007年提前退休的，当时要成立中国农产品市场协会，就让我过去了，一直到现在还在协会担任副秘书长，现任会长是原农业部党组成员张玉香。这个协会最早成立时挂靠在农业部信息中心，后来又搬到了北京新发地农产品批发市场张玉玺董事长那里，张玉香担任会长后又搬回了全国农业展览馆院里办公。协会归口农业农村部市场与信息司管理，会员是全国各地大大小小的农产品批发市场，协会凝聚力较强，我们的业务工作也挺忙，和在岗上班时没多大差别。

近5年多，我一直忙家里两个小外孙的事情，从他们出生到现在。我只有一个女儿，在国家电网工作，女婿在中粮集团工作，两个人都是清华大学毕业生，一个是硕士、一个是博士。他们都是早晨起来走，深更半夜回来，工作太忙，实在没时间，孩子都是我们带。

1996年8月，张季高
参加研究生论文答辩会

张季高（右二）陪同
外宾参观农业工程项目

水新元之子水修基访谈录

【水新元简介】浙江宁波人，农业工程专家。1942年毕业于中央大学机械系。1947年获美国明尼苏达大学农业工程硕士学位。曾任重庆第五十兵工厂技术员、上海中国农业机械公司工程师。新中国成立后，历任华东农林水利部农业工程研究室主任，农牧渔业部南京农业机械化研究所副所长、高级工程师，中国农业工程学会第一、第二届常务理事，中国农业机械学会第二届副理事长。曾相继参与创办了东辛等3个国营机械化农场和华东农业机械化学校、南京农业机械化研究所。

【访谈时间】2021年3月9日
【访谈地点】江苏省南京市农业农村部南京农机化研究所门外
【访谈对象】水修基（水新元先生之子）
【访 谈 人】宋　毅　吴洪钟　卫晋津

陶鼎来先生在自己的回忆录中说，当年上海刚解放，时任华东军政委员会委员的农林处处长、后来担任过农业部部长的何康同志，穿着军装带人到上海复兴岛，接收国民党政权设在那里的机械农垦处库房时，陶老一眼看到跟在何康后面、穿着解放军军装的年轻人竟是一起在美国留学、一起刚从美国回国的老同学水新元，他当时又惊又喜，没想到老同学里还有人有这样特殊的身份。2021年3月，在农业农村部南京农机化研究所副所长曹光乔的牵线安排下，笔者在南京就此事以及水新元老人的相关情况，请教了水新元先生的次子、南京大学水修基老师。

水新元之子水修基

以下是水修基的讲述：

父亲1945年赴美留学时和陶鼎来等前辈一起在美国明尼苏达大学农业工程系攻读硕士学位，他们大学本科都是学习机械制造专业的，只不过陶老是西南联合大学毕业的，父亲是中央大学毕业的。1948年他们回到国内的时候，还是在国民党政权统治之下，他们这批人回国后的工作还是国民政府教育部负责分配的，我的父亲进了在上海的中国农业机械总公司当了一名工程师。

我家原籍浙江宁波，但那时候我祖父祖母都在上海，属于小资本家阶层，他们家住的地方都是比较有钱的人，相对来说比较安全。上海解放前夕，国民党特务疯狂抓捕共产党人和左派进步人士，父亲有一个要好的中央大学的同学叫袁国弼（新中国成立后在中国科学院植物研究所工作），他是中共地下党员，他一遇到紧急情况就跑到祖父祖母家去躲避。因为我们家那地方警察和特务一般不去，属于富人区，所以他和祖父一家人关系比较好。

当时父亲回来以后参加工作没多久，上海就解放了，袁国弼就介绍他到新政权成立的华东局农林处，到属于军管会下面的一个单位工作，单位具体名称我不太清楚。我们家还有一张陈毅和粟裕同志签发的委任状，我父亲随何康同志去接收国民党政权的人员和机构，应该是他到军管会参加革命工作后的事情。

多年以后父亲按照规定已经在农业部南京农机化研究所办理了退休手续，没事的时候就在南京大学宿舍院子里面找老干部、老教师打打牌。在打牌的时候南京大学有的老干部就提醒他，上海解放比较早，你参加军管会的工作，应该属于新中国成立前参加革命工作的，可以试试去办理离休手续。

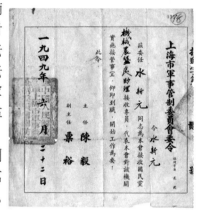

于是他就把保存下来的这份委任状交到南京农机化所，所里面很快就帮他办好了离休手续，退休以后再改离休的情况比较少见。在他们一起留学的 20 人里，比他年纪大的、比他年纪小的都是退休，他是唯一的离休干部。

我祖父祖母虽然是宁波人，但很早就来到上海做生意，办了一家企业，叫永利化工厂，主要生产牙膏。抗日战争时期，为了躲避战乱工厂迁到重庆去了，我查过这方面的资料。

父亲是 1938 年考入中央大学机械系的，此前，该校已于 1937 年 11 月由南京迁往重庆办学。听母亲讲，他们当年是一路跑到重庆去的，从杭州跑到徐州，再一路跑到了重庆。父亲应该是在重庆考上的中央大学，1942 年大学毕业了在重庆第五十兵工厂任技术员，

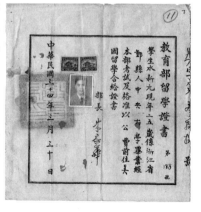

直至 1945 年到美国留学。由于父亲出生在资本家的家庭，所以他出国留学那

几年并不缺钱，听说 20 个留学生里他是第一个在美国买汽车的，车虽然有点旧，但同学们还是很愿意开着他的车一起出去。

我母亲和父亲一样，也是考入了中央大学，她学的是化学专业。与父亲同系的一位女同学，和我母亲关系比较要好，在父亲出国以前这位女同学介绍父母亲认识了，等父亲毕业回国后就同母亲结婚了。父母结婚的时间是在 1948 年，1949 年我哥哥出生，1951 年我姐姐出生，1953 年我出生了，我们 3 人每人相差 2 岁。

南京农业机械化学校的前身是华东农业机械化学校，创建于 1952 年。父亲 1953 年从上海调到这所学校任教，校址在南京长江以北的浦口区。我是在上海出生的，出生才几个月就随父亲工作调动从上海来到南京。我姐姐也跟着父母过来了，但我哥哥没来，留在了上海，是祖母把他带大的。

刚到南京时，我母亲也在农机化学校教书，教化学课，那时我们家就住在浦口农机化学校内。到 1958 年我 5 岁时，母亲调到南京大学教书了，还是教化学。我们家从浦口搬到南京城里时，父亲工作的南京农机化研究所当时没有家属宿舍，而母亲工作的南京大学正好有房子，我家就搬进了南京大学校园，以后我上学就是在市里上的。

1957 年 10 月南京农机化研究所成立以后，父亲从农机化学校调到农机化研究所工作。农机化研究所建在城外，当年交通也很不方便，好多年都是只有一趟公交车能到那里。改革开放后，农机化研究所重新搬回南京，落脚中山陵附近后，单位住房条件要好一点。特别是他当上副所长以后，完全有条件调换一套面积大一点的住房，但考虑到多年在市里住习惯了，父亲说既然不方便就算了吧，还是住在南京大学母亲的房子吧。他自己一直到离休都是从家到单位这样跑路。

农业农村部南京农机化研究所

一开始我自己一家在南京大学宿舍是和老人住在一起的，直到 2016 年才分开。2016 年学校在一个新小区新建的房子比较大，父母搬过去，住宿条件可以好很多，他们就搬过去了。而我住的房子比较老，是 1959 年建的，是我自己向学校申请的房子，但两地相距也不远，骑自行车大概 20 分钟就能到。

父亲调到南京之前，有一段时间被华东局农林水利处派往安徽铜陵地区创办普济圩机械化国营农场。1950 年开始，华东局一共办了 3 个这样的机械化国营农场，一个是苏北灌云县的东辛农场，是父亲的老同学陶鼎来去办的；一个是山东的广饶农场，是他的另一位老同学徐明光去办的；再一个是普济圩农场，是他去创办的。但在办农场过程中，他患上了肾病，于是祖母和母亲都要求他离开农场，把他接回到上海。听母亲讲，让他离开农场其实还有一个原因，那时候正是国内"三反""五反"运动时期，打"老虎"、打贪污犯打得很厉害。办国营农场经他手出入的钱比较多，所以母亲担心了，怕他出事，就说你别干了回来吧。恰好他身体又出了状况，当地医疗条件也不好，于是借身体不好这个理由就回上海了。

"文化大革命"时，南京农机化研究所被迫迁出南京，搬到了地处苏北淮阴的清江拖拉机厂，他走的时候我还过来送行了。那个阶段他谈不上被隔离，但基本上不让回家，回家一趟就是取点用的东西。他们离开南京的时候，是我到研究所把他的东西拿回家的。在我印象中，运动中他是属于反动学术权威之类的人物，不是走资本主义道路的当权派，加上他为人一贯比较和气，好像没受到太大冲击，也没有谁太难为他。

至于发生在他们这批留学生身上的"国民党特别党员案"，他也跟我们讲过这件事，连他自己也稀里糊涂搞不清到底入没入国民党？他记得出国前要求过，出国留学的人要加入国民党，成为特别党员，但从来没搞过具体的入党仪式，也没发给过证书，更没交过党费、参加过任何活动，他自己也弄不清楚到底是不是国民党党员，运动一来造反派说他是国民党员，他就带上了这顶帽子，后来此事得到平反他也跟着一起平反了。

在我们兄妹 3 人中，我哥哥从小就喜欢看书、看报，他对时事很感兴趣，所以他收集了好多运动中发的传单、红卫兵小报，他就喜欢政治方面的东西。他 1977 年高考时考的文科，考上华东水利学院（今河海大学）马列主义理论专业。而我姐姐就喜欢数理化，她插队的时候也看书，她也是第一批高考就上来了，考的是南京大学化学系。

相比之下，我从小就不喜欢读书，不爱学习，但我动手能力很强，特像我父亲。运动到来的时候我小学毕业，该上初中了但没有上。南京有老三届和新三届，我属于新三届。老三届是在校高中生，我哥哥姐姐都是老三届，就下乡插队了，到我这就可以留在南京直接参加工作了。

我最早是在南京的一个石膏矿当工人，那年代能当上工人是相当不错的。我在那里工作 13 年后，父亲托南京农机化研究所的人帮忙把我调到江苏省农业科学院原子能研究所工作。我为搞科研的人员做辅助性工作，像实验员一样。再后来我从省农科院调入南京大学，在声学所的实验室工作，一直到退休。

我自己的家庭有 5 口人，我、爱人、女儿、女婿和外孙。女儿和女婿是大学同学，女婿是宁波人，他们大学毕业就到宁波工作了，南京平时只有我和爱人。

父亲的这些老同学我认识的不多，比较熟悉的有 3 位。一位是吴相淦前辈，因为他家也住南京，我们两家经常互送东西，来往较多。一位是陶鼎来前辈，他每次到南京来都要到我们家，所以我认识。再一位是曾德超前辈，他年轻时留过小胡子，我们叫他小胡子叔叔，对他印象比较深。另外，徐明光前辈我也知道，但是他去世比较早，我没见过他本人，他儿子倒是经常来看看我父母。

父亲已于 2016 年去世了，哥哥早在 1997 年就去世了，姐姐现定居在美国，也退休了。老母亲至今健在，已经 102 岁了，仍然住在南京大学的宿舍。

1987 年，水新元（左二）在无锡参加江苏省人大财经委会议

1990 年，水新元（前排左二）在江苏沿海地区农业科学研究所新洋试验站调研

吴相淦女儿吴恩泽、学生丁为民访谈录

【吴相淦简介】湖南常德人，我国农业工程、农村能源专家。1937 年毕业于南京金陵大学农学院农艺系，后留校任教。1945 年赴美国艾奥瓦州立大学农业工程系学习，1947 年获硕士学位。1948 年回国后在金陵大学农学院农艺系农业工程组任教，并筹建农业工程系，同年 12 月任系主任、教授。历任南京农学院农机化分院、镇江农业机械学院（今江苏大学）农机化系教授及名誉系主任。1985 年以后任南京农业大学农业工程学院教授兼农村能源研究室主任、博士研究生导师。在美国学习期间提出的拖拉机前后双向行驶的原理获美国专利权，是中国人首次在国外获得的农业机械专利。主要著作有《农业机械学》《农业拖拉机》《耕作原理》《农村能源》《农业机械运用学原理》。

【访谈时间】2020 年 3 月 9 日

【访谈地点】江苏南京市南京农业大学翰苑大厦

【访谈对象】吴恩泽（吴相淦先生之女）

丁为民（吴相淦先生的学生、南京农业大学工学院原院长）

【访 谈 人】宋　毅　吴洪钟　卫晋津

1948 年 6 月，赴美学习农业工程的硕士研究生从美国加利福尼亚州乘船启程回国。按照传统的说法，20 人中除了徐佩琮留在美国继续攻读学位，何宪章因事耽搁、迟滞于 1956 年才回国外，同船回来的一共是 18 个人。只是这次访谈了吴相淦先生的女儿吴恩泽之后，方知道同船回国的除了 18 名留学生外，还有吴相淦先生的夫人曾馨兰女士，实际上同船回来的是 19 个人。

———— 一 ————

【吴恩泽】　我父亲 1915 年出生在湖南省常德市，1937 年从金陵大学毕业后留在学校的农艺系农具组任教。抗日战争期间，他有半年时间脱离了学校，原因是他有一个叔叔生病去世，他赶回老家奔丧，要回去时南京方面危在旦夕，回不了南京了。

再后来，金陵大学整体迁往重庆，时隔半年多他直接从湖南赶往重庆，回到了金陵大学。多年后我们回到老家去看了祖上留下的房子，已经很值钱了，别人劝我们从父亲家族其他后人手里要一部分房产回来，但我们没同意，后来捧了一把家乡的泥土就走了。

我母亲叫曾馨兰，1925 年出生在美国，原是美国国籍。我外公和外婆是广东南海人，早年在家族集资帮助下，他们远渡重洋到美国去淘金，经过一番打拼，终于在美国纽约站住了脚。不想遇上了 1929 年开始的第一次世界性经济危机，他们的小本经营破产了，没办法生活。于是，外公带着我舅舅、外婆带着我母亲从美国回到了广东老家，实际上一直在家族里过着寄人篱下的生活。这种状况一直持续到母亲读中学。为了让她能有一个好的前途，外公外婆决定将母亲送回美国去读中学，于是她一个人又飘洋过海回到了美国读书。母亲走的时候，

吴相淦之女吴恩泽

国内正是全民族抗战最艰难的岁月，广东也遭受了日寇的蹂躏，外婆就给了母亲一个玉牌，上面有 8 个字"勿忘祖国，勿忘父母"。

1948 年，吴相淦（中）、曾馨兰在美国

母亲是在美国上完的中学和大学，大学学的是社会学专业。父亲 1945—1948 年在美国艾奥瓦州立大学学习农业工程期间，母亲和父亲相识，并且步入婚姻殿堂。1948 年 6 月父亲启程回国时，23 岁的母亲作出一个重大决定：随父亲吴相淦回到祖国。当时，父亲这批留美的同学手里多少都存了些美元，临回国都要给自己或家人买一些喜欢的东西带回中国，有的同学买了金条，有的买了金表，有的买了电影放映机，有的买了大量的唱片，唯有我父亲什么都

没有买，用手里的钱为母亲买了一张同船回国的船票，母亲作为家属一道回到了祖国。

多年以后，到我开始谈恋爱时，父亲有一次对我说，他结婚很迟，一直到30多岁才结婚。出国留学以前，他曾有过一个初恋，在上海一所大学上学，但对方家里没看上他，两人只好不了了之。他嘱咐我，人的初恋是最宝贵的，你一定要好好珍惜。他还说，"你母亲人很好，不管我处在何种境况下，一直都是不离不弃陪伴着我，守护着咱们的家。"

父母回国后在国内几乎没有什么亲戚，亲戚大多是海外关系，那个年代有海外关系意味着什么？相信经历过的人都知道。外公在美国定居，寄居在他的一个黑人老朋友家中；外婆原来是在广州，1956年到了香港；舅舅在第二次世界大战期间曾当过领航员，后来做过教师，到20世纪80年代当上了美国伊利诺伊州的副检察长，晚年又看破红尘遁入空门。1980年外公临去世时的遗愿是叶落归根，于是舅舅把他骨灰送了回来，葬在南京的黄金山公墓，就是现在南京南站附近。后来基建搞拆迁补偿了一点钱，家人将骨灰取出来以后发现已经受潮，我姐姐们又拿到殡仪馆将骨灰烘干，然后就参加了长江的水葬。

我还有个二伯父叫吴相湘（1912—2007年），早年毕业于北京大学历史系，是著名历史学家，曾进入中央研究院历史语言研究所和北京故宫博物院搞历史研究，后来在台湾大学历史系教授中国近代史，他的学生中就有台湾著名作家李敖。他写有《孙逸仙先生传》《宋教仁传》《民国人物传》等专著。他治学严谨，敢说真话，特别是编著的《第二次中日战争史》，得罪了国民党当局，被国民党开除了党籍。后来他到了新加坡，又到了美国，靠我伯母的收入为生，2007年在伊利诺伊州去世。

二

【吴恩泽】父亲1948年从美国回来以后回到了母校金陵大学，创办了金陵大学的农业工程系，他实际上是首任系主任，那时候他才33岁。当时除金陵大学外，中央大学也有一个农业工程系，父亲的同学高良润前辈就是中央大学的，但他是机械系的老师，在中央大学和金陵大学的农业工程系都兼着课。

【丁为民】当时，在美国派来的教授的帮助下建立起的金陵大学农业工程系只招收了5名本科生，他们是蒋亦元、史伯鸿、沈美容、吴春江、赵人鹤；同期建立的中央大学农业工程系也有5名本科生，他们是卢经宇、李振宇、沈克润、胡中和李自华。中华人民共和国成立后，卢经宇在农业部南京农机化研究所工作，李振宇、沈克润、胡中在中国农机化科学研究院工作，李自华在北京农机化学院（今中国农业大学）工作。他们追根溯源算起来都

南京农业大学丁为民教授

是我们南京农业大学的校友。其中，蒋亦元教授在东北农业大学任教，是中国工程院院士。

我老师吴相淦先生性格上比较刚强，办事能力也很强，虽说有美国人帮助，但可以说金陵大学的农业工程系完全是他一手创办起来的。蒋亦元老师亲口对我说过，当时来金陵大学的美国教授林查理是吴先生在艾奥瓦州立大学留学时的老师，但他只是一个学者，只管上课，不但和中国农民打交道不行，和政府各部门交往也不行，所以行政工作这一块绝对要靠吴先生去做。吴先生回国以后，一面教学，一面上上下下地去跑建立农业工程系的各种手续。若没有吴先生，不知农业工程系要推迟到什么时间才能建成。

吴相淦在金陵大学任教时的著作

【吴恩泽】1951年父亲36岁时填写的一张履历表中，他的职务是教授兼系主任；1952年院系调整后，父亲到了新成立的南京农学院农业机械化分院。

父母亲一共养育了我们5个子女，前3个是女儿，后面两个是男孩。大姐1949年出生，二姐1950年出生，我1952出生，大弟弟1954出生，小弟弟1956年出生。父亲1957年被打成"右派"之前，我们家的生活还是很好的，家里有五间带地板的住房，还有大客厅，我的小伙伴们常在我们家搞少年之家活动，大家都很羡慕我家的生活条件。

我母亲从1952年起开始参加工作。由于长期生活在美国，又在美国上的大学，她英语很好，在南京市第十六中学当了一名英语老师。我清楚记得，小时候在家里经常看到父母亲用英语交流对话。母亲是个热心人，20世纪50年代中期，她看到父亲在南京的同学陶鼎来叔叔一个人孤零零的，就出面牵线做红娘，介绍了她在十六中的同事吴祖鑫阿姨和他相识，成就了一桩美满的姻缘。

有一件事情母亲歪打正着。她一辈子在教育系统工作，但所在学校一直不知道她是大学毕业生。后来落实政策，大学生毕业生可以普加工资，但我母亲没加到，她拿着文凭找到教育局，得到回复说加工资已经结束了，没办法加了，要不补给你一套房子吧。现在算起来一套房子的价值比加一级工资要高多了。刚好我姐夫在中学工作，也是教育系统的，就把面积算到了我姐夫头上了，以后又买了下来。

父亲是反右运动开始后1958年政治上受到的伤害。他1952年加入中国民主同盟，到1957年时他已是民盟江苏省委常委了。他被打成"右派"的经历，据中国农业出版社2012年出版的《南京农业大学校史·人物卷》记载："在1957年的一次民盟座谈会议上，他富有先见性地提出恢复农业工程系，学习苏联建立农机化系的面太窄的意见，结果被民盟划定为右派分子。"因为从1952年全国高等院校院系调整时开始，农业工程系一律学习苏联改成了农业机械系或农业机械化系，而父亲认为农业机械只是农业工程学科的一个重要组成部分，并不能完全包括农业工程学科的内容。但当时主流观点是农业机械系是向苏联学习，设立农业工程系是想学习美国。于是反对学习苏联就成了将他打成"右派"的理由，再加上他还向学校领导提出了一些学科建设需要的资金、场地、设备等方面的要求，也引起了某些人的不满。到1958年时，南京农学院"右派"人数还没凑够，就把父亲划了进去。

【丁为民】南京农业大学校史人物传中关于吴相淦先生的介绍条目，是当时的院办主任李华先生写的，我也参与了起草，我们当时讨论过，我也看过、审核过，好多资料还是我提供的，这上面的资料应该算是比较准确的。从现在来看，吴先生当时就提出来不能简单地用农机化来替代农业工程，而是应该叫农业工程，这个意见是非常正确的。

【吴恩泽】父亲自己写的《自传》上有他亲笔写的关于反右运动前前后后的记载，包括因为什么成了反右运动的对象，受到了什么样的处分，以及对反对南京农学院党组织的正确决定所做的违心检讨等。父亲被打成"右派"也是我们家厄运的开始，他原本是三级教授，划成"右派"后被降了级，减少了工资；到"文化大革命"期间又受到运动冲击，有几年停发了工资，每月只发30元生活费。而且家里原本挺宽敞的住房到这期间又安排进来一家，一下变得拥挤不堪。运动刚开始的几年他没有被下放农村，一直在地处南京六合的学校里，再往后，1970年前后，父亲所在单位农机化分院整体被迁到地处镇江市的镇江农业机械学院去了。

第四篇 亲友、学生访谈录 /

【丁为民】"文化大革命"期间，农机化分院 1970 年被从南京迁到镇江，直到 1985 年才迁回南京，到现在还在江北浦口，没有在南京农业大学的本部。那时，不光是吴相淦先生，还有很多老先生、老教工都是自己去了镇江，但家属子女都还在南京。我 1982 年考上研究生时还在镇江，后来迁回南京时，有一部分人就留在镇江没有回来。像吴相淦先生的同学吴起亚先生就留在那里当动力系主任。吴相淦先生家的房子以前是挺宽敞的，后来又有一家人住了进去，我们分院 1985 年迁回来的时候那家人还住在里面。

【吴恩泽】父亲的"右派"问题政治上彻底平反摘帽的时间是 1978 年 9 月，平反后只给补发了 3 个月的工资。当时还是在镇江农业机械学院，现在学校改名为江苏大学，学校给父亲平反的原件我这里都有。他把农机化分院从镇江带回南京农业大学后，从同事到校领导都称赞他劳苦功高，但他总是很淡然地说：我可不是为了什么名和利，我追求的是一种事业。

三

【吴恩泽】父亲被打成"右派"后对家庭和子女的影响还是蛮大的。

我的小学和中学都是在南京上的。小学上的是丁家桥小学，最早叫中央大学附属小学，那时我们家就住在丁家桥一带，就近入学。中学是在宁海路的宁海中学读的，周边很多民国时期建的小楼，新中国成立前住的都是国民党的达官贵人。我上中学时那里也住了很多南京军区和省市的领导干部，同学中高干子弟挺多，到 1968 年宁海中学被下放到了农村。1968 年，我上完初中二年级就响应号召上山下乡了，插队地点是淮安县南运闸公社。我和我爱人当年是一个生产大队的，他在第三生产队，我在第二生产队。我一共插队 4 年半的时间。下乡时我只有 16 岁，体重才 43 公斤①。我当时年龄小，到农村后还有些害怕，农村生活又艰苦，刚去时还尿过床，尿了又不敢说，自己偷偷用被窝把褥子捂干。那时候非常艰苦，插队时穿的棉袄、带的行装都是母亲在拍卖行买的。农村吃的很单调，就是萝卜烧饭，但在农村期间我身体开始发育了，第一次回家过春节时体重已经有 60 公斤了，干农活就不那么吃亏了。父亲在运动来了以后受到冲击，监督劳动改造，挺长时间不让回家。1968 年他被放回家的时候，没有看见我，就问我姐姐，她去哪了呢？姐姐告诉他，她回乡下农村过春节去了。那时我的思想挺单纯，就是想在农村表现好一点，连春节都和贫下中农一起过。父亲给我写了一封信，信中说："要不是为了你们，爸爸都活不下去了，你怎么说走就走了呢？"我接到信以后特别难受，我好长时间没看

---

① 公斤为非法定计量单位，1 公斤＝1 千克。——编者注

到我父亲了，我都快不知道他长得什么模样了。我两个姐姐也下乡插队了。二姐还和我在一个县，她是在淮安县的博里公社，她们那里条件更艰苦，还在用人力拉犁。

我插队 4 年后，国家出台了下乡知青中华侨子女返城的相关政策，因为我母亲是归国华侨，所以我们姐妹 3 人都得以享受这项政策回到了南京。有了这项政策后，我母亲就开始为我们回城的事奔波，她也没有什么可以依靠的亲戚，于是就直接找到了负责这项工作的军代表。人家一听反映的情况挺同情我母亲，就帮助把我们姐妹 3 人办回城里了。当时我爱人还留在那里没有回来，若不是关于华侨子女的这项政策，我们还不知道要到什么时候才能回城。父亲戴着"右派"的帽子，我们做子女的受牵连在农村插队期间上学、参军、招工统统无门。我大姐是南京师范学院附中毕业的，她初中升高中考试成绩非常好。20 世纪 70 年代，国内大学恢复了招生，招收工农兵学员，我大姐在她所在的县考试成绩第三名，但仍然没有机会上大学。当时出了一个考试交白卷的"反潮流英雄"，把刚恢复的秩序全打乱了，政策环境发生了变化。更主要的是受家庭影响，她的招生档案里明确写着"不予录取"。我们姐妹这一生在婚姻上、就业上都还可以，唯一的遗憾就是都没有读过大学。但在那个没有书读的年代，共同努力把这个家支撑住，当时就是我们姐妹最大的心愿。

1973 年回到南京后，两个姐姐一个进了电焊厂，一个进了服装厂。我本人进了航海仪器二厂，先是当翻沙工，后来又当车工，都怀孕七个半月了还在车间坚持干活。这时期最让我心疼的是母亲经常在夜里来接我下班。再往后因为要照顾家里，我就到仓库里当了保管员，一直干到 1993 年我提前离岗回家照顾患病的父亲。

相比起来，我两个弟弟的境遇要比我们三姐妹好得多。1989 年以前，我舅舅在美国当老师，后来慢慢当上了州副检察长，也一直在做中美之间交流互动方面的工作。20 世纪 90 年代初，舅舅就为两个弟弟办好了赴美手续。

我大弟弟到美国后，在纽约先是到宾馆打工，后又送外卖，再后来就上了大学。他在美国最初过得也挺艰辛。父亲生病都 6 年了，他因为打工一直都没回来过，作为儿子他很内疚，于是就向老板请了假回国看望父亲。谁知他前脚走，老板后脚马上弄来一个上海去的研究生，顶替了他的岗位。在美国企业新人和老人的工资是不一样的。我弟弟只好重新给人家打工，这回老板是卖计算机的。那时候计算机才开始流行，后来老板进口了一货柜假货，发现后被没收了，又吊销了公司营业执照，这个买卖也没有办法再做了。

弟弟的老板了解了我父亲患病的情况，也知道我弟弟为人忠厚，又急需一份工作，就找到我弟弟，给我弟弟干股还有货物，让我弟弟当法人，再重新干起来。于是，弟弟开了一家小公司，开个大货车到处推销计算机。这时计算机已经多得开始泛滥了，他就又搞灯饰销售，拓展出另外一个创收渠道。弟弟是从工厂出来的，动手能力很强。知道要靠华裔的面孔去沟通，以白人为主的美国客户接受起来会比较慢，他就聘了一批白人组成推销团队为他打工，逐渐打开了销售渠道，生意火了起来，公司最多时有50多人。生意好起来后，老板就来跟他谈判，要收购他的股份给新人。刚好我弟媳在美国有个表弟是北京大学毕业的，懂法律，帮他出主意如何跟老板谈判。他用公司本身的律师跟老板谈，谈好后签了协议，老板出几十万美元收购他的股份，并承诺一直到退休，每年给他多少钱。2020年他66岁了，办了退休手续，手里有了一些钱，也在美国买了住房。

我母亲没有跟随父亲去镇江农机学院，仍然留在南京十六中，在食堂里劳动给学生们洗菜。这期间，她因为患上了风湿病几次都病倒在床上不能动了，但每个月的生活费照发。她有两个学生，一个后来上了南京艺术学院；一个后来毕业于南京林业大学。他们家庭出身好、成分好，有一次悄悄对母亲说：曾老师，可能又要搞大规模运动了，吴老师搞不好又要受到冲击了，您一定要想得开呀！对此，我们家很是感激。

四

【吴恩泽】父亲发病时间是1992年6月30日，病发得很突然。那几天，大弟媳妇带着女儿从美国回到国内来看爷爷，老父亲非常高兴，6月30日下午就带她们到学校去转转。这以前他一直在正常工作，担任着研究室主任。他那天很兴奋，特别高兴，我们全家人就聚到一起吃饭，父亲席间还喝了一点红酒。就在这天回到家后父亲夜里突发脑溢血，直到7月1号早上家里人起床后才发现。这天早上七点半，我买好早点后敲他的门，问怎么还不起来？见没有应答，我推门进去一看他倒在了床底下。我赶紧喊人，同时按照我们湖南人的叫法喊他"老爹、老爹"，这时他还有些知觉，说是身上冷。由于我们跟铁道医学院住在一个院子里，很快就叫来了医生，赶快送到现在的中大医院去了。

一开始我们找的是神经外科的专家，之后被神经内科安排住进了急诊室。情况紧急，丁为民院长等通过学校出面找到中大医院医务处协调，安排脑外科主任前来会诊。脑外科主任一看，这是一位知名的老教授，都住进急诊室三天了，除了挂水也没有什么其他有效措施，这样下去肯定不行。他问我们：你们同意不同意立刻给病人做开颅手术，把里面的血引流出来，但这里会有一定风险。我们和学校派来的人在医务处当即决定为父亲做手术，手术前需要的备皮、剃头、插管导尿等程序都是在走廊里完成的。

那时候不像现在可以做微创手术，需要拿下一块头骨，脑外科主任亲自操刀，从里面抽出来 100 多毫升的血。紧接着他又患了肺炎，发起烧，当时病房里没有空调，屋里温度很高，开始是用冰块放在床上降温，后来干脆从学校实验室调来一台空调安装在病房里。之后又出现了应激性溃疡出血。父亲的学生们真好，听说后帮助我们到上海等地到处去找药。家里一度有人提出放弃治疗的建议，说是看着太痛苦了，要不别治了。我们几人不同意，就一直在哭，医生说家属没有一致的意见我们就不能放弃治疗。这当中，父亲输了好多血，花了很大的代价。由于怕他身体承受不了，输血和输液都滴得很慢，但是见到效果了，父亲渐渐脱离危险了。

做手术过程中，学院的丁为民院长和杨谭新书记一直坐在手术室的台阶上守候，还给了我们两张支票交手术和治疗费，当时花了 7 万多元。1992年 7 万多元是什么概念？我们自己又拿不出那么多钱，我们一家对学校感恩戴德。

术后住院需要家人轮流陪护照顾，当时我家里确实还有一些困难。两年前，我母亲患病去世了，有一个姐姐患上乳腺癌，两个弟弟都在国外，而我的孩子小学刚毕业，还没上初中，人手是个大问题。困难时刻，院办李华主任代表学校去帮助我们照料父亲，跟着我们一起排班值夜班。我母亲不在了，房子空着，不值班时他就到母亲的房里休息，我到现在都很感激他为我们做的一切。

南京农大的校领导对父亲的病情也很关心，盖钧镒校长、费旭书记都来医院看望他。他们在病床前讲道，非常感谢父亲对南京农业大学做出的贡献，一是帮助学校把运动中被占的一块土地收了回来，保持了南京农业大学的完整性；二是把农机化分院从镇江带了回来，为学校保住了学科的完整性。

【丁为民】吴先生于 1992 年病倒被抢救过来以后，医学上判断叫做半植物人，从此，行动、说话、吃饭这些都不行了。一开始是在医院里住了一段时间，后来就回到家里由家人护理，再后来就由吴恩泽大姐照顾了。从 1992 年一直到 2005 年，他去世是在 2005 年，过了 90 周岁的生日之后走的，所以学校的资料上面写的是享年 91 岁。

【吴恩泽】父亲 1992 年发病后，我们家请了两个保姆照料他，经常帮助父亲翻翻身。但他那时较胖，体重在 90 公斤左右，翻身受到影响，在医院期间褥疮已经碰到骨头了。家里人一看这样不行，不能再住下去了，这样我就决定提前退休，回家专门照看父亲，从 1993 年一直照顾到他 2005 年去世。

父亲患重病以后，为了不让老人留下遗憾，家里按照他的心愿，把他为数不多的 1 万多元存款捐献给了学校，建立"吴相淦奖学金"。

【丁为民】"吴相淦奖学金"一直到现在还有，2002 年南京农业大学校庆时，东北农业大学蒋亦元院士来看望吴相淦先生的时候，蒋院士为吴相淦奖学金也捐了一点钱，直接打到账户里面去了。说起来蒋亦元院士是江苏常州人，早年考入了金陵大学农业工程系，吴先生教过他，是他的老师。

【吴恩泽】父亲的钱捐出去了，我们本身经济上本就不富裕，也没有什么存款，甚至连当时江苏工业大学卖给我们的房改房，我们也拿不出那么多钱来买。当初机关改革时有一条政策，公务员提前退下来的话，可以每两年滚动涨一级工资，一直到退休年龄。我爱人是公务员，他就提早办理了退休手续，52岁就从副处级岗位上退下来了。退下后为缓解家里经济压力就出去打工，很多时候跟人家农民工一起干一样的活，还爬过十几层高楼给人家刷涂料，想想这些，我内心感觉对不起他。

我儿子是1998年在享受了国家和省市有关政策后被南京农业大学定向招录进去，学的是金融专业。此前一直是我照顾父亲，后来爱人退下来了，儿子也考到了南京农业大学，我们一家三口人一起照顾父亲。儿子很懂事，一直在帮助我。儿子上大学时的衣服全是我姐姐给他买的，等于变相支持了我。当时我忽视了一点，儿子虽然进了南京农大，但他自我管理能力不够，他学的是国际金融，同学中高材生很多，他学习压力很大。英语四级考试他一直没考过，若通不过就毕不了业。有一天他对我讲：妈妈对不起。我说你犯了什么错误就直接和我讲，他说已经快要毕业了，我的英语四级还是过不了关。我问他还有机会吗？他说还有一次机会，我说既然还有一次机会你就再做最后的努力。万幸，最后还不错，他考过去了。

接下来是找工作，他们专业的目标都是银行系统，我们家没有很强的背景，我就叮嘱他和招聘单位实话实说，不要做秀。他的同学们大多首选工行、农行、中行、建行四大国有银行，退一步也是股份制银行。我儿子就瞄准南京本地的银行，当时正是地方银行大发展期间，需要招有南京本地户口的男生，他沾了这个光就进去了。进到了南京银行以后，他从前台柜员做起，一直做到客户经理，十年间有八年被评为先进。后来他又通过考试到了南京银行总行的审计部门，在28个参试人员中选3人，他是第二名。他现在到杭州了，是杭州分行的副行长，管着5个支行、3个部门。现在，他已经结婚，有了一儿一女，放在南京由我们带。我们是照顾完老人，现在又带孙辈。

另外，我母亲在父亲发病前两年的1990年就去世了。她五年间开了9次刀，患的是平滑肌肉瘤，开了又长、长了又开、开了再长，她一直坚持到我弟弟从美国回来看她才走。父亲去世后，父母亲的骨灰都撒到江里了，这是他们的愿望，他们都看得很开的。只是由于母亲是在美国出生，2016年我们去了一趟美国，把母亲的一半骨灰撒在了纽约的哈德逊河里。

五

【**丁为民**】吴相淦先生是我国农业工程学科里的泰斗级人物，一生教书育人，桃李满天下。我把吴先生培养过的研究生整理了一个资料，他所有的研究生我都列出来了。曾任中国农机化科学研究院副院长和中国农机学会副会长的诸慎友研究员是吴先生培养的第一批研究生，他是吴先生在"文化大革命"前带出的学生。2019年纪念毛泽东主席提出"农业的根本出路在于机械化"著名论断60周年纪念活动时，中国农机学会向我征稿，要我提供一些老照片，我把诸慎友院长研究生毕业时与吴先生等人的这张照片提供给了他们。他是1962年入学，本来应该是学制3年，1965年毕业，但那时经常参加一些运动和社会活动，实际上他们是1966年2月毕业的。

1962年2月，南京农学院农机分院第一届硕士研究生毕业师生合影（前排左三为吴相淦）

　　我是安徽省桐城人，出生于1957年。我父亲就在安徽农学院从事农机教学工作，2019年我给中国农机学会提供过一张1958年我父亲那一代的教师开着拖拉机参加国庆游行的照片。我中学毕业后下乡插队3年，1977年恢复高考后考入了安徽农学院农机系，是"新三届"的首届大学生。1982年本科毕业后，我考上镇江农机学院的研究生，吴相淦先生这时正在系里任教，给我们上过课。1984年年底研究生毕业时，学校已经改名叫江苏工学院，毕业以后我就留在了学校，到1985年跟随吴相淦先生、农业流变学专家潘君拯先生等人一道从镇江迁回南京，回到南京农业大学。

　　我本人虽然是吴老师的学生，但是如果从研究生师从角度来说我并没有直接做过他的研究生。当初我是想考他的博士，但是我还没有考博士的时候他就已经病倒了。我是1995年读的博士，他1992年就病了，但他是我的研究室主任，我一直跟着他干活，我们研究室叫农村能源研究室。从 1937 年他毕业留校任教算起，到 1987 年正值吴先生执教五十周年，我们团队和他的学生们的拍了纪念照片。

吴先生在镇江期间就招了一届研究生，名叫汪月，也是恢复高考后第一届研究生，与我是同届，现在美国。吴先生是国务院学位委员会批准的第二批博士生导师，不像现在博士生导师由大学自己评审、聘任。我考博士时，具有博士生导师资格的吴先生患病不能带了，潘君拯先生也已经退休了，我们学校有博士点，但缺乏导师，一开始找到一位曾经担任过农业部南京农机化研究所总工程师的老专家、学者，他与中国工程院院士、中国农业大学汪懋华教授同辈，也是从苏联留学归来的。他同意后学校报了上去，当时学校还归属农业部领导。部里认为他年龄已经偏大，博士生导师还应该在职的时候招生，农业部相当于提出了警告。而吴先生之所以还有资格带博士研究生，是因为他是国务院学位委员会批准的导师，国家人事部下发的文件，属于暂缓退休的高级专家，就是我们通常讲的终身教授。

1987 年，热烈祝贺吴相淦教授执教五十周年（前排右二为吴相淦、左二为夫人曾馨兰，后排右一为丁为民）

1985 年我们农机化分院整个从镇江迁回来前，吴先生在镇江已经是博士生导师了，但可惜在镇江没有招到学生就回来了。他的两个博士研究生都是回南京后招的。最近，我把两个博士生的论文也找出来了，其中一位叫何忠吉，他的论文题目是《改变高立轴微型风力机》，他后来去了浙江大学。

改革开放以后，吴先生"右派"问题得到平反。1985 年，他作为中国科协组织的中国农业技术代表团的团长，受中国科协的委派访问印度，出席在印度举行的一个国际会议。那段时间老先生非常高兴，不仅因为他是代表团团长，更是觉得从政治上等于给他完全平反，组织上是信任他的。

吴先生对年轻人非常关心，我爱人一开始不在我们学校，是从外地调过来的，调过来以后我们去办的结婚手续。我马上领着她到吴先生家里，老先生非常高兴，那天一定要留我们两个人在他们家吃饭，对我们说了许多暖心的话，到现在想起来还很感动。

六

【丁为民】吴相淦先生是我国农村能源学科的奠基人，以前农业部有个环境能源司，1998年机构改革时合并到科教司了，当时环能司的邓可蕴副司长对吴先生非常熟悉，吴先生在农业机械和农村能源领域一共获得过三项专利。

第一项是他在美国留学时1947年向美国政府申请的"前后双向行驶拖拉机设计"专利，1948年他在美期间就公开了。他回国后，1951年获得美国政府颁发的专利证书。这是迄今中国人在美国申请并获得专利权的第一个专利。

第二项专利是吴先生和我两个人合作申请的一项专利，叫作"农牧区畜力发电机组"实用新型专利。我特意查了一下，申请日应该是1987年12月1日，公开日是1989年1月18日，获得专利权也是在1989年。专利虽然是两人共同申请的，但是这个主意是老先生提出来的，我是跟随老先生做具体工作，毕竟那年我刚三十岁，硕士研究生毕业没几年，里面的一些计算老先生让我来做。他的想法是利用畜力去发电。在设计过程中，一般的机械制图我都能画，但是图上要画一头牛，拉着那种装置在转，牛和装置需要徒手画，我就画不出来了，老先生只好亲自去画。而且那个图不是正面画图，是从上面画的俯视图，看到是一个牛背，就相当一头牛或者一匹马在拖着装置在跑，这件事给我印象非常深刻。1988年吴先生已经70多岁了，还在坚持上班，那个时候办公室是很破的一间房，条件很差，吴先生就是在这种条件下坚持科研。

第三项专利是吴先生独自申请的，就是在我们联合申请的第二项专利基础上，申请了"畜力风力联合发电提水机组"实用新型专利。构思除了发电以外，将提水也结合进来；除利用畜力去提水外，把畜和风联合起来，成为联合发电提水机组。1988年提出的申请。吴先生讲，1988年时，国内申请的专利很少，他就想在申请专利方面做些工作。可惜的是这些专利都没有进行转让，还是纸上的东西。当时只要有个想法并不需要实现就可以申请专利，就是想法而已，没能创造出更多的经济价值。

这个时期，吴先生还从江苏省科委申请到了有关"水煤浆代用燃料研究"的课题。大家知道，我们现在的内燃机里面用的是柴油或者汽油，蒸汽机是烧水。吴先生想到的是把煤磨得很细很细，用现在话讲就是纳米级，然后用水和进去油，跟很细的煤再搅和在一起，就成了"水煤浆"或者叫"油煤浆"，代替油进行燃烧。

【吴恩泽】为搞"水煤浆"研究，他还叫弟弟在美国也帮助查资料，想了解清楚煤炭细化是怎么搞成的。后来还在我们厂买管子。说老实话，学校那时候真没钱，到我们单位买了管子，还是我去送到学校的山上面。

【丁为民】吴先生的毕生实践证明，农业工程应该包括农业机械，但农业机械不能说是包括农业工程，农业机械只是农业工程的一部分。农业工程的面要更广一些，还应该包括农田水利、农村能源、农业水土工程这些领域。

吴先生是农村能源领域奠基人的地位不是他自封的，也不是我信口说的，是这个领域从老一辈的领导、专家开始共同这样认定的。这里面包括邓可蕴老司长，包括河南农业大学的张百良老校长，他是吴先生的学生。还包括资历更老，1949年考入金陵大学农业工程系，1953年从我们学校毕业，后来担任沈阳农业大学食品学院院长的鲁南教授，他后来成为红高粱制酒的权威，也是吴先生的学生。吴先生第一版的《农村能源著述》就是跟鲁南教授合写的。

七

【丁为民】吴相淦先生离开我们已经整整16年了，但他为我国农业工程学科所做的贡献随着时间的推移，越来越得以彰显。党的十八大之后，我国进入中国特色社会主义新阶段，2022年又将迎来中国共产党成立100周年，国家越来越好，各项事业蓬勃发展。吴先生付出过心血的南京农业大学农业工程学科和江苏大学农业工程学科今天都有了长足的进展。

为了缅怀吴相淦先生，近年我们学校、我们学院、全国农业工程学界做了几件事：

一是为吴相淦先生立塑像。在江北浦口我们学院里给他塑了一个像，本来我们是放在学院教学楼的大厅里，后来遵照校领导的批示移到了校本部的史馆里了。人像下面有一段文字说明，是我写的。

二是参加《辞海》修订工作，增加"吴相淦"条目。《辞海》在中华人民共和国成立以后基本上每十年修订一次，现在应该是第七版了。第七版本来是想2019年国庆七十周年前出来的，但是因为里面有几个条目审定时没确定下来，所以实际上2020年才出版，第七版农业词条的修订是由我们学校负责。《辞海》修订工作有个规定，生不立传。吴先生在第六版修订时虽然重病在身，但没有去世，所以就没有写进第六版《辞海》。而在这一版里，我就把吴相淦先生加了进去。《辞海》在新中国成立之前就有，这次第七版的修订工作是由前国务委员陈至立牵头的。

此外，我还通过修订《中国大百科全书》和《中国农业百科全书》，梳理总结老一辈学者的学术成果。我参与了中国工程院院士、华南农业大学罗锡文教授主持的《中国大百科全书》"农业工程"部分的修订工作，新增的"农业

丁为民（右一）与吴恩泽夫妇在吴相淦塑像前合影

流变学"的两个条目由我来写，为此，我还专门把潘君拯老师和李翰如先生当年关于农业流变学的专著找出来进行研究。同时，我还参加了中国农业出版社组织的《中国农业百科全书》第二版修订工作中土壤耕作部分的工作，中国农业大学李洪文教授是主编，我是副主编。修订过程中我发现里面问题很多，基本上每篇都动手改了，有很多部分还重写了。

张德骏夫人徐岫云、博士生
胡世根、博士生杨印生访谈录

【张德骏简介】我国著名农业工程专家，农业机械专家、教育家，我国高等院校农业机械设计制造专业和农业工程学科创始人之一。参与新中国首批农机具的设计制造，承担了中国第一台联合收割机试制工作，被任命为主任工艺师。提倡并积极开展土壤农机系统力学研究，开拓中国农业系统工程学科新方向。20世纪50年代中后期，从北京去往吉林省长春市，长期在吉林工业大学任教授、博士生导师。

【访谈时间】2021年4月2日
【访谈地点】北京朝阳区垡头翠城小区徐岫云老师家中
【访谈对象】徐岫云老师（张德骏先生的夫人）
　　　　　　胡世根博士（张德骏先生培养的博士研究生）
【访 谈 人】宋　毅　吴洪钟

　　在拟访谈的20位留美硕士研究生的亲友、学生中，能找到的亲友线索大多是他们的子女，而且这些子女也大多是年届古稀的老人了。留美研究生们的夫人们，目前健在的只有4位，其中水新元先生的夫人、何宪章先生的夫人均年届百岁，我们联系到的，一位是中国工程院院士、中国农业大学工学院曾德超教授的夫人贺子石老师，一位是吉林工业大学（现已并入吉林大学）张德骏教授的夫人徐岫云老师。前些年，为了将曾德超院士遗稿结集出版成文集的事情，笔者曾应贺子石老师邀请登门商谈出版事宜，彼时曾见曾院士生前的书房里沿墙壁摆满了书柜，书柜里一摞摞整齐地码放着曾院士用铅笔、钢笔或圆珠笔书写的各种文稿和讲义，数量之多，远超中国农业大学出版社2013年出版，雷廷武、王伟主编的《理想的耕耘者——我们的导师曾德超》一书中刊登的论文数量。只可惜，本书编辑工作开展以来，贺子石老师一直在国外居住，受新冠感染疫情影响又无法确定什么时候回国。因此，对徐岫云老师的访谈就显得格外重要，她无疑是能访谈到的20位留学生亲友中唯一的同辈人。张德骏先生患肺病2003年去世之前，将徐老师托付给了他培养出的博士研究生胡世根，拜托他照顾好师母。张先生去世后，胡世根就将徐老师接来北京生活，一晃已经十几年了。听说笔者正在寻找张德骏先生的家属，张先生培养的另一位博士研究生，曾任吉林大学生物与农业工程学院院长、党委书记和吉林大学发展规划处处长的杨印生教授主动帮助笔者与师母取得联系，并提供了联系方式，使得笔者得以在北京访谈徐岫云老师和胡世根博士。徐岫云老师是张德骏先生的学生，一直称张先生为"张老师"。

徐岫云老师忆张德骏先生

1925 年，张德骏和父母
在北京石碑胡同家中

张老师是地地道道的北京人，出生在北京。他的父亲早年就读于北京大学化学系，毕业后公派赴美国康奈尔大学留学，回国后回到北京大学任教。

1922 年，张老师出生在协和医院，医院里应该能查到他的出生证明，他们家就住在今天西单附近的石碑胡同。但他没有在北京居住几年就被父母带回了上海，因为他母亲是江苏南通人、父亲是江西省鄱阳县人，更习惯于南方的生活。

张老师的小学是在北京念的，中学和高中是在南京和上海念的，1938 年他考入西南联合大学。当时他本想考上海交通大学但没考上，后来被西南联合大学的物理系给录取了。没考上上海交大却被清华大学录取了，有种"塞翁失马，焉知非福"的意味。

西南联合大学诞生于抗日战争初期，由清华大学、北京大学和南开大学三校合并组建。张老师 16 岁考入大学，在同学中年龄是最小的，与他要好的同班同学陶鼎来比他大两岁，吴克骝比他大更多。他第一年上的是物理系，后来转到机械系了，并在那里获得学士学位。当时他有位叔叔在西南联大任教，从英国留学回来在西南联大教路基选择课程，是清华大学土木工程系资历很老的教授，还当过系主任，1952 年高等院校院系调

图 1 为 1933 年 11 岁北京时期小学生；图 2 为 1935 年 13 岁南京中学时期；图 3 为 1940 年西南联合大学时期 18 岁；图 4 为 1942 年 20 岁西南联合大学毕业

整时，被调到唐山铁道学院去了。

　　1944年张德骏以第一名的优异成绩考取了出国留学生，准备到美国明尼苏达大学攻读硕士学位。报考专业时，他请教老教授刘仙洲先生，老教授深情地对他说："报农具学吧！中国四万万人口，百分之八十是农民。他们一年到头脸朝黄土背朝天，一颗汗珠滴八瓣，使用着落后的工具，非常辛苦。中国要强大兴旺，必须解放生产力。"于是，他欣然接受了老教授的建议，报考了农具学，决心要改变中国农业机械落后的面貌。1945年在他临出国前，同学为他留言写道："祖国啊，我热爱着你，连你所有的瑕疵。"这句话再次震撼了他的民族自尊心，一直作为他的座右铭，激励他早日学成回国，报效祖国。考取赴美学习农业工程的20名硕士研究生中，他是年龄最小的一个，何宪章比他大了10岁，还有几位同学留学之前就已经结婚有孩子了。

　　他喜欢听古典音乐、交响音乐，会弹钢琴、吹黑管，回国时带回不少唱片，"文化大革命"被红卫兵抄家拿走了。上学时他还当过系足球队员。

1946年10月，明尼苏达大学部分中国留学生在农业工程系楼前合影（前排左起为张德骏、王万钧、曾德超；后排左3起为陶鼎来、李克佐、高良润、徐佩琮、陈绳祖）

　　他们回国时国内政局严重动荡，张老师被安排进了设在上海军工路上美国人办的中国农机总公司，在设计处任副工程师，但在那只工作了7个月上海就解放了。就在北平已经解放、中华人民共和国还没成立的那段时间，张老师从上海来到北平、即今天的北京。来北平是他的恩师、清华大学刘仙洲教授去信叫他过来的。华北农业机械总厂建立于1949年4月，国民党统治时期，这里是一个军械厂。被新政权接收后，为了恢复国民经济，发展凋敝的农业，于是铸剑为锄，将其改造成生产农业机械的工厂，这时急需农业机械方面的专业人才。刘仙洲先生当时是新政权华北农业建设委员会委员和华北农业机械总厂顾问，当年在西南联大就是刘先生建议张老师由学习物理专业改学机械专业的，现在，刘先生又让他到北平参与创建华北农业机械总厂的工作。

　　张老师的留美同学、后来任中国农机化科学研究院总工程师的王万钧先生

农业工程学科在中国的导入与发展 /

到华北农机总厂工作就是经张老师介绍后调过来的，以后又有李克佐、曾德超等人经张老师介绍进入了华北农业机械总厂。在这里，他先后担任过工程师、设计科科长，参与了新中国首批农机具的设计制造，参与研制出了中国第一台联合收割机。一机部农业机械研究所成立后，他又在所里任工程师，一直到1956年离开北京到吉林省长春市参与创办长春汽车拖拉机学院农业机械设计与制造系。

张老师原本说好是从一机部农机研究所借调过去帮助筹建长春汽车拖拉机学院农机系的，借调时间为两年，期满即可回到北京。起初，借调人选不是张老师，而是王万钧先生，组织上考虑他大学毕业后在中央大学当过3年助教，有大学工作经验，遂将他列为第一人选。但当时王万钧已经成家，长子和次子先后在1953年初、1954年出生，家庭有了负担。而张老师虽然年已33岁，但却过着单身生活，没什么牵挂，于是组织上决定改派张老师去长春支援长春汽车拖拉机学院。

两年借调时间一到，原单位一机部农机研究所的党支部书记直接去长春要人，要接他回来，但学校不同意放人，没能按时回京。再后来1957年反右运动、1958年"大跃进"运动接踵而来，张老师为人比较老实，一看大形势，也闭口不再提回北京的事了，一直在吉林工业大学教书育人到退休。最后的结果是当年他把一帮同学都找到北京了，最后别人都留到北京，他却离开了北京。

吉林工业大学最初不叫这个名字，是叫"长春汽车拖拉机学院"。我国实施国民经济发展第一个五年计划期间，在苏联援助下，第一汽车制造厂项目在长春上马，连北京汽车研究所都整体从北京迁到长春，长春一下子变成了一个汽车城。1952年全国高等院校院系调整后，大学招生就不再以校自为战，开始实行统一计划招生，当时的上海交通大学、山东工学院、华中工学院三个学校都有汽车系，那时叫"自动车系"。1955年由这三个学校的"自动车系"在长春合并成立了一个汽车拖拉机学院，直到"大跃进"运动开始后的1958年11月才改名叫"吉林工业大学"。成立这所学校的大背景是1955年7月毛泽东主席提出准备用4～5个五年计划，即20～25年时间在全国范围内基本上完成农业方面的技术改革，全党必须为了这个伟大任务的实现而奋斗。领袖号召一发出，国家主管部门立刻感到很着急，学生是可以招进来进行培养的，但前提是要有学校去招生，紧急情况下就迅速成立了这么一所高等学校。

我本人是山东人。我是1954年考上的山东工学院自动车系，1954—1955学年我上大学一年级时是在济南度过的。长春汽车拖拉机学院成立后，把我们又迁到长春上了一年学。暑假期间学校突然成立了农机系，还来了一位苏联专家。学院将我们班（发动机专业）拿出来，江苏的南京工学院机械系也拿出一个班，改学农业机械，都到南京工学院去了。张老师留美时的同学高良润先生当时就在南京工学院机械系任教。与长春相比，南方条件要好一些，苏联专家也愿意到那里去，张老师也到了南京。我们在南京上了一年学，1957年学校又把我们迁回长春。1959年我从吉林工业大学毕业，我是中国自己培养的工科大学首届的五年制农业机械设计与制造专业毕业生。

1960年张德骏和徐岫云的结婚照

在美国圣地亚哥的儿子张大越一家

　　我们学校1958年11月起就叫吉林工业大学，从来没叫过学院。后来有一所吉林工学院，是省属的一所工科学院，和我们学校是两回事。当时学习苏联的体制，叫大学的学校不多，一般都是叫某某学院，除了一些特别好的综合大学外，专科院校叫大学的只有哈尔滨工业大学、吉林工业大学等为数极少的几所大学。

　　我和张老师有一个儿子在美国加利福尼亚州的圣地亚哥市。

　　张老师在有生之年有幸几次回到他留学时的母校明尼苏达大学农业工程系。第一次去得很早，1978—1979年国家刚改革开放不久去的，当时他是公派到加拿大开会，会上巧遇他原来留学时候的年轻助教，是一个美国人，叫Flikke，还在明尼苏达大学教书。张老师只是到加拿大开会，没有去美国的任务，多年前的助教和研究生在会上相遇，两个人都分外高兴，助教就开汽车把他拉到明尼苏达大学去旧地重游了。

　　1980年，Flikke代表明尼苏达大学访问吉林工大，2007年患肺癌去世。

　　这样，吉林工业大学通过张老师和明尼苏达大学就联系上了，1979年明尼苏达大学女校长率代表团来中国访问，国务院副总理方毅在人民大会堂接见了他们，还在迎客松前照相留念，照片至今还保存着。因为那时候外国大学来

在美国友人 Flikke 家作客

1979 年张德骏去加拿大开会时留影

华访问的很少，所以接待规格比较高，张老师也参加了这次接待和陪同工作。那段时间，学校里哪个系要出国都来找他帮助联系，因为他是我校第一个和国外大学建立联系的人。

张老师是 1993 年 71 岁退休离开工作岗位的，我是 1996 年退休的。1997年我们两人一起去了美国，我第一次去了当年他们 10 位本科学机械专业的留学生学习农业工程的明尼苏达大学。

几十年过去，一直到我们去时，10

1979 年明尼苏达大学访华团在北京受到国务院领导接见（前排左五为明大女校长，后排左一为张德骏）

重返母校农业工程系

张德骏在美国朋友办的奶场参观

位中国留学生的相片还在系里挂着，他们 10 个人送给明尼苏达大学的礼物还在系里的走廊里陈列着。我们又到留学时他和陶鼎来合住的小楼去看了看，是栋两层小楼，就在农业工程系教学办公楼对面。他还领我去当年留学时经常买小吃零食的小卖部转了转，这么多年了，小卖部还在卖东西。我们去时，小楼依然租出去给留学生居住。一打听，租客还是中国人，是改革开放以后走出国门的留学生。

2000—2001 年期间我们又去过一次明尼苏达大学，这是他最后一次去到那里，这时他身体已经出现问题了。

2003 年，张老师因患肺癌去世了，享年 81 岁。

1997 年重访明尼苏达大学期间，在当年留学时租住的房前留影

胡世根博士忆恩师张德骏

我有幸在 1982 年考入吉林工大农机系硕士研究生，1985 年考入吉林工大农机系博士研究生，张德骏教授是我的导师，许广庚教授为副导师。读书期间，张教授和许教授在学业上给我指导，在生活上关心帮助。我记得导师们时常叫我们几个学生到他们家去，问我们生活方面、学习方面的情况，有时还在导师家吃饭。导师们对我们和蔼可亲，终生难忘。张教授是个平易近人的人，他还会主动关心身边的教师、学生的学习、生活和思想等问题。有人得病，张教授会抽空去医院看望他。

张德骏的博士研究生胡世根答辩会

张教授在政治上严格要求自己，经常阅读党内刊物，处处体现一个共产党员的模范作用。张教授为人师表，教书育人，他不仅教学生科学知识，还教学生如何做人。在我取得博士学位时，张教授亲笔为我写了几句话："要立志做真正的科学家。'要立志做大事，不要做大官'，也不要做富翁。"几十年来，我一直牢记老师的教诲。张教授也这样给谢晓谜博士亲笔题词。

2001 年 2 月，吉林工业大学师生为张德骏祝贺 80 岁生日

在吉林工大期间，张教授积极开展土壤农机系统力学研究，开拓中国农业系统工程学科新方向。他从 1960 年开始招收并培养硕士研究生，1981 年获批成为首批农业设计制造学科的博士生导师，为中国最早的博士生导师之一。40 多年来他培养了 40 多名研究生，其中博士研究生 20 多名，很多成为学术带头人和技术骨干，有的还担任了国家重要的领导职务，为中国的农机工业做出了贡献。

张教授原来学习物理，并且学习优秀。考虑到国内工作需要，出国改报农具学，没有怨言。一切以国家需要出发，这和现在国内很多人总是把个人利益放在第一位，不顾国家需要形成鲜明对比。张教授他们一代为了报效祖国，赴美留学习后立即回国，在国内艰苦的工作环境中，努力为国家培养人才。张教授他们老一代的精神值得我们永远学习。

张德骏为胡世根获得博士学位的题词

杨印生博士忆恩师张德骏

2022 年 2 月 22 日是我的博士导师张德骏教授诞辰 100 周年。

张德骏教授，1922 年 2 月 22 日生于北京，1938 年考入西南联合大学，1942 年毕业后留校任教，1944 年考取出国留学生，是我国首批农业工程学科的 20 位留美学者之一，并于 1947 年以优异的成绩获得美国明尼苏达大学农业工程硕士学位，1948 年放弃了在美国攻读博士学位的机会和优越的工作条件，毅然回到了祖国。1949 年应老师刘仙洲之邀，他到北京参与创建了新中国第一个农业机械厂——华北农业机械总厂（后改为北京内燃机总厂），规划和建立了厂设计科。1954 年他又被调到一机部（中华人民共和国第一机械工业部）农业机械研究所担任主任工艺师，参与了新中国首批农机具的设计制造，试制出中国第一台联合收割机，通过鉴定并获国家机械部一等奖。1956 年 10 月他积极响应党的号召，从北京调到新创建的长春汽车拖拉机学院（1958 年改为吉林工业大学，2000 年与吉林大学等 4 所高校合并），参加筹建了我国首批农业机械设计制造专业，从 1960 年开始招收培养硕士研究生，1981 年被国务院批准为我国首批农业机械设计制造学科的博士生导师。

第一台康拜因试制成功 1953.7.

张德骏教授是我国农业工程事业的开拓者和奠基人之一，不仅是国际知名的农业工程专家和农业系统工程学者，也是著名的教育家，为中国农业工程学科的教学、科研、学科建设和人才培养做出了重要贡献。

斯人已逝，生者如斯！张德骏教授 2003 年 6 月 6 日于长春仙逝。虽然已经过去近 20 年，但是张先生对我的谆谆教诲和春风化雨般的恩泽至今还在激励着我不断前行。在先生诞辰百年之际，特回忆我与导师的点点滴滴并成拙文，一是表达对恩师的无限思念，二是与各位分享并以此共勉。

教我做真人

张德骏教授既是一位智者也是一位仁者，他在治学上的严谨、处世上的坦荡，都是我们后人学习的楷模。先生从事农机教育、科技工作50多年，可以说做到了既教书又育人，为农业工程教育科研事业鞠躬尽瘁。他培养的学生中，有的已成为副国级领导人，有的成为著名的企业家，还有相当数量的毕业生成为国内知名的学科带头人、国外著名大学的教授、著名企业的高级研究或管理人员。

我大学阶段学的是基础数学，研究生阶段学的是应用数学，博士专业是农机设计制造。能有幸成为张先生的博士生，还得感谢我的硕士导师王友梧教授和当时所在的吉林工业大学应用数学教研室主任王子若教授，是他们把我举荐给先生。记得第一次到先生的家里，简单聊了些家庭情况和教育背景后，先生就给我讲了"要想做好学问，首先要做个真人"，教诲我为人处世要"严于律己，宽以待人，以诚相待""人不能有傲气，但不能无傲骨"。张先生宅心仁厚，一生从不计较个人得失，可以说是淡泊名利、与世无争。第一次见面，先生的真切教诲就成了我的座右铭，成了我生活和工作中坚守的信条和人格底线。不管是做学院的副院长、常务副院长、院长还是学校职能部门的处长，我都始终牢记先生的这两句话，可以说做到了内化于心、外化于行。记得我在2012年竞聘院长职务时，就给这个岗位一个明确的地位，认为院长应该是学校政策的主要执行者、学院政策制定的主要参与者、学院行政工作的主要组织者和责任者、多方关系的协调者、人才培养质量和学科品牌的主要经营者以及

张德骏八十大寿庆典（后排右二为杨印生）

全院师生的服务者。可以说，我没有辜负导师对我的期望，无论做人、做事、做学问，都一直在践行着先生的教诲。

帮我校发声

美国明尼苏达大学是先生攻读硕士学位的母校，所以也是在他的推动下促成了这所名校与吉林工业大学之间的校际交流，并达成了中美联合培养农机学科博士生的合作协议。按照协议，张先生可以连续三年依次送出三个博士生去美国进行论文科研。我是 1990 年考取的博士生，按照计划导师给排到第三个。去美国当然需要英语过关，起码能够和同行学者用英语正常开展学术交流并能撰写学术论文。

我出生在山东的沂蒙农村，小学、初中没有学过英语，到了高中才从初中英语教材的第一册开始学习，学了两册就走进了高考考场，英语成绩就可想而知了。到了大学虽然学了两年的英语，但还基本上都是"哑巴英语"，当时考研究生的英语也没有听力测试要求。我记得 1985 年参加全国研究生入学考试，我的英语还考出了 63 分的好成绩，当年的英语分数线也就是 40 分左右。由于一直没有学过英语音标，一张嘴说英语不仅发音极其不准，而且还带有浓浓的鲁菜味，十分得"垮"。导师一听我的英语口语，就说"你这口语不行，去美国前还需要加强训练"，他还强调"口语不好主要是听力不行，听力不行主要是发音不准"。为此，先生给我设计了每周一次的"私人订制"，每周来导师家里一次，先生亲自教我音标，帮我校正发音。两个月下来，我的口语水平确实提高了不少。虽说因为 1989 年的那场政治风波中断了协议，我也未能如愿赴美学习，但是先生帮我打下的口语基础却使我受益终身，尤其是每当我应邀主持国际会议或做特邀报告时，都非常的自信和有底气，这都得益于当年先生为我校正英文发音打造的"量身定做"和"因材施教"。

授我严治学

张德骏教授较早提倡并积极开展土壤农机系统力学研究，在犁体六分力测试、半悬挂犁机组平衡、土壤与耕作部件相互作用、大马力轮式拖拉机和半悬挂犁机组配套时动力学特性以及土壤切削理论等领域都做出了开创性的研究工作，取得了创造性的科研成果，多项成果获得省部级科技奖励，有些研究在国内尚属首次。先生还是国内最早把系统工程方法引入到农业工程领域的学者之一，创建和开拓了我国农业系统工程与管理新学科。他积极投身中国农业工程学会工作，曾担任第一届农业工程学会理事、第二届常务理事、第三届副理事长以及名誉理事长。

按理说，张德俊教授很早就功成名就，不论其学术贡献还是学术声望都足以夯实他在农业工程领域的学术地位，但先生即使 70 岁高龄还继续每天学习，思考和研究。20 个世纪 90 年代，互联网还没有普及，国内更没有电子图书馆，但年过七旬的先生坚持每两周去一趟图书馆，一坐就是一上午，翻阅新到的外文期刊，查阅最新的研究文献，并且经常会把对学生研究有帮助的论文复印下来与研究生分享，一起精读，一起研讨。这种"活到老，学到老"的治学精神，可以说深深地影响着我。先生经常提醒研究生必须重视文献的查阅，而且要讲究文献的全面性、权威性、及时性和针对性。一是及时了解国内外最新研究进展，二是吸纳最新的研究思路、研究方法和研究手段。创新的基础是思维，思维的基础是积累，所以要养成"自觉学习、终身学习"的好习惯。先生不仅有着良好的学习养成，而且还有着严谨的治学态度。他对每一个学生的研究进展都是较真求实，不管是小论文还是大论文都会逐字逐句细抠，就连标点符号也不允许有半点的马虎。记得先生审阅我的博士论文的那段时间是最辛苦的，可以说每个章节都留下了他精心的批注，对论文的导师评语密密麻麻地写了整整两页。先生这种求真务实、严谨较真的治学作风早已成为我自己科学研究和人才培养的行动航标。正是先生对我当时的这种影响，我才有了培养硕士、博士生的得心要领。正是受到导师优秀科研作风的熏陶，自己才会连续主持获批三项国家自然基金和一项国家社科基金项目，在农业系统工程、农业机械化软科学领域才取得了还算不错的科研业绩。

引我拜名师

人们常说"下棋找高手，弄斧找班门"，作为张先生的博士生总是能有很多机会拜识大咖级学者，这为我开阔学术视野、跟踪国内外前沿甚至提升自己的学术影响都奠定了基础，这也是我在学术成长道路上的知遇之恩，因为这都是沾了恩师的光。

1991年，中国农业工程学会农业系统工程学术研讨会

　　跟从先生念博士不到一年，记得那是1991年暑期，先生就带我参加了在辽宁台安召开的全国农业系统工程学术研讨会，并鼓励我提交了题为《农业系统规划中的不确定性模型与方法》学术论文，也就是在那次会上我拜识了张象枢教授。张象枢先生是享誉国内外的环境经济学家，中国人民大学荣誉一级教授，不仅是国家重点学科"人口、资源与环境经济学"的奠基人之一，也是中国农业系统工程的开拓者和主要创始人。张象枢先生平易近人、和蔼可亲，在大会上做了题为《系统工程的发展趋势及十大集成》特邀报告，在他的房间里还专门鼓励我研究如何处理农业系统中的不确定性很有学术价值和应用前景，这为我确定《农业系统不确定性数据包络分析（DEA）方法研究及奶牛场效益分析专家系统设计》作为学位论文选题增加了莫大的信心。后来，我再接再厉向1992年10月在北京香山召开的农业工程国际会议上提交并宣读了题为"Uncertainties in Agricultural Systems"的学术论文。这次会议正赶上我国农业工程学科第一批留美学者聚会，导师引荐我认识了陶鼎来、余友泰等学界泰斗。1993年12月在我博士毕业时，导师还特意邀请余友泰、陶鼎来、张象枢三位先生莅临了我的学位论文答辩会，真切感受到了导师对我特殊的偏爱和对我更大的期望。1997年我获得日本文部省奖学金资助去筑波大学做博士后研究，最初的合作导师小中俊雄教授也是先生帮我联系的，这可是日本农业系统工程领域的鼻祖。小中先生因为退休又把我介绍给他的助手小池正之教授，继续合作农机社会化服务领域的研究。小池先生也是国际知名的农业机械学者，

后来还担任了日本农机学会的会长。在日留学期间，我又有幸见到了日本DEA开山学者刀根薰教授和材料领域国际著名科学家、东京大学山本良一教授。山本教授曾任日本材料学会会长和日本文部省科学官，是国际上公认的环境材料学创始人和生态设计的倡导者。2002年我荣幸地受到山本先生的邀请到东京大学生产技术研究所做客座教授，开始进入了农业LCA这一前沿领域。

回忆自己"拜师学艺"的经历，很像相声界"引师保师代师"的"三师"模式。张德骏先生是我的恩师，王友梧教授是我的引师，王子若教授就是我的保师，恩师引荐我认识的那些学界"牛人"都是我的导师，因为他们都对我的学术成长给予了极大的指导，可以说也成了我一辈子的导师。

张德骏教授一生为人师表、严谨治学、为人低调、光明磊落，他用自己渊博的学识和满腔的爱国情操阐释了一个知识分子的家国情怀和使命担当，也彰显了一名共产党员的优秀品质。这种家国情怀和使命担当已经深深地凝铸在我校农业工程学科的文化之中，学院"明志 笃行 精耕 创新"的院训，可以说也是老一辈农机人优秀品德的真实写照。

中国现代著名学者、爱国诗人柳亚子在《赠郭子化匡亚民二同志》中曾赠郭子化同志诗句"天涯更喜逢翁伯，邳县人才此骏骁"。我想借此句诗，用"知遇恩师之我幸，德高智者此骏骁"表达我对导师的由衷感恩和无限哀思。

徐明光之子徐及访谈录

【徐明光简介】浙江省缙云县黄碧村人，我国最早的一批留学美国后归国服务的农业工程专家之一，九三学社成员。上海解放前在联合国善后救济总署技术专员（上海）工作；1949年5月上海解放后，在中国人民解放军上海军事管制委员会华东农林水利部农业工程处任专员。先后任国营广北农场第一（技术）副场长、山东省农业厅农机管理局总工程师、

徐明光（1917—1980 年）

山东省委农具改革办公室总工程师、山东省农业机械研究所总工程师。徐明光是山东省人民代表大会代表，山东省政治协商会议委员和常务委员会委员。

【访谈时间】2020 年 11 月 2 日
【访谈地点】中国农业科学院科海福林大厦《优质农产品》杂志社
【访谈对象】徐　及（徐明光之子）
【访　谈　人】宋　毅　吴洪钟

徐及忆父亲徐明光

我父亲于 1933 年考入杭州高级中学学习；1935 年至 1939 年冬，就学于金陵大学农学院土壤肥料系，毕业，获学士学位；毕业后被分配到位于南京的中央农业实验所工作。

1940—1945 年，我父亲随中央农业实验所从南京迁至广西柳州沙塘工作，任技佐、技士；期间与其导师张信诚（张信诚也是何康的老师，后来去美国农业研究中心工作）共同研究根瘤菌与豆科植物固氮机理，在我国首次发现紫云英根瘤菌和豆科植物结瘤共生固氮是一个独立的"互接种族"。其论文《豌豆接种组中数种根瘤菌品系之固氮效能比

1942 年 8 月，专家张信诚、徐明光撰写的科研论文

较试验》和《根瘤菌与豆科植物》发表在《广西农业》民国三十一年八月第三卷第四期。该研究成果及其试验的成功为我国紫云英根瘤菌人工接种大面积推广应用奠定了理论基础。

我父亲在考取由美国当时最大的农业机械制造商"万国收获机械公司(International Harvester Company－IHC)"提供的公费留学奖学金后，于1945年至1948年在位于美国艾奥瓦州埃姆斯（Emes）的美国艾奥瓦州立大学农业工程系留学，师从艾奥瓦州立大学农业工程系主任、美国农业工程学之父布朗里·戴维森博士（Dr. J. Brownlee Davidson）。1948年学成，获农业工程硕士学位，其论文为《风力及风力机械在农业上的应用》，并于同年归国，任位于上海的中华民国善后事业委员会农垦机械处技术专员、联合国善后救济总署技术专员；1949年上海解放后，任中国人民解放军上海军事管制委员会华东农林水利部农业工程处专员。

广西农林试验场研究室旧赴

1950年初，我父亲受时任上海军事管制委员会华东农林水利部副部长何康同志（后任农业部部长）委派，与当时上海优秀的内燃机技师胡服良、李瑞龙等共20余人驾驶一辆吉普车和两辆卡车，从上海市沿公路北上，经江苏、越长江、穿安徽，到达山东省广北农场（位于黄河三角洲，在广饶县七区），任第一副场长（主管技术和农业机械）。广北农场是奉中央政府指示，我国最早建设的国营机械化农场之一，为我国的农垦事业和农业机械化事业培养了一大批管理干部和技术骨干。

1950年6月，国营广北农场第一个机械麦收季节即将来临，第一副场长徐明光（前）在作动员

到达广北农场后，我父亲亲自驾驶拖拉机开垦广北农场第一犁，唤醒了这片沉睡百代的处女地。这一犁，成为广北荒原告别原始农耕、开创新纪元的第一缕燧火，从此，浩茫荒寂的原野，掀开了改天换地的新篇章；这一犁，也成为我国从传统手工农业过渡到现代机械化作农业的标志性一步。

我父亲没有学者架子，富有实干精神，在广北农场工作期间，他深入基层，与广大农场职工打成一片，工作中全心全意、勤勤恳恳、毫无保留地把自己掌握的知识和技术传授给大家。在他手把手地培养下，几年中，一支农业机械骨干队伍迅速成长起来。后来，大批在广北农场培养起来的农业机械骨干被调往山东省内外其他单位和机构支援工作，也包括黑龙江省农垦系统的友谊农场。

1954年10月，我父亲离开广北农场，调往山东省农业厅农机管理局任总工程师，主要承担拖拉机站的规划、建设和管理，曾负责国家引进的成批拖拉机在山东省的推广和使用工作。1956年发起并参与创办我国农业机械学会，并兼任学报编辑委员。1957年被组织调至山东省委农具改革办公室工作，任总工程师，主要从事新型农机具的管理、推广和使用。1959年调入当年新成立的山东省农业科学院农业机械化、电气化研究所（后更名为山东省农业机械研究所），任总工程师，从事技术工作。1960年山东省农业机械研究所划归山东省农业机械厅后，负责全所的技术指导工作。

当时国内的拖拉机牵引机具主要是引进或仿制从苏联引进的重型农业机具，由于苏式机具"粗老笨壮"，虽适应粗放式生产，但制造材料与操作动力消耗过大，不适应我国各地精耕细作的农业生产要求。我父亲便在国内率先提出因地制宜地设计适应国内农业生产的轻型犁的设想，并创建了轻型犁课题组，兼任项目组第一负责人。他亲自带领科技人员设计、试制、试验、鉴定、推广，取得了很大成效。

轻型犁的结构特点是三角型犁架，使用轻型犁铧，为国内各种国产拖拉机配套，重量轻、便于维修使用，适应面广。随后在我父亲的指导下，设计出包括二、三、四、五、六、七铧犁，以及机引耙、翻转犁在内的适应不同拖拉机牵引的系列轻型机引农机具，效果之佳，在全国引起较大轰动，并参加了在全国农展馆举办的全国第一届农机展览会，受到广泛好评。

1964年由我父亲牵头设计的轻型六铧犁获得国家重点科学成果奖，《人民日报》也曾做了专题报道。之后在山东等省设计的轻型犁基础上，农业机械部于1964年设立了中国的轻型犁系列设计课题组（国重-20）。1963年我父亲还曾参与编制《山东省农业机械科学技术发展规划》。

我父亲在山东省农业机械研究所工作期间，还多次应聘为山东省国际交流活动与合作项目培养人才，还多次应聘积极为济南军区空军和济南军区管理局的部队建设工作服务，做出贡献，受到赞扬与好评。

徐及谈父亲徐明光在广北农场的点点滴滴

上海刚解放时，我父亲有幸曾与担任上海军管会农林处处长、华东军政委员会农林部副部长的何康同志一起工作过。当时在那里工作的何康部长的同事还有刘瑞龙（后任农业部副部长）、程照轩（后任农业部副部长）、林干（后任农业部司长）、杨鼎芬（后来被调到林业部办公厅工作等。

新中国成立后，党中央和国务院制定了"发展生产、积累资金、培养干部、示范农民"的国营农场发展规划。经论证，华东军政委员会于1950年3月正式批准在山东省广饶县境内小清河下游兴建国营农场。该农场因地处广饶县北部，而命名为"广北农场"。这是整个华东地区也是我国第一批机械化国营农场之一。

徐明光之子徐及

根据上级指示，何部长派我父亲到广北农场担任第一副场长，负责技术与机务工作。

实际上，为了建设广北农场，在我父亲正式到广北农场工作之前，何部长曾两次派遣我父亲事先到山东省广饶县七区对所选场址从技术角度进行考察、调查和论证，最终得出了所选地址适合建设机械化农场的结论，建议和提交了建设国营广北农场的技术方案，并向何部长和华东农林水利部的领导做了汇报。

为此，何部长还特地到我家（上海市杨浦区昆明路368号）来看望了一次，并讨论了建设广北农场的有关事项和要注意的问题。

由于同在一个部门工作，我小时候，父亲让我称呼何部长为何叔叔。父亲说，在上海时，何叔叔还抱过我。

经过60多年的发展，2015年10月19日，国务院批复以广北农场为主干成立了我国的第二个农业高新区——黄河三角洲农业高新技术产业示范区。

（一）安徽"老油条"

"老油条"是我国，尤其是江浙一带形容那些久在江湖行走的一帮"老江湖"的称谓，他们人情世故懂得多，处事周到圆滑。但是，我要说的"老油条"却与此完全不搭。

1951年，我父亲带着二十几位首批国营广北农场的拓荒人（他们也是首批建设广北农场的技术骨干），开着两辆卡车（一辆是道奇，大灯在前轮叶子板前端的上面；另一辆是斯蒂皮克，大灯窝在前轮叶子板前端的里面）和一辆吉普车（美国军用吉普车）行进在从上海到广北农场的路上。

进入安徽以后，车队来到蚌埠，父亲跟我说，等会给你买好吃的。我问是什么好吃的，父亲说等一会你就知道了。于是，我既高兴又急切地盼望着。也就是在蚌埠，我第一次知道了"老油条"这个词和它的故事。

原来，"老油条"是安徽中部一带的民间小吃，也算是皖中名吃之一，就是把油条先炸个七分熟，随即捞出来放到一边，空油晾凉，然后再放回油锅翻炸而成的小吃。按食品科学的概念和我国食品命名的习惯，似乎可以定义作"回锅油条"。那时，我虽已十岁，但还是第一次见到"老油条"。

那天天气很好，父亲来了个大手笔，一下子买了二十多根"老油条"，让我帮着送给同行的叔叔们尝尝，每人一根。

"啊，'老油条'！"

"松脆！"

"酥香！"

"原来这就是'老油条'啊。"

"喜欢这个味道。"

"安徽'老油条'比上海油条好吃多了，真香！"

一片酥脆声……

一脸满意舒畅的惬意……

大家边吃边夸。

品尝了它的独特风味，松脆舒香的记忆我这一辈子都不会忘怀，"安徽老油条""皖中名吃"，果然名不虚传，厉害！

吃完"老油条"，父亲问我："'老油条'好吃不好吃？"

我说："好吃，太好吃了。"

父亲接着说："油条要吃'老油条'，但做人一定要实在，可不能做'老油条'。"

然后，大家又上路了，向北，车队一路朝广北农场进发。

几十年后，我因工作多次出差去安徽执行任务。到了合肥和蚌埠一带，总要去街边小食店找"老油条"。睁大久违贪婪的双眼，我欣赏着"老油条"的制作过程，伴随着那扑鼻而来的童年记忆中的香味，似乎又穿越回到了几十年前随着父亲站在"老油条"油锅旁的场景。不到半个小时，再次捧起"老油条"，再一次陶醉于它的松脆酥香，耳边再次响起父亲的教诲，做人一定要实在。

（二）山东馍馍、大窝头和杠头烧饼

从江苏到山东，在小雨中行进了一天。这天上午，天晴了，车队从泰安出发奔向济南，大家的心情都很好，终于快到济南了。

也许是前两天刚下过雨的原因，道路又泞又滑，车子摇摇晃晃的，没走多远，就有一辆卡车抛锚了。把抛锚的车推到路边，另两辆车也停了下来，大家一起来修车。

以前在路上也有车抛锚，很快就会修好。但这次不知是什么原因，修了很久，还是不行。快到中午时间了，父亲跟梁绍曾叔叔说，你带两人去给大家买点吃的吧，于是梁叔叔就开着吉普车去买饭了。

抛锚的地方前不着村，后不着店，我们都饿了，那也只能等了……终于把吉普车盼回来了。梁叔叔下车说："附近没有饭店，买不到饭和菜，就在村里找老乡买了几个山东馍馍，其他全是大窝头和杠头烧饼。"

大家吃起了山东馍馍，有点硬。再试大窝头，又干又硬！于是转向了杠头烧饼，一咬，更硬！一副失望却又无可奈何的表情。也许此时不少人想起了那让人无限留恋的"安徽老油条"。于是，在泰安路边上买的几个红心萝卜便成了大家的美食。

车终于修好了，大家在车上摇摇晃晃地在车上继续午餐，由于馍馍不多，大家只好就着红心萝卜，使劲啃着那些大窝头和杠头烧饼。

我小时候都是在南方长大，吃惯了米饭，对这又干又硬的馍馍实在不感兴趣。可是，父亲却只扔给我一个杠头烧饼。我说："这杠头烧饼太硬了。"

我父亲为建立广北农场之事，事先已经去过广北农场搞调查。他说："这点苦有什么，到广北农场要吃的苦还多着呢。"

我坐在车上，怀揣对杠头烧饼的畏惧，一脸茫然地向北边晃去……

（三）广北农场工程车

我随父母到广北农场时，才十岁，给我印象很深的是不多，可是那辆像个小车间一样的工程车却使我终身难忘。

那时，新中国刚刚成立不久，整个国家的经济和社会都处于战后的恢复状态。可就是在这样困难的情况下，华东军政委员会把一辆宝贵的、功能齐全的工程车支援给了刚刚成立的国营广北农场，真是个大手笔！

按现在的话来说，那在当时绝对是一辆"高大上"的工程车，也是一座万能流动修理厂。

当时，广北农场刚刚建场，四个分场之间都有一定距离，农场技术人员和农场工人的操作水平也都不一样，在农场机械作业中经常出现各种各样的问题，抛锚了，机器不转了、卡壳了、停摆了，等等。

由于农场刚刚在一片盐碱地上建起来，没有通信设施，一有机械问题，就得骑上自行车，一阵猛蹬到总场来报信。

那时整个农场只有几辆自行车，主要是分配给采购员工作使用的。我记得有两位采购员，一位是杨殿发叔叔，还有一位是刘树湘叔叔。我对他们印象很深，因为他们有时骑车顺便带着我去辛桥完小上学，省得我走路了。那时在广北农场，能坐在自行车后座上去上学，也真是人间一大享受啊。他们除了负责采购以外，有时也起到了报信的作用。有时自行车也坏了，那就只能变身"毛驴信使"了。

只要机械一出现情况，这辆工程车就会出动，几位技术好的技术员就会跟车出外勤。对机械性能了解较多、修理技术最好、人也最勤快的李瑞龙叔叔，他几乎每次都跟着出车。

李瑞龙叔叔也是和我父亲一起从上海驱车到广北农场的。他为人正派厚道，技术精湛，职业精神强，勤劳肯干，从不怕苦怕难。他是广北农场响当当的技术大拿，也是我当时心中的"能人＋大神"。

我还清晰地记得，有一次好像是过年的时候，有台苏联制造的深灰色斯大林-100链轨拖拉机坏了。当时天上飘着片片雪花，李瑞龙叔叔就在大雪之下拿着工具蹲在那里修理那台拖拉机。很快，那辆斯大林-100就活过来了。多么崇高的工人形象，多么朴实的人类榜样！这是一个在我心中永不磨灭的珍贵镜头。

这辆工程车，其实就是一辆卡车改装的闷罐车。车里有一张钳工台，上面有老虎钳和铁砧，车里还有各种钳工工具，边上还有几个木头箱子，里面放着各种各样的钢锯、钢锉等工具，木锯是挂在旁边的。

遇到一些疑难和比较大的问题，我父亲也会跟车出动。每到这时，父亲会穿上他从美国带回来的一套浅灰绿色的工装衣（上衣和裤子连在一起的），和李瑞龙叔叔他们一起去修理机械故障。

工程车里还经常放着几条长长的木板条和几块门板，据说是当地老百姓浇水时会把路挖断，过水沟的时候就要用的这些木板条和门板了。

据李瑞龙叔叔说，我父亲经常和他们一起抬木板条和门板过水沟。而这时，开工程车的驾驶员一定是我父亲。李瑞龙叔叔紧接着便会加一句："我给你爸爸当引导员，他得看着我的手势过沟。"

工程车引导员！

要过沟，听我的！

幽默的自豪感。

当地的老百姓也许是头一次见到这辆工程车。工程车每到一个地方，周围的百姓就会自动地围上来"猎奇"。听说没有工程车治不了的病，于是当地老百姓流传开了一句话：拖拉机有病不可怕，工程车一出动，小病小治、大病大治、阎王爷靠边站！

可见，这辆工程车当时在广北农场起到了多大的作用。这辆工程车的样子至今还深深留在我的脑海中，它的车头部分和那辆道奇卡车一个样，也许就是用道奇卡车改装的吧。

现在回想起来，要是当时有部手机，我一定会把这些宝贵的镜头拍下来。

（四）董力生的义务小老师

董力生阿姨是我心中的女英雄！

董力生（1922—1990年），江苏省赣榆县城头镇董青墩村人。1943年秋，她在滨海劳模大会上选为劳动英雄，同年加入中国共产党。1947年春，为支援解放军粉碎国民党军队向鲁南发动的重点进攻，她在村里第一个报名参加支前担架队，是赣榆县担架团四千多名民工中唯一的女性。孟良崮战役结束后，她被评为"钢铁担架团一等功臣"，荣立特等功。后来她又推着独轮车参加了淮海战役的支前工作。她支前用的小车至今仍陈列在北京中国人民革命军事博物馆。

1949年她出席全国第一次妇女代表大会，受到毛泽东主席的接见。1950年出席全国工农兵劳动模范代表大会，被授予"全国劳动模范"称号。同年10月到山东广北农场学习拖拉机驾驶技术，成为华东地区第一名女拖拉机手。

必须要铭记的是：孟良崮战役和淮海战役的胜利，董力生阿姨都立了大功。

1953年1月，她被评为山东省劳动模范。1960年3月，全国妇联授予她"全国三八红旗手"称号。1959—1985年，她先后任历城县八一拖拉机总站副站长，历城县妇联副主任，济南轻骑摩托车总厂工会副主席。1990年1月3日病逝。

董力生阿姨是一位传奇人物，她是华东地区第一位女拖拉机手。她曾分别受到毛泽东、斯大林、金日成等领袖的接见。接受过毛主席的宴请、斯大林赠送的黄呢军服和金日成馈赠的留声机。

鉴于董力生阿姨的英雄事迹，夏林伯伯和我父亲商量，要好好重点培养董力生阿姨，帮她尽快提高拖拉机驾驶技术。于是我父亲便自告奋勇地为董阿姨单独教练。因此，董阿姨成为我家的常客，经常到我家来找我父亲问些问题，顺便聊聊天。

我父亲说董阿姨人品好、爱学习、肯专研、会问问题，唯一的不足就是没有文化，能看懂图，但不认字，看不懂技术资料，妨碍她更快地进步。于是，我做作业时，经常看见我父亲教她认字、学文化、学技术。

后来，董阿姨也感到老要我父亲教她认字，有点不好意思。有一天她吃完晚饭来我家时，我父亲还没回来。她就问我，这个字怎么念，什么意思？我告诉她以后，她很满意。她随着又问我，以后能不能帮她认字。我瞪眼想了半天，最后说"行"。

过了一会我父亲回家了，董阿姨高兴地和我父亲说："我今天找了个小老师，以后认字我找老大，拖拉机的事我问你徐场长。"

我父亲说，那好啊。于是，我便成了董阿姨认字的义务小老师。董阿姨学习很刻苦，认字很快，这对她拖拉机驾驶技术的提高和后来管理能力的提升有帮助。

1953年，我要到济南去上中学前，专门去和董阿姨告别，并送了她一个本子、两支铅笔和一块橡皮，她高兴地接受了。临走，她伸手轻轻摸了摸我的脑袋。

后来我在农业部国际合作司工作时，有一次去山东出差，我母亲还专程带着我和三弟徐申去看望在历城八一拖拉机总站工作的董站长。董阿姨见到我很高兴，还风趣地叫我是"小老师"，并幸福地回忆起了在广北农场认字学文化的往事。

让人可惜的是，董阿姨因劳累过度，走得太早了。要不然，她一定会经常回广北农场去看看今日的大变化和新气象，并来我家做客，看看她的"小老师"。

我想，只有像董阿姨那样的亲身为广北农场奋斗过的人，看到农场今日的进步和成就，才会有更多的骄傲、自豪与肺腑之感。

（五）李瑞龙身上闪耀的广北精神

不是1952年底，就是1953年初。隆冬季节，灰暗色的笼盖，雪花飘飘。

一天下午，因为放假，又适逢大雪纷飞，很多人都把两只手揣在棉衣袖口里，站在大操场边的宿舍前，一边赏雪，一边聊天。没想到，当天最抓人眼球的事随之发生了。

一辆深灰色的链轨式德特-54用钢丝绳拉着一辆同样是深灰色的链轨式斯大林-100开到了操场上，就停在宿舍前的一排排人群前，原来被拉着的斯大林-100 发动机也"过年休息"了。

过了一会，李瑞龙叔叔过来看了看，了解了一下情况后，就马上跳上链轨，掀开发动机舱盖，并拿起工具修了起来。

那天的雪可真不小，伴着风，真可谓风雪飞舞。对于杜甫、李白等诗人来说，这可是个创作写诗难得的浪漫时光。可是，对李瑞龙叔叔来说，在这风天雪地里修理拖拉机，那可就不是那么浪漫的事了。迷眼的雪花，冰冷的工具，动几下工具，哈口嘴里的热气；鼻子冻红了，面颊也冻红红的。大家都劝他歇歇吧，过两天再修。可是，李瑞龙叔叔顽强地坚持着。

过了一会儿，随着那辆深灰色的链轨式斯大林-100 的发动机发出一阵阵隆隆的咆哮声，站在旁边的农场职工们情不自禁地一阵阵欢呼，并立即把手从衣袖里抽出，使劲地鼓掌。

我又上了一课，书本上学不到的知识，一堂寓意深刻的现场课，一堂广北人开天辟地的精神展示大餐。

广北精神，可见一斑。

正是有这种广北精神的代代传承，广北现在成了全国的第二个农业高新技术产业示范区，成了全国的标杆。

广北精神，赞！

（六）和拖拉机手们一起打扑克

国营广北农场是我国自己建立的第一代机械化的国营农场，除了少数领导、管理干部和和技术人员之外，绝大部分还是农场工人，如拖拉机手、农具手、修理工等。

由于当时刚刚建场，除了白天干活，晚上睡觉以外，没有什么文化生活，大家平日的业余生活都很枯燥乏味。

我父亲从美国回国的时候，曾经带回来两付美国的扑克牌，一付背面是红色图案，另一付背面是蓝色图案。为了活跃农场工人的业余生活，有一天晚上，我父亲就让我把这两付扑克牌给拖拉机手送过去，给他们玩。拖拉机手叔叔们看见有两付崭新的扑克牌玩，非常非常高兴。

有一次晚饭后，父亲出去了，很久没有回家，我母亲让我去找找。我看办公室里没人，就跑到农场工人的宿舍去了，在外面就听见屋里的笑声连连，进门一看，原来我父亲在和拖拉机手叔叔们一起玩扑克牌呢，我就饶有兴趣地站在边上看着。其实，我对打扑克（那是听他们说是打百分）一窍不通，就觉得好玩，于是就站在边上"观战"。

打完一盘，就见叔叔们开始了刮鼻子大战，有的人还挺使劲，把对方的鼻子都刮红了。

记得我父亲也输过几次，但是，叔叔们在刮我父亲鼻子的时候，手下留情了，哈哈，很温柔。后来我才知道这温柔的原因。

广北农场有一位姓吴的拖拉机手叔叔，个子不高，大家都叫他"小吴"。他驾驶的是一辆浅灰色的捷克产热特-25轮式拖拉机。有一次，他开着拖拉机拉着个拖斗从总场去二场，见我背着书包去上学，就叫我爬上拖斗蹭车。小吴叔叔边开车边告诉我说，我父亲经常给他们上课，讲拖拉机和农具，所以对我父亲很"温柔"，这也就是"投教报柔"吧。

其实，我也见过我父亲在大操场上给他们讲课。那次是讲的是一台双铧犁，大家围着一台小小的双铧犁。我朦朦胧胧地记得，大操场上围着一群人，夏林伯伯也好奇地溜达着过来，在旁边看着。大家一看夏场长也来了，给他腾出一个位子，仍继续仔细地听我父亲"现场上课"。

后来，有一次，我见到夏伯伯躺在地下，手持扳手在修双铧犁，调整犁铧的高度和角度，紧固螺丝，还不时地和大家交流，问大家这样"中不中？"大家鼓掌"中！中！"以后，夏伯伯才满意地笑着起身。

小小扑克牌，不仅活跃了大家的业余生活，给大家带来了欢乐，同时也凝结着大家的友谊。

（七）广北农场首届运动会

广北农场的建立，承载着党和国家对恢复和发展农业、巩固人民政权、建设祖国的殷切期盼。

记得当时国家要在华东地区建设三个国营机械化农场，由华东局负责计划安排。当时的计划是：在山东省建设"广北农场"，在江苏省建设"东辛农场"，在安徽建设"普济圩农场"。

由于党和国家赋予国营机械化农场的重要使命，广北农场的工作自然是高节奏和十分繁忙的。但是，一张一弛的道理也在农场领导的日常考虑和日程安排之中。一场别开生面的"广北农场第一届运动会"就在这样的背景下举行了。

运动会在条件简陋的黄土大空地上进行，运动项目有赛跑、跳高、跳远、游泳、篮球、掰手腕、拔河、慢骑自行等。

我印象比较深的有游泳、跳高和拔河。

说起游泳，那肯定是夏林伯伯的强项。他个子不高，不仅游得快，而且还会在水下憋气，那个游泳池的长度还不够他憋的。他只要一入水池，就见不到人了。大半天，大家都着急了，他才会不知从什么地方冒出水面，继而便是一片欢呼声和热烈的掌声，跟着的是赞叹声"真过瘾！"

为什么对跳高有深刻印象呢？因为那是我父亲的强项，他在杭州上中学的时候，就非常喜欢跳高。在这次广北农场的首届运动会上，我父亲用他拿手的

"剪式"跳过了 1.63 米，赢得一片掌声。我和二弟一直在边上加油，鼓掌，小手都拍红了。

拔河不用说，不管到哪里都是最吸引观众的比赛项目。谁赢谁输都不是重要的事，时间长了，谁也不会记得，但那异常热烈的气氛和观众加油的吼声总是和比赛队员们的出色表现一样的精彩。

可能周边的百姓也提前听说了这场运动会，不少老乡老远过来看热闹，有的以前还没见过这样的运动会。这次运动会的盛况在周边百姓中也产生了极大的影响力，一直到我上学时，老师们都还提到过，并津津乐道地回忆着那些精彩的场面。

感谢广北农场组织了这么好的一次运动会！

（八）我还能回忆起来并记得的广北人

我是随父母从上海开车到广北农场的，那时我才十岁，我在广北农场生活的时间很短，但是它却是我一生中非常重要的一段时间。那时，因为我还小，虽然在广北农场的生活给我留下的记忆不多，但是我至今还能回忆起来，并记得一些广北人的名字和他们的样子。下面将这些叔叔阿姨的姓名列出，以兹纪念。

1. 夏林：首任场长

   杨匀（女）：夏林夫人

   子女：（按年龄排序）

   　　　夏鲁青（女）

   　　　夏鲁北，后更名夏鲁白

   　　　夏鲁东

   　　　夏鲁西（女）

2. 孙岐山：第二副场长
3. 李子元：第三副场长，会撒大圆网打鱼，经常在芦清沟撒网打鱼帮大家改善伙食
4. 李景伦：党委副书记
5. 张毅：团委书记

   张菊生（女）：张毅夫人
6. 梁绍曾：从上海随我父亲一起开车去广北的技术人员，后调回镇江
7. 赵人鹤：技术人员，后调往山东省农业厅农场管理局
8. 沈成曾：技术人员，后调往山东省农业厅农场管理局
9. 谢逸民：技术人员，后调往山东省农业科学院土肥所
10. 刘恺凡：技术人员，曾负责修筑广北农场的标志性建筑物—水闸
11. 李瑞龙：从上海随我父亲一起开车去广北的技术人员，劳动模范

12. 孙勇伟：技术人员，后调往山东省农业厅物资供应站

　张秀伦（女）：孙勇伟夫人，后调往山东省农业厅物资供应站

13. 储任申：技术人员，文艺活跃分子，会拉京胡，会唱京剧

14. 白淑贤（女）：技术人员，后调往济南金牛山气象台

15. 范玉琮：财务人员

16. 吴洪源：财务人员

17. 陈义庆：财务人员，后调广饶县工作

18. 杨殿发：采购员

19. 刘树湘：采购员

20. 董力生（女）：拖拉机手，劳动模范，后调任历城县八一拖拉机站总
　　　　　　　　副总站长

　张玉柱：董力生丈夫

21. 李桂亭（女）：拖拉机手，劳动模范

22. 周作元（女）：拖拉机手

23. 李淑敏（女）：拖拉机手

24. 马明新

25. 马明基

26. 邢芝龙：后调往郊南农场

27. 吴××（小吴）：拖拉机手，驾驶浅灰色捷克产热特-25 轮式拖拉机

28. 李××

　薄××：李××夫人

29. 李连生

30. 李田英

徐及谈 *Introducing Agricultural Engineering in China*

　　最早听说美国"农业工程之父"戴维森教授等 4 位美国农业工程界学者当年来华考察了中国农业和农业工程之后，回美国后出版了一本名为 *Introducing Agricultural Engineering in China* 的书，是 2014 年笔者应时任农业部规划设计研究院院长、中国农业工程学会理事长朱明研究员之邀，为陶鼎来老院长写作回忆录时的事情。陶老对笔者说，他的留美老同学徐明光之子徐及先生在美国留学期间，意外得到了一本，并且将此书带回国内，回国后专程登门请陶老过目。本书编撰期间，有幸得到访谈徐及先生的机会，于是请徐及先生详细介绍了这本书得来的经过。

1984 年，我作为北京农业机械化学院第六批公派留学生赴美国马里兰大学留学，期间遇到一件机缘巧合的事情。当时我是在马里兰大学学习食品科学，突然有一天我看见户外有一张桌子，桌子上放了好多书，那些书都是大学教授们自己的藏书，他们有个习惯，时常会把自己保管的书挑些出来拿给大家看。

这天是个什么纪念日，美国农业工程师学会的领导聚在一起开会，所以大家就把各自相关的书籍拿出来互相鉴赏。有本书我一看见眼睛马上就发亮了，是关于这 20 名留学生的专著。

当年他们的导师一共有 4 个人，戴维森、马卡李、汉森、史东。20 个留学生毕业回国后，这 4 个人一商量说，我们要去跟踪一下，看看他们在中国搞得怎么样，工作是不是都安排的很好。所以 4 个人全到中国来了，来了以后就考察、访问，回美国以后写了一本书，中文书名叫《中国农业与农业工程报告》，完成于 1949 年，介绍了农业工程事业在当时的中国是怎么样子。我看见这本书的时候，我就跟这本书的主人说："这本书你还有没有？能不能卖给我一本？"他很诧异，问我是怎么回事。我回答说这 20 个人里面有我父亲，我父亲的导师就是戴维森，他是戴维森的学生。

这么一说就有渊源了，我的系主任一听说这个事马上过来了，他跟我说把那本书给他看看，随后系主任拿过来就把名字签在了上面；然后我的导师也在上面签了名。后来马里兰大学一位副校长调到艾奥瓦州立大学当校长，有一年到北京来访问，我就跟他说起这个事情。他说这个事情他知道，听学校里有人讲过。他说我父亲名字还在他办公室的门上贴着，因为我父亲当时做的论文是风力在农业上的应用，那篇论文非常独特，美国那时候还没有将风力用在农业，我父亲却写了论文。

其实中国人在风力利用上很有创举，很早就把风力用在农业上。我家乡浙江，使用风力的工具就是一个风车，白布棚子像船帆似的，风来了就开始转，转起来了以后把垂直的运动通过锥齿轮变成水平的运动转动，然后去带动轮毂式的水车，轮毂把水抽上来去浇灌田地。他说我父亲把风力用在农业上在美国的留学生中是第一人。

然后校长又说了一句话让我特别高兴，他说，美国最早开始搞风力发电用的就是我父亲论文里面的那些原理，那篇论文仍然在发挥效应。听他这么一讲，我就说我明天把那本书带来给他看看。我把这本书拿来后他一看，说这本书他知道，他们学校里也只有一本，没想到我这里还有一本，然后他就马上把名字给签上了。这本书上也有我的签名，当时在美国他们给了我这本书以后，我赶紧把名字写上了，时间是 1984 年 5 月 20 日。这本书里写了这 20 个人是怎么出去的，到美国去做什么，每一个人在美国培训的科目，在什么学校学，学到了哪些东西，回国以后做什么，在什么地方，是什么职位等都写到了。

农业工程学科在中国的导入与发展 /

郑加强：用时间读懂导师高良润先生

作者：郑加强，本文写于 2011 年 5 月，作者时任南京市科学技术委员会副主任

我是一个农家孩子，懵懵懂懂努力考大学要跳出"农门"，而 1979 年高考的第二志愿让我再入"农门"，进入浙江农业大学（现浙江大学）农业机械设计制造专业学习。自那时起，我就经常耳闻高良润先生。作为 1945 年中国农业工程 20 位公费留美人员之一的高先生在中国农业机械界拥有极高的学术威望。因仰慕江苏工学院（现江苏大学）农业机械专业的学术地位，1985 年我大学毕业在企业工作两年后考入该校，攻读农业机械设计制造硕士研究生，师从冼福生教授从事植保机械研究。植保机械是高先生的主攻方向，因此我能经常得到高先生的教诲。1989 年我考上农业机械设计制造专业博士研究生，师从高良润教授和冼福生教授及由罗惕乾、杨诗通、钱启平等教授组成的指导小组，能经常得到高先生的直接指导。我在江苏大学学习工作 7 年，离开江苏大学后还能经常聆听高先生教诲，颇多感慨，师恩像漫长的江河，源远流长，难以尽表。伴随着时间的悄悄流逝和我自己人生阅历的日渐丰富，高先生的为人处世和博学睿智使我受益匪浅，也值得我用时间去读懂……

郑加强

明白四达，能无知乎

老子《道德经》中有："营魄抱一，能无离乎？抟气致柔，能婴儿乎？涤除玄鉴，能无疵乎？爱民治国，能无为乎？天门开阖，能为雌乎？明白四达，能无知乎？生之蓄之，生而不有，为而不恃，长而不宰，是谓玄德。"其中"明白四达，能无知乎？"寓意大智大慧，通玄彻悟，还能够保持平常心而忘形无知吗？我所认识的高先生就做得很好。

高良润教授是农业工程学家、教育家，作为中国高等院校农业机械学科创始人之一，他在植保机械、排灌机械方面有很深的造诣，为该领域的开拓和发展做出了重大的贡献，可谓中国现代植保机械研究的鼻祖。早在 1960 年，高

先生就和师生一道，创制植保机械喷头和液泵试验台，进行长时间、大规模的试验。1978年，他又开始对国际上开创性的农药静电喷雾理论及测试技术等进行研究（我有幸于1985年开始参加了相关的研究工作），引起国内外学术界的广泛关注，其研究成果居国际先进水平。

1987年、1990年高先生分别获国家机械工业委员会授予的"教书育人优秀教师"和国家教育委员会"从事高校科技工作40年，成绩显著的先进工作者"称号，享受国务院政府特殊津贴。1995年10月美国明尼苏达大学认为，50余年来，在促进中美学术和人员交往中，高良润教授为国际计划的实施和国际友谊的增进，做出了学术的、领导的和卓越的贡献，特授予其"金花鼠奖状"。

1981年，高先生当选为中国首批博士生导师，在植保机械学术界和产业界德高望重，但高先生能保持平常心，绝不居功自傲，始终如一地关心植保机械领域的科研和产业的发展，扶植一代代年轻人深入开展研究工作，为国家培养了一大批优秀的高级专门人才，其中包括一大批教师、19名博士和28名硕士。

学而不厌，诲人不倦

《论语》中，子曰："默而识之，学而不厌，诲人不倦，何有于我哉?"孔子认为把所学的知识默默地记在心中，勤奋学习而不满足，教导别人而不倦怠，就不会有什么遗憾了。高先生博学睿智，其好学就是很好的例证。

高先生于1935年考入国立中央大学机械系，大学四年级时，他根据读书心得写成论文《列车配合法新建议》，提出科学、经济、实用、简便的列车配合方法，刊于《机工》杂志，并在1943年在中国工程师学会兰州年会上宣读，受到专家们的重视和表彰。1941年，他参加全国机械工程类建设人员高等考试，成绩名列榜首。1942年，进入中央工业试验所，任技术室设计组组长。他在教学中结合资料和经验，写成《木工》一书，并被评为"部定大学用书"，1942年该书由正中书局出版（1950年，由人民出版社再版，更名为《木模制造》）。1945年考取教育部公费留美研究生，进入美国明尼苏达大学研究生院，主修农业工程，辅修机械工程。高先生原来学机械，赴美后补学了农学课程，1947年6月获科学硕士学位。然后在美国万国收获机械公司（International Harvester Company, IHC）、伯克利（Berkley）泵厂、赫尔斯卡特（Hallscott）发动机厂实习。1948年6月回国后，在国立中央大学机械工程系任副教授，并在中央大学和金陵大学农业工程系兼课。

高良润先生从事教育和科研工作60余年，出版或发表的教材、论文、译著、词典、手册、标准、史志、百科全书等超过2500万字，其中包括大学教材 12 种、学术论文 180 余篇。担任《中国农业百科全书·农业机械化卷》副主任编委及其中《植保机械》主编；担任《江苏农业机械化志》副主编；由于掌握英、俄、德、日、法多种语言，他承担了《英汉农业机械名词》《日汉农业机械名词》《德汉农业机械词典》的编撰工作。高先生知识渊博，十分重视学科的交叉、渗透和创新，以形成自己的特色，在植保机械、排灌机械、农产品加工工程以及农业机械机构和材料方面都有很深的造诣。

2006 年，美国农业部农业研究试验站农药使用技术中心首席专家朱和平博士（也是高先生的学生）应邀来南京参加由南京林业大学、农业部植保机械重点开放实验室和江苏省农业工程学会联合主办的"2006 先进农药应用技术研讨会"。我告诉高先生这一信息后，他不顾已近 90 岁的高龄，亲临会场致辞。他语调亲切，侃侃而谈，对植保机械研究历史的阐释和对植保机械未来发展高瞻远瞩，见解独到，给晚辈们留下了深刻的印象。整整一天的学术交流活动，高先生都坚持参加，其学习精神和对学术的不倦追求可见一斑。

博学多才的元代人许明奎的《劝忍百箴》中有格言"立身百行，以学为基"，寓意学习是人生第一需要，学贵有恒。高先生的好学精神影响着我始终保持从学习中实践，在实践中学习。

君子务本，本立而道生

《论语》中，子曰："其为人也孝悌，而好犯上者，鲜矣；不好犯上，而好作乱者，未之有也。君子务本，本立而道生。孝悌也者，其为人之本与?"这说明了做人首先要从根本做起，有了根本，就能建立正确的人生观。高先生知识渊博，言传身教，润物无声。我在高良润教授和冼福生教授等老师的指导下开始研究植保机械，近 30 年来我始终坚持在这一领域的科研实践，这让我从科研工作的懵懂渐入成熟，从科研上的浅薄变为学有所长。

高先生在教学过程中，为不断提高教学质量，重视学生德智体全面发展，提倡理论联系实际，弘扬爱国主义，注意独立工作和创新能力的培养，处处以身作则，深受学生爱戴。我攻读硕士和博士学位时，高先生已年届花甲，我没有机会一睹高先生上课的风采。第一次见高先生应该是我攻读硕士研究生一年以后，高先生到农业机械实验室时，专程到我正在准备开展的农药静电喷雾研究的试验台前。作为中国植保机械研究的学术泰斗，这位我在入校时感觉高不可及的大人物，现在就站在我的面前。刚开始我有点紧张，但高先生平易近人，丝毫没有学霸气，他非常亲切地询问试验安排和工作进展，并简要指出国内外植保机械研究的概况和发展趋势，特别提到静电喷雾研究的重要性，勉励我认真开展研究工作。

改革开放后，高良润（右三）出访澳大利亚，考察排灌设备公司

高先生治学严谨，在我攻读博士学位期间进行科研与论文工作的关键环节，他常能给予建设性的指导意见并指出进一步努力的方向。记得1991年春节期间，我利用当时亚洲最大的排灌试验大厅开展静电喷雾试验研究，高先生亲临试验场地，关心试验进展和存在问题，指点迷津，给我以很大的鼓舞。

2005年我应主编屠予钦先生（时为中国农业科学院植物保护研究所研究员）的指派，请求高先生为将由化学工业出版社出版的《农药应用工艺学导论》一书作序。高先生听后，欣然应允，接待了屠先生和我一行几人，听取介绍后，亲自完成序作。

德者，师之本也。高先生桃李满天下，多数学生毕业后从事教师工作，也要为人师表，授业解惑，弟子们采摘的教学科研果实时中都融入了高先生等导师身正为范的谆谆教诲和潜移默化。

为仁由己，而由人乎哉

《论语》中曰："克己复礼为仁。一日克己复礼，天下归仁焉。为仁由己，而由人乎哉？"礼者，做人、做事、做学问的规矩和规则。孔子的意思是一旦克制自己，按照礼的要求去做了，天下的人就都赞许你是仁人了；实践仁德，全靠自己自觉自愿，别人是强迫不成的！高先生非常注重理论与实践结合和将知识奉献给社会，在学科建设、产学研结合、科学普及、国际合作、社会事业等方面做了大量的工作，成绩斐然。

1952年院系调整后，高先生任南京工学院（今东南大学）教授。1955年因国家迫切需要农业机械设计制造人才，增设农业机械专业，担任农业机械教研室主任；1960年镇江农业机械学院成立后，任农业机械工程系教授，并先后任排灌机械研究所所长、高等教育研究室主任、副校长、学位委员会主席等职。

中国设置农业机械学科后，高先生为组织完成新专业的教学计划、教学大纲、课程设计和毕业设计指导书、实验指导书、农业机械教材等呕心沥血。他担任全国农业机械专业教学指导委员会主任委员，组织推进全国农业机械专业的人才培养。1980 年年初，我校应联合国工业发展组织、亚太农机网的要求，设立农业机械高级人员培训班，由高先生担任培训班主任，接纳亚非拉国家大学毕业以上程度的高级科技人员，培养了一大批农业机械专业高级人才，增进了国际友谊，扩大了我校农业机械专业在国际上的影响。

1951 年，江苏省为提高广大群众的科学知识，筹建"江苏省科学技术普及协会"。高先生积极参加筹建工作，并担任该会常务委员长。1957 年，他又参加江苏省农业机械学会筹建工作，担任副理事长。1983 年以后，高先生相继担任中国农业机械学会和中国农业工程学会常务理事、中国排灌机械学会和全国植保机械协会理事长。1990 年开始他还担任了江苏省残疾人基金会理事。

高良润（前排左三）出席《中国农机事业回顾与展望》研讨会

高先生 1952 年 5 月加入中国民主同盟，并当选为第五届、第六届中国民主同盟中央委员，第三届中国民主同盟中央参议委员会委员，当选第六届、第七届全国政协委员。我在攻读博士研究生期间，经常听高先生谈论国家的发展情况。高先生退休后，仍一如既往地心系科教兴国伟业，潜心治学、默默耕耘，撰写有关排灌事业与三峡工程、黄河治理、南水北调、农田水利等方面的论文，为国家决策提供参考。

夫唯不争，故无尤

老子的《道德经》曰："上善若水。水善利万物而不争，处众人之所恶，故几于道。居善地，心善渊，与善仁，言善信，政善治，事善能，动善时。夫唯不争，故无尤。"这是说不要刻意地去争权夺利、争功钓名，这样就既没有来自内心的忧虑，也没有来自外界的忧患。高先生平和乐观的心态与诚实的处世哲学教会我们要"先做人，后做事"。

20世纪80年代后期，高先生家住南京，在学校过着"准光棍"的生活（这是高先生一批学生的调侃用语），自己每天提着热水瓶上学校单身教工楼的三楼宿舍，生活乐观而简朴。我1992年博士毕业到南京工作后，经常和夫人带着孩子去看望高先生，高先生生活的简朴给我留下非常深刻的印象。高先生和师母住在南京鼓楼附近的女儿家，家中没有现代化的家具，摆设也很简单。2007年的一天，我因事开车经过北极会堂的公交汽车站，看到高先生与另一位老先生一起在等候公交车，我提议送他们到要去的地方，但高先生坚持说不需要，这反映了年届九十高龄的高先生平和、朴实的生活态度。

高先生为人真诚豁达，从不怨人忧天。多年来，经常有人谈起，凭高先生的学识和成就，早就应该是院士了。我在与高先生交往的过程中领悟到，人要学会放弃，因为人生总会遇到不如意、不顺心的事，抱怨能暂时缓解烦恼和痛苦，但却无法从根本上解除，而且抱怨还会让别人难过，自己的心情也会变得更糟，所以要远离抱怨，放下就是快乐。

高先生平和、诚实、乐观处事的点点滴滴，都值得我们学习和推崇。在高先生的熏陶下，我经常告诫自己要"换位思考，以诚待人"，不管是在教育战线还是身为公务员，我们都要认真体悟人生。因为"人"字写起来是很简单的两笔，但做好却需要一生的努力，人要活得简单、无忧，才能感到活得幸福，奢华和争权夺利难以提高生活的质量和丰富生活的内涵，一定要修身立德写人生。

在庆祝高先生九十华诞之时，时任江苏大学党委书记的朱正伦用4个"道"来概括高先生的德高望重：为人之道真诚谦和、为师之道身正为范、为学之道淡泊名利、为校之道爱校如家。高先生在他九十华诞时说："生命在于运动，寿长源自德高。"他表示自己还在努力着。高先生的一言一行深深影响着我的人生观、价值观以及处世哲学和做事规矩。至今我已经读了高先生30余年，我还将用今后的人生来真正读懂我的导师高良润先生。

崔引安学生马承伟、韩鲁佳回忆恩师

与崔老师在一起的日子里

中国农业大学水利与土木工程学院　马承伟

1981 年底的一天，我从四川省石棉县农机厂下班回到家中不久，同事给我送来一封信。看到封面上的"北京农业机械化学院"的字样，心不禁剧烈跳动，拆开一看，果然是研究生入学通知书！录取方向是"农业生物环境工程"，这专业我从未听说过，与我报考的农业机械专业力学方向有什么关系，当时可以说是一无所知。不过只要还能再进学校深造，这已没什么要紧。

现在想来，这是我人生道路的又一次重大转折时刻。与我更早经历过的"文化大革命"运动、知青下乡、返城进厂相比，这次机遇不仅改变了我的人生道路，更直接决定了我今后的事业方向。从那时到现在，已经过去了三十多年，我的人生从此走上了与过去完全不同的道路，我的人生轨迹也紧紧地靠近了恩师崔引安教授。崔先生是对我人生道路改变起着最大作用的人。

（一）初见导师

入学已是 1982 年的春节以后，在北京站前，我遇见了前来迎新的周仕超同学，他是北京农业机械化学院本校的本科应届毕业生，恰好与我是同一导师。当我问起"农业生物环境工程是什么专业"时，他含糊地解释了几句，然后笑起来了。

"实际上我也说不清楚，"他说，"以后问问咱们导师吧。"那时的农业生物环境工程专业正处于开创初期，看来的确很不为人所知。

我们那时是作为 1981 级的研究生录取的，为与 1977 年恢复高考的第一批本科生毕业时间相衔接，入学时间也相应推迟了半年。本应是 1981 年 9 月入学的，实际推迟到 1982 年 2 月下旬。记得入学时校园的道路两旁是高大茂盛的杨树，大楼之间夹杂着一排排简易的房屋。校园里，还有地震局、机电研究所、起重机研究所等各种单位，有些外单位与教室就在同一栋楼中。简易房屋中，有小商店和一些居民住宅。总之，大院里较为混杂。

后来逐渐知道，北京农业机械化学院在"文化大革命"中经过了外迁的曲折历程，当时才迁回北京原址不久，但校舍的大部分已被外单位占用，虽正在逐步退还，但在院内的外单位当时还很多，校舍非常紧张。

当时的很多院、系一级的办公室，都在简易房屋中，图书馆在校园西南角，就是大约在现在金码大厦往里一点的位置，也全部是这种简易房屋。这些简易房屋，就是单层的砖砌墙体的低矮建筑，地面多是砖铺的，据说是1976年地震后建起的抗震棚，室内没有完备的采暖设备，是采用简易的煤炭炉取暖。农田水利系（即现在的水利与土木工程学院前身，当时学院还未升级为校，所以学校只有院、系两级行政）的办公室，就是在这样的简易房屋中，只有三四十平方米的一间房，系办（相当于现在的院办）的全部七八个行政人员都在里面办公，非常拥挤。会议室以及一些实验室，也都在这些简易房屋中。在系行政与实验室这排简易房屋的东头，就是学校领导的办公室，记得我们有时路过这里，见里面没人时，会溜进去看看报纸什么的，也没有人管。过去的礼堂（在现在的公主楼与运动场之间），改成了一个学生食堂，里面几乎没有餐桌与座位，非常拥挤。同学们就餐，多数是回到宿舍或就在露天找个合适的地方，将就着蹲着或坐下来吃。当时学校就是这么一个条件。不过学生们住的地方和教室，倒是正规的大楼，虽较老旧，但同学们都是从国家过去的艰苦年代过来的人，还都能够将就过得去。现在想起来，实事求是地说，那时的学校领导在用房条件等方面，还是优先考虑的是学生。

我们那年的1981级研究生，全校共21人，对比现在中国农大每年招收研究生3 000人左右的规模，不能不感叹这30余年学校教育事业翻天覆地的变化，真是今非昔比！1981级研究生是我们农田水利系招收的首届研究生，就只有农业生物环境工程1个专业研究方向，只有陈树林、周仕超和我共3人。崔老师是农田水利系当时的首位，也是唯一的一位研究生导师。

不过除我们在国内学习的研究生外，当时国家开始外派留学生去国外学习，北京农机化学院在1982年当年就有一批从1977级毕业生中选拔的留美同学，这些同学先由国内导师招收，在国内一边学习，一边与国外的学校联系。当时在崔老师名下，有与我们同时进校、后来去了美国留学和发展的杨秀生、赵建良、李彦龙等同学，还有次年入学、后来去了日本留学的陈青云等同学。

入学后不久，陈树林、周仕超和我3人就相约去见导师。接到入学通知书后不久，从一些农机界的老前辈和我们大学时代的老师那里，已陆续了解了我们的导师崔引安教授的一些情况，知道他是国内最早的农业工程界老前辈、留美归国的知名专家。我大学的一些农机专业的老师，就是崔先生的学生。记得崔老师当时是住在5号楼，因家属还未来校，住的是一个单间。虽然已经知道校舍紧张，老师们的住房条件都不算好，但崔老师当时住房内的简陋状况还是给我们留下了非常意外的印象。房间里只有一张床和很少的几样简易家具，我们3人当时就坐在床边，开始第一次聆听老先生的教诲。老师讲解了农业生物环境工程专业的有关知识、我国农业生产发展的需求，以及为什么要发展这个专业，等等。崔老师说话非常有激情，中气十足，这是我们第一次直接从老师那里接受专业教育。

现在想起来，崔老师当时已65岁，是我们现在早该退休的年纪。但就是在这个年纪，由于当年国家教育与科研事业专业荒废、师资与技术队伍青黄不接，老师义无反顾地挑起了发展新兴专业、培养人才的重任。我认为，崔老师作为中国农业建筑与农业生物环境工程专业的创始人之一，对中国农业工程学科发展的最大贡献，就是在国内率先领导一个团队，发展起了农业生物环境工程学科，培养了国内的首批农业生物环境工程专业的技术骨干。而这些，都是在他65岁后的近20年的时间内，在他应安享晚年的时期做出的。

（二）学习的苦与乐

很快就转入研究生学习生活中了。我在大学时期是学习农机设计与制造的，因此，来到农业生物环境工程专业，也可说在一定程度上是改了行。

我们三人是国内首届农业生物环境工程专业研究生。当时，北农机在国内首次开设农业建筑环境与能源工程本科专业。首届本科生是从1979年开始招收的。我们入学那两年，这个专业还没有本科毕业生。我们开头三届的农业生物环境工程专业研究生都是来自农机类专业的本科毕业生。

根据崔老师的要求，我们除了要学习研究生规定的课程之外，还需要补学一些农业建筑与生物环境工程专业的相关课程，包括热工、流体等基础课，以及农业建筑与环境工程专业的一些专业课程。这些课程中，很多我们是跟着农建本科1979级、1980级的同学一起随班学习的。记得当时听过的课程，有黄之栋老师与周允将老师讲授的"农业生物环境工程"，周军老师讲授的"系统工程学"，贾先斌老师的"流体力学"，还有"农业建筑学"是请同济大学的张岫云老师讲授的，后来承担这些课程的是吴德让、范重山等老师。崔老师自己，则给我们讲授一些农业生物环境工程领域的研究专题、文献检索、科学研究方法以及论文撰写等。崔老师当时翻译出版的美国密歇根大学埃斯梅教授的《家畜环境原理》等书籍，是那时在农业生物环境工程领域的重要著作，曾在中国国内早期传播普及农业生物环境工程的学术理念和知识中起过很大作用，这些著作也是我们那时的主要学习材料。崔老师也经常在课堂上以此为教材，为我们讲授农业生物环境工程的基本原理与研究方法。

因此，我们的学习生活是非常紧张的。当时正值恢复高考不久的年代，大学的学习风气非常浓厚。我们这一届研究生，多来自高考恢复后，第一批考上大学的1977级本科大学毕业生，学习都非常用功。在去食堂和教室的路上，边走边戴着耳机收听外语课程讲座，是校园里一道常见的风景。

给我印象很深的是计算机算法语言的学习。那时是计算机发展的早期年代，我们学习的是一种型号为 TQ-16 的、号称中型机的计算机，其实这个中型机，与后来发展起来的微型机、笔记本电脑相比，性能非常低，但一台计算机就占据了 1 间 40 余平方米面积的房间。那时还没有使用计算机磁盘等存储设备，程序是通过穿孔纸带记录和输入计算机的。这种方法，在纸带上能够容纳的信息量当然非常低，而且程序的录入就是靠打孔，一旦发生错误，修改起来，只有靠粘贴、重新打孔的办法，非常麻烦。当时学习的是早已淘汰的 ALGOL 语言，但就是通过这种语言、在这样原始的计算机上的学习，为我今后在计算机方面的继续学习、提高与运用，打下了一个非常重要的基础。到我们将要毕业时，国内也出现了早期的苹果机，看到其可以通过荧屏编辑和修改程序，后来还看到这些计算机还能处理汉字信息和图形，曾使我们大为惊异。

记得在后来，崔老师那里有了一台从日本进口的 PC1500 便携式微型计算机，液晶屏显示，其中内置的 BASIC 编译软件，可以处理简单的 BASIC 程序。这台小巧的便携式计算机让我非常着迷，找了很多借口要使用它。但崔老师最初舍不得外借，要求使用必须在他家里用，不能借出去。于是一段时间内，我就成了崔老师家的常客。但经不住长时间的打扰，崔老师终于同意我把这台计算机拿到研究生宿舍里去用。得意就要忘形，结果，发生了崔老师担心的事。一次不小心我把计算机掉落到了地上，拿起来一试，计算机不能正常工作了！这下可闯了大祸了，我急得要命。没办法，大着胆子拆开计算机，试着排除故障。还好，鼓捣一阵，计算机居然又可以正常工作了，还回计算机，平安无事。不过，心里还是深为自责，心想这就是不听老师的话，惹出了麻烦。

除了在课堂学习外，崔老师还特别要求我们参加较多的实践课学习，主要是参观在京郊的设施农业。当时正值改革开放以后，国家各方面事业都在蓬勃发展。农业，尤其是在设施农业领域，国家已从只注重粮食生产，开始大力发展农副产品的生产，以改善人民生活。北京正在较大规模地建设集约化的现代化鸡、猪、牛养殖场，建设了一些大型温室，同时，塑料大棚、日光温室等园艺设施开始了大规模的发展。我们正好见证了京郊设施农业初创和发展的历程。

有时候，崔老师也亲自带领我们去参观和考察一些农业设施，访问一些科研与工程设计单位、生产与管理部门。有时带领我们去北京图书馆、科技情报所等科技信息机构，检索文献、查找资料。那时的交通条件与现在不能相比，私家车是完全不敢想象的，出租车也感觉是很奢侈的东西。地铁只有一条，外出主要就是靠公共汽车了，非常辛苦。崔老师不顾年老行动不便的困难，与我们一道去挤公交车，有时候到目的地还要有较长的步行距离。

1986年崔引安访问日本时参观筑波农业综合研究所

与老师在一起的时光是快乐的。有一次有机会搭上一辆小车，我们三人与崔老师一道外出。车中人员超载了，但没办法只好挤一挤，为了不让交警发现，崔老师坐在前座，为我们瞭望报警。一见有交警，崔老师一声"卧倒!"让我们都笑得前仰后合，一边赶紧伏卧躲藏在座位中的空档中。大家说，有点通过"封锁线"的感觉。

（三）经受磨炼

逐渐就到选题的时候了。那时国家经济状况还很差，科研项目和经费都很少，我们的论文选题基本上立足自选题目。

崔老师提倡选题必须紧密结合生产实际，研究要解决实际的生产问题，要求我们多做调研，与生产单位多多联系。为此，老师也出面给我们联系了多家农业设施装备的生产厂家，或设施农业相关生产单位，希望我们与这些地方生产中的问题结合起来选题。同时，他也要求我们多阅读国内外科技期刊，从中获得选题的思路。

万事开头难。自己当时专业知识有限，又是第一次从事科研工作，没有经验。初入行，还找不到思路和感觉，一时选题遇到困难。崔老师给指定了一个大致的方向，但经过好长一段时间的查阅资料、企业调研，仍无从入手。一时陷入了极度焦虑的状态，有好长一段时间，吃不下、睡不着，感觉精神要崩溃了。

一天，当我正在宿舍内坐立不安时，崔老师来到研究生宿舍，推门进来，手里还拎着一袋水果，来看望我了! 一番长谈，老师安慰我，不要太急，事情不妨暂时放一放，放开思路，一条路走不通，就换一条路试试。

老师的安慰与鼓励使我重新鼓起了干劲，横下一条心，从头来做起。后来，从日文的科技期刊中，看到一些在日本关于地中热交换系统的园艺节能设施研究的文献，觉得可以在当时国内正大量发展的塑料大棚中一试。给老师谈了这个设想，得到了肯定。但实验场地、大棚设施、经费等，会有很多困难。崔老师让我与农水系农建教研室的领导和老师们谈一谈，争取各方面的支持。于是，我找黄之栋、吴德让等老师谈了进行地中热交换系统试验的想法，得到了他们的支持。在当时的系主任周军老师、教研室主任范重山老师等领导的支持下，塑料大棚资材的购置、建设和实验所需的费用等，后来都一一得到解决。

虽是一个仅一百余平方米的小小塑料大棚，可是从购置资材、施工安装、地中热交换系统的建造、测试仪器的购置与调试等，一一做来，可以说也经历了太多的辛苦，克服了重重困难。令我非常感激的是，很多事情都得到了农水系和农建教研室领导和老师的热情帮助。当时我们是农水系的首批研究生，又有崔老师的名望，所以得到各方面的毫无保留的支持。除黄老师、吴老师、周老师与范老师之外，谭晓东老师、廖植樨老师、程保民老师（农机学院党委书记张继光的爱人）都给予了热情的关心，提供了研究思路、实验方案、工作组织等方面的指导与支持。张心平、邓健等实验室的青年教师，也在实验方法与测试工作方面，提供了很多帮助。张继光书记还专门到试验的塑料大棚来视察。他是我们熟知的资深革命老前辈，是北京农机化学院的老资格领导，他的热情鼓励给了我莫大的鼓舞。

转眼 1984 年春节就要到了，预计试验要在 3 月开始进行，为了抓紧试验准备，我决定春节留在学校，放弃假期返回四川老家与家人的团聚。春节期间的学校，学生都回了家，显得特别冷清，加上冬季北风呼啸的寒冷气氛，恋家思乡的情绪不时涌上心头，别有一番难言的滋味。正在这时，崔老师邀请我到他家里过春节。于是，在崔老师家人的热情款待下，我度过了我在北京的第一个春节。其实，我们几个研究生平时在学校的生活，就时常得到崔老师家人的关怀。那时的市场远不如现在这样物质丰富，个人经济上也还不那么宽裕，物质生活方面还是很贫乏的，最明显的例子是平时伙食中肉食都还不是那么充足。记得崔师母时常给我们准备一大锅烧好的猪肉，盛入一个大搪瓷盅里，让我们端回去几人分而食之。我们可以吃上好多天，这成为我们那时生活中难得的奢侈享受。

（四）努力前行

我的实验塑料大棚的建设场地在校园东北角，距离现在的北门不远，就是现在供暖锅炉房的那个位置，北面紧邻一片水塘。冬季气温较低时，水塘的水面结成厚厚的冰面，在当时的学校体育教研室管理维护下，成为一个学生和教工的溜冰场，我曾在那里第一次尝试了冰上运动的乐趣。

大棚骨架是专程去河北石家庄联系一家工厂制作的，场地平整和地中热交换管道的埋设等是联系学校基建处帮助施工的，大棚的骨架安装、棚膜覆盖则是请研究生同学义务劳动完成。

春节以后，试验大棚和实验系统总算按期建成了。在试验大棚中，种上了从学校附近当时的东升公社八家大队联系购买来的番茄苗。3 月初开始了试验，更加忙碌了。虽说是小小的一个塑料大棚，但其中的种植管理、实验测试等，从番茄的施肥、灌溉、植保、整枝，到塑料棚保温和通风的日常管理、实验数据采集等，感觉就像在管理一个小小的实验农场。

在我的试验中，有对土壤中 100 多个温度测点在全天 24 小时内，每隔一两个小时的测试记录。但那时的测试仪器，还没有像现在那样可以数日连续自动记录的，只能全由人工操作仪器进行，所以至少需要 2 人日夜轮班完成。在农水系和农建教研室领导的支持下，专门雇用了大棚生产管理和协助试验测试的人员。试验塑料大棚的建设场地在那之前还是一片荒地，周围长满了荒草，旁边还有几座坟墓。那时我多次独自一人深夜到大棚内进行夜间的实验、观测。穿过那片坟地时经历的恐惧，到现在还在我头脑中留有深深的记忆。

虽说我曾作为一名知青，下乡锻炼过几年，但种植番茄，对于我来说还是头一遭。我一方面买来一些温室番茄种植的书籍，现学现用。同时，与八家的一位名叫朱福的农民交上了朋友，他和八家的农民，从番茄的种植管理技术、肥源、种苗、农药，到提供测试对照的塑料大棚等，给了我很多无私的帮助。

我也常去请教北京农业大学的老师，那时的北京农业大学与北京农业机械化学院（北京农业工程大学）还未合并成为一个学校，园艺界的老前辈刘步洲教授、农业气象与设施农业专家陈端生老师等，那时都给我的实验研究提出过很好的建议。还有王云龙教授，虽是不同领域的从事畜牧工程的专家，但他也对我有过实验研究方法方面很有益的启迪。

那一年初春的气候较为寒冷，这对于我的试验是一个较大的考验。我们的番茄苗比一般大棚中早定植了 20 天。开始的时候，尽管有地中热交换系统的蓄热加温，但最初棚中的番茄苗看起来矮小瘦弱、稀稀拉拉的，生长状况似乎不太妙。后来幼苗逐渐长大以后，又出现较为严重的病害。我赶紧摘除病叶，施用农药，好一番忙碌。再到后来，情况逐渐好转，与八家的塑料大棚中的情况对比，逐渐显出试验大棚内番茄生长状况的优势。对棚内环境的测试数据也表明，地中热交换系统的蓄热加温效果确实显著，棚内的气温与地温比对照的塑料大棚高出许多。到 4 月中旬，试验塑料大棚中的番茄植株已是枝繁叶茂，果实开始挂上了枝头。我在收获劳动成果的喜悦的同时，更有一番初次研究试验成功的兴奋。

崔老师对我的这项试验给予了充分肯定，曾提出可以进行成果鉴定，也安排了当时教研室的一些老师去张罗这件事情。当然，其实试验仅是取得初步的结果，还不能说是很成熟的一项成果。但工作得到崔老师的赞扬，还是令我非常欣慰的事。

（五）再见，北京！

一年又一年，我们迎来了后来各届的新同学。我们下一届有金羽周、王杰明、黄泳涛三人，再下一届有来自武汉的袁巧霞。在我们1984年年底即将毕业的时候，又迎来了杨战清、周长吉、董红敏三人。崔老师弟子的圈子逐渐壮大了。

袁巧霞后来的研究选题是接着我进行地中热交换系统的实验研究。我的试验在1984年6月已经结束，开始整理资料和撰写论文。塑料大棚在夏季闲置了几个月，其中已经长满了荒草，覆盖的塑料薄膜也破损了多处。于是我帮着她在1984年秋季把塑料大棚重新整理、维护，张罗进行番茄秋延后的实验。

"你这个师兄要多帮助一下她，"崔老师对我说，"但是路要让她自己去走，你可千万不要抱着她走。"

我把崔老师的话在周仕超和陈树林那里学了一遍，于是他们笑了起来，"抱着她走"成了大家的一个幽默打趣的话语，"谅你不敢！"他们笑道。

我们的论文答辩安排在年底，记得我的论文评阅和答辩除校内的老师外，还有校外的设施农业工程界的老前辈，如当时任中国农业工程研究设计院副院长的张季高老师，中国农业科学院农业气象研究所的徐师华老师等。在我选题与实验进行过程中，记得多次拜访过徐师华老师，得到了她的热情帮助，向我提了很多很好的建议。

论文获得了老师们的肯定，并在学术评语中，建议给予"优秀硕士学位论文"的评价。虽然当时实际并未进行这样的评选，但老师们的评语，还是给了我很大的鼓舞。在张季高老师的建议下，我把硕士论文的主要内容，缩写为了一篇适于在期刊上发表的论文。毕业离开北京之前，到中国农业工程研究院，找到张季高老师，将一份手写稿件直接交给了他。张老师和蔼可亲的接待和热情鼓励的话语，给了我非常深刻的印象。后来毕业去了西南农业大学以后，没想到这篇手写在稿签纸上的论文，几乎没有经过修改，就原样在《农业工程学报》的创刊号（1985年）上发表了。遗憾的是，当时并不懂科研论文署名的一些做法，论文的署名只有我一人，竟没有署上导师和对这篇论文的试验、研究工作有很多贡献的其他老师的名字。

在将要毕业的时候，崔老师和系领导曾考虑让我留校工作。最初从谭晓东老师那里听到这个消息，并征求我的意见，当然，这使我异常兴奋。但后来终因我已结婚，按当时的政策，家属调动进京非常困难，留校没有能够实现。我最终选择了去重庆的西南农业大学。重庆是我的出生地，在那里有我的许多家人与亲戚。

　　1984 年底，终于到毕业要离开北京的时刻了。离京前，我去了一趟天津。说来好笑，去天津的目的就为了看看大海，那时觉得回到四川这样的内陆地方，以后怕看到大海的机会不多了。因忙于学业和当时人们都还没有现在这种旅游的条件与意识，来到北京近三年的时间，都没有到附近环渤海一带去旅游过。没想到去天津后，遇到寒潮风雪天气。从地图上自作聪明地选择了去海边的地点，可是去一看，那里是一望无际的长满荒草、铺满积雪的滩涂，积雪之下早已冻得岩石般坚硬。就在那样的冰冻滩涂上，我冒着刺骨的寒风走了一两个小时，也没有见到一滴海水，在风雪茫茫中也看不清远处，差点迷失了方向。后来改道去了天津港口，总算从高高的码头上，向下探着身子，摸了一下海水。

1986 年崔引安和他指导的在读研究生在校门口合影

　　再见了，崔老师！再见了，同学们、老师们！再见了，北京！当火车开动以后，我一遍遍地回忆近三年在崔老师身边度过的日子，心中无限地感慨。没想到，这一去，还又有机会再度回到崔老师身边，但已是七年半以后了。

（六）重回北京

　　硕士研究生毕业后，到了重庆嘉陵江畔北碚的西南农业大学农业工程学院工作，一晃七年时间过去了。这七年间，与同是毕业于北京农业工程大学的农建专业本科毕业的 1979 级程武彦、1980 级李伟清等伙伴，以及该院其他老师一起，致力于开办和发展西南农业大学的农建与生物环境工程专业的工作，其间到重庆建筑工程学院进修了一年，参加日语培训班脱产学习一年，日子过得忙忙碌碌。到西农后不久，家属也从石棉调入西农工作，生活方面很快就安定下来了。

不过这种忙碌而安定的生活，从1991年的一天，接到崔老师的一封来信以后就被彻底打破了。那些年，由于经费等方面条件的限制和对外交流意识的欠缺，埋头在西南一隅的小圈子工作中，七年之久竟然很少到外界看一看，也没有到母校来过一趟，视界有些闭塞了。崔老师信中谈到北京农业工程大学的农业生物环境工程专业的发展，1986年，崔老师已经开始招收培养农业生物环境工程专业的博士研究生。老师询问我是否愿意返校工作，为此，可先在他那里读一个博士学位。

过去常说"人过四十不学艺"，那年我已年近四十岁，不过攻读博士学位倒一直是我一个未了的心愿。同时，西农在农建与生物环境工程专业方面的条件基础不用说比北京农业工程大学差得多了，回到北农工大当然会有更好的发展。但是，西农会同意吗？

教师获得较高学历西农是鼓励的，但是要离开西农可就不行了。询问的结果，答复是可以在职攻读学位，需照常承担教学任务，获得学位后必须回西农工作，为此需签订合同，如违约需支付5万元的违约金。这个数目的违约金在今天可能已算不得什么，可是对于当时月工资仅有两三百元的我这样一个普通教师，无疑是一个天文数字。当然，西农方面的主要目的还是留人，从学校的角度考虑，还是可以理解的。但是，我怎么办？

给崔老师汇报了这个情况，崔老师果断地回复，按要求签订合同，以后的事情，到时候再说。

于是，1992年5月，时隔七年半以后，我又再次回到北京农业工程大学，成为一名1991级的博士研究生，再次师从崔老师。

就这样，崔老师第二次改变了我的人生道路。再度见到了熟悉的老师、熟悉的校园，以及熟悉的校园周边环境。校园内外单位的清退已经接近尾声，一排排简易房屋拆去了，图书馆、行政办公已经搬进了大楼，礼堂也恢复了它原来的用途。

水系已成为了水院，农建本科专业已经分化独立出了一个工民建专业。农业生物环境工程学科，在我再次入校不久的1993年，在崔老师以及农建专业的老师们的努力下，申请并获准建立了"农业生物环境工程"农业部重点开放实验室。以当时水院的湿帘、风机等科研成果为产品和业务基础，以农建与生物环境工程学科的教工为专业技术骨干的校办企业——富通环境工程公司，已经开始运营。时隔7年回来看，发现了学校在我们所在的学科、专业上有了显著的变化与发展进步。

崔老师还是那么精神，只是走起路来，步伐和动作看起来已显得有些迟缓。想起来那时崔老师已是 75 岁的高龄，本来前两年已经停止招收研究生，但是为了农业生物环境工程培养人才的需要，从我们这一届，又开始恢复招收博士研究生，而且，这一来又是连续五六届。到最后一届博士研究生毕业时，崔老师已是八十多岁了。崔老的一生，真正是为国家的农业工程事业奋斗贡献的一生啊！

（七）奔忙的日子

按照与西农的协议，我这次是在职学习。在学习的同时，还必须完成原来在西农所承担的教学工作。因此，必须很好地协调安排学习与工作两个方面的事情。那时我的一般安排是，每年寒假前后的冬、春半年时间在西农讲课，暑假前后的夏、秋半年时间在北农工大学习与开展学位论文的研究与实验工作。

在职学习是艰辛的。我一直比较理解在职学习的那些研究生同学，因为我自己就有深刻的体会。从工作岗位再度回到课堂，有一个艰难的过程。面临学习与工作都很繁重的任务，两条战线，不断地从一种状态转换进入到另一种状态的过程，往往要付出额外多的时间与精力，还加上这个年纪的人对家庭的责任与家庭事务的压力、在外对家人的牵挂，要坚持下来，确实需要有一些毅力的。

同学都是新的伙伴了，原来硕士期间的同学，多数已去了国外留学深造和发展，陈树林、周仕超去了美国，王杰明、金羽周去了加拿大（金羽周后来不幸因病英年早逝），黄泳涛、杨战清去了欧洲，后来听说黄泳涛也转去了加拿大。一些留在国内的同学，有很多已经崭露头角，成为了一些专业领域的新星。我入校时的同学有张福林和郭慧卿等，算是 1991 级同年级的同学，不过因入学时间的不一致等原因，在一起上课的时间其实很少。

博士课程并不多，可是因为与过去的知识告别太久，续接起来还有些费劲。重新拾起中断已久的课程，尤其是数学与外语这一类基础课程，让我付出了很大的精力。还有就是计算机以及我们从事的设施农业工程领域，在那些年代的发展都很快，了解学习新的知识、技能，以及掌握新的发展动态，也都是学习中的重要内容。

博士的选题，这次是直接承担崔老师的博士点基金课题，是研究在农业设施中的雾化降温。根据崔老师的意见，也请黄之栋、袁冬顺、张森文等老师参与了对我的论文研究工作的指导。此外，李保明当时已担任农业部农业生物环境工程重点实验室的副主任，成为这个学科后继的学术带头人，也参加了课题的组织协调和研究的工作。这个研究持续花费了我近三年的时间，主要进行了两次试验。一次是在自制的模拟试验装置上进行试验测试，另一次是在一栋法国进口的温室中，进行在实际生产中应用的试验。各搞了一个夏季。

在现在北门外40号楼的位置，那时是富通公司的所在地。在一圈围墙内，有玻璃温室、鸡舍、湿帘生产车间、机械制作车间、库房以及一些办公用房。这些都是水院农建专业老师们在课题研究成果转化的需要中一步步建设起来的，成了现场教学实习与科研的一个方便的场所，当时很多研究生实验都在这里来做。在公司的机械加工车间里，有电焊机、剪板机、冲床和钻床等一些加工设备，还有各种工具、材料。感谢那时在富通公司兼职的毛嘉华、李柏生、王惟德等老师们，还有后来成为我工作伙伴的王平智、程杰宇等，以及在富通工作的其他一些员工们。我自制试验装置、试验测试等工作多在富通的那个院子里完成，他们给予了我们很多的方便与支持。

在现在北门内的41号楼与水院楼的位置，那时是水院的温室与节水灌溉试验用地，建有法国与以色列赠送的塑料温室。我们的雾化降温的后期应用试验，就在法国温室中进行。贾先斌老师的研究生王宇欣，也选择了雾化降温的课题。我们在试验中分工合作，一起在法国温室中建起雾化降温装置，共同完成了试验。

每隔几天，我就要去崔老师家里，给他汇报一下实验、研究和论文工作的进展，听一听他的意见和指导。有时也聊一聊家常，崔老师和师母常常会问一些我在重庆的生活与家人的情况。听崔老师讲，他在抗日战争时期正好在当时搬迁到重庆的国立中央大学学习和工作，所以谈到重庆，自有一番亲切的感觉。

1996年，孙忠富、王红英、马承伟博士论文答辩会后与导师崔引安合影

在北京与重庆之间的一次次往返中，四年多的时光过去了。在别人看来，我是1991级的研究生，应该是在1994年毕业的。可是由于晚入学和在职的原因，这个学习的时期就拖得似乎有些漫长了。眼看着一届又一届的同学来了、

又毕业走了，自己也感到无比的压力，焦灼的心情是对那几年生活的深刻记忆。

1996年夏季终于完成了学位论文撰写的工作，8月迎来了论文答辩的日子。我的论文答辩是与王红英、孙忠富两位同学在同一天一起进行的。那天我的论文答辩委员有张季高、徐师华、王云龙、吴毅明、周军、吴德让等老师。巧合的是，张老师与徐老师还正是我十年前硕士学位论文的答辩委员，我与这些老前辈真是有缘。

我终于博士毕业啦！

（八）命运多磨

按照崔老师的意见，我毕业以后就留在中国农大工作，这已得到院、校有关方面的同意。可是这事西农当然是不同意的，我回西农找了有关方面，反复陈述意见也不行，调动工作的手续无法办理，工作关系无法转移，事情陷入了僵局。

这时崔老师做出了一个非同寻常的决定，就是自己亲自出马，到西农说服各有关方面放人。这非常出人意料，要知道崔老师当时已经年近八十了，这样长途的奔波是否能够适应，很多人是不赞同的，可是崔老师非常执着。最后，院里做了让步，同意让我自己全程陪护崔老师去西农。

已记不得当时三十多个小时在火车上是怎么过来的了。到了重庆火车站，到西农所在地的北碚还要坐两个多小时的汽车，不用说也是乘坐公共汽车。两千多千米路途的奔波，还好，一路平安无事，不过现在这些想起来还是有些不同寻常。

在西农，崔老师去找了农业工程学院、人事处等部门，也直接找了当时西农的校长、蚕桑专家向仲怀院士等，向他们认真说明情况和争取支持。崔老师是老一辈留美归国的知名专家，所到之处，自然是很受尊敬和热情接待的。老师已如此高龄，为了一个普通中年教师，不远千里专程来到西农，也引起了西农很多教师和领导由衷的赞叹。不过，赞叹归赞叹，在放人这点上，谁也不开这个口。这事其实是可以想得到的，那时全国各高校和科研机构都是急需专业人员的状况，哪个单位都不会轻易放走一个专业技术人员。西农自然也不例外，那时思迁的人不少，谁也不敢开一个先例。况且，我还与西农有一个学成回校服务的协议，这个台阶也是不好下的。

因此，谈不成功，是可以预计的结果。但是，正因为有了崔老师这次的重庆之行，给以后我工作调动的成功，打下了一个基础。因为崔老师亲自到西农要人，使西农方面了解了中国农大方面在这件事上的决心，意识到强留人也不是办法。之所以不能立即同意放人，主要是需要适当的机会。所以，我最终能够来到中国农大工作和发展，对崔老师是怀着深深的感激之情。

在重庆期间，陪崔老师去了城区的一些地方，也请崔老师到我家里做客。一路上，重庆城区爬坡上坎的道路，真担心崔老师吃不消。我在西农的家住在七楼，也没有电梯，崔老师爬几层楼就要停下来休息一会儿，毕竟是那样高龄的人了。崔老师是在重庆生活过多年的，但几十年来重庆的变化太大，老师也很难从经过的街巷中找到过去的记忆了。不过，那些年重庆的面貌虽比抗日战争时期有了巨大的变化，但与近年迅猛的建设发展相比，市容市貌其实还是非常差。拥挤的街道、破旧的房屋到处可见，有些石板路的街道，因使用年代太久，已磨损变得凹凸不平，雨天街上不免就变得有些泥泞。我的家人与崔老师聊起这些，说重庆的这种街道真是糟糕、不好意思之类的话时，崔老师说，哪里的话，比抗日战争那时好多啦，而且正因为街道还有些过去风貌的影子，所以感到非常亲切。

我调动的事就这样一时没有了办法。听说中国农大的院、校会议上还多次专门研究过这事，破例同意我在调动手续未能进行、工作关系未能转来的情况下，暂留学校工作，以后等待解决的时机。这样，我就在一种非正常的状态下，开始了在中国农大任职的生活。后来，西农方面逐渐有了松动，可是，往上的程序又遇到麻烦。当时中国农大正处于所属关系从农业部转到教育部的过渡时期，调动的批准等手续就搁置下来了。在农大的住房、工资待遇等都是一种临时的状态，漂泊不定的感觉、焦急等待的心情，对我是一种难言的折磨。

在漫长的等待之中，我常常到崔老师的家里寻得些许安慰。多少次，崔老师催促院、校领导想尽各种办法，促进问题的解决。现在想起来，为我的调动之事，崔老师真是操碎了心，也给当时的校、院相关领导和部门增添了不少麻烦。

终于，我的工作调动在1998年的秋天，我毕业两年之后得到完满的解决。爱人与儿子也随同来到北京，在张森文老师（时任校图书馆馆长）的关心和安排下，爱人顺利地被接收到了校图书馆工作。

就这样，我的人生轨迹就在崔老师的接纳与引导下，从四川西南偏僻的小县城，来到了首都北京。这前后经历了十八年的时光。

（九）在崔老最后的日子里

我正式来到中国农大工作以后，崔老师已经是年过八旬的老人了，但还在指导几位博士研究生，学校和社会上的一些学术活动，还常常请他参加。我们工作上的一些事情，也经常到他那里聊一聊。有时他还会思考学科和专业发展方面的一些事情，有了想法，就打来电话，把我们叫去谈一谈。

记得一次崔老师来电话让我去，给我谈了关于开展环境模型研究和开设这方面研究生课程的想法，他让我在这方面做出一番努力。这成为我以后从事环境模拟方面研究工作的一个起因，我从那以后逐渐开始关注这个研究方向。

我们在自己研究生阶段论文的研究工作中，已经接触和使用过计算机模拟的方法来解决一些问题，但是系统的研究还谈不上，要作为一门课程来开设，还需要做很多工作。为此我查找了很多资料，发觉这方面现成的教材或著作几乎没有，一些其他领域的模型、模拟方面的文献、资料，对于设施农业生物环境工程专业，都很不合适。实际上，这是一个还发展不太成熟的领域，模型要发展成为真正有用的工具，还需要更大量深入的研究，是内容广泛丰富、理论艰深、学术难度很高的一个领域。

我逐渐认定环境模型对于专业问题研究与实际工程应用是一个很有用的手段和工具，因此，我以后逐步进入了这个研究领域，将一些初步的知识和方法汇总起来之后，开设了"生物系统动力学"的博士研究生课程。这门课程内容不是很成熟，也不系统，但却是一个有意义的开端。以后，我采用模型和数值模拟的方法，解决日光温室的光热环境分析、方案评价、设计参数优化等问题，并开发成为计算机软件，取得了一些初步的成果。

但是，就在这方面研究工作有一些进展，在国内学术界逐渐有了一些影响的时候，我自己也到了退休年纪。这方面的研究需要持续不断的努力，需要长期的积累，才能获得有水平的系统的成果，感觉进入这个领域有些晚了，有好多想法还没来得及实现，就退休了。但是，我也不大甘心，还是想把未完成的工作接着做下去，不辜负崔老师的指引和期望。

所以，现在我也决心以崔老师为榜样，在退休之年，仍继续研究，推动该方面的理论发展与工程应用，争取取得初步系统的一些成果，为这个学科的发展做出一些贡献，也以此告慰崔老师。

崔老师晚年行动越来越不方便了，很多时候都坐在屋里的沙发上度过，活动较少，身体也越来越胖了。师母在我们去的时候，总是爱唠叨这事，担心崔老的身体。这时，我们也加入了促进崔老师"加强运动"的动员中。但每当这时，崔老师总是微笑不语。其实，崔老师在那个年纪，身体是逐渐在走下坡路了，各方面状况开始不是那么对劲了，恐怕不是单纯锻炼不够的问题。

后来，崔老师逐渐开始整理他的一些资料和书籍，一些捐给了图书馆，一些转给了我们几个弟子。我们去他家的时候，他有时就从箱柜中搬出一摞摞书籍和文献，让我们随便挑选，说是反正他也用不着了。

从2005年前后开始，崔老师的病逐渐多了起来，并且一次比一次严重，住院的时候开始多了起来。开始几次住院的时候，我们在京的几个弟子协助老师的家人去轮流看护。后来，住院的时间一次次越来越长，就请了专门的护工，我们就只抽空去看看。

每次去病房看望崔老师，就聊聊工作、社会中的一些事。另外，崔老师和师母还总是会关心一下我到北京以后，家庭、生活等方面的一些情况。他和师母有时会问我们，到北京来后怎么样？比以前的工作、生活好吧？他和师母为我们进京操了那么多心，总是希望最后是一个好的结果，希望我们能够满意。

崔老师的听力越来越差了，后来就必须借助助听器，但是即使如此，谈话聊天是越来越费劲了。有时候我们去看望他，他知道我们一般都很忙，所以有时说不上几句话，就催我们快走，担心我们在医院花费的时间太多。

崔老师最后的时光是在亚运村安慧桥东南的北京冶金医院中度过的，那时已经到了无法离开医院回到家里的程度了。

2007年2月24日是一个令人难忘的日子。这天我如同往常一样来到冶金医院看望崔老师，一进医院，就遇见崔老师的儿子崔茂东。看见他一脸悲戚的样子，我心里一沉，随即知道，崔老师已刚刚去世了！虽然早知有这么一天，但这个时刻真的到来的时候，真的与老师的永别成为现实的时候，还是感觉到心中异常的沉重。

我立即把崔老师逝世的消息用电话告诉了中国农业大学水利与土木工程学院的王福军院长以及学校的有关部门，接着通知了崔老的各位弟子。接下来的几天，就是为崔老师的治丧而奔忙。

崔老师是现代中国农业工程界的知名专家，《农业工程学报》《农业机械学报》等刊物刊发了崔老去世的消息。在崔老的告别仪式上，有国内许多农业高校、科研单位和农业工程界人士送来的花圈，参加告别仪式的有校、院领导和国内农业工程界的社会团体、知名人士，还有崔老师的弟子们，也有很多农业工程界的年轻一辈的教师和科技工作者、工程技术人员。

崔老师的陵墓位于景色秀丽的北京西郊的万佛华侨陵园。老师去世后的几年的清明节，我们这些崔老师的弟子都相约来到这里扫墓。在远离城市喧嚣的陵区崔老师墓前，与崔老师相处的二十五年来的一幕幕会不时浮现在我的脑海中。

我的一生，正是遇上了崔老师，才过得更加有意义、有价值。

为此，我感到无比的幸运，永远感谢和怀念我的恩师——崔引安先生！

百年诞辰忆恩师

中国农业大学工学院　　韩鲁佳

2017年，恩师崔引安先生仙逝10周年、诞辰100周年。时光飞逝，师恩难忘，怀念之情与日俱增，我似乎又看到了他老人家的音容笑貌，听到了他的教诲。

我本科所学专业是农业机械设计与制造，1985年本科毕业前获得学校免试推荐攻读硕士研究生资格。虽然对"农业生物环境工程"这个专业方向并不了解，但"生物""环境"对我这个纯机械女来说很新鲜。于是，我怀着十分忐忑的心情拜见崔先生，表达了攻读农业生物环境工程专业方向研究生的愿望。经崔先生简短面试后得以跨系在崔先生门下攻读硕士研究生，1987年又转为直接攻读博士研究生。

读研期间，一些寻常又不寻常的点滴往事至今历历在目：高大魁梧、慈眉善目又气宇非凡的崔先生一直如慈父般地宽厚待我，少有批评；他思维开阔、鼓励创新、善于因材施教，培养了我独立分析、解决问题的能力；永远一袭中山装的崔先生，崇尚节约，朴实无华，平易近人，从未见其摆过架子；他以近70岁的高龄，还带我们学生一起挤公交去北京图书馆进行文献检索实践，还直接使用英文原版教材为我们讲授《家畜环境原理》双语课程；博学多才、兴趣广泛的崔先生，常以音乐为伴，俨然一个音乐发烧友，音乐、音质、古典、通俗……歌星凤飞飞的名字我还是从他老人家那里听说的。崔先生一生淡泊名利，与世无争的良好品德，深深影响着我。还有我慈爱的师母，殷实人家之大家闺秀，关心爱惜待学生我如己出，每次拜见崔先生，还能收获她亲手烧制的人间美食……

1990年，周长吉、朱松明、韩鲁佳博士论文答辩后与导师崔引安合影

我出生于知识分子家庭，一路上学读书，单纯和简单于学业，对崔先生的德高望重，以及对崔先生作为中国农业工程学家、教育家和中国农业工程学科的先驱者之一的历史贡献的认识，还是在博士毕业后的工作中不断得以深刻的。追溯崔先生的留美求学经历，一直是我的一个心愿，也是希望从不同的视角缅怀崔先生。2016年我赴美考察期间，有幸访问了崔先生留美学习的艾奥瓦州立大学（Iowa State University）农工系，期间曾拜托该校教授也是我校

兼职教授辛宏伟博士帮忙查找崔先生的留学资料，遗憾由于英文名字不确定未能如愿。后来，在一次与我所在学院工学院农工系同事王志琴老师谈话中，偶然得知她赴美进修期间，一位美国教授跟她谈起，在北卡罗莱纳州立大学图书馆看过介绍20世纪40年代中国学生留学美国学习农业工程的资料。喜出望外的我拜托她帮忙复印了这一珍贵资料，从而得以了解到更多关于崔先生留美学习的一些情况，并再次拜托辛宏伟教授从艾奥瓦州立大学找到了崔先生的学习档案。

20世纪40年代的中国，由于长期战乱，农业不可避免遭受重创。其时，中国已派出过不少人到美国学习农学，但学习农业工程的极少。1944年6月，时任联合国粮农组织（FAO）副主席和中国农林部驻美代表的邹秉文先生，莅临美国农业工程师学会年会，发表了"中国需要农业工程"的演说，阐述了中国的国情和发展农业工程的必要性。1945年初，邹秉文先生代表当时中国政府农林部，向美国万国收获公司（International Harvester Companyof Chicago）提出了一项旨在引进先进农业生产技术的教育计划。该计划的一项内容就是由万国收获公司，设立收获机奖学金（Harvester Fellowships），全额资助由中国教育部在国内公开招考的20名中国大学毕业生，赴美进行为期3年的农业工程专业学习和实践训练，要求其中10名应毕业于农科大学，10名应毕业于工科大学的机械工程系，两者都必须拥有3年以上的实际工作经验。

经邹秉文先生与万国收获公司安排，录取的20名中国大学毕业生分两批于1945年5月和8月前往美国。原学机械的10人进入明尼苏达大学（University of Minnesota）农业工程系，原学农的10人进入艾奥瓦州立大学（Iowa State University）农业工程系。两年为期，首先要求所有学生补修所在美国高校农业工程专业大学培养方案所缺课程，即农业专业背景学生补修工程基础课程，工程专业背景学生补修实用农业科学课程，达到农业工程专业大学毕业要求后，继续进行农业工程科学硕士学位学习。鉴于所有学生很少接触过机械装备，所有学生需利用假期和完成学业后的一年时间到工厂、农场进行实习。崔先生是留学美国艾奥瓦州立大学（Iowa State University）农业工程系的10位中国学生之一。

在艾奥瓦州立大学期间，崔先生先后补修了物理、微积分、工程统计、热力学、工程力学、材料力学、动力学、水力学、工程制图、机器构造、机械原理、机械分析、金属铸造、农业机械、水土保持、灌溉、工程评价、拖拉机动力学、内燃机等20余门农业工程专业大学本科课程以及全部研究生课程，在以优良成绩修满全部要求的课程的同时，于1947年完成了硕士学位论文并通过农业工程专业硕士学位答辩，获得农业工程专业科学硕士学位。其硕士学位论文题目为《小型电动大豆粉碎机的设计》，论文全文91页。

在获得硕士学位的同时，崔先生利用一年时间在美国各地实习和考察，以便真正了解美国发展农业的经验，累计完成了 39 周的各种类型的技术培训和农场实习（每项实习完成后均需提交实习报告），培养了宽广的专业实践技能。具体实习内容包括：

4 周：新泽西 Bridgeton 的 Seabrook 农场

3 周：爱荷华州 Spencer 的 I. H. Dealer 销售公司

10 周：I. H. McCormick 公司，拖拉机厂，West Pullman 工厂等

3 周：访问位于华盛顿的美国农业部、费城 Allen 公司、底特律 Ford and G. M. C. 公司、密歇根州立大学、威斯康辛铁厂

10 周：加利福尼亚 Stockton 农场装备操作生产实习及现场教学

5 周：加利福尼亚 Hollydale 的 Gladden Products 公司（小型发动机）

1 周：加利福尼亚河边柑橘试验站

3 周：洛杉矶 Ultra Gold Corporation 公司（农产品贮藏）

其中，崔先生经历了为期 10 周的加利福尼亚 Stockton 农场实习。万国收获公司租用了面积约 80 英亩的农田，并提供了全部整套农具和拖拉机机组供学生操作、维修，这其中包括各种拖拉机，犁、耙、播种、施肥和栽培机具、饲料加工、牧草机械和畜禽粪便喷洒机，收获装备等。每天还安排了 2 个小时的现场课堂教学，并且所有这些农场实习及现场教学均备有详细的教材。

上述这些严格的专业基础和专业实践训练，奠定了崔先生十分坚实、宽广的理论基础、专业基础和实践能力。

恩师崔先生于 1948 年 6 月 21 日学成后即离美回国，参加完当年 6 月 28 日至 7 月 1 日在南京举办的农业工程会议后，即任职于南京中央大学农业工程系，开启了其把毕生精力献给祖国农业工程科教事业的一生。中国改革开放后，先生更是以 60 多岁的高龄，义无反顾地挑起了发展农业工程新兴专业、培养农业工程专门人才的重任，开辟了"农业生物环境工程"这一新专业、新学科。先生忠诚于党的教育事业，并以近 70 岁的高龄加入了中国共产党，毕生致力于我国农业工程科教事业，为后辈留下了丰厚的学科基业。

1948 年崔引安学成回国

古语有云"至亲无文"，对自己恩师的怀念，只有珍藏于心底，任何语言都无从表达我此时此刻内心的思念；"想见音容空有泪，欲闻教诲杳无声"，师恩浩荡，唯有不忘初心，沿着先生开创的中国农业工程新兴学科方向、砥砺前行，谨以此文追忆并悼念我的恩师。

1949年5月，中央大学农业工程系首届毕业生与教师合影（前排左起：钱继章、吴起亚、崔引安、高良润）

1995年崔引安参加全国农业建筑与环境工程专业第四次教育改革研讨会

1999年崔引安携夫人参加国际农业工程学术会议后与弟子们合影

曾德超学生孙宇瑞、何志勇回忆恩师

【曾德超简历】海南琼山人，农业工程与农业机械化专家、教育家，中国农业工程高等教育的创建者与现代耕作技术的开拓者。1942年毕业于重庆中央大学机械系。1945—1947年留学美国明尼苏达大学农业工程系，获科学硕士学位。回国后，先后在湖南以及西北率先倡导并实施乡村工业化开发与推广。中华人民共和国成立后，历任农业部工程师、农业器械管理局技术室代理主任、国营农场管理局机务处副处长，后出任北京农业机械化学院农业机械化系主任、农机设计制造系主任及副院长，《农业机械学报》首任主编，中国农业大学教授，博士生导师。曾兼任机械部农机组副组长、联合国工业发展组织农业机械顾问，国务院学科评议组机械学科评议组成员、农业部科技委委员、中国农业机械学会和中国农业工程学会副理事长、名誉理事长等，是直接参与建立新中国高等教育和学科体系的教育家之一。主要研究方向为"植物—机器—土壤"之间的基础关系以及如新型耕具和新形态等有关技术的开发。曾发表犁体曲面设计法、土壤切削过程有限元分析法、耕作影响下土壤的水、热、盐运动模型和植物吸水模型、拖拉机机组翻倾动态模拟等方面的论文。参加了《中国大百科全书·农业机械化卷》与《中国大百科全书·农业工程卷》的主编等工作。专著有《耕作、土方和行驶土壤动力学》等。1995年当选为中国工程院院士。

曾德超（1919—2012年）

走出海角天涯

　　曾德超，海南琼山县人，生于 1919 年 11 月 18 日。在当地，男人大多常年下南洋或外出打工，地里繁重的农活主要由妇女承担，他的家庭也不例外。父亲为谋生奔波在外，母亲含辛茹苦带着两个妹妹下田劳作维持家计。家乡的贫困落后，农民的耕作辛劳，在他幼年心中打上了深深的烙印，也为他后来立志终生投身于农业工程事业产生了重大影响。曾德超的中学时代是在两所教学风格截然不同的学校度过的。培正中学是一所由华侨捐办的教会私立学校，大部分课程采用英文施教。他努力克服乡下孩子初来乍到的胆怯心理，发奋苦读，三年下来不仅完成了初中学业，而且打下了良好的英语基础。他初中毕业后考入了广州广雅中学，该校前身系我国早年三大书院之一，1888 年由两广总督张之洞创建。学校治学严谨，务本求实，带有浓郁的中国儒家传统文化色彩。曾德超在受到了我国传统文化熏陶的同时，未受偏重国学之束缚，同步自学英文、高中数理化教科书，这种被他自诩为"自主治学"的学习方式使他后来的发展受益匪浅。1938 年，他考入重庆中央大学机械系，依靠学校发放的战区流亡学生贷学金攻读。中国近代，西方国家凭借船坚炮利屡屡侵犯中华，让他意识到中国若想摆脱列强宰割，必须发展民族机器制造业。时值抗日战争时期，耳闻目睹日军暴行和民不聊生的事实，他进一步认识到强国富民、建设农村，必须有发达的科学技术和强大的工业，进一步加强了他中学时期起就逐步形成的"科技救国"的志愿。在大学，他除了学好与专业相关的课程之外，还选修了数、理、英国文学与德语等课程。由于德国自 19 世纪工业革命以来在机械制造业一直保持着世界领先水平，他在德语有了一定的基础后，系统地阅读了大量德文原版的普通物理学、机械零件、机器设计和内燃机等方面的大部头专业参考书。1942 年大学毕业时，他为了进一步充实自己的专业实践环节，有意选择了位于重庆的一家军工厂工作。该厂采用全套德国进口设备和设计制造标准，当时在国内设备最为先进，工艺最为精良。

　　在这段长达 20 年的求学和工作经历中，曾德超通过"自主治学"，掌握了

高中时代

大学时代

农业工程学科在中国的导入与发展 /

400

外语，并用这把钥匙，打开了通向科学的大门，逐步有深度地围绕所学专业拓宽知识面，培养实践技能，这使得他后来在农业工程这门涉面宽广的应用科学研究领域游刃有余。

西学农业工程

1945 年留学前期

1944 年是世界反法西斯战争全面胜利的前夜，中断多年的全国英美庚子奖学金留学统考在这一年的冬天得以恢复。与此同时，在农学家和教育家邹秉文、机械学家和机械工程教育学家刘仙洲等前辈的倡导下，中国科技史上首次出现了"农具学"这门学科。怀着对改变中国传统农业落后耕作方式和落后的生活方式的愿望，已经到重庆中央工业试验所机械实验工厂任助理工程师的曾德超参加了留学统考，以优异成绩成为我国首批 20 名赴美专修农具学专业的研究生之一。1945 年初夏，曾德超等远赴美国明尼苏达大学农业工程系学习。学习期间，曾德超注重培养自己较宽广的专业基础知识和实践技能，先后选修了普通生物学、土壤学、作物学、畜牧学，农业经济学等几乎全部农艺系基础课程，还选修了机械工程、水利工程、电子工程等工程方面的高等课程。在假期，曾德超还专程到明尼苏达大学的 Moris 实验农场、万国农机公司的耕作机械制造厂和农机销售商维修站实习，参加万国农机公司组织的农机使用操作和维修销售培训班。在三年留美期间，曾德超一直在思考究竟学习哪些知识更适合当时中国农业和农民的实际需要，才能为改变农村贫困落后的现状找到出路。在万国农机公司各制造厂实习时，他留意收集了很多农业机具设计与实用技术资料。1947 年获得科学硕士学位之后，他又到工厂、农场实习一年。这时曾德超在导师的建议下准备继续攻读博士学位，就在他刚刚顺利通过了博士资格所必需的两门外语（德语和俄语）考试和博士论文的选题之后，国内局势的迅速变化引起了他和其他赴美留学生的极大关注。当时在美留学生对国内局势的发展各持己见，辩论激烈。曾德超想到的是，国家久经战火，国弱民穷，农民首当其冲，我们学农业工程的应该马上回国，用自己所学的知识为广大农民雪中送炭。参观学习美国田纳西流域管理局在偏僻地区开办的乡村工业后，他相信发展小型乡村工业和研制推广一批适合农民需要的农业生产机具是发展中国农村经济的有效途径。当听到联合国战后救济总署提供了一大批设备和一笔善后基金准备在湖南邵阳建立乡村工业示范点之后，曾德超毅然舍弃了攻读博士学位的机会，带着大批专门搜集的资料和一批同学一起回到了祖国。

解民生之多艰

回国伊始，曾德超来到湖南邵阳乡村工业示范处任高级工程师，兼任机械厂厂长和实验示范型水泥厂厂长，主管农业机械和乡村工厂设备的研制、开发与应用推广。他执着地认为，迅速改变中国农村贫困现状的唯一出路是大规模地发展小型乡村工业。尽管当时国内政治局势的动荡影响了他施展抱负，但20世纪80年代乡镇企业的规模化自发涌现以及对中国经济发展做出的巨大贡献，证明了他的远见。他根据我国大部分农村没有电力的现状，研制了畜力甘蔗压辊机、手摇离心式制砂糖机、手动10锭纺纱机和手摇大田农药喷雾器等多种不需要电力驱动的实用化农产品加工装备和病虫害防治工具。此外，他还组织设计建立了小型纺纱厂、造纸厂、水泥厂、农药厂、小煤窑生产设备与工艺流程，以及小型水力与煤气动力系统、纸浆打浆机、煤气发生炉和煤气动力机，为邵阳现代工业之始。

1948年，曾德超在湖南邵阳乡村工业示范处

为了推广这些新型农机具和在西北开展乡村工业示范，曾德超被派往农业复兴委员会西北办事处任总工程师，于1949年5月远赴位于甘肃河西走廊的景泰、山丹等县，与国际工业合作协会中国项目负责人路易·艾黎合作，为当地青年举办新型农村纺织技术等推广培训班。当时大西北农民的恶劣生存环境是今天无法想象的，可是这些并未使这个曾经喝过洋墨水的留学生产生畏惧。他与当地农民同吃、同住，手把手地施教这些机具的操作方法，并且倾听他们使用后的意见再加以改进。他还在五佛寺引黄河水建立洗毛厂，在临洮县建甜菜制糖厂。同期，他还在美国水利专家塔德指导下提出了临洮地区引黄灌

溉的可行性论证建议。随着南京、上海等重要城市的相继解放，国民党农复会的负责人蒋梦麟、晏阳初、沈宗翰等准备携带联合国战后救济总署提供的专款逃往台湾。作为西北地区项目技术负责人的曾德超闻讯后赶到兰州，与这些大员们据理力争，要求他们人走款留。后来这些官员退到广州，他又追至广州。在回忆这段往事时曾德超至今感到遗憾，因为他那时毕竟人微言轻，最终未能将这笔复兴农业的专款追回并留给西北父老。

当国民党要员和联合国战后救济署的职员们携款撤离后，在失去经济支持的困境下，他依然单纯而执着地在贫瘠荒漠的陇西腹地编织着"秧畦岸岸水初饱，尘甑家家饭已香"的田园诗画。曾德超是在大西北迎来新中国诞生的。一天他与同事外出工作时意外地碰见了正在进疆途中的人民解放军第一野战军许光达部。在确认了曾德超等人的真实身份后，许光达不仅下令杀猪款待他和他的同事们，还向他们宣布了解放战争正在取得最后阶段全面胜利的好消息。

带着欣闻新中国即将诞生的喜悦，他被分配到西北军政委员会农业处工作，此间他完成了一项重要任务，即作为西北军政委员会的代表和军代表张和堂一起接管了由路易·艾黎在甘肃山丹创办并任校长的培黎农校。此时起，他反复宣传通过乡村工业发展农村经济的可行性。虽然当时的主张未能实现，但从 20 世纪 50 年代后期的"五小"工业发展，到 80 年代农村改革以及发展乡镇企业，再到 21 世纪的新农村建设和现代农业建设，无不与曾德超数十年坚持的信念不谋而合。从 1948 年 8 月到 1950 年 5 月接近两年的时间里，他不畏艰难，一直在中国最基层、最艰苦的地方研制并推广农业机械，为湖南以及大西北农业机械化从无到有的发展贡献了自己的青春岁月。1982 年，由曾德超牵线安排原邵阳示范处美籍负责人与湖南机械工业厅厅长联合发起有关乡村工业的国际会议，是改革开放后我国农业工程界组织的最早的国际学术交流会议。在本次会议中，湖南省充分肯定了当年示范处对湖南经济工业的贡献，也肯定了曾德超等人为此的辛勤付出。邵阳解放后成为湖南机械工业的起步基础点。

为农业机械化

1950 年 5 月，经农业部副部长杨显东推荐，曾德超奉调到农业部器械局任工程师、代理技术研究室主任。针对新中国成立之初全国范围内农业机械一片空白，农具基本上是旧式的犁头、锄头、镰刀等简单农具的现状，为满足生产推广的需求，曾德超参与了全国以增补旧农机具为主，同时大力组织制造、推广新式畜力农具的工作。同年年底，他调任国营农场管理局任机务处副处长，在京郊五里店、津郊芦台、柏各庄等地负责试办机械化农场、拖拉机站和各大垦区所需机具的配置、选型、引进和生产运用的工作。试办机械化农场期间，面临许多生产上不容延误、急需解决的技术难题。由于许多引进的机具不适应我国耕作制度和生产特点，无法正常工作，曾德超不停奔波于生产现场，拿起锉刀榔头，画着图纸，和工人们一起改装机器，最终解决了进口棉花穴播机用于播种带绒浸种棉籽的难题，完成了北方水稻旱直播宽幅浅盖开沟器的技术开发，以及对顶凌播麦、步犁入土等关键问题的攻关。此外，他还对自走式旱地小麦联合收获机行走装置和脱粒精选等主要部件进行了改装，以适应北方水稻收获的要求，扩大了联合收割机的使用范围，在机具设备不足的状况下，充分发挥现有机械设备的使用效率。以上这些成果也为我国农业机械的进一步发展定型提供了参考。

在紧张繁忙的基层工作期间，曾德超还同时负责部属双桥农机化专科学校和双桥机耕学校的教务指导工作。这两所学校为我国农业机械化生产第一线培养和培训了第一批农业机械化急需的拖拉机手、修理技工、机耕队长、修理队长等专业技术人员。他还负责对全国各国营农场、拖拉机站的机务副场、站长的培训和轮训工作，组建起我国第一支农业机械化机务力量。

1951 年，在农业部工作期间指导芦台农场机械化试点工作

1951 年，周总理指示农业部要为开发 4 亿亩农田实现全面机械化准备技术支撑力量。在周总理亲自批示下，中央人民政府决定成立一所培养农业机械化技术和管理人才的高等院校。1951年底，农业部为执行中央这一指示，成立了由办公厅副主任耿光波为组长，张省三、潘开茨、陈立和曾德超为组员的建校筹备小组，以潘开茨副局长和曾德超为主开展具体工作。按照当年的体制，在农业部苏联专家的指导下，确定以苏联莫洛托夫农业机械化电气化学院为模式建校。曾德超主张起步就必须把学院办成正规的培养国家急需的农业机械化工程师大学型学院，现阶段只设农业机械化一个系，并把这一设想落实到筹备工作中。

1956 年是我国第一个五年计划的建设高潮阶段，10 月 11 日《人民日报》在第七版以整版篇幅刊登了曾德超撰写的《我国农业机械化科学技术研究的任务》一文，该文约 4 000 字，全面、客观地论述了为实现我国农业机械化高速发展所面临的任务、困难与对策。在文中他开门见山地指出："我国农业机械化的科学技术研究既要紧密配合生产和建设的需要，又要迎头赶上世界先进水平。只有在农业生产建立在大规模机械化生产基础上才能永远摆脱农村的落后与贫困。"他特别强调："农业机械化方面的研究问题这样繁多，我们的研究力量又是这样单薄，只有分别轻重缓急，排个队，才能收效。""忽视理论偏重试验的道路是比较容易的，但效果也是要受到限制的。团结全国农业机械工作者，使设计、制造、运用，修理工作者经常发生联系，对工作会有很大的好处。"曾德超此时还不是中国共产党党员，但是《人民日报》以一个整版的篇幅刊登他关于我国农业机械化科学研究的任务与挑战的阐述，可见党的各级组织对他在此领域的重视。这一时期，曾德超以拓荒者的角色将全部精力投入到新中国农业机械化事业的起步发展和农业机械化技术人员的培养工作中。

育天下之英才

1952 年 2 月，北京机械化农业学院正式宣告成立（1953 年更名为北京农业机械化学院），同年 7 月全国高考招收第一届农机系大学生。起初是在双桥农场艰苦办学，后来新建的校舍坐落在北京西北郊的学院路上，相邻的还有其他七所兄弟院校，当时称为"八大学院"。曾德超于同年 9 月正式从农业部调到农机学院任教，他将自己的全部心血倾注到新中国的农业机械化和农业工程高等教育事业中。

创办之初的北京农业机械化学院由徐觉非任院长兼党组织书记，孙景鲁任副院长，曾德超任农业机械化系主任。创建之初万事必须从零做起，学校所有教学设施的建设、师资配置、培养目标、教学计划等都参照苏联结合我国实际制定，所用专业教材都必须自行编写或从俄文翻译。教师队伍的组建更为困难，第一届学生的数学、力学课是从北京大学、北航借来的数位教授授课，以后陆续从全国调入一批知名专家、教授任教，配合大量派出青年教师赴苏联留学或国内进修深造，迅速组成了一支优秀教师队伍。

除了教学组织与管理，曾德超还走上课堂，为同学讲授农业机械学和农业机械运用等课程。在课堂上，他凭借自己坚实的理论基础和丰富的工程实践经验，采取启发式教学，倡导理论联系实际的学风。他始终重视教学、科研和生产实践相结合。因为专业特点，他在要求学生学好理论基础的同时，特别重视让学生到基层、到生产实践中锻炼。那时，配合国家农垦计划，历届学生都有到黑龙江、海南、湖北、云南等垦区参加机械化垦荒开发的经历，这些都使他们后来在工作中普遍被誉为最能吃苦，最能解决实际问题的大学生。每到农忙季节，总可以在麦浪滚滚的农田里找到他那驾驶着收割机和同学们支援夏收的身影。同时他还鼓励同学们在科研上要用"敢于走钢丝"的精神大胆地创新。在同学们的眼中，讲台上曾德超是治学严谨、知识满腹的师长，课下则是待人平易、不拘地位的兄长，因此无论学习还是生活上遇到什么问题，都愿意向他求教倾诉。他要求同学们德、智、体全面发展，工作之余和同学们一起打篮球。他语重心长地告诉大家，通过篮球运动不仅能够获得健康的体魄，还可以培养合作与遵守规则的科研团队精神。

在主抓教学工作的同时，北京农业机械化学院被要求办成全国高校建设中农业机械院校的带头兵，要成为教学和联络的中心。农业机械系以自己的实践承担了这一重任。1956年，高教部农业教育处的苏联专家叶尔卓夫在考察了全国主要农业院校后，曾公开评价：北京农业机械化学院的农业机械化系是他所访问考察过的系中，教学工作组织得最好的一个。

1956年，第一届农业机械化专业学生毕业，之后，农业机械专业的毕业生被陆续输送到了各国营农场和拖拉机站、垦区和各建设兵团、各级政府农机化管理部门，以及各院校新建的农机专业和中央及地方的农机科研院所。到20世纪50年代末全国每个县都有农机的毕业生跋涉在实现国家农业机械化的事业前沿。1959年，毛泽东主席提出"农业的根本出路在于机械化"，更加鼓舞了全体农机工作者。

1956年，曾德超还参与发起创办了反映我国农业机械学科最高学术水平的专业刊物《农业机械学报》，并任该刊首任主编。1957年参与发起成立中国农业机械学会，任副理事长。1979年，他还参与组织成立中国农业工程学会，任副理事长，参与出版《农业工程学报》，担任编委。学会的成立和学报的出版，团结和推动了全国的农机工作者，为农机的教育、科研、推广、应用等工作提供了互相学习、交流、提高的平台。

早在1952年农业机械化全程教学计划和教学大纲编撰的过程中，曾德超就有增设农业机械设计制造、农业电气化和农田水利等专业的设想，并多次向上级领导建议。在他与李翰如、张伟、万鹤群等人的积极筹备组织下，经上级有关部门批准，1959年7月，北京农业机械化学院在原来只有一个农业机械化系一个农业机械化专业的基础上，增设了农业电气化系、农田水利系和农业机械设计制造系。曾德超调农业机械设计制造系任主任，筹备建设新专业。此举为以后中国农业工程学科的发展奠定了基础，也使学校的发展迈进了一步。同年，他开始招收农业机械化方向的研究生。

1979—1987年，曾德超出任北京农业机械化学院副院长，主管教学、科研和外事工作；1988年兼任院学术委员会主任和学位委员会主席。这期间，正值我国高等教育体系饱受"文化大革命"摧残之后百废待兴的一个特殊时期。他根据当时国外农业工程学科的发展现状，一手抓教学质量，一手抓农业工程高等教育各学科方向的全面调整，力争尽快地与国际农业工程教育相接轨。在学科建设上，他提出了改造老专业和筹建新专业的五条原则：坚持教学科研两个中心；坚持工程技术与农业紧密结合；坚持专业设置与研究室建设配套；坚持按学科设专业和研究室，打好理论基础，工程基础、技能基础；坚持理论与实践相结合，普及与提高相结合。这五项原则为后来发展农业工程学科拟订了框架，为中国农业工程教育和教学的发展起了十分关键的作用。为了加强国际学术交流，让世界更好地了解中国的农业机械化发展，并学习国外的先进技术，曾德超启动了与美国农业工程师学会（ASAE）、国际农业工程学会（CIGR）等学会的联系，启动了1980年后与美国、荷兰等十余个国家的农机代表团互访和学术交往活动，并有计划地大量派出教师学生赴欧美学习，对中国农业工程的国际化发展做出了重大贡献。在他任职期间，学院的研究生教育得到恢复并发展壮大。在他的积极计划和组织实施下，学院新增设了农产品加工、农业建筑与环境工程、系统工程与管理、农用电子技术与自动化等专业。1985年，学院更名为北京农业工程大学，1995年9月，经国务院批准，北京农业大学与北京农业工程大学合并成立中国农业大学。可以说，在学校从单一型农业机械化研究大学

1979年出任联合国工业发展组织全球农机会议顾问

转型为多学科综合性大学的过程中，曾德超多年的工作功不可没。

1986年，曾德超参加国务院学科评议组会议

植物—机器—土壤

20世纪50年代，犁的优化设计是国际农业工程的一个研究热点。1957

年，曾德超在《农业机械学报》上发表了有关犁的牵引调整的学术论文，针对英美学者提出的"以犁体阻力中心为依据"和苏联学者提出的"以机器重心为依据"的观点，提出了既要满足牵引平衡稳定的条件，又要考虑减少耕作阻力的新方法。1963年，他发表了按翻土曲线变化规律设计滚伐犁曲面的论文，提出了一种较前人更为合理和直观的几何绘图设计法。1970年，他在《犁体曲面设计的数学分析法》一文中试图以解析式表达犁体曲面进行优化设计。1982—1988年，他先后指导几位研究生，终于以土迹线构成犁体曲面途径的方法，实现了犁体曲面优化设计的新突破，由此设计出的样机耕作速度达到每小时15千米，获得了"常速、高速通用优化犁"的国家专利。考虑到犁因具有较大牵引阻力从而造成拖拉机重量的不断上升以致加剧了农田土壤压实度的事实和拖拉机在较湿农田中不能充分发挥其功率的问题，他从1978年起致力于研制一种比犁耕牵引力小得多的农具——旋转翻垡犁，经过9年的不懈努力终获成功。

长期从事农耕研究的实践积累，使曾德超逐步认识到研究植物、机器与土壤相互作用机理的重要性。1964年，他在指导研究生过程中建立了一个压密过程中描述压力和容积应变之间的关系式。1988年，他建立非饱和土壤剪切强度及摩擦阻力与加载速度的关系式，前者是对著名的库仑-莫尔土壤静剪切强度方程的修正，后者是对 Foundaine - Payne 静黏附摩擦阻力方程在高速加载条件下的外延。1990年，他建立了包括动强度、动黏度阻力在内的刀齿与刀板切土动力学模型，在国际上率先将机械对土壤加工过程的分析计算纳入动力学研究领域，同时为塑性动力学，连续介质动力学问题既考虑微元体的体力动力学效应，又兼顾微元体的面力动力学效应提供了先例。

在一系列试验研究的基础上，他在国际上首先建立土动剪强、动摩擦方程和切土动力模型，并以此为主线，1995年撰写出版了《机械土壤动力学》。该书从土壤本质、基本属性及其性态行为的机理入手，系统地论述了学科发展的历史沿革、研究方法和实验手段，阐明了有关的连续介质力学基本原理，并将土壤变形、剪裂、内外摩擦等，视作物质围观运动的一种宏观表现，导出了土壤动态抗剪强度方程和动黏摩阻方程，定量分析了循环载荷、震动、冲击等扰动影响土壤动态抗剪强度方程和动黏摩阻方程不仅计入了土壤微元体力的动力效应，而且也计入了微元面力的动力效应。由于有了在土壤—机器关系领域施载速度方位内的动态抗剪强度方程和动黏摩阻方程，且成功地应用于切削过程的变形、破坏、流动和阻力等动力模型，该书为机械土壤动力学体系在我国的建立做出了开创性贡献，可称为曾德超呕心沥血的经典之作。

在深入揭示"土壤—机器—植物"之间的复杂关系的研究过程中，曾德超开拓了面向耕作的水热盐气效应的定量研究，为农田尺度下科学治理土壤盐碱化，提高作物产量与耕作质量提供了新的技术途径。从 1986 年开始，他指导研究生在此方面开展了深入研究并陆续发表了 30 多篇论文。其内容涵盖农田降水入渗过程模型和模拟及其导水率数学模型和湿润峰动态进程方程，一维、二维裸地蒸发过程的模型模拟，不同覆盖条件下种床水热运移过程的模型模拟及应用于不同覆盖材料和覆盖比例的优化，冻融土壤水热盐运移过程的模型模拟应用于河套地区不同灌溉标准对春季种床积盐和墒情预测等。此外，该模型还可适用于广大北方季节性冻土地区结冻与化冻过程中对种床水热盐状况影响的预测，植物根系吸水强度估算方法的试验研究以及控制果核坐果期缺水强度以获得节水高产的试验研究等。

曾德超和研究生们通过建立一个机械土动力学体系，将耕作的力能效应研究扩展到土壤耕作、塑膜覆盖、土壤冻融过程的水热盐运移定量模拟预报；通过研究初步掌握了塑膜高效保存返浆水和保墒、保温量化的内在规律，为提高塑膜覆盖效果和开发冬麦晚播、春作物早播等延长生期的技术提供了必要的理论支持。

此外，他开创了农田建设和土壤耕作水热盐气定量效应与调控工艺领域的研究方向，将传统的土壤—机器力能关系研究拓宽到耕作的水、热、盐、气动态模拟预测与工程优化调控，以及与生态资源环境协调的"复合管理耕作"领域。通过发表系列论文，先后提出了"集雨蓄水耕作"，农场生产经营与资源、生态、环境综合治理，节水、变量、保护、培育技术复合农耕制等概念，为我国农业耕作技术可持续发展提供了新的探索途径。在此研究基础上，他还主持了华北核果等节水高效的调控亏水度灌溉管理技术，开发示范了适合我国北方地区大面积推广的高科技农田节水高效环保灌溉技术体系。

在从事具体技术研究的同时，曾德超根据自己多年的亲身感受，反复思考着一个发人深省的问题：种植业作为人类生产活动的第一产业；我国传统农业长期缺少机械工具这一最活跃生产力因素的状况，随着从国外大量引进和国内规模化的自行研制等途径已经得到明显改观；这本应为我国农业生产发展带来新的机遇，然而增产效果却不明显，甚至往往增产不增收。换句话说，我国农业工程师半个多世纪的努力并未解决我国农业根本出路的问题，他对此进行了深刻的反思，提出了个人的学术观点。

其一，一个国家或地区的农业机械化内涵以及这种内涵的各自进程可以是多样化的，但是支持种植业以实现高产、高效、优质、减灾和持续发展，始终是我国农业机械化、农业工程科技的中心和紧迫任务。

其二，既然作物生产过程的实质是为作物提供适量的土、种、肥、光、热、气、药等生长诸因素，解决问题的科学途径就是对这些生长要素的有关参数实现田间监测，根据作物生理、生化，生态规律的需求，对生产综合措施进行系统定量优化。所涉及工程手段有机器、仪器和信息系统的研究开发，它构成了种植业机械优化科技的核心内涵。由此决定了工程各学科和农业、生物各学科之间的交叉和渗透，而不是死守教条。

其三，与农作物相关的大部分生长要素受自然条件的强力约束，将雨水资源集中高效利用、水土保持、植被重建以及护田防风林等统一规划，同时扩大田块以利于机耕，形成一种"资源生态型"规模经营的农场，这样就客观上要求开展农机化与水土保持、农田水利之间的跨学科合作研究。

其四，在销售与售后技术服务方面，将机具和有关仪器与信息处理软件集成形成一种增产技术。为了从多种途径获取资金来源，应吸引农民合作入股参与。这种做法旨在建立一种将技术服务、物质供应和产品销售为一体的经营公司，代替现行的农业技术推广和单一销售体制。

桃李争报师恩

从1952年创办农业机械化学院开始，曾德超从事农业机械化及农业工程领域的科研教育已近60年，为我国农业机械化及农业工程学科从无到有及发展壮大做出了重大贡献。作为我国农业工程高等教育的一代宗师，曾德超治学严谨，待人宽厚，风范师表，有口皆碑。在半个多世纪的科研教学生涯中，最令他感到欣慰的莫过于经常听到自己的学生在科技创新中做出了公认的高水平学术成果或者在农业生产第一线为广大农民做出了实实在在的贡献。

从1956年北京农业机械化学院第一批毕业生迈着青春的脚步跨出校门，迄今已有数万计的农业工程师遍布祖国大地。他的学生中既不乏欧美大学中的教授，国家和地方部门的行政领导，也有农业生产基层的劳模。当前我国农业机械与农业工程学科中一大批骨干教授、博士生导师都是在曾德超的直接栽培下成长起来的，他们秉承曾德超的治学思想甘为园丁，沿着曾德超开拓的研究方向继往开来。

曾德超的弟子们常提起，曾德超对于他们的教导不仅仅在学业与科研方面，更在于人格的传承。为了从多方面培养学生的健康发展，曾德超经常让学生们到家里谈完工作后谈一些生活琐事，包括宿舍同学关系、恋爱等问题，这些细致入微的教诲更是让弟子们刻骨铭心。

无论曾德超走到哪里，都会出现师生相见、百感交集的动人场面。特别值得回顾的是，1999年底，中国农业机械学会和中国农业工程学会联合在北京为他隆重举办了80寿辰大型庆祝活动，来自海内外的数百名桃李集聚一堂，共叙老师的栽培之恩。看到眼前的一幕，他深有感触地说："第二次世界大战胜利之后，有人在《自然》杂志上撰文预言，未来科技将在两个方面为人类开

1984 年，曾德超与研究生在学校主楼前合影

创无限发展的空间。一是通过回旋加速器的途径，为人类提供无限的能源；二是通过叶绿素回旋加速器为人类提供无限的食物源泉。半个世纪犹如白驹过隙，前者已成现实，后者尚未见端倪。科学的发展犹如接力赛跑，老骥伏枥，寄望后人。作为一个农民的儿子，我毕生的愿望就是将自己的知识造福于农民。我的工作虽然不能与当今飞速发展的尖端科技相提并论，但是能够目睹自己的学生们在为人类提供食物和自然资源生态环境保护事业上锐意进取、各有所成，也就心满意足了。"

1999 年，曾德超访问堪萨斯大学的灌溉示范基地

（注：本文节选自《理想的耕耘者——我们的导师曾德超》，2013 年由中国农业大学出版社出版）

记岭南农机事业的开拓者——原广东省农业机械研究所何宪章副总工程师

广东省现代农业装备研究所的前身是广东省农业机械研究所，成立于 1958 年，在美国留学获得农业工程学硕士学位的 20 名公派留学生之一的何宪章先生与夫人颜坚莹女士刚回国不久，就被广东省人民政府的一纸任命书任命为研究所副总工程师，从此开始了他为广东农机研究所的发展呕心沥血，为广东省的农机化事业和我国农业工程学科的发展做出重要贡献的历程。

何宪章

拳拳爱国之心

何宪章 1912 年出生于广东省南海县（他留学美国的老同学陶鼎来、张德骏均回忆他出生于 1910 年），他的青少年时代正是国内政局较为混乱的时期，先是国内军阀混战、后是日本侵略者入侵，导致国内民不聊生、民族灾难深重。这些现实给少年、青年时期的何宪章心里留下深深的阴影，使他早早萌发出长大学习好文化科技知识，用知识来报效祖国的念头。

1927 年，他来到广西省百色地区的省立五中读中学，一年后又转回广东继续中学学习，先后就读于广州体用补习学校、广州培正中学；1932 年 9 月他考入岭南大学，两年后 1934 年来到广东省广州区第一蔗糖营造坊任技佐，1935 年又到国立广东法学院高中部当教员；1936 年进入岭南大学植产系再当学生，1938 年本科毕业后进入中山大学植物研究所攻读研究生学位，1940 年获中山大学研究生院植物分类系硕士学位。当时，正值全民族抗战最艰难的岁月，何宪章来到大后方进入四川省农业改进所任技士，1941 年 10 月又到财政部贸易委员会桐油研究所任副研究员，一直到 1945 年赴美留学学习农业工程。

在 1945 年由邹秉文先生牵线安排、美国万国农具公司资助的 20 名赴美留学硕士研究生中，何宪章本科是学农学专业的，因此被安排进了艾奥瓦州立大学农业工程系主修机械学方面的专业课。在 20 名留学生中，他的年龄是最大的，参加工作的时间较长、走过的单位也多，加上为人谦和谨慎，所以赢得了其他人的尊重。陶鼎来先生回忆说，留学期间（包括留学前）凡是他们 20 人在一起的时候，都把何宪章作为德高望重的学长，他为人朴实乐观、年长但有朝气，大家愿意与他相处，愿意与他推心置腹地交谈。刚到美国，万国农具公司的负责人举办集会欢迎中国留学生，并且邀请了中国著名的平民教育家晏阳初先生出席，大家推举年纪最长、英语最好的何宪章代表大家在大会上致辞。陶鼎来先生说："我是学习机械工程的，对农业科学和中国的农业毫无认识，正是通过与何宪章和其他几位学农学的学长交流，才稍增了解，这对我以后决心从事农业工程的建设，起到了重要的启蒙作用。"

1947年20位留学生完成学业、如期取得农业工程硕士学位，又经过一段到农场实习之后，绝大多数人于1948年同期启程回国。而当时何宪章的夫人颜坚莹女士也在美国，尚未完成学业。留学美国期间，何宪章手里攒下了一些美元，于是他用这笔钱在1947年将夫人从国内接到美国，进入艾奥瓦州立大学攻读工商管理学硕士，两人在异国他乡一同求学。何宪章决定留下来再陪夫人一段时间，所以他推迟了回国时间。这期间，除了1948年9月至1951年2月在艾奥瓦州立大学继续研究生学习外，还在威斯康星州的 Rcw Chain Belt. Co. 任研究工程师，以及在 Fairbanks Morse Co. 任发展工程师。等夫人颜坚莹拿到硕士学位后，他们在美国有了工作，买了房子、买了汽车，生活安定富裕。

但是中华人民共和国成立后取得的日新月异进步打破了何宪章夫妇心中的平静，"一定要报效祖国、建设好祖国"的愿望在他们心中越来越强烈。这时，著名科学家钱学森来到他们身边，告诉他们，周恩来总理号召海外留学生、研究生回国参加社会主义建设，祖国召唤他们、祖国需要他们。在钱先生的感召下，何宪章夫妇等一批研究生决定放弃美国的优渥生活，回国参加新中国的建设。

当时，朝鲜战争刚停战不久，美国政府禁止知识技能型人才返回祖国。中国政府不得已采取了相应的措施，才使得何宪章等人回到祖国。1956年，何宪章夫妇等6名留学人员乘"克利夫兰总统"号轮船经香港到达广州后，受到广东省教育厅留学接待委员会的热烈欢迎。

忧忧报国之志

何宪章等人归国不久，就于1957年被邀请到北京，受到周恩来总理的亲切接见，周总理询问他的学习、生活、工作等，鼓励他们在建设祖国中发挥更大的作用。这期间，陶鼎来先生作为老同学，在北京远东饭店招待了何宪章夫妇。

按照组织上最初安排，何宪章的工作单位是吉林长春中国科学院光学机械研究所，工作一段时间后感觉与国外所学农业工程专业不甚对口，于是提出调回广东，并于 1957 年 5 月进入华南农业科学所农机组当了一名研究员。1958 年，为响应毛泽东主席"每省每地每县都要设一个农具研究所"的指示，由广东省工业研究所农机室、华南农业科学研究所农机组、华南热带农作物研究所农机组、广东省甘蔗作物研究所农机组合并成立广东省农机研究所。成立之初研究所没有设专职所长，由省农科院院长兼任所长，省政府任

命高虎如为第一任副所长，主持所里工作，任命从美国归来的何宪章为第一任副总工程师，时间是 1959 年 6 月 23 日。

省农机所初创阶段，兼任所长的省农科院张赤侠院长鼎立支持，将农科院的部分场地划给农机所作建所基地。在农业机械部和广东省的大力支持下，经过 8 年建设，农机所已经由小到大，初具规模。在何宪章副总工程师主持下，确立了"选改创"的科研方针，确立了"双轨""四环""三结合"的科研路线。"双轨"是专业队伍和群众科研相结合，"四环"是研究设计、试制生产、测试实验、售后服务四个环节，"三结合"是领导、技术人员、工人相结合。

为了贯彻"选改创"的科研方针，1963 年农机所从日本引进 5 种不同类型的水稻收割机，组织南方 13 个省份农机研究所成立进口收获样机试验委员会进行试验。广东农机所由副所长张创任主任，何宪章任副主任，历时 3 年试验研究，完成了集中性能试验和分散各省份的适应性试验，对日本北农—51型、铃江 C－K 型水稻联合收割机、井关 HR65C 型收割机、古藤 HA170C 型收割机、井关 RA 型人力割捆机作出了评价，通过试验对我国南方水稻收获机的研究起了很大促进作用。

为加强农机所科研手段的建设，农机部还在所里投资兴建了收获机械试验室，广东省投资兴建了整地机械试验室、动力试验室、加工试验室以及试制工厂，包括：金工、钳工、木工、热处理等车间，能做到一般的农业机械试制周期为一个月，一般水稻联合收割机只需要 2 个月。几年间，农机所实现了人才多、设备齐、环境美，成为我国南方最富实力的省级农机研究所之一，也是我国南方收获机械的主导研究所。

在高虎如、何宪章等第一代创业者努力拼搏下，到 1966 年所里职能高效的科室和研究机构逐步确立和完善，机构设置包括行政办公室、情报资料室、规划室、试制工厂、样机陈列室、农机研究室等，并在中山和海南设有分所。为重视人才培养，当时已经能做到新毕业分配来的大学生要先到试制工厂当一年工人，补上机械制造工艺课，提高大学生们的实际动手能力。

正当全所干部职工、技术人员为报效祖国大展身手的时候，"文化大革命"开始了，使研究工作被迫中断，研究成果被一扫而光，研究资料被毁坏殆尽。起初，为支持科研工作，高虎如副所长和何宪章副总工一道，顶住压力鼓励科研人员坚持科研。但很快两位领导也受到冲击，1968 年他们两人和所里部分骨干一起，被下放到省内仁化县大岭"五七干校"劳动改造。直到 1972 年逐步落实政策，高虎如被调到省水电设计院任副主任，何宪章则回到农机化研究所当了图书管理员。

国家实行改革开放政策后，何宪章早年在美国所学的农业工程学科重新回归重要的学术地位，他倍感兴奋，以一种昂扬的精神状态投入到学科的恢复和建设中。20 世纪 80 年代初，他发文《迎接八十年代第一春》，提出自己有信心做好三件事：第一、积极参加红卫 40 拖拉机的革新换代协作科研；第二、建议创立农工商联合企业的科研性蔗糖生产基地，成为实现农业现代化的样板；第三、继续深入研究土壤机器系统学，开展我国土壤-机械系统力学的土壤分类研究。并且表示：尽管已年逾花甲，但精力还充沛，愿在有生之年，为祖国的经济建设竭尽全力。

伏枥的老骥

1979 年，中国农业工程研究设计院在北京成立，隶属于农业部，陶鼎来先生出任首任院长。建院伊始，一片空白，为了规划农业工程学科建设，陶鼎来院长邀请了几位留美学习农业工程的老同学来北京共同参与策划，何宪章就是其中之一。这期间，何宪章在极为简陋的条件下，查阅了很多农业工程方面的情报资料，提供了十分重要的国外农业工程学科发展的信息，对中国的农业工程学科建立发展做出了重要贡献。

何宪章参加 1970 年吉林工业大学研究生论文答辩会

作为著名的学者，何宪章积极参与省内外各种学术活动，比如，应老同学张德骏教授邀请，到吉林工业大学参加研究生的毕业论文答辩，也出席过华南农学院硕士研究生毕业论文答辩；到华南工学院为老师们讲授过机械工程与力学工程课；在广东农机学会年会上作过"植物油为柴油机燃料的现状与展望"的学术报告；参与农业机械学报的编辑工作，任编委；还积极参与大百科全书的编审工作。他长期从事农机、土壤力学、生物质能源等领域研究，著有《植物油作柴油机燃料研究》《相似原理在研究土壤与农机关系上的进展》等论文；他的足迹活跃在农业工程和农机化领域，是中国农业机械学会第一、二届常务理事。

20世纪80年代末至90年代初，由于夫人颜坚莹教授要到国外进行学术研究交流，已经退休的何宪章便随同夫人一起去了国外。1996年他们从加拿大回国不久，与老同事高虎如相聚，高虎如兴奋不已，作诗一首，纪念他们之间近四十年的友谊：

喜迎老友何宪章

一九九六年七月四日

农机共事整十载，同心协力为农业。
从无到有找基地，由小到大聚人才。
中央和省多支持，全所人员齐努力。
试制工厂亦建立，样机试验有农田。
整地收获加工室，初具规模出成绩。
器材存放有仓库，仪器图书逐渐全。
轻小简廉是方向，易制易使易推广。
有些机具需大型，因地制宜不放松。
联合收割烘干机，试验成功待推广。
大中小型相结合，适应不同具体情。
十年成果不断出，成果变成生产力。
孰料"文革"风暴来，研究成果一扫光。
全所场地被分割，技术骨干成鬼神。
成果资料均被毁，骨干下放进干校。
我放耕牛五年整，何总劳动洗灵魂。
七二年底我解放，调到水电设计院。
何总回到农机所，成为图书馆理员。
农机机构亦恢复，重起炉灶再振业。

恢复全赖众诸贤，成就推迟十几年。
场地被割难收回，研究成果重新开。
新人新事新气象，年年又上新台阶。
祝愿成就更辉煌，再为农业立新功。

1998年高虎如所长和何宪章夫妇在一起

　　何宪章的夫人颜坚莹教授1920年出生于香港，还在上中学时，她就认识了人穷志不穷的寒门学子何宪章。当何宪章1941年在财政部贸易委员会桐油研究所任副研究员时，颜坚莹考入了金陵大学经济学专业。何宪章即将赴美留学时，颜坚莹的导师——一位留美归国的教授，主动从多方帮她了解何宪章的为人，答案是值得她托付终生。于是，导师在家中设宴为他们举办了婚礼，使他们能在何宪章出国前喜结连理。

　　1956年夫妇二人回国，特别是选择定居广州后，颜坚莹教授带着几箱厚重的讲义进入华南农学院图书馆任副馆长，一干就是十几年。这期间她利用国外带回的讲义资料潜心研究管理学，在这个领域里逐渐有了不小的名气。在她担任广东省政协委员期间，有幸结识了时任暨南大学校长蔡馥生，蔡校长欣赏她的才学，邀请她到暨南大学企业管理系任教，她讲授的组织行为学课程，在全国高校经济管理专业中开创了先河。

　　（本文由中国农业出版社原副总编辑宋毅采访整理）

后　记
AFTERWORD

卢卡·马纳蒂　凯斯纽荷兰工业集团中国区总裁
Luca Mainardi, China Country Manager, CNH Industrial

　　凯斯纽荷兰工业集团与中国的渊源可以追溯至百余年前。1915 年，当时美国最大的农机制造商万国农具公司（又称国际收割机公司，以下简称万国公司）向中国出口了 5 台拖拉机，这是中国最早引进拖拉机的记录。30 年后的 1945 年，万国公司设立研究生奖学金项目，资助 20 名中国学生赴美进行为期三年的农业工程研究生课程学习。1948 年，项目如期完成，这批奖学金获得者回到祖国，学以致用，在著名大学、研究所和政府机构从事农业工程教学、研究和管理工作，时至今日，他们中的大多数被誉为中国现代农业工程的开拓者和奠基人。

　　Relations between CNH Industrial and China can be traced back over 100 years, when five tractors were imported in 1915 from International Harvester (IH), the largest agricultural equipment company in the United States at that time. This is the earliest record of imported tractors in China. Thirty years later, in 1945, IH established a fellowship program to fund and support a group of 20 Chinese students for a three-year agricultural engineering training program in the US. After the program was completed in 1948, the fellowship holders returned to China and were appointed to work in agricultural engineering positions in leading universities, research bureaus and official organizations, putting their training into good service. Many of these IH fellows are recognized today as pioneers and founders of modern agricultural engineering in China.

　　1985 年，万国与凯斯合并成为凯斯万国（在国内简称凯斯）。现在，凯斯作为世界领先的农机品牌与其他几个品牌一起组成全球性的装备制造商——凯斯纽荷兰工业集团，设计、制造和销售农业机械、工程机械。

　　In 1985 International Harvester merged with Case, establishing the world-leading brand, Case IH. Case IH, together with several other brands, is now part of CNH Industrial, a global capital goods company that designs, produces and distributes machines for agriculture and construction.

当本书的发起者、时任中国农业出版社副总编辑宋毅先生邀请我代表凯斯纽荷兰工业集团撰写后记时，我为公司能够支持并参与本书的编撰出版深感荣幸。为撰写后记做准备给了我一次难得的机会，深入了解万国奖学金项目的来龙去脉，并且首次目睹了奖学金获得者们昔日的风采，其中不少给我留下了深刻的印象：1945 年，他们抵达华盛顿特区，见到邹秉文先生，邹先生大力倡导中国引进农业工程，并且促成了万国奖学金项目。他们在明尼苏达州和艾奥瓦州的大学校园学习农业工程专业，他们在农场培训、在万国公司的经销商和销售分公司实习，和大学教授、万国工厂的工人以及农场的农民度过了许多美好的时光，并结下了宝贵的友谊；在学成回国之际，他们与美国朋友道别，并向万国公司的管理层赠送中国画以表感谢。浏览这些材料，使我想起 2003 至 2007 年自己初到中国工作的经历，当时我在上海的合资拖拉机工厂工作，尽管有不少不同之处，但我感觉自己体验了与万国奖学金研究生相同的经历，身处异国文化氛围，发现了很多新鲜的事物，结交了不少中国朋友。

When Mr. Song Yi, the initiator of this book and then Deputy Chief-Editor of China Agriculture Press, invited me to write its Afterword on behalf of CNH Industrial, I felt honored to represent our company as a key contributor to such a valuable program. Preparing the Afterword gave me the unique opportunity to learn more about the entire initiative, and to get a glimpse for the first time at some of the memories of the IH fellowship holders. Among the many that captured my interest were: when they arrived in Washington D. C. in 1945 to meet Dr P. W. Tsou (Zou Binwen), the strong advocate for introducing agricultural engineering into China and mastermind behind this program; their days of studying Agricultural Engineering at the Universities of Minnesota and Iowa; their practical farm training and experience working with IH agricultural equipment dealers and sales branches; the time they spent in the US with their professors and fellow workers at the IH plants and on local farms; the valuable relationships they established with all these local people; and the moment they said goodbye to their friends and presented a Chinese painting to IH executives as a token of appreciation before returning to China. Reviewing these materials reminded me a lot of my first assignment in China from 2003 to 2006. At that time I worked in a joint venture tractor plant in Shanghai. While there were of course many differences, I felt a bit like I had lived the same experience of the IH fellows, with the discoveries and learning in a foreign culture, and the friendships established with local people.

本书同时还展示了农业工程中国工作组四位美国专家拍摄的许多照片,该工作组也是由万国公司资助、于 1947—1948 年来华支持中国发展农业。他们帮助中央大学和金陵大学建立和加强了农业工程系并开始在中央农业研究院开展农业工程科研工作。他们还研究了中国的农业技术,试验人工作业和畜引农具以开发适应当地条件的农业机械。这些图片展现了 1940 年代后期中国农业的状况:那时,耕牛和人力是农业生产的主要动力。70 年以后的今天,这些图片成为了中国农业实现根本变革和快速发展的例证。现在,数百万台的拖拉机、联合收割机和各种其他农机在中国大地上作业,与此同时,农业产业结构发生了翻天覆地的变化,随着农村土地流转的加快,农业的生产规模也逐步扩大。目前中国主要农作物的年产量均居全球前三位,以占全球 10% 的耕地养活了全世界 18% 的人口。

The book shows some photographs taken by the Committee of Agriculture Engineering, composed of four US experts. Also sponsored by IH, the Committee worked in China to improve agriculture from 1947 to 1948. They established and strengthened the agricultural engineering department at the Central University and Nanking University, and initiated the research program at the National Bureau of Agricultural Research. Furthermore, they studied Chinese farming techniques, experimenting with manual production and animal-drawn implements to develop farm machines suitable for the local conditions. The photos portrayed farming conditions in China in the late 1940s: oxen and manpower were the major power sources in farming at that time. Seventy years later, these pictures are proof of the remarkable transformations and rapid growth China has achieved. Nowadays, millions of tractors, combines and many other sorts of machinery run in the farmland across the country, further, the structure of the agriculture industry has been significantly optimized and operations of scale have been enhanced by the progress of rural land circulation and consolidation. Today, China ranks among the top three world producers for most staple crops, managing to feed around 18 percent of the world's population with only 10 percent of the arable land.

中国农业取得的这些成就很了不起,且未来发展的前景依然非常广阔。这也是我们跨越了一个世纪坚持支持中国农业发展的原因之一。早在 1921 年,

农业工程学科在中国的导入与发展 /

万国公司就来到哈尔滨设立了销售分公司，推进现代农业装备在中国的应用。过去数十年间，我们致力于引进高性能装备和先进技术，支持中国农业提高效率、增加产出。

This is a great result but the potential for further development remains huge and it is certainly one of the main reasons behind our continued commitment to support the development of agriculture in China. Our strong commitment prevails from a century ago, when IH established a sales branch in Harbin to promote modern agriculture equipment in the country in 1921. Over the past decades we have stayed dedicated to introducing high performance equipment and advanced technology, and supporting local farmers to increase efficiency and output.

我可以自豪地说，在外企中我们创造了多个第一：第一个向中国国营农场提供轴流滚筒联合收割机（1980年，洪河农场），第一个开展自走式甘蔗收割机田间试验（1980年，Austoft），第一个建立大马力拖拉机合资企业（1999年，哈尔滨北大荒拖拉机有限公司），也是最早为国内提供带有全球定位系统的精准农业装备（2002年，友谊农场）。我们还是最早与中国拖拉机生产企业开展技术转让合作的企业之一（1985年，菲亚特农机）。2013年，我们加快了本地化发展的步伐，在哈尔滨设立了现代化的研发中心；2014年，新的制造基地在哈尔滨投产，这是东北地区最大的农机制造厂，拥有一流的厂房和制造设备，生产凯斯和纽荷兰品牌的全系列农业机械，包括联合收割机、大马力拖拉机和打捆机等产品。

Among foreign companies, I can proudly say we were the first to deliver rotary combines to State Farms (Honghe Farm, 1980) as well as self-propelled sugarcane harvesters for experimental field works (Austoft, 1980), the first to establish a joint venture for large tractor production (Harbin New Holland Beidahuang Tractor Limited, 1999), and also the first to deliver GPS-based precision farming equipment (Youyi Farm, 2002). We were also one of the earliest companies to cooperate with local tractor manufacturers on technology transfers (FiatAgri, 1985). In 2013 we gave a further boost to our local activities when we set up a modern R&D site in Harbin. One year later in 2014 a new industrial site was inaugurated in Harbin. This is the largest state of the art agricultural machinery manufacturing facility in northeast China, producing a wide range of equipment such as combine harvesters, high horsepower tractors, and balers under the Case IH and New Holland Agriculture brands.

当然我们对于成功的衡量指标远不止产品和技术。与传统一脉相承，我们相信在农业工程和技术领域培养年轻一代，对于国内行业的持续发展至关重要。2014年，作为对市场和社会支持的一部分，我们引入了独特的校企合作教育培训项目（TechPro2），来支持所在行业发展应用型人才。通过与职业教育学院合作，为青年学生设立了为期三年的技术和实训课程。我们为该项目提供全面的专业知识、专用装备、部件和工具，并支持"教师培训"项目。目前，在浙江、吉林、新疆和黑龙江开办四个TechPro2校企合作教育培训项目。到2021年1月，已有270名学生毕业，他们一毕业就实现了就业，其中15%在凯斯纽荷兰工业集团的经销商网络工作，其他也几乎都在相关领域就业。

But our measures of success go beyond just products and technology. As a continuation of our heritage, it is our belief that programs calling for the education of Chinese youth in modern agricultural engineering and technical fields are crucial in realizing the sustainable development of the local industry. In 2014，as part of our commitment to the market and communities，we introduced a unique educational program called TechPro2 to support local talent development for the industries in which we are engaged. Under this program，we partner with vocational colleges to establish three-year technical and industrial training courses for young students. We provide schools with a wide range of professional know-how，specialized equipment，components and tools，and sponsor "Train the Trainer" programs. Currently，there are four TechPro2 projects running in Zhejiang，Jilin，Xinjiang and Heilongjiang. By January 2021，over 270 students graduated from the program. Among them，15% are now employed within CNH Industrial's network，and almost all of the others found a job in a related field，immediately upon graduation.

我们同时组织员工的专业培训，助力他们的职业发展。2014年，我们与地处哈尔滨的东北农业大学合作，为产品研发人员设立三年制的工程硕士课程。课程圆满完成，合作还带了一个惊喜——我们发现该大学工程学院的创始人余友泰教授，也曾经是万国奖学金留学生。历经岁月后的此次邂逅，也再次提醒我们，公司和中国农业工程发展进程值得珍视的联系。

余教授，以及其他杰出的万国奖学金研究生代表如陶鼎来先生、曾德超院士等先辈，将他们的一生奉献给了农业工程和农业机械化事业。他们克服所有困难和挑战，专心致志，坚忍不拔，实现他们的理想并为社会作出了重要的贡献。

Of course，we organize professional training programs for our employees as well，preparing them to further develop with our business. In 2014，we collaborated with Northeast Agricultural University in Harbin to establish a three-year Master of Engineering Program for members of our local Product Development team. The project was completed successfully，and the collaboration presented a nice surprise-we discovered that the founding Principal of the university's Engineering College，Professor Yu Youtai，was one of the IH fellows! This encounter after many years reminded us once again of the precious connection between our company and the development process of agricultural engineering in China. Professor Yu，and the other outstanding representatives of the IH fellowship holders like Mr. Tao Dinglai and Academician Ceng Dezhao，have dedicated their entire lives to promoting agricultural engineering and mechanization. This group of individuals overcame all hardships and challenges through strong dedication and perseverance，managing to fulfill their mission and deliver a great contribution to society.

作为凯斯纽荷兰工业集团，我们为从农业机械化初创之时起就能为中国农业发展尽绵薄之力感到欣慰。时至今日，中国农业依然受到重点关注，在保护国家粮食安全、改善农民收入方面起到积极作用。正如在万国奖学金项目所做的那样，我们公司将一如既往地站在战略角度，尽己所能，积极支持中国建设更加高效的现代化农业。我们的承诺是不断为合作伙伴和用户，那些坚持不懈、满怀激情、目光远大的人们，提供先进的装备。无论他们是农民还是种植户，经销商还是员工，学生和大专院校、科研机构，我们将与他们一道，携手并进，实现建立更具效率、更可持续的农业的宏伟目标。

At CNH Industrial，we are proud of the role we have played in the development of agriculture in China since its early mechanization stages. Today，agriculture remains one of the main focuses in the country to protect national food security，and to improve incomes in rural areas. As we did at the time of the IH fellowship program，our company will continue to shape the strategy and intensify our contribution to actively support China in building a path to a more efficient，modern agricultural industry. Our commitment is to keep providing tools to the committed，passionate and forward-looking people we are working with and for. Whether they are farmers and growers，dealers and employees，or students and institutions，we will join their efforts to reach the goal of establishing a more productive and sustainable agriculture industry.

富于远见的万国奖学金项目，和这批研究生留下的精神，将激励我们的团队和合作伙伴，全力以赴，大胆创新，来应对今天日益复杂的外部环境。对于每个投身于此的人们，包括我本人，对农业工程和农机化事业的持续支持，必将会带来富有意义和价值的成果。诚如陶鼎来先生所言："人生最大的快乐莫过于亲眼看到自己参与播下的种子出苗、发育、长大成为根深、叶茂的大树。"

The visionary IH fellowship program, and the spirit of the IH fellows, will inspire our team as well as our partners to cope with the complex climate of today with bold innovation and full commitment. For each of the involved individuals, including me, continuing to support this cause will surely provide us meaningful and valuable outcomes. Just as Mr. Tao Dinglai said, "The greatest joy in life is to see the seeds that you participate in sowing, emerge, develop and grow up to deep, leafy trees."

每本书的出版都是团队合作的结晶，本书亦不例外。我衷心感谢为本书的撰稿、翻译、编辑和出版作出贡献的每个人，感谢你们为此付出的时间和精力。

Every book is a team effort, and this one is no exception. I greatly appreciate everyone who contributed to the writing, translating, editing and publication work of this book, for their time and efforts.

我要特别感谢宋毅先生，他致力于为中国农业工程及农机化的奠基人和开拓者立传，并倡议编撰本书。在大病新愈不久，宋先生即带领一个小组开始对万国研究生的家庭成员、老同事和学生的采访，并撰写了本书的第四篇《亲友、学生访谈录》，为我们留下了关于这些先辈们的特殊记忆。

Especially, I want to thank Mr. Song Yi, who devoted his time to writing biographies for the founders and pioneers of China's agricultural engineering and mechanization, and initiated the publication of this book. Shortly after recovering from a serious disease, Mr. Song led a small team to organize interviews with the family members, colleagues and students of the IH fellows and accomplished the fourth part of this book, "Interview on Collogues of the IH Fellows" which reminds us of the special memories of these pioneers.

非常感谢各位受访者，分享他们的故事，并提供珍贵的图片和文件。

A big thanks to the people who were interviewed for sharing their stories and contributing precious photos, as well as documents, for this book.

对于我们的合作伙伴，中国农业工程学会和中国农业出版社，我要对中国农业工程学会张辉先生、朱明先生、秦京光先生以及管小冬女士的精心组织协调和全力支持表达由衷的感谢；感谢中国农业出版社张丽四女士、卫晋津女士、吴洪钟先生，谢谢你们艰苦细致的工作。

To our partner, Chinese Society of Agricultural Engineering (CSAE) and China Agriculture Press (CAP), I would like to express my warmest thanks to Mr. Zhang Hui, Mr. Zhu Ming, Mr. Qin Jingguang and Madam Guan Xiaodong of CSAE for your excellent organization, coordination and support, thanks to Madam Zhang Lisi, Ms. Wei Jinjin, Mr. Wu Hongzhong of CAP for your hard, careful work.

美国艾奥瓦州立大学图书馆特藏及大学档案部授权 *Introducing Agricultural Engineering in China* 用于中文翻译，威斯康星历史学会为本书提供了1940年代出版的 *Harvester World* 杂志的图片，在此谨致谢忱。

I would like to thank Iowa State University Library Special Collections and University Archives for the kind permission for the reproduction of "Introducing Agricultural Engineering in China" and the Wisconsin Historical Society for providing the photographs of the "Harvester World" magazines published in 1940s.

感谢我的同事 Gemma Holly、Sarah Pickett、张伟洪、聂文苑为本书编撰所作的协调和组织工作。

For our colleagues, Gemma Holly, Sarah Pickett, Zhang Weihong, Nie Wenyuan, thanks for your coordination and involvement.

最后，衷心感谢中国工程院资深院士汪懋华先生为本书撰写《农业工程学科在中国的确立与发展》。这一重要综述不但提供了中国农业工程创立与发展的全景画卷，阐述了开拓者们的历史性贡献，也是对致力于中国农业工程事业进步的所有参与者的充分肯定，激励我们继续前行！

Last but not least, our appreciation goes to Mr. Wang Maohua the senior academician of the Chinese Academy of Engineering, for preparing "The Establishment and Development of Agricultural Engineering in China" for this book. This vital Summary not only provides us an overall picture of the founding and evolution of China's agricultural engineering, and the historical contributions these pioneers have made, but also serves as a strong acknowledgement of the dedication of everyone who strives to work for improved agricultural engineering in China.

Thank you all.

August 2023
2023 年 8 月

图书在版编目（CIP）数据

农业工程学科在中国的导入与发展 / 中国农业工程学会，凯斯纽荷兰（中国）管理有限公司，中国农业出版社有限公司编著. —北京：中国农业出版社，2023.9
ISBN 978-7-109-31140-4

Ⅰ.①农… Ⅱ.①中… ②凯… ③中… Ⅲ.①农业工程—学科发展—研究—中国 Ⅳ.①S2-12

中国国家版本馆 CIP 数据核字（2023）第 180507 号

中国农业出版社出版

地址：北京市朝阳区麦子店街 18 号楼
邮编：100125
责任编辑：吴洪钟
版式设计：杨　婧　责任校对：吴丽婷
印刷：三河市国英印务有限公司
版次：2023 年 9 月第 1 版
印次：2023 年 9 月河北第 1 次印刷
发行：新华书店北京发行所
开本：700mm×1000mm　1/16
印张：28.25　插页：6
字数：553 千字
定价：98.00 元